Herbert Schlitt Regelungstechnik

Prof. Dr. phil. nat. Herbert Schlitt

Regelungstechnik

Physikalisch orientierte Darstellung fachübergreifender Prinzipien

Modellbildung
Analoge und digitale Regelung
Nichttechnische Regelung
Zustandsregelung
Stochastische Prozesse
Kalman-Filter

VOGEL Buchverlag Würzburg

CIP-Titelaufnahme der Deutschen Bibliothek

Schlitt, Herbert:
Regelungstechnik: physikal. orientierte Darst. fachübergreifender Prinzipien; Modellbildung, analoge u. digitale Regelung, nichttechn. Regelung, Zustandsregelung, stochast. Prozesse, Kalman-Filter/Herbert Schlitt. – 1. Aufl. – Würzburg: Vogel, 1988
(Vogel-Fachbuch: Technik)
ISBN 3-8023-0171-4

ISBN 3-8023-0171-4
1. Auflage. 1988

Printed in Germany

Umschlaggrafik:
Michael M. Kappenstein, Frankfurt/M.
Satz: Schmitt u. Köhler, Würzburg
Druck und buchbinderische Verarbeitung:
Universitätsdruckerei H. Stürtz AG, Würzburg

Vorwort

In einer Zeit zunehmender Spezialisierung in fast allen Forschungsbereichen fällt all denjenigen Disziplinen eine wachsende Aufgabe zu, die durch Aufbereitung fachübergreifender Substanz und vergleichende Rückbesinnung noch eine Klammerfunktion für die Zukunft ausüben können. Sie fordern damit in kleinerem, überschaubarem Rahmen eine sich im Großen vollziehende Entwicklung, die für den im Fachstudium Befangenen selten erkennbar wird: die Konvergenz großer Wissenschaftsbereiche, der mit zunehmender zeitlicher Verzögerung eine Phase der philosophischen Aufbereitung folgt.

Innerhalb der Ingenieurwissenschaften umfaßt der etwas spröde anmutende Begriff «Regelungstechnik» eine Vielfalt von theoretischem Gedankengut und von extrem unterschiedlichen Anwendungsbereichen, der zu einem Blick «weit über den Zaun» geradezu herausfordert.

Wenn auch die modernen Entwicklungsschwerpunkte unserem Jahrhundert zuzuschreiben sind – mit deutlichen und schon gezielten Vorläufern gegen Ende des 19. Jahrhunderts –, so handelt es sich bei der Regelungstechnik doch nicht um eine vordergründig «neuere» Ingenieurwissenschaft, sondern anfänglich eher um ein Zusammentragen, Erkennen und Systematisieren von sehr unterschiedlichen Entwicklungsansätzen mit jahrhundertealten Quellen und Vorläufern. Dabei sollte man bei dem heute kaum noch zu überblickenden Stand der Regelungstechnik nicht die Möglichkeit oder gar Gefahr einer divergierenden Entwicklung verkennen – wenn man es dazu kommen läßt.

Vor diesem Hintergrund ist die Motivation für die Entstehung, die Art der Darstellung sowie die Zielsetzung des vorliegenden Buches zu sehen. Der Titel «Regelungstechnik» ist eine einordnende Kennzeichnung, kein Anspruch. Jeder Verfasser eines wissenschaftlichen Buches steht vor der schwierigen Aufgabe der Stoffauswahl, in der über die Grundsubstanz hinaus einige Entwicklungstendenzen, persönliche Erfahrungen und Einsichten zum Ausdruck kommen.

Wie auch immer diese Stoffauswahl beim Leser ankommen mag – sie bietet reichlich Gelegenheit, der eingangs geschilderten Problematik nach Möglichkeit Rechnung zu tragen. Kennzeichnend für die Regelungstechnik ist aufgrund der kurz angedeuteten Entwicklung nicht nur ihr außerordentlich vielseitiger interdisziplinärer Charakter, sondern auch ihre Grundlagenorientierung zur Physik, zur Mathematik und zu anderen Wissenschaften, die man nicht zur Domäne des Ingenieurs zählen kann.

Damit ist die hier getroffene Stoffauswahl aus der Regelungstechnik eingebunden in die Spanne zwischen physikalischen Grundlagen und interdisziplinären Eigenschaften, ergänzt um manchen Blick in die Vergangenheit und auf die Herkunft geläufiger Begriffe aus Physik und Technik.

Während die Einbindung der Regelungstechnik in die allgemeinen Ingenieurwissenschaften selbstverständlich ist, sei hier auf die substantielle Verwandtschaft mit dem verhältnismäßig jungen Gebiet der *Synergetik*, der *Lehre vom Zusammenwirken*, hingewiesen. Gerade die mit dem vorliegenden Buch beabsichtigte Hervorhebung *physikalischer Aspekte* in Verbindung mit dem *Modellbegriff*, dem allgemeinen *Rückkoppelungsprinzip* sowie der *Systemdynamik* und mit *Zufallsprozessen* kann dem Leser von der interdisziplinären Denkweise der Regelungstechnik her einen Zugang zu synergetischen Fragestellungen und Lösungen eröffnen. Hier zeigen sich deutlich Gemeinsamkeiten nicht nur in den Grundlagen, sondern auch in Verfahren und Methodik zur Behandlung aktueller Probleme.

Mit der vorliegenden Darstellung des Stoffes soll ein recht vielschichtiger Leserkreis angesprochen werden; an erster Stelle Studierende verschiedenster Fachrichtungen mit abgeschlossenem Vorexamen, die nicht einfach mit einem weiteren Spezialfach in Berührung kommen wollen, sondern die ihr erworbenes Grundlagenwissen auch außerhalb einer speziellen Fachrichtung wiedererkennen möchten. Damit könnte man dem häufig vorgetragenen Wunsch vieler Studenten entgegenkommen, die eine Einbindung ihres Fachwissens in allgemeinere Aspekte anstreben, weil sie offenbar schon eine Vorahnung von der Isolation des entscheidungsarmen Spezialisten haben.

Das zunehmende Herjagen hinter Bits und Bytes ist kein guter Trend für die Ausbildung mit dem Anspruch auf Bildung. Für weitreichende künftige Entscheidungen werden immer mehr Ingenieure und Naturwissenschaftler gebraucht, deren Studium stark holistisch, ganzheitlich angelegt und nicht durch fachliche Einseitigkeit verengt ist. Gerade die Regelungstechnik kann und muß hierzu einen gewichtigen Beitrag leisten.

Der bereits praktisch tätige Ingenieur und Physiker mag zahlreiche Anmerkungen und Hinweise, vorwiegend am Anfang oder am Ende der einzelnen Kapitel, zum Anlaß nehmen, bei vorhandenem Grund- und Fachwissen über das Gebiet Regelungstechnik reflektierend nachzudenken. In diesem Sinne könnte man den geläufigen und modischen Begriff «Lernziel» durch ein etwas hintergründigeres Bemühen um Erkennen, Gewichten und Einordnen aufwerten.

Damit sind auch die Voraussetzungen umrissen, die der Leser erfüllen sollte: Neben dem Grundwissen in Physik, Mathematik und einigen ingenieurwissenschaftlichen Grundlagen, womit etwa der Kenntnisstand nach dem Vorexamen an einer Universität oder Hochschule umschrieben ist, sollte der Leser eine deutliche Aufgeschlossenheit für Parallelen und Fragestellungen aus anderen Wissenschaftsbereichen mitbringen. Dann wird er Sinn und Vorzüge einer Darstellung erkennen, die neu zu erarbeitenden Stoff, bewußt unterstützt durch zahlreiche Abbildungen und gelegentliche Wiederholungen, in fachübergreifende Relationen stellt. Dieses Ziel erstrebt der Autor mit gutem Willen, nicht mit dem Bemühen um Perfektionismus. In diesem Sinne möge durch dieses Buch die bewährte Einsicht wachgerufen werden, daß man mit

Spezialwissen zwar Probleme lösen kann, meist jedoch nicht Entscheidungen treffen und verantworten.

Abschließend habe ich mich in vielfältiger Weise zu bedanken; ein wissenschaftliches Lehrbuch ist heutzutage nicht mehr das Werk eines einzelnen, sondern das Ergebnis eines vielfältigen Entwicklungs- und Erfahrungsprozesses, an dem zahlreiche Gesprächspartner in Forschung und Lehre Anteil haben. Mein besonderer Dank geht daher an alle wissenschaftlichen Mitarbeiter des Instituts für Regelungstechnik der Universität Erlangen-Nürnberg, die insbesondere im Bereich der Lehre, durch Beteiligung an Übungen, durch Fragen und klärende Gespräche die didaktische Aufbereitung des Stoffes meiner Vorlesungen über Regelungstechnik und über statistische Verfahren der Nachrichten- und Regelungstechnik gefördert haben.

Mein besonderer Dank gebührt meinen langjährigen Mitarbeitern, Herrn Privatdozenten Dr.-Ing. habil. Franz Dittrich und Herrn Akad. Oberrat Dr.-Ing. Christoph Wurmthaler. Beide haben die Entstehung des Buchmanuskriptes kritisch verfolgt und durch zahlreiche Hinweise sowie Verbesserungsvorschläge zur vorliegenden Darstellung beigetragen.

Das verständnisvolle Eingehen der Verlagsmitarbeiter auf meine Wünsche, die Sorgfalt bei der Herstellung in einer Zeit, in der auch äußerlich ansprechende Druckwerke allmählich seltener werden, bestätigen ein weiteres Mal meine guten Erfahrungen, die ich bereits bei einer früheren Zusammenarbeit mit dem Vogel-Verlag machen konnte.

Erlangen Herbert Schlitt

Inhalt

Einleitung

Das Prinzip der selbsttätigen Regelung ist älter als die Menschheit, denn in jeder noch so niedrigen Organisationsstufe des Lebendigen sind adaptierende, stabilisierende und arterhaltende Regelungsvorgänge als Kreisstrukturen wirksam. Insofern ist das *Prinzip Regelung* bzw. Rückkopplung nicht ausschließlich ein Produkt des menschlichen Geistes.

Die außerordentlich weit auseinanderliegenden Ursprünge technischer Regelungen [23] machen deutlich, daß diese unabhängig vom Wissen über biologische Vorgänge, das ja noch gar nicht vorhanden war, eine eigenständige Entwicklung durchlaufen haben, die – ganz pauschal – erst kurz vor der Jahrhundertwende zur Aufdeckung von Parallelen und anwendungsunabhängigen Strukturen geführt hat [46].

Wenn man davon ausgeht, daß sich regelungstechnische Probleme über die unterschiedlichsten Bereiche erstrecken, etwa von einfachen Druck- oder Temperaturregelkreisen über verfahrenstechnische Anlagen bis zu großen Prozeßleitsystemen und in ganz anderen Entwicklungslinien bis zu Regelungsproblemen bei Flugkörpern und Strukturfragen selbstorganisierter Systeme der Synergetik [40], dann wundert man sich nicht über den Anspruch, daß der Umgang mit regelungstechnischen Fragestellungen eine breit angelegte Grundausbildung in Physik und allgemeiner Systemdynamik zur Voraussetzung hat.

Dies wird besonders deutlich, wenn man folgende Schwerpunkte regelungstechnischer Fragestellungen hervorhebt:

- □ Modellbildung zur Kennzeichnung von Regelstrecken;
- □ Entwurf hochstrukturierter Regelungskonzepte;
- □ Berücksichtigung zufälliger Störeinflüsse.

Das Herausarbeiten dieser drei Bereiche, ihre Verknüpfungen untereinander und mit methodischen Hilfsmitteln stellt ein Hauptanliegen des vorliegenden Buches dar.

Die Modellbildung hat für den Einsatz moderner Regelungsverfahren eine besondere Bedeutung erlangt und reicht von ihren vielgestaltigen Ansätzen her weit in die Physik mit ihren Grundphänomenen und Erhaltungssätzen, daher seien hier einige Gesichtspunkte von allgemeiner Bedeutung hervorgehoben. Es ist immer nützlich, sich gewisse *Grenzsituationen* zu vergegenwärtigen, auch wenn sie konkret nicht eintreten. So bezieht sich eine Modellbildung immer auf ein zu definierendes System, das in mehr oder weniger starker Wechselwirkung mit seiner Umgebung steht; seine vollständige Herauslösung aus diesem Verbund ist prinzipiell nicht möglich, man wird auch nie alle Einflüsse und Störungen erfassen könne, die auf ein solches System als *Teil eines Ganzen*, zu dem auch der *messende Beobachter* gehört, einwirken. Wenn jedoch eine vertretbare Systemabgrenzung gelungen ist, tritt ein weiterer Problembereich hinzu: die meisten Systeme muß man für eine brauchbare Modellbildung in einfacher beschreibbare Teilgebilde aufgliedern, und diesem sogenannten «Reduktionismus» sind wiederum Grenzen gesetzt. Schon diese beiden Gesichtspunkte sind hinreichend für die Einsicht, daß weder die Abgrenzung noch die Beschreibung eines «Systems» *vollständig* sein können, ganz abgesehen von möglichen Verfälschungen und Störungen durch erforderliche Meßvorgänge.

Der Begriff *Abgrenzung* ist im hier diskutierten Zusammenhang noch ergänzungsbedürftig, denn zu der materiellen Abgrenzung kommt das Erkennen und Bewerten äußerer Einflüsse und Störungen, die meistens weder meßbar sind noch nach strengen Gesetzmäßigkeiten verlaufen: Sie sind *zufälliger Natur* und entziehen sich zunächst einer analytischen Beschreibung.

Diese Problematik findet man jedoch in allen Wissenschaftsbereichen in mehr oder weniger spezifischer Form vor. Hier muß man zu *statistischen Methoden* übergehen, um bestimmte Störsignaleigenschaften in ein analytisches Entwurfskonzept einbeziehen zu können, denn nur dann lassen sich die vielfältigen Möglichkeiten moderner Konzepte wie der *Zustandsregelung* und der *optimalen Filterung* verrauschter Messungen voll ausschöpfen.

Die hierzu erforderlichen Verfahren sind zugegebenermaßen recht anspruchsvoll, sie sind aber nach einer Entwicklungsphase von mehr als dreißig Jahren zu einem festen Bestandteil der Regelungstechnik geworden. Von ihrer Bedeutung her haben sie ohnehin mehr fachübergreifenden als speziellen Charakter, denn statistisches Geschehen ist der *Normalfall*, deterministisches der Spezialfall.

Vor dem somit umrissenen allgemeinen Hintergrund spannt sich der stoffliche Bogen des vorliegenden Buches von der stark physikalisch geprägten Modellbildung bis zu statistischen Entwurfskriterien für Kalman-Beobachter zur optimalen Meßgeräuschunterdrückung bei anspruchsvollen Regelungskonzepten. Die drei in dieser Einleitung herausgestellten Schwerpunkte werden miteinander verknüpft über den unverzichtbaren Stoff der anderen Kapitel über Systemdynamik, klassische Regelungsverfahren, allgemeine Strukturfragen sowie eine eingeflochtene Darstellung biologischer Regelungsvorgänge.

Die Regelungstechnik ist sicher von ihren vielfältigen Wurzeln und Zielen her in besonderem Maß geeignet, den zunehmend laut werdenden Wünschen vieler Studenten nach *mehr interdisziplinärer Orientierung* entgegenzukommen. Diese Wünsche haben ihr Pendant in der Erfahrung, daß eine vielseitigere und durch Parallelerfahrungen vertiefte Beschäftigung mit naturwissenschaftlichen und ingenieurwissenschaftlichen Problemen eine profunde *Bildungssubstanz* in sich birgt. Andere Disziplinen mögen wohl nicht so gern hören, daß der Zugang zu diesem Bereich nur mit erheblich größerem Engagement und über höheren Einsatz im Vorfeld erreichbar ist als manches klassische Bildungsreservat.

Es ist schwierig und verantwortungsvoll zugleich, den Versuch einer *allgemeinen Einordnung* der vielschichtigen Regelungsphänomene, der zentralen Bedeutung von Rückkopplungsstrukturen, in die heutige Situation der Natur- und Ingenieurwissenschaften zu unternehmen. Einen Hinweis dazu mag abschließend die folgende Überlegung geben.

Ein Rückblick auf den wissenschaftsgeschichtlichen Werdegang [46] der selbsttätigen Regelung legt die Vermutung nahe, daß das in lebhafter Entwicklung befindliche Gebiet der *Synergetik* [40] vergleichbare Entwicklungsstrukturen aufweist: Es vereinigt unter ganzheitlicher Sicht gleichartige Gesetzmäßigkeiten beim Aufspüren und der Erklärung selbstorganisierter Strukturen in den unterschiedlichsten Wissenschaftsgebieten. Grundlagen sind auch hier physikalische Gesetzmäßigkeiten, Analogiebetrachtungen, statistische Phänomene, Rückkopplungsprinzipien sowie das Studium dynamischer Modelle mit Methoden, die zu einem beachtlichen Teil von den *Ingenieurwissenschaften* entwickelt worden sind.

Es bleibt abzuwarten, ob sich aus erkennbaren Parallelitäten und Gemeinsamkeiten wieder einmal eine *Konvergenz* verschiedener Wissenschaftszweige entwickeln wird, zumal die *Rückkopplung als universelles Prinzip* auch in der Chemie, der Biologie, in den Wirtschaftswissenschaften, in der Soziologie und in der Populationsdynamik seit langem bekannt ist und methodisch genutzt wird.

Jedenfalls leben wir in einer Zeit, in der die weitsichtige Voraussage des Theoretischen Physikers Friedrich Hund in den verschiedensten Wissensgebieten Realität wird und erste Ergebnisse zeigt: Die noch weitgehend unerforschte «Natur des Komplexen» wird weltweit untersucht, herkömmliche Analogien erfahren eine begriffliche Erweiterung, Dynamik, Gleichgewicht und Stabilität werden erheblich weittragender formuliert als in den zurückliegenden Jahrzehnten, tieferen Zusammenhängen zwischen stochastischen Prozessen und deterministischen Gesetzmäßigkeiten wird nachgespürt.

Damit öffnet sich das weite Feld der «Erforschung des Komplexen», wie der Physikochemiker Ilya Prigogine es nennt; eine faszinierende Palette von unterschiedlichsten Phänomenen, deren Klärung und gegebenenfalls verantwortbare technische Nutzung sicherlich noch manche Überraschung in sich bergen und wenigstens die Aufgeschlossenen unter den heutigen Perfektionisten soweit bringen wird, sich gelegentlich wieder einmal zu wundern.

1 Modellbildung für Regelstrecken

Die Entwicklung eines Regelungskonzeptes hat zur Voraussetzung, daß die zu regelnde Strecke möglichst gut bekannt ist. Hierbei geht es weniger um konstruktive Einzelheiten als vielmehr um die physikalischen, insbesondere die dynamischen Eigenschaften; denn außer der statischen Genauigkeit, die mit einem bestimmten Regelungskonzept erreichbar ist, spielen dynamische Prozesse in den Regelkreisen eine entscheidende Rolle. Da eine beliebig genaue Streckenbeschreibung prinzipiell nicht möglich ist, muß eine dem jeweiligen Problem angemessene Beschreibung der Strecke vorgenommen werden.

Diese Vorgehensweise wird *Modellbildung* genannt. Für den vor uns liegenden Aufgabenbereich bedeutet dies das Aufstellen der physikalischen Grundgleichungen zur Erfassung der wesentlichen Streckeneigenschaften. Die dabei entstehenden Gleichungen und daraus entwickelbare, eventuell kompaktere, aber gleichwertige Beschreibungen nennt man auch das *mathematische Modell.*

1.1 Fachübergreifende Vorbemerkungen

In der Natur und unserer weitgehend technisch geprägten Umwelt sind wir von den unterschiedlichsten Ereignissen und Vorgängen umgeben, die wir nur zum Teil bewußt wahrnehmen oder gar gezielt verfolgen. Da wir mit unseren – gemessen an der Vielfalt dieser Phänomene – stark eingeengten Sinnesorganen nur bescheidene Teilausschnitte unserer Umwelt wahrnehmen können, vollzieht sich, vom Kleinstkind angefangen, über unsere gesamte Lebensspanne ein bemerkenswerter Prozeß: Wir entwickeln in unserem Gehirn eine Vorstellung von der Außenwelt, ein Bild, das im Laufe zunehmender Erfahrungen immer wieder erweitert, korrigiert und dem jeweils aktuellen Erfahrungsstand angepaßt wird. Bei der Überfülle an äußeren Einflüssen sind hier Selektionsmechanismen im Spiel, die zu einer Art *Selbstorganisation* bei der Bildung von Umweltmodellen führen.

Wegen der Begrenztheit unserer Sinnesorgane und der Einschränkungen, denen unsere Fähigkeit zur Verknüpfung der verschiedenen Eindrücke unterworfen ist, entsteht während dieses Entwicklungsprozesses nicht die Erkenntnis der wirklichen Außenwelt, sondern nur ein jeweils angepaßtes *Modell.* Diese Modellvorstellung reicht im allgemeinen aus, um uns in unserer Umgebung zurechtzufinden, zu arbeiten und zu planen, wobei gelegentlich vorhandene Abweichungen zwischen Modell und Wirklichkeit meist nicht ins Gewicht fallen, weil sie in vielen Bereichen gar nicht erkennbar sind: Wir verfügen nicht über eine allgemein gültige Definition der Wirklichkeit, wir bleiben vielmehr immer abhängig vom jeweiligen Erkenntnisstand, von naturwissenschaftlich abgesicherten Fakten und oft zusätzlich von deren philosophischen Interpretationen.

Mit diesen kurzen Vorbemerkungen sollte deutlich gemacht werden, daß der Begriff «Modellbildung» viel älter und allgemeiner ist, als die in den folgenden Abschnitten zu präzisierenden Aussagen über physikalisch-technische Systeme vermuten lassen. Diesem konkreten Aufgabenbereich kommt man ein erhebliches Stück näher, wenn man wiederum vorerst allgemein festhält, daß das gezielte Beobachten der Außenwelt zum *Erkennen von Gesetzmäßigkeiten* geführt hat, zum systematischen Erforschen mit dem Ergebnis des relativ hohen Standes unseres heutigen physikalischen Weltbildes. Der Preis dafür ist vielfältig. Hingewiesen sei nur auf die ganz anderen Dimensionen neuer Probleme, die sich zwangsläufig mit neuen Erkenntnissen ergeben. Die wechselvolle Geschichte naturwissenschaftlichen Erkennens hat sowohl Phasen der Konvergenz als auch der Divergenz durchgemacht; so wird vielleicht die Frage, ob wir es mit einer Einheit oder mit einer Vielfalt der Naturphänomene zu tun haben, nie schlüssig beantwortet werden.

Immerhin gilt es festzuhalten: Die aus Beobachtungen und systematischen Denkprozessen resultierenden Gesetzmäßigkeiten der Physik gemäß ihrem heutigen Stand bilden einen hohen Anteil an den Grundlagen für den gesamten Komplex der Modellbildung für Naturwissenschaftler und Ingenieure. Zu dem im menschlichen Individuum ablaufenden Prozeß der Modellbildung und -korrektur gibt es eine geradezu unüberschaubare Zahl von Parallelen; auf einige werden wir noch zu sprechen kommen, eine ganz beispielhafte sei hier kurz umrissen.

Der dänische Physiker Niels Bohr hat um 1913 den gedanklichen Versuch unternommen, einen weitgehend gesicherten Erfahrungsbereich mit unserem Planetensystem in atomare Dimensionen zu übertragen. Das Ergebnis war das aufsehenerregende Bohrsche Atommodell, mit dem man eine ganze Reihe der damals bekannten Eigenschaften des Atoms erklären und bestätigen konnte. Heute ist dieses Modell so gut wie vollständig überholt, weil die verfeinerten Meßmethoden und Theorien ganz neue, zum Teil unerwartete Eigenschaften der Atome zutage gefördert haben.

Für unsere folgenden Überlegungen ist entscheidend, daß die ursprüngliche Modellvorstellung von Bohr den *entwicklungsfähigen Ausgangspunkt* für laufende *Modellverbesserungen* darstellte. Die systematischen Korrekturen eines «Anfangsmodells» sind ebenso wichtig wie der erste Ansatz, auch wenn er schrittweise abgebaut werden muß.

Historisch taucht der Modellbegriff schon um 1600 auf, als die Anhänger des geozentrischen Weltsystems mit den Verfechtern des heliozentrischen Systems im Streit lagen. Damals wurde Galilei von dem naturwissenschaftlich engagierten Kardinal Bellarmin aufgefordert, ein mathematisches Modell des auf Aristarch zurückgehenden kopernikanischen Weltsystems (im Sinne einer *Hypothese*, nicht einer *Wahrheit*!) zu erstellen, was Galilei nicht ohne Widerwille befolgt hat.

Bevor wir die zielgerichtete Systematisierung dieser Vorbemerkungen angehen, sei noch auf einen wichtigen Gesichtspunkt hingewiesen.

Zur Beschreibung komplizierter Systeme benötigt man Gesetze aus unterschiedlichen Gebieten wie Mechanik, Wärmelehre, Elektrizitätslehre, Chemie usw. Daß dann eine Beschreibung überhaupt möglich ist, hängt mit einem sehr allgemeinen Zugang zu physikalischen Gesetzmäßigkeiten zusammen [1]. Es kommt uns zustatten, daß man ein mehr oder weniger verwickeltes Gesamtgeschehen überhaupt durch *separierbare Phänomene* beschreiben kann. Dieses *Separartionsprinzip* bezieht sich ursprünglich auf große Komplexe wie Materie mit ihren gravitativen Wechselwirkungen einerseits, die um viele Größenordnungen getrennt sind von Strahlungsvorgängen, Quantenvorgängen und der Hüllenphysik andererseits, die wiederum separierbar sind vom Bereich der Kernkräfte. Natürlich treten solche Größenordnungsunterschiede bei den vor uns liegenden Aufgaben der Bilanzierung und Modellbildung nicht auf; der Hinweis mag aber verdeutlichen, daß auch hier die Separierbarkeit von Teilphänomenen nicht so selbstverständlich ist wie gemeinhin stillschweigend unterstellt wird. Sobald man in den Bereich nicht mehr voneinander separierbarer Einflüsse auf einen technisch-physikalischen Prozeß vorzudringen versucht, ergeben sich unweigerlich größte, oft prinzipiell nicht behebbare Schwierigkeiten.

1.1.1 Technische Gesichtspunkte der Modellbildung

Ausgangspunkt für eine physikalische Modellbildung ist zunächst die Festlegung und Abgrenzung einer definierten Anordnung von Konstruktions- und Schaltelementen mit gegenseitigen Verknüpfungen. Hiervon ausgehend kann man von Fall zu Fall hinreichend genau und vollständig definieren, was unter einem technischen System zu verstehen ist. Hinzu kommt noch ein weiterer wichtiger Gesichtspunkt: Jedes System befindet sich in einer bestimmten Umgebung, und auch diese gilt es, vernünftig zu definieren, denn sie bestimmt die äußeren Einflußgrößen, die auf das System einwirken. Viele solcher Größen sind in der Praxis im Sinne definierter und reproduzierbarer Signale nicht bekannt, oft ist auch ihr Einwirkungsort nicht genau angebbar. Man hat es hier mit *statistischen Einflüssen* zu tun, auf deren Charakterisierung im Kapitel 8 näher eingegangen wird. Im Vorfeld dieser statistischen Beeinflussung von Systemen studiert man das Modellverhalten mit einfachen *deterministischen Testsignalen*, die darüber hinaus den Vorteil bieten, daß sich verschiedene oder ähnliche Systeme über ihre Modelle miteinander vergleichen lassen.

Zur hinreichenden begrifflichen Vorklärung sei noch auf einen weiteren gewichtigen Gesichtspunkt hingewiesen. Bei der Modellbildung wird es darum gehen, das Zusammenwirken von Bauelementen und Teilsystemen zu einem Ganzen durch eine Reihe von Gesetzmäßigkeiten zu beschreiben, wozu natürlich auch die Festlegung von beeinflussenden Größen und Zielgrößen oder Ausgangsgrößen gehören wird. Man darf aber hier die Bildung des Modells weitgehend von der Untersuchung seiner dynamischen Eigenschaften trennen. Auch hierfür gibt es einen allgemeineren physikalischen Hintergrund; ein System wird im wesentlichen durch folgende Festlegungen beschrieben:

- ☐ das *Modell*, dargestellt durch einen Satz Grundgleichungen, in denen die physikalischen Eigenschaften zum Ausdruck kommen;

- ☐ die *Anfangsbedingungen*, die dem System und damit dem Modell vorgegeben sind;
- ☐ die am Modell studierbaren *Reaktionen des Systems* auf gezielte deterministische Anregungen sowie auf statistische Einflußgrößen seiner Umgebung, die ihrerseits wieder durch *stochastische Testsignale* modelliert werden können.

Im ersten Kapitel wird es überwiegend um die erste dieser drei Festlegungen gehen. Die Auswirkungen von Anfangsbedingungen spielen keine dominierende Rolle, sie werden in Kapitel 2 zusammen mit Fragen der Dynamik behandelt. Bei allgemeineren physikalischen Problemen widmet man jedoch gerade den Anfangsbedingungen wegen ihres statistischen Charakters besondere Aufmerksamkeit. Schließlich wird den zufälligen Einflußgrößen wegen ihrer großen praktischen Bedeutung das gesamte Kapitel 8 eingeräumt. Generell muß man noch voraussetzen, daß die Eingangs- und Ausgangsgrößen *nur über das System* und nicht zusätzlich in der Umgebung miteinander verknüpft sind. Dies ist keine speziell technische, sondern eine allgemeine Voraussetzung bei der Definition physikalischer Zusammenhänge, basierend auf dem sogenannten Reduktionismus.

1.1.2 Allgemeine Vorgehensweisen

Unabhängig von speziellen Aufgaben zeichnen sich einige Gesichtspunkte zur Modellbildung ab, die ohne Streben nach letzter Vollständigkeit hier zusammengestellt werden:

- ☐ Definition und Abgrenzung des zu modellierenden Systems;
- ☐ Definition der *beeinflussenden Umgebung* (bei Systemen mit konzentrierten Parametern, um die es hier gehen wird, meist nicht erforderlich);
- ☐ Abschätzen von *äußeren* und inneren Einflüssen auf das Modell: zeitunabhängig oder mit der Zeit veränderliche Parameter, statistische Störgrößen;
- ☐ Abschätzen des *sinnvollen Aufwandes*: Das Modell darf einerseits nicht zu komplex werden, damit es noch überschaubar und für ein Regelungskonzept verwendbar bleibt; «sehr große» Systeme folgen besonderen Gesetzmäßigkeiten, die bei kleinen und mittleren nicht auftreten und deshalb hier außer Betracht bleiben. Andererseits dürfen keine dominierenden Systemeigenschaften übersehen oder falsch eingeschätzt werden. Daraus resultiert von selbst die eingangs erwähnte Verbesserung und Korrektur eines Modellansatzes, etwa durch Hinzunahme von Teileffekten, die in einer ersten Studie zwar erkannt, aber vorerst als vernachlässigbar gegen andere Effekte eingestuft wurden.
- ☐ Bei ordnungsgemäßer Vorgehensweise im Bereich der Grundgesetze ergeben sich die entscheidenden Größen zur Kennzeichnung des gesamten Modellzustandes von selbst.
- ☐ Erkennen von *Einschränkungen der Gültigkeitsbereiche* von Ansätzen, Begrenzungen für Signale, Überprüfung nichtlinearer Zusammenhänge auf mögliche Linearisierbarkeit;
- ☐ Die bei vorausgesetzer Separierbarkeit zusammengestellten Grundgleichungen müssen miteinander verknüpft werden durch Beziehungen folgender Art:

a) *Bilanzierungen* für Kräfte, Momente, Ströme, Spannungen, Wärmeflüsse, usw.;
b) *Kontinuitätsgleichungen;*
c) allgemeine *Erhaltungssätze* für Masse, Energie, Impuls, Drehimpuls, usw.;
d) die *Hauptsätze der Thermodynamik* in ihren verschiedenen Formen.

Hierzu ist ergänzend zu bemerken, daß diese Bilanzierungen und Erhaltungssätze stark von einer eindeutigen Festlegung des Bilanzraumes abhängen, wobei sich z.B. Wärmeflüsse prinzipiell nicht vollständig abgrenzen lassen. Wenn Vorgänge zu modellieren sind, die zum Teil *irreversibel* verlaufen, wie Wärmeleitung, Diffusion, chemische Reaktionen, dann gelten die eventuell angesetzen Erhaltungssätze nicht mehr. Solche Prozesse verlaufen nach dem Zweiten Hauptsatz der Thermodynamik *nur in einer Richtung*, d.h. sie sind nicht umkehrbar, so daß man zu ihrer Kennzeichnung Entropiebilanzen aufstellen muß [2]. Wärmeleitung und Diffusion sind physikalische Phänomene, die durch Überlagerung extrem vieler Elementarprozesse im Mikrobereich entstehen. Diese makroskopisch nur über *Mittelwerte* erfaßbaren Vorgänge beschreibt man durch *statistische Modellansätze*, die auf partielle Differentialgleichungen führen.

Ferner ist noch festzuhalten, daß Bilanzierungsansätze im allgemeinen *dynamische* Gleichgewichte beschreiben, in denen zeitliche Änderungen in Gestalt von Ableitungen nach der Zeit auftreten. In dem hier abgesteckten Rahmen, wo keine Ortsabhängigkeiten einbezogen werden, führen die aufgezählten Verknüpfungen zu *gewöhnlichen* Differentialgleichungen zur Modellierung der jeweiligen Systeme.

Der Begriff «Gleichgewicht» ist sehr vielgestaltig und vom jeweiligen Systemtyp abhängig. In der *Mechanik* beispielsweise kann er einen stationären Ruhezustand bedeuten, formal gekennzeichnet durch das Verschwinden aller Ableitungen nach der Zeit, $\dot{x} = 0$, $\ddot{x} = 0$, ... für $t \to \infty$. Ein Gleichgewichtszustand kann andererseits dadurch entstehen, daß in einem *offenen System*, das in starker Wechselwirkung mit seiner Umgebung steht, die Summe aus zugeführten und abgeführten Stromgrößen gleich null ist; man kann hierbei nicht von einem «Ruhezustand» im gewohnten Sinn sprechen. Schließlich bedeutet Gleichgewicht bei *thermischen Systemen*, die etwa durch Temperaturen und Drücke beschrieben werden, alles andere als einen Ruhezustand, ganz im Gegenteil: Unter dem Einfluß der Temperatur führen Gasmoleküle chaotische Elementarbewegungen aus. Jedoch gibt es zu jedem Elementarprozeß, der eine bestimmte Veränderung in seiner Umgebung bewirkt, mit Wahrscheinlichkeit 1 einen inversen Prozeß mit genau entgegengesetzter Auswirkung. Dieser Typ des «detaillierten Gleichgewichts» führt letztlich zur makroskopischen Beschreibbarkeit der thermischen Systeme durch Mittelwerte wie Druck, Temperatur, usw. Man sollte also sorgfältig zwischen Begriffen wie «Gleichgewicht» und «Ruhezustand» unterscheiden, die in der Systemdynamik noch durch den ohne nähere Angaben nicht eindeutigen Begriff des «eingeschwungenen Zustandes» ergänzt werden, der je nach Systemeigenschaften einen Ruhezustand oder eine Dauerschwingung kennzeichnen kann.

Bei den Modellbildungen der folgenden Abschnitte werden sowohl lineare als auch nichtlineare Grundgleichungen angesetzt. *Lineare* Zusammenhänge haben den Vorteil, daß sie unverändert über den gesamten zugelassenen Signalbereich gelten. Konkret heißt das beispielsweise, daß sich ein ohmscher Widerstand innerhalb des angegebenen Bereichs seiner Belastbarkeit linear verhält und keine nennenswerte Erwärmung erfolgt; bei einer Laminardrossel bedeutet es, daß bis zu einem maximal zugelassenen Druckabfall keine Wirbelbildung vorkommt. Auf die sehr allgemeinen Eigenschaften solcher linearer Gebilde wird in Kapitel 2 näher eingegangen. Andererseits können schon im Ansatz *nichtlineare* Grundgesetze vorkommen: Bei einer elektrischen Gleichstrommaschine besteht über die Magnetisierungskennlinie ein nichtlinearer Zusammenhang zwischen elektrischem Strom und magnetischer Flußdichte; bei einer Turbulenzdrossel hängt der Druckabfall vom Quadrat des Volumenstromes ab. Hier bestehen also über die technisch zugelassenen Betriebsbereiche für Ströme oder Drücke keine linearen Zusammenhänge.

Zur deutlichen Unterscheidung dieser großen Gruppe von Phänomenen wird bei nichtlinearen Gebilden das sogenannte *Großsignalverhalten*, symbolisiert durch *Großbuchstaben*, angegeben. Da in Verbindung mit Regelungen überwiegend das Streckenverhalten in der Umgebung eines festen Betriebspunktes interessiert, nimmt man eine *Linearisierung* vor, wenn sie physikalisch begründbar ist. Lineares Verhalten, sei es vom Ansatz her oder durch Beschränkungen auf die Umgebung eines festen Betriebspunktes bedingt, werden wir durch *kleine Buchstaben* kennzeichnen: Bei linearen Systemen gilt das *Kleinsignalverhalten* unverändert über die vollen Signalbereiche, bei nichtlinearen Systeme gilt das Kleinsignalverhalten nur in einer hinreichend kleinen Umgebung des Betriebspunktes.

1.2 Einfache Kombinationen von Bauelementen

Vorbereitend für komplizierte Modellbildungen werden einige Kombinationen von Bauelementen mit *linearem* Verhalten aus verschiedenen physikalischen Gebieten behandelt, wobei konsequent von strengen *Analogien* Gebrauch gemacht wird.

Wir gehen von folgender Definition aus:

Technische Gebilde werden genau dann als analog zueinander bezeichnet, wenn sie durch einen Satz physikalisch analoger Grundgesetze beschrieben werden.

Daraus folgt, daß sie nach Elimination bestimmter Zwischengrößen durch Differentialgleichungen vom gleichen Typ darstellbar sind.

1.2.1 Die elektrische *RC*-Kombination

Die einfache elektrische Schaltung von Bild 1.1 wird durch folgende Grundgleichungen beschrieben:

$$i_R(t) = \frac{1}{R} \cdot [u_e(t) - u_a(t)],$$

$$i_C(t) = C \cdot \dot{u}_a(t),$$

$$i_C(t) = i_R(t).$$

Bild 1.1
Elektrische Widerstand-Kondensator-Kombination

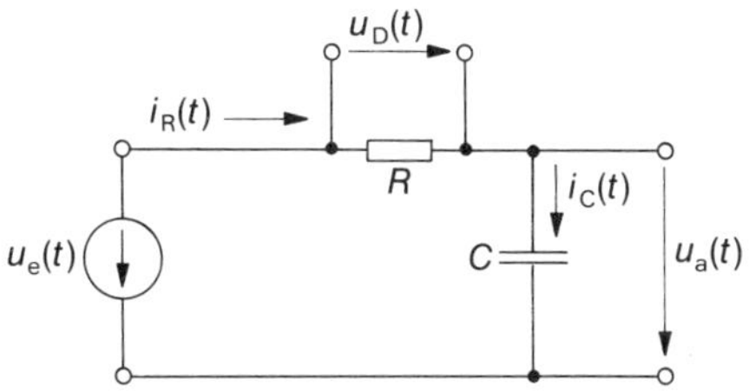

Dieser einfache Modellansatz gilt für ideale Bauelemente, d.h., der Kondensator wird als *verlustfrei* angenommen, und in dem ohmschen Widerstand wird *keine Energie gespeichert*. Für dieses System mit konzentrierten Parametern wird der Zusammenhang zwischen Eingangsspannung $u_e(t)$ und Kondensatorspannung $u_a(t)$ beschrieben durch die Differentialgleichung

$$R \cdot C \cdot \dot{u}_a(t) + u_a(t) = u_e(t)\,. \qquad \text{(Gl. 1.1)}$$

Detaillierte Eigenschaften werden zusammen mit denjenigen der folgenden analogen Kombinationen in Abschnitt 1.3 besprochen.

1.2.2 Die Drossel-Speicher-Kombination

Für das in Bild 1.2 dargestellte einfache pneumatische System aus Laminardrossel und Druckbehälter gelten die Grundgleichungen:

$$q_W(t) = \frac{1}{W_L} \cdot [p_e(t) - p_a(t)]\,,$$

$$q_B(t) = K_B \cdot \dot{p}_a(t)\,,$$

$$q_B(t) = q_W(t)\,.$$

Bild 1.2
Pneumatische Drossel-Speicher-Kombination

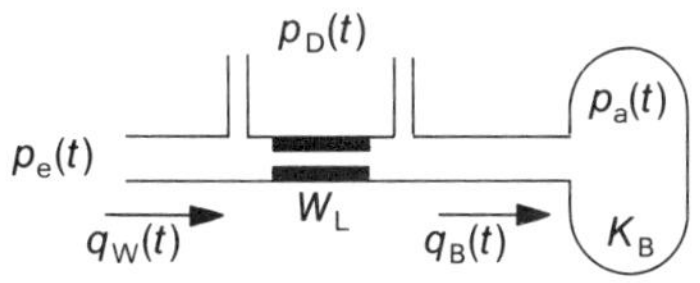

Dabei ist $q(t)$ der Gasvolumenstrom in m^3/s, W_L der Strömungswiderstand der Drossel nach dem Gesetz von Hagen-Poiseuille

$$W_L = \frac{8 \cdot \eta \cdot l}{\pi r^4}$$

mit η = dynamische Zähigkeit des Gases in $\frac{kg}{s \cdot m}$,

l = Drossellänge in m,

r = Drosselradius in m.

K_B ist die Speicherkapazität des Behälters, die sich bei konstanter Temperatur aus der Zustandsgleichung für ideale Gase ergibt:

$$K_B = \frac{V_0}{\varrho \cdot R\,\Theta}$$

mit V_0 = metrisches Volumen in m^3,
ϱ = Gasdichte in kg/m^3 (als konstant angenommen),
R = Gaskonstante in $\frac{J}{kg \cdot K}$,
Θ = absolute Temperatur in K.

Bei dem Strömungsvorgang dürfen weder Wirbelbildung noch Kondensation noch periodische Dichteschwankungen des Gases auftreten, Strömungswiderstände der Rohrleitung sind dem Drosselbeiwert W_L zugeschlagen, das Leitungsvolumen sei vernachlässigbar klein gegen das Behältervolumen. Unter diesen Voraussetzungen wird der Zusammenhang zwischen Eingangsdruck $p_e(t)$ und Behälterdruck $p_a(t)$ beschrieben durch die Differentialgleichung

$$W_L \cdot K_B \cdot \dot{p}_a(t) + p_a(t) = p_e(t)\,. \qquad \text{(Gl. 1.2)}$$

1.2.3 Die Dämpfer-Feder-Kombination

Das Bild 1.3 zeigt die Anordnung zweier mechanischer Elemente, wobei der mit Öl als Bremsmedium arbeitende Dämpfer zur Hydraulik zu rechnen ist. Die physikalischen Grundgleichungen lauten:

$$v_d(t) = \frac{1}{d_0} \cdot [f_e(t) - f_a(t)]\,,$$

$$v_a(t) = \frac{1}{c} \cdot \dot{f}_a(t)\,,$$

$$v_a(t) = v_d(t)\,.$$

Hierbei wird vorausgesetzt, daß die Feder nur vollständig reversible Stauchungen bzw. Dehnungen erfährt und daß der Dämpfer in seiner einfachsten Form modelliert

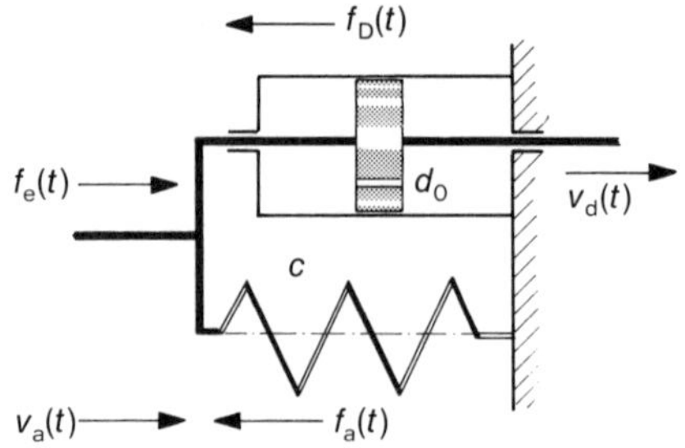

Bild 1.3
Mechanische Dämpfer-Feder-Kombination

wird; für andere Verwendungszwecke ist eine wesentlich differenziertere Modellbildung dieses hydraulischen Gebildes erforderlich, die in Abschnitt 1.11 vorgenommen wird.

Unter den hier getroffenen Annahmen gilt zwischen der Eingangskraft $f_e(t)$ und der Reaktionskraft $f_a(t)$ der Feder der Zusammenhang

$$\frac{d_0}{c} \cdot \dot{f}_a(t) + f_a(t) = f_e(t)\,. \qquad \text{(Gl. 1.3)}$$

1.2.4 Die Wärmeleiterkombination

Vorab muß darauf hingewiesen werden, daß die Plattenanordnung von Bild 1.4 strenggenommen durch eine *partielle* Differentialgleichung, die Wärmeleitungsgleichung mit gegebenen Anfangs- und Randbedingungen beschrieben werden müßte.

Bild 1.4
Wärmeleiterkombination aus zwei Materialien

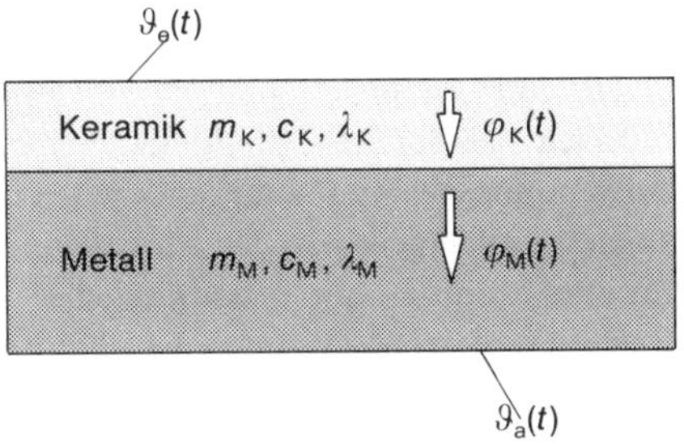

Unter einschränkenden Voraussetzungen [13] kann man die Kombination jedoch wie folgt modellieren:

Eine Keramikplatte und eine Metallplatte, deren Kantenlängen groß seien gegen ihre Dicken, sind wärmeschlüssig aufeinandergepreßt. Bedeuten m die Masse, c die spezifische Wärmekapazität und λ die Wärmeleitfähigkeit der Materialien, so gelte

$$\lambda_K \ll \lambda_M \quad \text{und} \quad m_K \cdot c_K \ll m_M \cdot c_M\,.$$

□ Bei gegebener Temperatur $\vartheta_e(t) > \vartheta_a(t)$, etwa durch eine oben aufliegende elektrische Heizwicklung, fließt durch die Keramikplatte der Wärmestrom

$$\varphi_K(t) = \frac{1}{W_K} \cdot [\vartheta_e(t) - \vartheta_a(t)]$$

in Richtung des Temperaturgefälles; dabei ist W_K umgekehrt proportional zu der Wärmeleitzahl λ_K:

$$W_K \sim \frac{1}{\lambda_K} \qquad \text{in K} \cdot \text{s/J}\,.$$

☐ Innerhalb des homogenen Metalls mit überall gleich angenommener Temperatur $\vartheta_a(t)$ setzt sich der Wärmestrom stetig fort und ergibt sich zu

$$\varphi_M(t) = m_M \cdot c_M \cdot \dot{\vartheta}_a(t) .$$

☐ Die Kontinuitätsbeziehung $\varphi_M(t) = \varphi_K(t)$ stellt die dritte Grundgleichung dar, und für die beiden Temperaturen gilt der Zusammenhang

$$W_K \cdot m_M \cdot c_M \cdot \dot{\vartheta}_a(t) + \vartheta_a(t) = \vartheta_e(t)$$

unter den ausführlich dargelegten Einschränkungen.

1.3 Gemeinsame Gesichtspunkte

Für die fachübergreifenden Methoden der Regelungstechnik ist das Herausarbeiten gemeinsamer Gesichtpunkte zu technisch unterschiedlichen Systemen sowie die Frage nach deren Übertragbarkeit in nichttechnische Bereiche besonders charakteristisch. Von den zahlreichen daraus resultierenden Vorteilen seien nur zwei genannt: Zum einen sind Analogien und daraus folgende sowie zusätzliche Gemeinsamkeiten hilfreich bei der Modellbildung, bei der Übernahme von Erfahrungen in andere Anwendungsgebiete; zum anderen geht der *Entwurf von Regelungskonzepten* zunächst allgemein von den Modellen für die Regelstrecken aus, zumal es in diesem Entwurfsstadium um grundsätzliche Überlegungen zur *Dynamik* von Strecken, Reglern und deren Zusammenspiel in Regelkreisen geht. Die Realisierung und damit die technische Anpassung eines Regelungskonzeptes an die reale Anlage hat dann in weiteren Schritten anwendungsspezifisch zu erfolgen.

1.3.1 Grundgleichungen und Strukturbilder

Die behandelten Elementkombinationen stellen nur eine Auswahl aus der Vielzahl analoger Gebilde dieser grundlegenden Art dar. An Gemeinsamkeiten erkennt man zunächst die gleiche Form der Grundgleichungen. Führt man die gemeinsamen Symbole

$u(t) - x(t)$ = Gefälle,
W = Widerstand,
K = Speicherkennwert,
$q(t)$ = Stromgrößen

ein, so ergeben sich folgende beispielunabhängigen Formen:

☐ Ein *Gefällegesetz* $q_1(t) = \frac{1}{W} \cdot [u(t) - x(t)]$,

das in dieser Gestalt schon von Aristoteles in seiner «Bewegungslehre» aufgestellt wurde; wir arbeiten heute mit den spezifischen Formen von Ohm, Hagen-Poiseuille, Fourier und anderen.

☐ Ein *Speichergesetz* $q_2(t) = K \cdot \dot{x}(t)$

oder in der anschaulicheren Integralform

$$x(t) = x(0) + \frac{1}{K} \cdot \int_0^t q_2(\tau)\,\mathrm{d}\tau\,,$$

wonach sich der gesamte Speicherinhalt zum Zeitpunkt t aus einem Anfangszustand $x(t = 0)$ und dem mit $1/K$ bewerteten Integral über die jeweilige Stromgröße bis zum Zeitpunkt t zusammensetzt.

☐ Ein *Kontinuitätsgesetz* $q_2(t) = q_1(t)$,

das für die behandelten Elementkombinationen zur jeweiligen Bilanzgleichung führt.

Die Entwicklung des Strukturbildes geht nun unmittelbar von den Grundgleichungen des Modells aus, wobei folgendes zu beachten ist:

Aus dem Satz der Grundgleichungen dürfen keine Zwischengrößen eliminiert werden; dies wird besonders wichtig bei komplizierteren Modellansätzen.

Grafische Elemente eines Strukturbildes sind *Blöcke*, die bestimmte mathematische Operationen repräsentieren, z.B. nichtlineare Funktionen, Integration, Multiplikation mit Konstanten. Dazu kommen *Linien* als Signalpfade mit *Richtungspfeilen*, wobei die Richtung des Signalflusses nicht mit der Richtung des Energieflusses übereinzustimmen braucht. Schließlich werden noch einfache Signalverknüpfungen wie Addition und Subtraktion benötigt, die durch kleine Kreise als *Additionsstellen* symbolisiert werden.

Bei der Entwicklung des Strukturbildes beginnt man zweckmäßig mit dem Speichergesetz in der oben angegebenen Integralform und erhält den in Bild 1.5 gezeigten Strukturanteil. Im nächsten Schritt bearbeitet man den Integranden $q_2(t)$ entsprechend dem Gefällegesetz

$$q_2(t) = \frac{1}{W} \cdot [u(t) - x(t)]$$

und erhält schon die Struktur des Modells (Bild 1.6), die eine implizit geschriebene Darstellung der Ausgangsgröße repräsentiert:

$$x(t) = x(0) + \frac{1}{K} \cdot \int_0^t \frac{1}{W} \cdot [u(\tau) - x(\tau)]\,\mathrm{d}\tau\,.$$

Bild 1.5
Blockdarstellung eines Energiespeichers

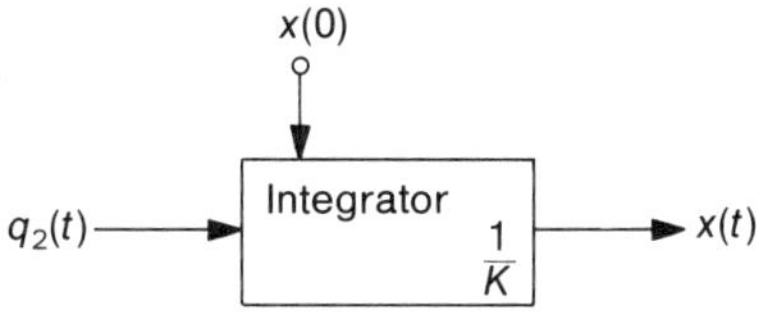

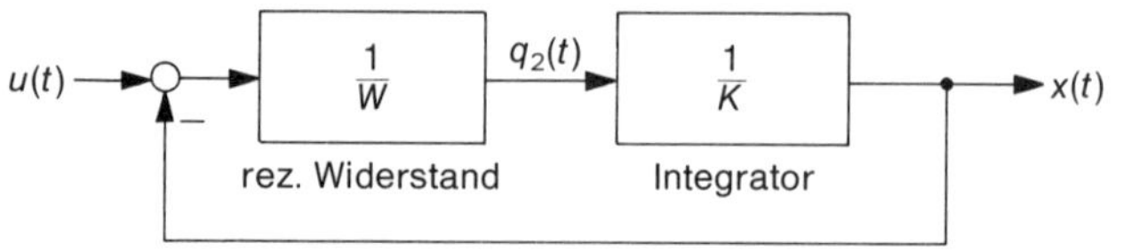

Bild 1.6
Gemeinsames Strukturbild der behandelten Elementkombinationen mit P-T_1-Verhalten

Die gemeinsame Differentialgleichung entsteht durch Auswertung des zugehörigen Kontinuitätsgesetzes als Bilanzgleichung, d. h. durch Eliminieren der Ströme:

$$W \cdot K \cdot \dot{x}(t) + x(t) = u(t), \quad x(0) = x_0 . \qquad \text{(Gl. 1.5)}$$

Dies ist eine gewöhnliche lineare Differentialgleichung mit konstanten Koeffizienten, an der man folgende allgemeinen Modelleigenschaften abliest:

- ☐ Das Produkt $W \cdot K$ hat die Dimension *Zeit* und bildet die *Zeitkonstante* $T = W \cdot K$ des Modells.
- ☐ Erregt man das Modell mit einer sprungförmigen Eingangsgröße $u(t) = u_0 \cdot 1(t)$ unter der nicht wesentlich einschränkenden Annahme $x(0) = 0$, so ergibt sich als Reaktion des Modells der in Bild 1.7 dargestellte Verlauf der Ausgangsgröße als Funktion der Zeit, den man allgemein als *Sprungantwort* bezeichnet. Der stationäre Endwert u_0 wird mit *Verzögerung 1. Ordnung* erreicht. Zusammen mit der Linearität ergibt sich ein *P-T_1-Modell*; dieser Terminus technicus bedeutet Proportionalverhalten mit *einer* Verzögerung.

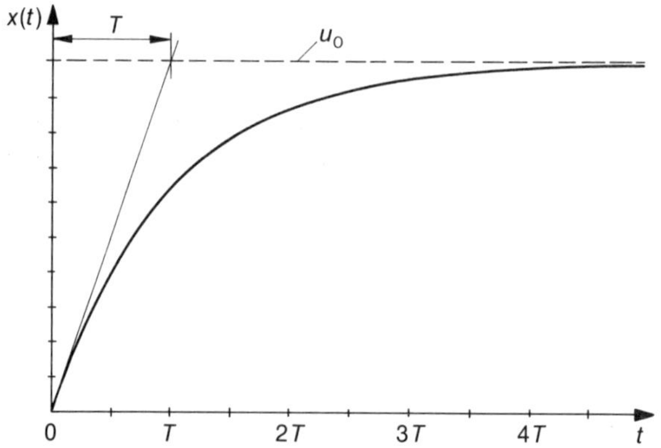

Bild 1.7
Sprungantwort eines P-T_1-Systems

1.3.2 Die dissipativen Größen

Die analogen Elementkombinationen haben noch je eine zweite Ausgangsgröße, die mit dem Symbol $x_D(t)$ bezeichnet werde, weil sie den Charakter einer Differenzgröße hat und gerade das jeweilige Gefälle darstellt. Da zum Einschaltzeitpunkt $t = 0$ ein Ungleichgewicht zwischen Eingangs- und Ausgangsgröße besteht, ist es von Interesse,

Bild 1.8
Zeitlicher Verlauf einer dissipativen Größe

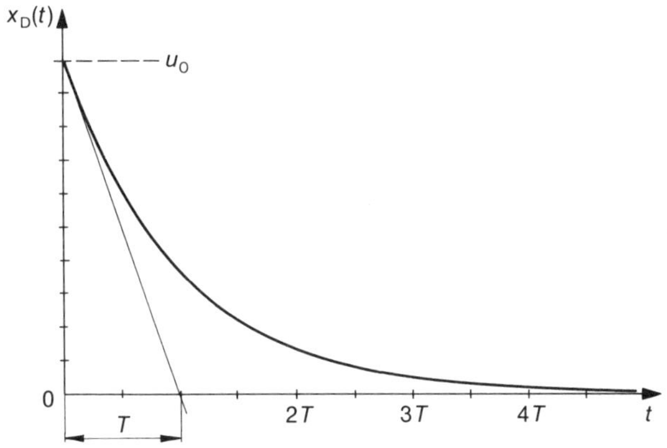

wie dieses im Laufe der Zeit abgebaut und in einen neuen Gleichgewichtszustand übergeführt wird.

Wenn die Differentialgleichung (Gl. 1.5) gelöst ist, erhält man den zeitlichen Verlauf des Gefälles aus der einfachen Beziehung

$$x_D(t) = u(t) - x(t);$$

man braucht also keine neue Differentialgleichung für $x_D(t)$ aufzustellen. Bild 1.8 zeigt den zeitlichen Verlauf bei bekanntem $x(t)$ aus Bild 1.7.

Bei nicht vorliegender Lösung $x(t)$ findet man für die Differenzgröße die Differentialgleichung

$$T \cdot \dot{x}_D(t) + x_D(t) = T \cdot \dot{u}(t),$$

auf deren Lösung hier nicht weiter eingegangen wird. Das Zeitverhalten der Differenzgrößen bezeichnet man in der üblichen Terminologie als D-T_1-Verhalten und versteht darunter eine Differentiation mit Verzögerung erster Ordnung.

Die analogen Größen $x_D(t)$ der behandelten Kombinationen lassen sich allgemein über eine Energiebetrachtung interpretieren. Die einem System durch einen Energiefluß $\varphi_e(t)$ zugeführte Nutzenergie wird zu einem Teil als Verlustenergie umgesetzt, zu einem anderen Teil in Form von Nutzenergie gespeichert. Bei den ideal angenommenen Widerstandselementen dissipiert der zugehörige Energieanteil sofort nach außen; somit leistet dieser keinen Beitrag zum jeweiligen Energiezustand der Systeme. Dies ist der physikalische Grund dafür, daß sich Systeme *erster* Ordnung mit *einem* Energiespeicher ergeben.

So kann man am Beispiel der elektrischen RC-Kombination den folgenden Ansatz für die beteiligten Energieströme machen:

$$\varphi_R(t) + \varphi_C(t) = \varphi_e(t)$$

oder ausgedrückt durch die Ladung $q(t)$ als der entscheidenden speicherbaren Größe:

$$R \cdot \dot{q}^2(t) + \frac{d}{dt}\left\{\frac{1}{2C} \cdot q^2(t)\right\} = u_e(t) \cdot \dot{q}(t),$$

woraus sofort die Spannungsbilanz folgt:

$$R \cdot i(t) + \frac{1}{C} \cdot \int_0^t i(\tau)\,\mathrm{d}\tau = u_e(t)\,.$$

Der übergeordnete Begriff zu diesen Überlegungen umfaßt die sog. *dissipativen Systeme.* Sie stehen in gewissem Gegensatz zu den konservativen Systemen, die durch Erhaltungssätze und durch Invarianz gegen Richtungsumkehr gekennzeichnet sind. Diese Eigenschaften gehen verloren, wenn man die *Ausbreitungsgesetze* für Größen wie Temperatur, Diffusion und Druck aufstellt; sie kennzeichnen *irreversibles Systemverhalten,* wie man etwa am Beispiel der Wärmeleitungsgleichung

$$\frac{\partial \vartheta}{\partial t} = \kappa \cdot \frac{\partial^2 \vartheta}{\partial x^2}, \qquad \kappa > 0\,,$$

erkennt. Gleichungen dieses Typs besagen, pauschal ausgedrückt, daß sich Inhomogenitäten in einem Medium *ausgleichen,* daß sich von selbst ein durch Homogenität ausgezeichneter Gleichgewichtszustand einstellt. Die *Richtung* solcher Ausgleichsvorgänge ist also durch den Zweiten Hauptsatz bestimmt.

1.3.3 Zusammenfassung

Die behandelten analogen Systeme sind mit Verzögerung erster Ordnung behaftet; sie haben als Eingangsgröße die Steuergröße $u(t)$ und zwei Ausgangsgrößen. Verwendet man im Hinblick auf erforderliche Verallgemeinerungen anstelle von $x_D(t)$ das Symbol $y(t)$, so gelten die Gleichungen

$$\dot{x}(t) = -\frac{1}{T} \cdot x(t) + \frac{1}{T} \cdot u(t)\,, \qquad x(0) = 0\,, \qquad \text{(Gl. 1.6a)}$$

$$y(t) = -x(t) + u(t)\,. \qquad \text{(Gl. 1.6b)}$$

Mit Gl. 1.6b wird die Differenzgröße zur Ausgangsgröße; wird $x(t)$ als Ausgangsgröße gewünscht, so wird $y(t) = x(t)$. Je nach dem Vorkommen der Elementkombinationen in Reglern oder Meßumformern kennzeichnet man die beiden möglichen Ausgangssignale durch *Blöcke* mit eingetragenen prinzipiellen Zeitverläufen gemäß Bild 1.9a und Bild 1.9b.

Vervollständigt man das aus den Grundgleichungen hervorgegangene Strukturbild durch die Aussage von Gl. 1.6b, so ergibt sich die komplette Modellstruktur mit P-T_1- und D-T_1-Verhalten, dargestellt in Bild 1.10.

Das Strukturbild offenbart eine bemerkenswerte Eigenschaft der einfachen Elementkombinationen: sie haben den Charakter einer *Kreisstruktur,* obwohl an keiner Stelle der vorbereitenden Überlegungen von einem Regelkreis gesprochen wurde, der ja in seiner Grundstruktur wenigstens eine Strecke und einen Regler enthält, sei es in der einfachst denkbaren Form.

Die festgestellte innere Modellstruktur erklärt unabhängig von den Phänomenen, die sich an den verschiedenen Elementen abspielen, warum diese Kombinationen zu

Bild 1.9
Kennzeichnung des Systemverhaltens durch Blöcke mit Zeitfunktionen

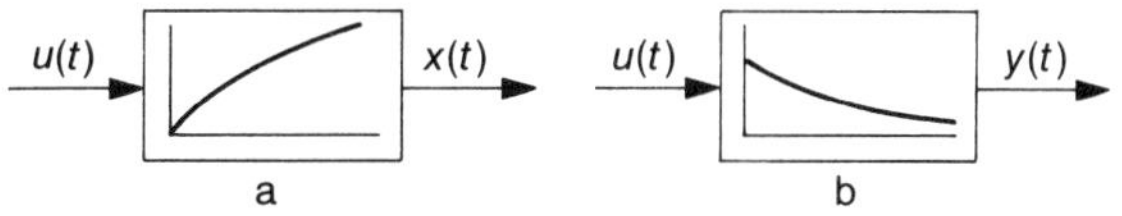

Bild 1.10
Vollständiges Strukturbild zu den Gleichungen 1.6a und 1.6b

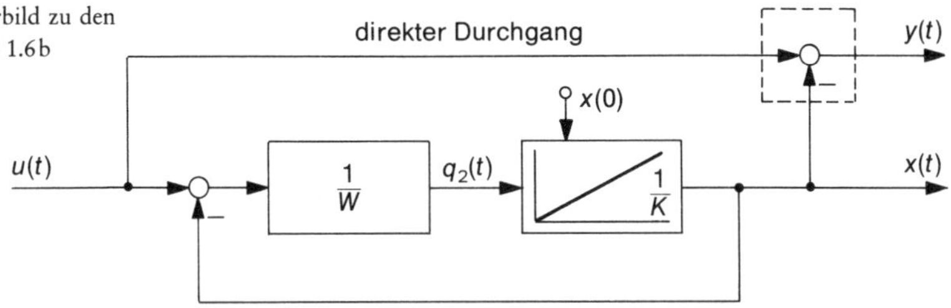

einem Selbstausgleich für die Ausgangsgröße $x(t)$ führen: Im eingeschwungenen Zustand sind die Stromgrößen zu Null geworden, folglich $x(t \to \infty) = u_0$, alles bezogen auf eine endliche sprungförmige Änderung der Eingangsgröße $u(t)$ um den Betrag u_0 bei verschwindendem Anfangswert.

Man muß folgern: Hier liegt in verborgener Form das in der Einleitung erwähnte *Prinzip Rückkopplung* vor, eben nicht konstruktiv eingebracht, sondern *systemimmanent.*

Zusammenhang mit den beiden ersten Hauptsätzen

Es lohnt sich, bereits anhand der einfachen Bilanzgleichung 1. Ordnung

$$T \cdot \dot{x}(t) + x(t) = u(t)$$

die allgemeinen Aussagen von Abschnitt 1.1.2 über die Bedeutung der beiden ersten Hauptsätze zu erläutern. Wenn sich das System nach hinreichend langer Zeit in einem neuen Gleichgewichtszustand befindet, gilt die einfache Beziehung

$$x(t \to \infty) = u(t \to \infty);$$

dies ist eine triviale Aussage des I. Hauptsatzes. Sobald jedoch Nichtgleichgewichte auftreten, gibt es von Null verschiedene Stromgrößen $q(t) \sim \dot{x}(t)$, deren *Richtung* durch den 1. Hauptsatz nicht festgelegt ist. Ganz allgemein wird die Richtung von zeitlichen Vorgängen in der Natur erst durch den II. Hauptsatz bestimmt, wonach der jeweilige Strom stets in diejenige Richtung fließt, die zum *Abbau* des zugehörigen Gefälles führt. Damit bestimmt der Zweite Hauptsatz das Vorzeichen der ersten Ableitung $\dot{x}(t)$ in der obigen Bilanzgleichung.

Eine entsprechende Aussage gilt auch für die Aufstellung und Lösung der homogenen Differentialgleichung

$$T \cdot \dot{x}(t) + x(t) = 0$$

mit gegebenem Anfangswert x_0; der zugehörige Ausgleichsvorgang ist maßgebend für die zeitliche Entropiezunahme des Systems.

Ein Beispiel mag dies veranschaulichen: Zwischen zwei Körpern mit den Anfangstemperaturen $\vartheta_2(t_0) > \vartheta_1(t_0)$ fließt ein Wärmestrom $q(t)$ vom Körper mit der höheren Temperatur zu dem mit der niedrigeren. Nach hinreichend langer Zeit stellt sich eine gemeinsame mittlere Temperatur ein. Wenn bei dem Ausgleichsvorgang die Wärmemenge q_a auf den anfangs kälteren Körper 1 übergegangen ist, hat das gesamte Wärmesystem eine Entropiezunahme um

$$\Delta S = q_a \cdot \left[\frac{1}{\vartheta_1(t_0)} - \frac{1}{\vartheta_2(t_0)}\right]$$

erfahren. Ein Wärmestrom in entgegengesetzter Richtung kommt nicht in Betracht. In physikalischer Terminologie wird man aber nicht sagen, dies sei unmöglich, sondern: Die für einen in umgekehrter Richtung fließenden Wärmestrom erforderlichen Anfangsbedingungen sind so extrem unwahrscheinlich, daß diese Möglichkeit nicht behandelt zu werden braucht. Diese Aussage enthält implizit die statistische Formulierung des II. Hauptsatzes.

Man kann Modelle 1. Ordnung auch sehr knapp abhandeln; hier wurde jedoch ganz bewußt gezeigt, wievieles an physikalischer Hintergründigkeit zum tieferen Verständnis derart «einfacher» Bilanzansätze beigetragen werden kann. Gerade elementare Dinge sind meist nicht so einfach wie ihre formale Kennzeichnung oder Gewohnheit vortäuschen mögen.

Am Beispiel der elektrischen *RC*-Kombination von Abschnitt 1.2.1 soll abschließend dargelegt werden, wie radikal sich das mathematische Modell verändert, wenn man die Voraussetzung fallen läßt, daß der Ohmsche Widerstand keine Energie speichert. Daß diese Voraussetzung vernünftig ist, wird hiermit nicht in Zweifel gezogen, es geht vielmehr um eine Zusatzüberlegung grundsätzlicher Art.

Setzt man für den Widerstand eine Masse m, eine spezifische Wärmekapazität c und eine Temperatur $X_2(t)$ an, so muß neben der schon bekannten Differentialgleichung für die Kondensatorspannung $X_1(t)$ mit $R = R(X_2)$ noch die Wärmestrombilanzgleichung

$$mc\dot{X}_2(t) = \frac{1}{R} \cdot [U(t) - X_1(t)]^2 - \alpha \cdot [X_2(t) - X_a(t)]$$

angesetzt werden, worin noch ein nach außen abfließender Wärmestrom berücksichtigt wird; dabei ist α die Wärmeübergangszahl und $X_a(t)$ die Umgebungstemperatur. Man beachte, daß der Ansatz mit *Großsignalen* angeschrieben ist, da es sich offensichtlich um einen *nichtlinearen* Zusammenhang handelt. Nunmehr wird also die ursprünglich «einfache», nicht mehr rein elektrische *RC*-Kombination beschrieben durch die beiden Differentialgleichungen

$$\dot{X}_1(t) = -\frac{1}{C \cdot R(X_2)} \cdot X_1(t) + \frac{1}{C \cdot R(X_2)} U(t)$$

$$\begin{aligned}\dot{X}_2(t) = {} & k \cdot X_1^2(t) - 2k \cdot X_1(t) \cdot U(t) - \alpha \cdot X_2(t) \\ & + k \cdot U^2(t) + \alpha \cdot X_a(t)\end{aligned}$$

mit einem $k = \frac{1}{mc \cdot R(X_2)}$, also ein unangenehm nichtlineares Modell zweiter Ordnung: Es liegen *zwei* Energiespeicher vor, die weder gleichartig noch dual zueinander sind. Wie anfangs betont, sollte an diesem Beispiel ein *grundsätzliches Problem bei der Erstellung mathematischer Modelle aufgezeigt werden.* Man wird eine elektrische *RC*-Kombination fast ausnahmslos durch ein lineares Modell erster Ordnung kennzeichnen, weil die Erwärmung vernachlässigbar gering ist, z.B. weil sehr gute Wärmeableitung sichergestellt ist; aber man muß eben bei Bilanzierungsansätzen immer auf die Beteiligung *mehrerer* – wenn es gut geht *isolierbarer* – Teilphänomene eingestellt sein und eine wohlbedachte Abwägung der Bilanzterme vornehmen.

1.3.4 Simulation des Modellverhaltens

Simulation bedeutet wie in vielen anderen Disziplinen *Nachbildung*. Die Bedeutung der Simulation für Regelungsaufgaben wurde schon früh erkannt und mit der Entwicklung der ersten Analogrechner systematisch ausgebaut bis zu den heute gängigen Verfahren der hybriden und digitalen Simulation [4]. Sie stellt im Grunde eine konsequente Ausnutzung der Modellbildung dar: Wenn die Grundgleichungen bzw. die Differentialgleichung eines Modells vorliegen, möchte man oft den Einfluß von Parameteränderungen, von eventuell in Reserve gehaltenen Modellanteilen (Bilanztermen) überprüfen, ohne an dem technischen Originalsystem – hier der Regelstrecke – unter Umständen *risikobehaftete Änderungen* vornehmen zu müssen.

Hier wird nun der Analogiebegriff erheblich weiter gefaßt als in Abschnitt 1.2, wo der vollständige Satz analoger Grundgleichungen zur Definition herangezogen wurde. Bei der Simulation kommt es vielmehr auf folgendes an:

- ☐ Man wähle zur Nachbildung das jeweils günstigste Arbeitsmedium aus. Im Hinblick auf die hohe Flexibilität der Schaltelemente bedeutet dies heute fast ausschließlich die Wahl *elektronischer* Nachbildungen, sei es analog, hybrid oder digital mit der bestangepaßten Simulationssprache.
- ☐ Man baue ein *elektronisches System* auf, das der gleichen Differentialgleichung genügt wie das zu simulierende Modell. Wenn auch die Simulation nicht unbedingt von dem Satz der Grundgleichungen ausgehen muß, so bietet doch oft gerade das zugeordnete Strukturbild eine besonders geeignete Ausgangsbasis.

Die Begriffe *Modellbildung* und *Simulation* sind so weit gefaßt, daß man auch ganz andere Wege beschreiten kann: etwa den Aufbau einer konstruktiv verkleinerten verfahrenstechnischen Anlage zum Studium der zu erwartenden Effekte bei der großtechnischen Ausführung durch Anwendung von Ähnlichkeitsgesetzen; ferner Modellstudien für die optimale aerodynamische Formgebung bei Automobilen und Luftfahrzeugen im Windkanal und dergleichen mehr.

Ein sehr einleuchtendes Beispiel unter dem Aspekt der *Sicherheit* ist der Flugsimulator, in dem für Piloten bestimmte, oft gefahrvolle Flugsituationen simuliert werden, deren Beherrschung für den Ernstfall hier risikofrei trainiert werden kann.

Da im Rahmen dieser Darstellung nicht vertiefend auf Simulationsprobleme eingegangen werden kann, sollen beispielhaft nur die vier Elementkombinationen von Abschnitt 1.2 behandelt werden. Bleiben wir im analogen Simulationsbereich, so ergibt sich sowohl aus den Modellgleichungen (Gl. 1.6a und 1.6b) als auch aus dem Strukturbild (Bild 1.10) die Rechenschaltung von Bild 1.11. Man erkennt unmittelbar die *Flexibilität* der Analogschaltung gegenüber den Originalsystemen, was weniger bei dem elektrischen, dafür um so stärker beim pneumatischen und dem mechanischen System ins Gewicht fällt.

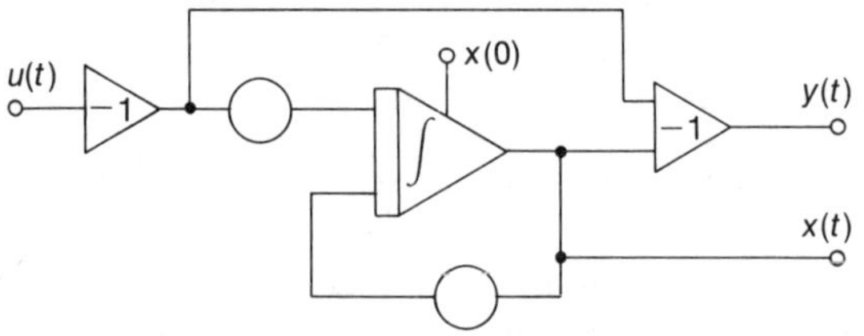

Bild 1.11
Analogrechenschaltung zur Simulation eines Modells 1. Ordnung

Auch hier soll abschließend eine saubere *begriffliche Unterscheidung* hervorgehoben werden: Während die ursprünglichen Elementkombinationen das Prinzip der Kreisstruktur systemimmanent enthalten, wird nach Bild 1.11 durch die Verknüpfung der Rechenelemente *schaltungstechnisch* eine Kreisstruktur aufgebaut, deren äußere Konfiguration die innere Systemstruktur der Kombinationen freilegt und damit im weiteren Sinne analog, aber erheblich flexibler arbeitet.

Einem Sachkenner mag dies spitzfindig erscheinen; hier geht es jedoch nicht nur um den technischen Sachverhalt, sondern um die *Herausarbeitung begrifflicher Hintergründe*, die durch didaktische Überlegungen ihre Rechtfertigung erfährt. *Im übrigen sei jeder davor gewarnt, elementare Grundlagen als einfach abzutun.*

1.4 Einfache Regelstrecken der Apparatetechnik

1.4.1 Turbulenzdrossel mit Druckbehälter

Gemäß Bild 1.12 wird ein Druckspeicher über eine Turbulenzdrossel aufgefüllt. Wenn hinter der laminar angeströmten Drosselstelle vollständige Turbulenz entsteht, folgt aus der Energiegleichung und der Kontinuitätsgleichung die für Flüssigkeiten und Gase geltende Durchflußgleichung

$$Q_1(t) = \alpha \cdot \varepsilon \cdot A_\mathrm{d} \cdot \sqrt{\frac{2}{\varrho} \cdot [U(t) - X(t)]},$$

also ein nichtlinearer Zusammenhang zwischen den Großsignalen Volumenstrom $Q_1(t)$ und der Druckdifferenz $U(t) - X(t)$. An neuen Symbolen gegenüber Abschnitt 1.1.2 werden hier eingeführt [5]:

Bild 1.12
Drossel-Speicher-Kombination mit Turbulenzdrossel

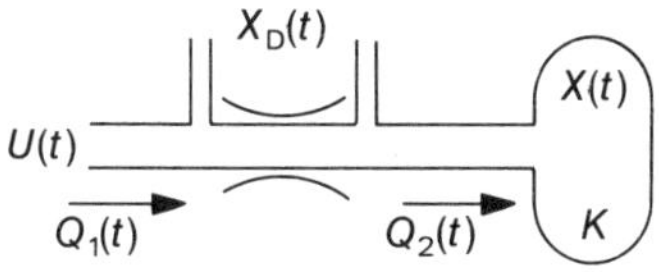

α = Durchflußzahl (dimensionslos),
ε = Expansionszahl (dimensionslos),
A_d = Drosseldurchmesser an der engsten Stelle [m].

Für den Behälter gilt unverändert

$$Q_2(t) = K \cdot \dot{X}(t).$$

Wie in Abschnitt 1.2.2 ergibt sich mit der Kontinuitätsbeziehung

$$Q_2(t) = Q_1(t)$$

die nichtlineare Differentialgleichung

$$\dot{X}(t) = \frac{\alpha \cdot \varepsilon \cdot A_d}{K} \cdot \sqrt{U(t) - X(t)}, \qquad \text{(Gl. 1.7)}$$

also eine spezielle Form der allgemeinen nichtlinearen Differentialgleichung

$$\dot{X}(t) = f[X(t), U(t)]. \qquad \text{(Gl. 1.8)}$$

Die Entwicklung des Strukturbildes zu diesem Modell erfolgt wie in Abschnitt 1.3.1, ausgehend von dem Speichergesetz in Integralform

$$X(t) = X(0) + \frac{1}{K} \cdot \int_0^t Q_2(\tau)\,d\tau$$

mit

$$Q_2(t) = \alpha \cdot \varepsilon \cdot A_d \cdot \sqrt{U(t) - X(t)},$$

folglich charakterisiert das Strukturbild die Beziehung

$$X(t) = X(0) + \frac{1}{K} \cdot \int_0^t \alpha \cdot \varepsilon \cdot A_d \cdot \sqrt{U(\tau) - X(\tau)}\,d\tau,$$

dargestellt in Bild 1.13. Es ergibt sich also wieder eine systemimmanente Kreisstruktur, ein nichtlineares Modell 1. Ordnung mit Selbstausgleich, d.h. $X(t \to \infty) = U_0$ beim Anlegen eines Drucksprunges vom Betrag U_0 und leerem Energiespeicher, $X(0) = 0$. Eine Zeitkonstante kann hier nicht definiert werden, trotzdem ergibt eine Dimensionskontrolle einen Hinweis, ob der Bilanzierungsansatz bzw. das Endergebnis richtig sein können oder falsch sein müssen.

Wie man bei der Lösung von nichtlinearen Modellgleichungen vom Typ der Gl. 1.8 vorgehen kann, wenn nur hinreichend kleine Signaländerungen um einen festen Betriebspunkt zu betrachten sind, wird in den folgenden beiden Abschnitten an Beispielen und in Kapitel 2 allgemein gezeigt.

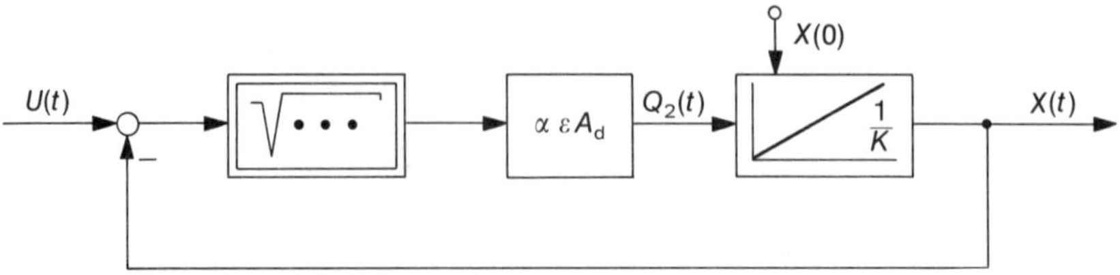

Bild 1.13
Strukturbild des nichtlinearen Drossel-Speicher-Systems

1.4.2 Flüssigkeitsbehälter

In der chemischen Verfahrenstechnik spielen Behälter für unterschiedlichste Einsatzmöglichkeiten eine große Rolle. Im folgenden werden zwei wichtige Grundtypen für die Modellbildung behandelt.

Füllstandsstrecke mit konstantem Abzug

Der Behälter (Bild 1.14) werde mit einem über $U(t)$ einstellbaren Volumenstrom $Q_e(t) = f[U(t)]$ beschickt, in der Abzugleitung befinde sich eine Pumpe mit konstantem Förderstrom Q_a. In dem Behälter mit der Querschnittsfläche A bildet sich ein Füllstand $X(t)$, der offensichtlich nur dann einen festen Wert hat, wenn $Q_e(t) = Q_a$ ist. Dieser Betriebszustand sei gekennzeichnet durch die Angaben

$$X(t) = X_0, \quad Q_e(t) = Q_{e0} = Q_a.$$

Wenn der Zustrom bei fester Ventilstellung geringfügig erhöht wird, dann steigt der Flüssigkeitspegel entsprechend an, und der Behälter würde allmählich vollaufen nach dem anschaulichen Zusammenhang

$$X(t) = X_0 + \frac{1}{A} \cdot \int_0^t [Q_e(\tau) - Q_a]\, d\tau,$$

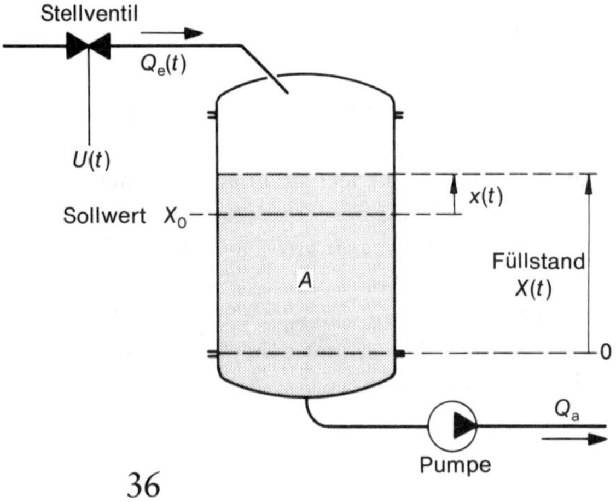

Bild 1.14
Flüssigkeitsbehälter mit konstantem Abfluß Q_a

solange kein entgegengesetzter Einfluß durch Verkleinerung des wirksamen Ventilquerschnittes im Zulauf ausgeübt würde. Bei konstantem Förderstrom Q_a der Pumpe interessiert nun der Zusammenhang zwischen kleinen Änderungen $q_e(t)$ des Volumenstromes $Q_e(t)$, der Ventilstellungsänderung $u(t)$ und der Füllstandsänderung $x(t)$:

$$x(t) = \frac{1}{A} \cdot \int_0^t q_e(\tau)\,d\tau, \qquad q_e(\tau) = Q_e(\tau) - Q_{e0}.$$

Kennzeichnet man das Ventilverhalten für kleine Änderungen um den Betriebspunkt B_0 auf der Ventilkennlinie durch die lineare Beziehung

$$q_e(t) = \alpha \cdot u(t) \qquad \text{mit } \alpha = \left.\frac{\partial Q_e}{\partial U}\right|_{B_0:\, U = U_0}$$

als Ventilbeiwert in B_0, so wird

$$x(t) = \frac{1}{A} \cdot \int_0^t \alpha \cdot u(\tau)\,d\tau. \qquad \text{(Gl. 1.9)}$$

Dieser Ausdruck beschreibt den Behälter als «integrierende Strecke». Wenn $x(t) = 0$ ist, dann deckt der Volumenstrom Q_{e0} gerade den von der Pumpe abgezogenen Förderstrom Q_a. Ohne den Einfluß des Stellventils würde der Behälter bei einer Änderung des Zustroms entweder voll- oder leerlaufen; daher spricht man auch von einer *Strecke ohne Ausgleich*.

Bild 1.15
Strukturbild zu dem linearisierten Behältermodell

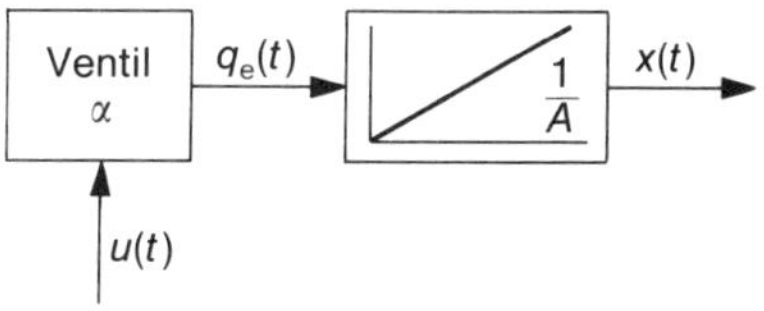

Das Strukturbild besteht aus einem Integrator mit der Ausgangsgröße $x(t)$, gesteuert von $u(t)$ über den durch α gekennzeichneten Ventileinfluß (Bild 1.15). Wenn sich auch der Förderstrom der Pumpe um einen Bezugswert Q_{a0} ändern kann, dann wird der Füllstand $x(t)$ auch von dem Kleinsignal $q_a(t) = Q_a(t) - Q_{a0}$ beeinflußt, und es gilt

$$x(t) = \frac{1}{A} \cdot \int_0^t [\alpha \cdot u(\tau) - q_a(\tau)]\,d\tau$$

mit dem erganzten Strukturbild entsprechend Bild 1.16.

Bild 1.16
Strukturbild des linearisierten Behältermodells mit zeitabhängigem Abfluß $q_a(t)$

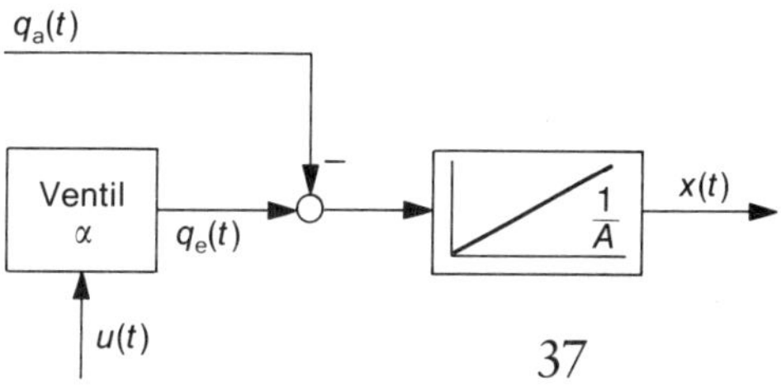

Füllstandsstrecke mit freiem Auslauf

Für den in Bild 1.17 gezeigten Behälter soll eine Modellbildung durch eine Massenbilanz vorgenommen werden. Wenn die Strömung reibungsfrei und ohne Rückstau gegen Atmosphärendruck erfolgt, gelten folgende Grundgleichungen:

$$M(t) = \varrho \cdot A \cdot X(t) \quad \text{(Gesamtmasse der Flüssigkeit)},$$

$$Q_a(t) = \varrho \cdot a \cdot \sqrt{2gX(t)} \quad \text{(Torricelli, } a \ll A\text{)},$$

$$\dot{M}(t) = Q_e(t) - Q_a(t) \quad \text{(Massenstrombilanz)}.$$

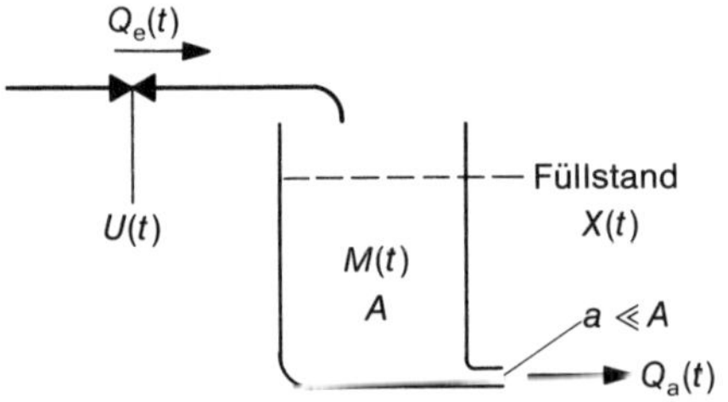

Bild 1.17
Flüssigkeitsbehälter mit freiem Auslauf

Schreibt man die Massenstrombilanz in der Integralform

$$M(t) = \int_0^t [Q_e(\tau) - Q_a(\tau)]\,d\tau, \qquad M(0) = 0,$$

so ergibt sich durch Abarbeiten des Integranden leicht das Strukturbild gemäß Bild 1.18. Offenbar liegt hier ein nichtlineares Modell vor, bedingt durch das Torricellische Gesetz für die Ausströmgeschwindigkeit $v(t)$. Aus den Grundgleichungen folgt nach wenigen Zwischenschritten die Differentialgleichung des Modells in der Form

$$\dot{X}(t) = -\frac{a}{A} \cdot \sqrt{2g \cdot X(t)} + \frac{1}{\varrho \cdot A} \cdot Q_e(t),$$

wobei über die Ventilkennlinie gemäß

$$Q_e(t) = f[U(t)]$$

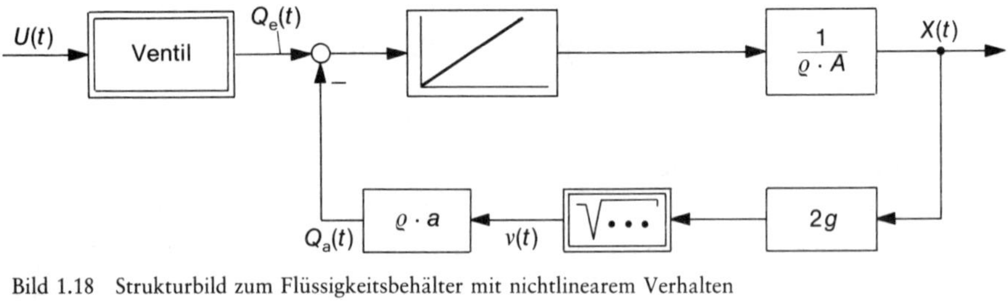

Bild 1.18 Strukturbild zum Flüssigkeitsbehälter mit nichtlinearem Verhalten

eine weitere Nichtlinearität in das Modell eingeht. Man erhält also die nichtlineare Differentialgleichung

$$\dot{X}(t) = -\frac{a}{A} \cdot \sqrt{2g \cdot X(t)} + \frac{1}{\varrho \cdot A} \cdot f[U(t)], \qquad \text{(Gl. 1.10)}$$

deren erster Term die Ausströmgeschwindigkeit

$$v(t) = \sqrt{2g \cdot X(t)}$$

enthält.

Linearisierung der Differentialgleichung

Es gibt zwei verschiedene Gründe für die Linearisierung von Differentialgleichungen. Zum einen ist eine geschlossene Lösung der meisten nichtlinearen Differentialgleichungen bei gegebenen Steuerfunktionen nicht möglich oder mit unverhältnismäßig hohem Aufwand verbunden; zum anderen sind die Modelle die Ausgangsbasis für Regelungskonzepte, bei denen überwiegend die Aufgabe besteht, die Regelgrößen so gut wie möglich auf ihren Sollwerten zu halten. Dies bedeutet, daß es in solchen Fällen um die Aufrechterhaltung bestimmter Betriebszustände geht, von denen überhaupt nur hinreichend kleine Abweichungen zugelassen werden dürfen.

Die beiden Nichtlinearitäten in Gl. 1.10 kann man linearisieren, indem man ihre Taylor-Entwicklungen ansetzt und nach dem linearen Term abbricht. Für eine allgemeine Funktion $Q = f(U)$ bedeutet dies

$$Q = Q_0 + \left.\frac{\mathrm{d}f}{\mathrm{d}U}\right|_{B_0} \cdot u + \frac{1}{2} \left.\frac{\mathrm{d}^2 f}{\mathrm{d}U^2}\right|_{B_0} \cdot u^2 + \dots$$

in einem Betriebspunkt mit $Q_0 = f(U_0)$ und $u(t) = U(t) - U_0$, also wird das Kleinsignalverhalten für $q(t) = Q(t) - Q_0$ als Funktion einer hinreichend kleinen Änderung u genähert beschrieben durch

$$q(t) = \left.\frac{\mathrm{d}f}{\mathrm{d}U}\right|_{B_0} \cdot u(t)\,.$$

Damit ergibt sich für den Massenstrom die linearisierte Form

$$q_e(t) = c \cdot u(t) \quad \text{mit} \quad c = \left.\frac{\mathrm{d}f}{\mathrm{d}U}\right|_{B_0}.$$

Entsprechend erhält man für den Wurzelausdruck

$$\left.\frac{\mathrm{d}}{\mathrm{d}X}\sqrt{X}\right|_{X=X_0} = \frac{1}{2\sqrt{X_0}}\,,$$

und die linearisierte Differentialgleichung für $x(t)$ lautet

$$\dot{x}(t) = -\frac{a}{A} \cdot \sqrt{\frac{g}{2X_0}} \cdot x(t) + \frac{c}{A \cdot \varrho} \cdot u(t), \qquad \text{(Gl. 1.10a)}$$

sie beschreibt das schon bekannte P-T_1-Verhalten, dessen Struktur in Abschnitt 1.3.1 behandelt wurde.

1.5 Modelle für Systeme mit Verzögerung 2. Ordnung

Die bisher behandelten Modelle waren durch das Vorhandensein *eines* Energiespeichers gekennzeichnet – unabhängig davon, ob sich für die Modellierung eine lineare oder eine nichtlineare Differentialgleichung ergab, die man gegebenenfalls für Kleinsignale in der Umgebung eines Betriebspunktes linearisieren konnte. Diese Grundtypen sind Bestandteile komplizierterer technischer Systeme mit mehreren unabhängigen Energiespeichern, von denen im folgenden zunächst solche mit zwei Speichern untersucht werden, die nach der allgemeinen Nomenklatur zur Klasse der P-T_2-Systeme gehören.

1.5.1 Reihenschaltung zweier Drossel-Speicher-Kombinationen

Ordnet man zwei Elementkombinationen, die in Abschnitt 1.2.2 einzeln behandelt wurden, gemäß Bild 1.19 an, so wird diese pneumatische Baugruppe durch folgende Grundgleichungen modelliert:

$$q_1(t) = \frac{1}{W_1} \cdot [u(t) - x_1(t)],$$

$$q_2(t) = \frac{1}{W_2} \cdot [x_1(t) - x_2(t)],$$

$$K_1 \cdot \dot{x}_1(t) = q_1(t) - q_2(t),$$

$$K_2 \cdot \dot{x}_2(t) = q_2(t).$$

Die Umsetzung dieser Gleichungen in ein Strukturbild ist besonders einfach, wie Bild 1.20 zeigt. Es wird hier sehr deutlich erkennbar, daß das zweite P-T_1-Teilsystem *nicht rückwirkungsfrei* an das erste angekoppelt ist: An der Additionsstelle 1 wird die Differenz der beiden Volumenströme gebildet, d.h., für den Druckaufbau im ersten

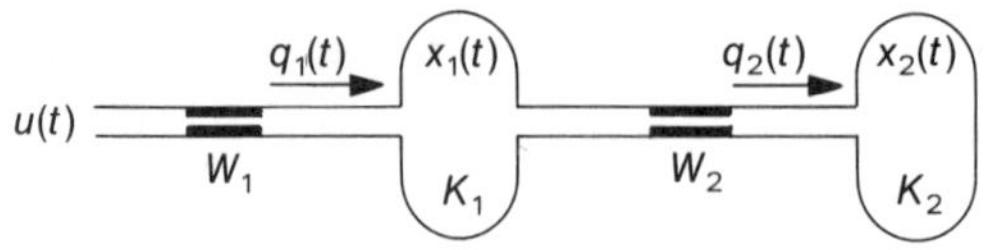

Bild 1.19
Rückwirkungsbehaftete Kombination zweier Drossel-Speicher-Systeme

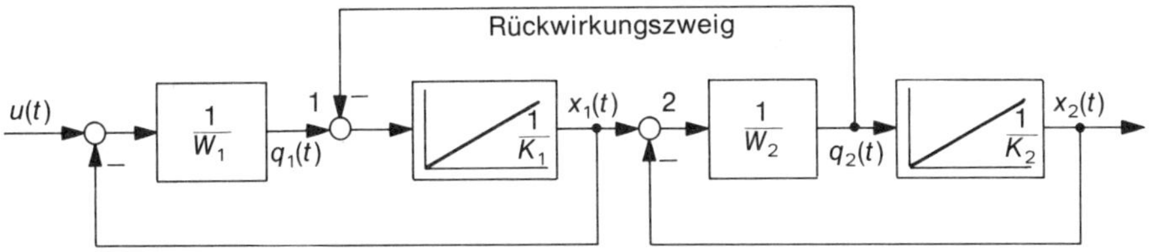

Bild 1.20 Strukturbild des pneumatischen Systems 2. Ordnung

Behälter steht nur $q_1(t) - q_2(t)$ entsprechend der dritten Grundgleichung zur Verfügung. Für den Zusammenhang zwischen Steuerdruck $u(t)$ und $x_2(t)$ gilt folgende Differentialgleichung:

$$T_1 T_2 \cdot \ddot{x}_2(t) + (T_1 + T_2 + T_{12}) \cdot \dot{x}_2(t) + x_2(t) = u(t), \qquad \text{(Gl. 1.11)}$$

wobei die Zeitkonstanten $T_1 = W_1 \cdot K_1$ und $T_2 = W_2 \cdot K_2$ eingeführt wurden. Das Produkt $T_{12} = W_1 \cdot K_2$ ist als Zeitkonstante nicht mehr definiert, wenn die beiden P-T_1-Systeme durch einen Trennverstärker *vollständig entkoppelt* sind; dann entfällt der Rückwirkungszweig im Strukturbild. Wie zu erwarten war, ergibt sich eine lineare Differentialgleichung 2. Ordnung zur Beschreibung des Eingangs-/Ausgangsverhaltens des Modells. Im Hinblick auf spätere Überlegungen (Abschnitt 1.6) sei hier festgehalten, daß sich die Differentialgleichung nur auf den letzten Energiespeicher bezieht. Der andere *innere* Speicher tritt nicht unmittelbar in Erscheinung, es handelt sich offenbar um ein P-T_2-Verhalten zwischen $u(t)$ und $x_2(t)$.

1.5.2 Reihenschaltung zweier RC-Kombinationen

Physikalisch analog zu der pneumatischen P-T_2-Kombination verhält sich die in Bild 1.21 gezeigte Anordnung idealer elektrischer Bauelemente. Die Grundgleichungen haben die Form

$$i_1(t) = \frac{1}{R_1} \cdot [u(t) - x_1(t)],$$

$$i_2(t) = \frac{1}{R_2} \cdot [x_1(t) - x_2(t)],$$

$$C_1 \cdot \dot{x}_1(t) = i_1(t) - i_2(t),$$

$$C_2 \cdot \dot{x}_2(t) = i_2(t).$$

Diese Ansätze führen natürlich auf den gleichen Differentialgleichungstyp für das Eingangs-/Ausgangs-Verhalten wie in dem pneumatischen Analogon:

$$T_1 T_2 \cdot \ddot{x}_2(t) + (T_1 + T_2 + T_{12}) \cdot \dot{x}_2(t) + x_2(t) = u(t)$$

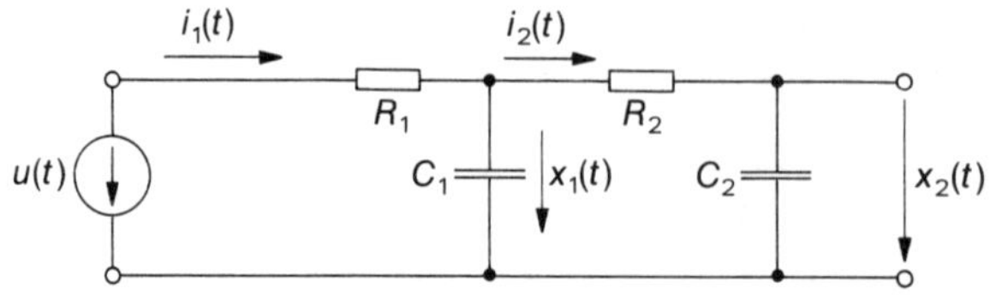

Bild 1.21
Rückwirkungsbehaftete Reihenschaltung zweier elektrischer RC-Glieder

mit den Zeitkonstanten $T_1 = R_1 \cdot C_1$, $T_2 = R_2 \cdot C_2$, $T_{12} = R_1 \cdot C_2$, wobei in T_{12} wieder die *Rückwirkung* des zweiten RC-Gliedes auf das erste zum Ausdruck kommt, denn der Ladestrom $i_2(t)$ fließt auch über den ersten Widerstand R_1. Mit systemspezifischer Umbenennung der beteiligten Größen und Konstanten ergibt sich die Modellstruktur entsprechend Bild 1.20.

1.5.3 Schwingungsfähiges elektrisches System

Die in Bild 1.22 angeordneten drei elektrischen Schaltelemente zeigen für bestimmte Wahlen der Parameter R, L, C ein neues Phänomen gegenüber dem Beispiel von Abschnitt 1.5.2. Zunächst ist abzusehen, daß hier wieder ein Modell mit Verzögerung 2. Ordnung zu erwarten ist, denn es liegen zwei Energiespeicher vor. Da jedoch die elektrische Energie des Kondensators und die magnetische Energie der Induktionsspule dual zueinander sind, können sie je nach der Größe der Dämpfung des Gesamtsystems in oszillierende Wechselwirkung miteinander treten.

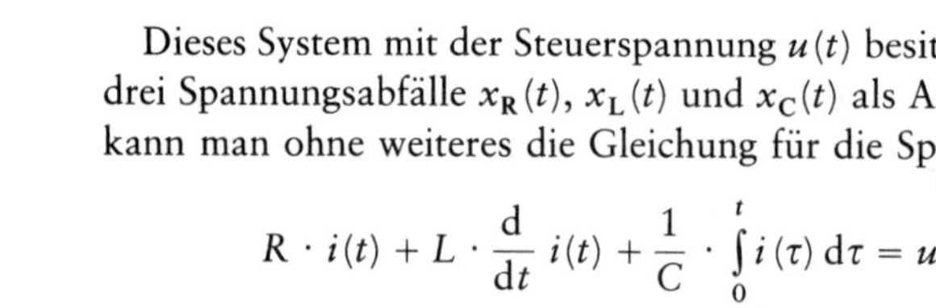

Bild 1.22
Elektrischer Schwingungskreis

Dieses System mit der Steuerspannung $u(t)$ besitzt, abgesehen vom Strom $i(t)$, die drei Spannungsabfälle $x_R(t)$, $x_L(t)$ und $x_C(t)$ als Ausgangsgrößen. An der Schaltung kann man ohne weiteres die Gleichung für die Spannungsbilanz ablesen:

$$R \cdot i(t) + L \cdot \frac{d}{dt}\, i(t) + \frac{1}{C} \cdot \int_0^t i(\tau)\, d\tau = u(t)\,.$$

An dieser Bilanzgleichung erkennt man, daß die drei Ausgangsgrößen des Systems deutlich unterschiedliche Verhaltensweisen haben; wir interessieren uns hier vorzugsweise für die Spannung $x_C(t)$ des Kondensators

$$x_C(t) = \frac{1}{C} \cdot \int_0^t i(\tau)\, d\tau, \qquad x_C(0) = 0\,, \qquad x_L(0) = 0.$$

Mit diesem Ausdruck lassen sich die Bilanzterme $x_R(t)$ und $x_L(t)$ leicht umformen:

$$x_R(t) = R \cdot C \cdot \dot{x}_C(t), \qquad x_L(t) = L \cdot C \cdot \ddot{x}_C(t),$$

folglich lautet die Modellgleichung für die Kondensatorspannung als Ausgangsgröße:

$$L \cdot C \cdot \ddot{x}_C(t) + R \cdot C \cdot \dot{x}_C(t) + x_C(t) = u(t).$$

Damit liegt wiederum ein Modell 2. Ordnung mit Ausgleich vor, jedoch muß man noch zum Ausdruck bringen, daß die Kondensatorspannung (und nicht nur diese) bei sprungförmiger Steuerspannung $u(t) = u_0 \cdot 1(t)$ auch schwingungsförmig ihren neuen stationären Wert erreichen kann. Dazu geht man von der *Normalform* der Differentialgleichung eines schwingungsfähigen Gebildes aus, in der die Parameter

D = *Dämpfung* und
ω_0 = *Kennkreisfrequenz*

vorkommen. Wir schreiben jetzt allgemein

$$\ddot{x}_C(t) + 2D\omega_0 \cdot \dot{x}_C(t) + \omega_0^2 \cdot x_C(t) = \omega_0^2 \cdot u(t), \qquad \text{(Gl. 1.12)}$$

und im elektrischen Beispiel wird

$$2D\omega_0 = \frac{R}{L}, \qquad \omega_0 = \frac{1}{\sqrt{LC}}, \qquad D = \frac{R}{2} \cdot \sqrt{\frac{C}{L}}.$$

Ob sich die wegen der dualen Energiespeicher prinzipiell mögliche Schwingungsfähigkeit im Übergangsverhalten von $u(t)$ nach $x_C(t)$ zeigt, hängt von der Dämpfung ab. Mögliche Reaktionen solcher Systeme auf sprungförmige Steuergrößen werden in regelungstechnisch interessanterem Zusammenhang in Abschnitt 3.1.3 angegeben.

Die Struktur entnimmt man unmittelbar der umgestellten Differentialgleichung

$$\ddot{x}_C(t) = -2D\omega_0 \cdot \dot{x}_C(t) - \omega_0^2 \cdot x_C(t) + \omega_0^2 \cdot u(t),$$

und man erhält Bild 1.23. Im folgenden Abschnitt wird sich zeigen, daß diese

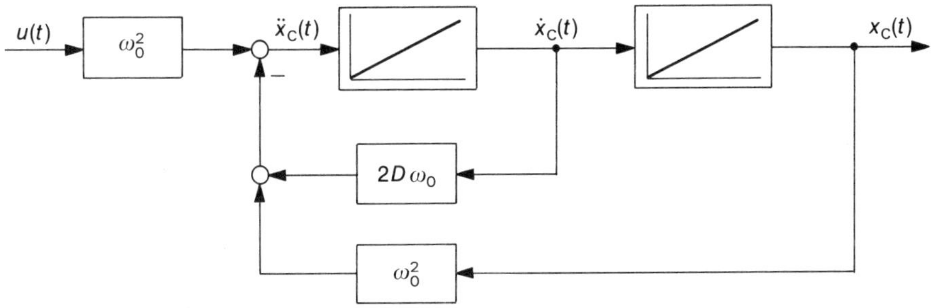

Bild 1.23 Strukturbild des schwingungsfähigen Systems 2. Ordnung

Struktur mit der von Bild 1.20 gleichwertig ist. Festzuhalten bleibt auch hier, daß das Eingangs-/Ausgangs-Verhalten von $u(t)$ nach $x_C(t)$ durch eine Differentialgleichung 2. Ordnung für $x_C(t)$ beschrieben wird – oder anders formuliert: Die Zwischengröße $\dot{x}_C(t)$ als Ausgangsgröße des ersten Integrators im Strukturbild spielt nach außen keine eigenständige Rolle.

Abschließend sei noch einmal rekapituliert, daß man bei Proportionalmodellen 2. Ordnung folgende unterschiedliche Formen von Differentialgleichungen ansetzt:

□ nicht schwingungsfähig

$$\ddot{x}(t) = -\frac{1}{T_1 T_2}(T_1 + T_2 + T_{12}) \cdot \dot{x}(t) - \frac{1}{T_1 T_2} \cdot x(t) + \frac{1}{T_1 T_2} \cdot u(t);$$

□ schwingungsfähig

$$\ddot{x}(t) = -2D\omega_0 \cdot \dot{x}(t) - \omega_0^2 \cdot x(t) + \omega_0^2 \cdot u(t).$$

1.6 Einführung von Zustandsgrößen

Überleitende Vorbemerkungen

□ Alle Modellbildungen der vorangehenden Abschnitte wurden bewußt mit einer einheitlichen Symbolik vorgenommen:

Steuergrößen	$U(t)$,
Speichergrößen	$X(t)$,
Ausgangsgrößen	$Y(t)$

bei Bilanzierungsansätzen, die nichtlineare Elemente enthalten.

□ Wenn die Modelle in der Umgebung eines Betriebspunktes B_0 linearisierbar sind, arbeitet man mit den zugehörigen Kleinsignalen

$$u(t) = U(t) - U_0,$$

$$x(t) = X(t) - X_0,$$

$$y(t) = Y(t) - Y_0,$$

wobei die Bezugsgrößen U_0, Y_0, X_0 in einem für die Strecke charakteristischen Zusammenhang zur Kennzeichnung des Betriebspunktes B_0 stehen.

□ Wenn aus physikalischen Gründen schon in den Grundgleichungen *nur lineare* Beziehungen vorkommen, werden diese ebenfalls mit *Kleinsignalen* notiert. Die daraus entstehende Differentialgleichung wird dann auch nur mit Kleinsignalen angeschrieben; sie gilt mit unveränderten Koeffizienten für den gesamten jeweils zugelassenen Bereich der Signale.
Es wurde schon darauf hingewiesen, daß sich unter dem Einfluß äußerer Signale wie Steuergrößen oder statistischer Störgrößen innerhalb der abgegrenzten

Systeme bestimmte *dynamische Prozesse* abspielen, an denen alle Bauelemente beteiligt sind. Aus sehr allgemeinen, fachübergreifenden Gründen spielt dabei das Zusammenwirken der *Energiespeicher* eine dominierende Rolle. So zieht sich der Begriff *Energiezustand* in sprachlich mehr oder minder abgewandelter Form durch weite Bereiche der Naturwissenschaften und der Technik.

1.6.1 Zur Entwicklung des Zustandsbegriffs

Der Begriff «Zustand» ist unserer unmittelbaren Alltagserfahrung entlehnt und bedeutet allgemein die prägnante und möglichst vollständige Kennzeichnung eines Objekts oder Systems durch seine inneren und äußeren Bedingungen. Nach dem heutigen Stand der Herkunft physikalischer Begriffe [1] findet sich der physikalische Zustand erstmals in Newtons grundlegendem Werk «Philosophiae naturalis principia mathematica» aus dem Jahr 1687.

Die Einführung *thermischer Zustände* geht auf Rumford zurück, möglicherweise schon auf ältere wenig bekannte Quellen. Bei einer chemischen Reaktion umfaßt der Systembegriff die molekulare Organisation des Geschehens, und von hier aus ist die frühzeitige Einführung von Zustandsgrößen verständlich. Im Gleichgewichtszustand eines Körpers einheitlicher Zusammensetzung gilt ein Zusammenhang der Form

$$f(V, P, \Theta) = 0\,,$$

wobei das Volumen V, der Druck P und die Temperatur Θ die Zustandsgrößen bilden. Zu den sogenannten extensiven Zustandsgrößen der Thermodynamik zählen die von der Molzahl abhängigen Größen wie Energie, Enthalpie und Entropie.

Im Zusammenhang mit der obigen Zustandsgleichung formuliert man noch folgenden Sachverhalt: Wenn sich die Eigenschaften eines Systems mit der Zeit ändern, dann durchläuft es einen *Prozeß*, und nur ein System mit hinreichend langsamen zeitlichen Änderungen wird durch ein Gleichgewichtsmodell entsprechend einer Zustandsgleichung vom angegebenen Typ beschrieben [1]; wir kommen in Abschnitt 1.6.2 noch darauf zurück. Im Zuge der weiteren Entwicklung hat Helmholtz zusätzliche Verknüpfungen und Verallgemeinerungen vorgenommen, während die Übernahme des Zustandsbegriffs in die Elektrodynamik mit dem Namen Pointing verknüpft ist.

Es ist interessant, daß auch die rein philologische Definition von Zustand als «Status der Dinge, die man beobachten und feststellen kann», der physikalischen Begriffsbildung recht nahekommt. Kurioserweise nennt Goethe 1812 in einem Brief an Niebuhr das Wort Zustand «... ein albernes Wort, weil nichts stehe, alles beweglich sei». Da sich Goethe mit wechselndem Erfolg auch für naturwissenschaftliche Fragen interessiert hat, ist diese Äußerung nicht verwunderlich.

Die Übernahme des Zustandsbegriffs in die Modellbildung geht davon aus, daß man die in einem System miteinander verknüpften Bauelemente auf ihre Fähigkeit untersucht, Energie aufzunehmen, zu speichern und wieder abzugeben. Diese allgemeine Feststellung bedarf noch der folgenden Präzisierung: Die Energie, die man einem realen System zuführt, kann man nicht mehr vollständig aus ihm zurückgewinnen; thermodynamisch gesehen zeigen sie also irreversibles Verhalten, bei der Bilanzierung treten Verlustterme auf.

Bei den bisher behandelten Elementkombinationen sind wir von idealisierten Bedingungen ausgegangen, die vorerst beibehalten werden sollen, obwohl dies für die Einführung von Zustandsgrößen nicht notwendig ist; immerhin werden die Verhältnisse dadurch transparenter, denn wenn sich beispielsweise in dem elektrischen System ein nicht idealer Widerstand merklich erwärmt, tritt er als zusätzlicher Energiespeicher zu dem Kondensator auf, und es handelt sich nicht mehr um ein rein elektrisches System mit Verzögerung 1. Ordnung (s. Abschnitt 1.3.3).

1.6.2 Übernahme des Zustandsbegriffs in die Modellbildung

Vor dem einleitend dargelegten Hintergrund kann man die herausgehobenen Analogien voll ausschöpfen. Die idealen Widerstandselemente speichern keine Energie, damit verbleiben der Kondensator, der Druckbehälter und die anderen analogen Bauelemente der in Abschnitt 1.2 behandelten Kombinationen als einzige Energiespeicher, d.h., die Kondensatorspannung $u_a(t)$, der Behälterdruck $p_a(t)$ und die analogen Größen der anderen Gebilde sind die entsprechenden Zustandsgrößen.

Diese Gedankengänge lassen sich mühelos auf das doppelte RC-System (Bild 1.21) übertragen, wobei sich ein wesentlicher neuer Gesichtspunkt ergibt, den man leicht verallgemeinern kann. Über den Widerstand R_1 fließt außer $i_1(t)$ noch der Ladestrom $i_2(t)$, der über R_2 den zweiten Kondensator auflädt. Man kann dieses elektrische System unter zwei Gesichtspunkten beschreiben:

a) Man stellt die Differentialgleichung für $x_2(t)$ als Ausgangsgröße auf,

$$T_1 T_2 \cdot \ddot{x}_2(t) + (T_1 + T_2 + T_{12}) \cdot \dot{x}_2(t) + x_2(t) = u(t),$$

und beschreibt damit das Eingangs-/Ausgangs-Verhalten wie in Abschnitt 1.5.2.

b) Man stellt je eine Differentialgleichung 1. Ordnung für die beiden Energiespeicher mit den Kapazitäten C_1 und C_2 auf,

$$\begin{aligned}\dot{x}_1(t) &= -\left(\frac{1}{R_1 C_1} + \frac{1}{R_2 C_1}\right) \cdot x_1(t) + \frac{1}{R_2 C_1} \cdot x_2(t) + \frac{1}{R_1 C_1} \cdot u(t),\\ \dot{x}_2(t) &= \frac{1}{R_2 C_2} \cdot x_1(t) - \frac{1}{R_2 C_2} \cdot x_2(t)\end{aligned}$$

und erhält zwei gekoppelte, linear unabhängige Differentialgleichungen, die offenbar eine *weitergehende* Aussage machen: Neben der Kondensatorspannung $x_2(t)$ kommt noch der innere Zustand des ersten Energiespeichers in Gestalt von $x_1(t)$ vor. Von dieser Darstellung her könnte sehr wohl auch die Kondensatorspannung $x_1(t)$ als *Ausgangsgröße* gewählt werden, oder auch etwa die Differenzspannung $x_2(t) - x_1(t)$, d.h., man muß die beiden Differentialgleichungen noch *ergänzen* durch eine Festlegung der *Ausgangsgröße* $y(t)$, die sich im allgemeinen als Linearkombination der beiden Kondensatorspannungen als *Zustandsgrößen* ergibt. Setzt man diese Überlegungen durch Hinzunahme weiterer voneinander unabhängiger Energiespeicher fort, so kommt man zu folgenden allgemeinen Aussagen:

Ein System (mit den mehrfach formulierten Einschränkungen, falls erforderlich) wird gekennzeichnet durch

- ☐ einen Satz unabhängiger *Zustandsgrößen* $x_1(t), \ldots, x_n(t)$, verknüpft über die Zustandsgleichungen mit gegebenen *Anfangswerten* $x_1(t_0), \ldots, x_n(t_0)$;
- ☐ eine *Ausgangsgröße* $y(t)$ als Linearkombination von (nicht notwendig allen) Zustandsgrößen;
- ☐ eine *Eingangsgröße* $u(t)$ für alle $t \geqq t_0$.

Diese Angaben bestimmen eindeutig das Systemverhalten, den an ihm ablaufenden Prozeß für alle $t \geqq t_0$; sie lassen sich leicht verallgemeinern auf Systeme mit mehreren Eingangs- und mehreren Ausgangsgrößen.

1.6.3 Die allgemeine Zustandsdarstellung

Beschränkt man sich vorläufig auf lineare bzw. linearisierte Modelle, so erhält man als Ergebnis der Modellbildung ein System von linearen Zustandsdifferentialgleichungen 1. Ordnung, ergänzt durch ein System linearer Gleichungen zur Verknüpfung der Ausgangsgrößen (in der Regelungstechnik auch Aufgabengrößen genannt) mit den Zustandsgrößen. Es gehört zum mathematischen Rüstzeug des Physikers und Ingenieurs, solche Gleichungssysteme durch Signalvektoren und Matrizen darzustellen. Für alle folgenden Überlegungen werden lineare, zeitinvariante Modelle in einer Symbolik beschrieben, die sich weitgehend international durchgesetzt hat:

Zustandsgleichung $$\dot{\boldsymbol{x}}(t) = \boldsymbol{A}\boldsymbol{x}(t) + \boldsymbol{B}\boldsymbol{u}(t) + \boldsymbol{G}\boldsymbol{z}(t), \qquad \text{(Gl. 1.13a)}$$

$$\boldsymbol{x}(0) = \boldsymbol{x}_0 .$$

Ausgangsgleichung $$\boldsymbol{y}(t) = \boldsymbol{C}\boldsymbol{x}(t) + \boldsymbol{D}\boldsymbol{u}(t) \qquad \text{(Gl. 1.13b)}$$

mit folgenden Bedeutungen:

$\boldsymbol{x}(t)$: Zustandsvektor $(n, 1)$,
$\boldsymbol{u}(t)$: Steuervektor $(p, 1)$, $(p \leqq n)$,
$\boldsymbol{z}(t)$: Störvektor $(q, 1)$,
$\boldsymbol{y}(t)$: Ausgangsvektor $(m, 1)$, $(m \leqq n)$,

$\boldsymbol{A}$: Systemmatrix (n, n),
$\boldsymbol{B}$: Steuermatrix (n, p),
$\boldsymbol{G}$: Störmatrix (n, q),
$\boldsymbol{C}$: Ausgangsmatrix (m, n),
$\boldsymbol{D}$: Durchgangsmatrix (m, p).

Bei der überwiegenden Zahl technischer Regelstrecken ist $\boldsymbol{D} = \mathbf{0}$, weil höchst selten ein direkter Durchgriff der Steuergrößen auf die Ausgangsgrößen vorliegt.

Der Umgang mit Zustandsgleichungen wird in Kapitel 2 näher erläutert. Bei den oft anzutreffenden Systemen mit *einer* Eingangs- und *einer* Ausgangsgröße erhält die Zustandsbeschreibung (Sammelbegriff für Zustandsgleichung und Ausgangsgleichung) die Form

$$\dot{\boldsymbol{x}}(t) = \boldsymbol{A}\boldsymbol{x}(t) + \boldsymbol{b}u(t) + \boldsymbol{g}z(t)\,, \qquad \text{(Gl. 1.14a)}$$

$$y(t) = \boldsymbol{c}^{\mathrm{T}}\boldsymbol{x}(t) \qquad \text{(Gl. 1.14b)}$$

Die zugehörige Struktur zeigt Bild 1.24.

Bis zu diesem Stand der Überlegungen sind die Zustände der unabhängigen Energiespeicher eines Systems als Zustandsgrößen eingeführt, was sich in zahlreichen praktischen Anwendungen vom physikalischen Ansatz her von selbst anbietet. *Diese Wahl ist nicht zwingend.* Es gibt eine Reihe von Gründen dafür, daß man einen anderen Satz von Größen als Zustandsgrößen, auch Zustandsvariable genannt, bevorzugt; beispielsweise um im Lösungsgang das Rechnen mit Matrizen zu vereinfachen, etwa durch Übergang zu Diagonalmatrizen (Jordansche Form). Dabei muß aber sichergestellt sein, daß die Systemordnung, die durch die Minimalzahl der unabhängigen Zustandsgrößen festgelegt ist, nicht verändert wird.

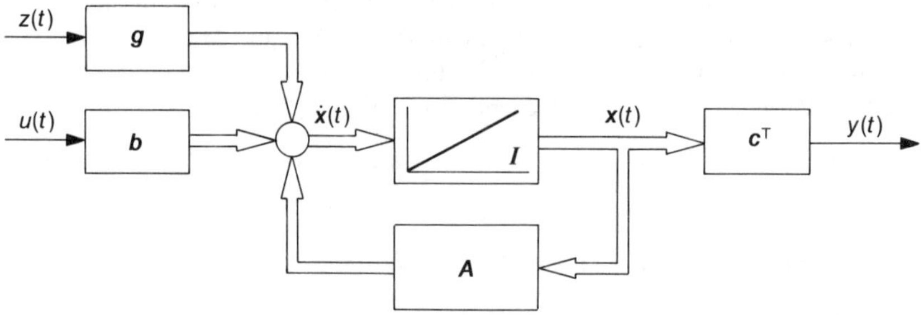

Bild 1.24 Blockdarstllung der Zustandsbeschreibung nach den Gleichungen 1.14a und 1.14b

Der jeweils ins Auge gefaßte *Zweck* ist also mitbestimmend für die *Wahl geeigneter Zustandsgrößen* unter Beachtung der physikalisch bedingten Ordnung des Systems.

So wichtig diese verallgemeinernden Gesichtspunkte auch sind, der Energiebegriff spielt bei zahlreichen Modellbildungen, bei regelungstechnischen und fachübergreifenden Überlegungen immer wieder eine herausragende Rolle.

Bemerkungen zur Energie

Energie ist ein überall anzutreffender und damit interdisziplinärer Begriff. Im Rahmen der Regelungstechnik kann man auf zwei besonders wichtige Ansatzpunkte hinweisen. Zum einen spielt die Energie in verschiedensten Formen eine *physikalische* Rolle bei der Bilanzierung und der Definition von Zustandsgrößen; zum anderen spielt sie eine *technische* Rolle bei der Beeinflussung von Regelstrecken durch Stellorgane wie Ventile, Schieber, elektronische Leistungssteller und dergleichen.

Anknüpfend an die Überlegungen von Abschnitt 1.3 betrachten wir ein mechanisches System mit dem Kräfteansatz

$$m \cdot \ddot{x} = F,$$

woraus zunächst nur

$$\frac{\mathrm{d}}{\mathrm{d}t}\left\{\frac{m}{2} \cdot \dot{x}^2\right\} = F \cdot \dot{x}$$

folgt, also noch kein Erhaltungssatz. Setzt sich die Kraft F aus zwei Anteilen zusammen, von denen einer aus einem Potential $V(x)$ ableitbar ist, während der andere eine Reibungskraft F_r darstellt, so gilt

$$F(x) = -\frac{\mathrm{d}}{\mathrm{d}x} V(x) + F_r,$$

und man erhält

$$\frac{\mathrm{d}}{\mathrm{d}t}\left\{\frac{m}{2} \cdot \dot{x}^2 + V(x)\right\} = F_r \cdot \dot{x}.$$

Da die Reibungsenergie irreversibel in Wärme umgewandelt wird, ist $F_r \cdot \dot{x} < 0$. Im Fall der Reibungsfreiheit ist $F_r = 0$, und es gilt der *Erhaltungssatz der mechanischen Energie:*

$$\frac{\mathrm{d}}{\mathrm{d}t}\left\{\frac{m}{2} \cdot \dot{x}^2 + V(x)\right\} = 0.$$

Diese Überlegungen tragen unmittelbar zum physikalischen Verständnis des Begriffs «Zustand» eines Systems bei.

Einige Zahlenbeispiele aus verschiedenen Anwendungsbereichen werden zusammengestellt, um eine konkrete Vorstellung von Energiebeträgen zu vermitteln.

Wir schließen an die behandelten analogen Elementkombinationen an und vergleichen die jeweils speicherbaren Energieformen miteinander, ausgehend von einem Energiebetrag von *2 Joule*. Dieser Wert ergibt sich für die folgenden Kombinationen von Bauelementen:

elektrisch	$E = \frac{1}{2} C \cdot u_C^2$	mit $C = 100\,\mu\text{F}$, $u_C = 200\,\text{V}$,
mechanisch	$E = \frac{1}{2} \frac{1}{c} \cdot F_a^2$	mit $c = 10^4\,\text{N/m}$, $F_a = 200\,\text{N}$,
pneumatisch	$E = \frac{1}{2} K_B \cdot p_a^2$	mit $V_0 = 10^{-3}\,\text{m}^3$, $p_a = 0{,}2\,\text{bar}$.

Der Vergleich verschiedener Energieformen in einer anderen Größenordnung mag zu überraschenden Ergebnissen führen:

Mechanik
Ein Fahrzeug der Masse 2000 kg hat bei einer Geschwindigkeit von $v = 100\,\text{km/h}$ die *kinetische* Energie

$$E_{\text{kin}} = \frac{1}{2}\, M \cdot v^2 = 7{,}7 \cdot 10^5\,\text{J}\,.$$

Die gleiche *potentielle* Energie $E_{\text{pot}} = M \cdot g \cdot h$ hat diese Masse im Schwerefeld der Erde in einer Höhe von $h \approx 40\,\text{m}$.

Wärmelehre
Mit der Energie von $7{,}7 \cdot 10^5$ J kann man 2,3 kg Eis bei 0 °C schmelzen oder 1,85 kg Wasser von 0 °C auf 100 °C erwärmen.

Elektrizität
Die Energie von $7{,}7 \cdot 10^5$ J entspricht der elektrischen Energie von 0,2 kWh.

Diese Vergleiche lassen Schlüsse in Bezug auf die Wirtschaftlichkeit der verschiedenen Energieformen zu.

1.7 Zustandsdarstellung der behandelten Modelle

Nach der ausführlichen Beschreibung der Wirkungsweise einfacher Elementkombinationen ist deren Zustandsdarstellung mehr oder weniger eine formale Angelegenheit; der Ansatz für nichtlineare Modellbeschreibungen wird bei dieser Gelegenheit angegeben und in den Beispielen der folgenden Abschnitte eingehend diskutiert.

1.7.1 Modelle 1. Ordnung

Für die linearen Beispiele gilt allgemein die skalare Zustandsgleichung

$$\dot{x}(t) = -\frac{1}{T} \cdot x(t) + \frac{1}{T} \cdot u(t)\,.$$

Die Ausgangsgleichung

$$y(t) = c \cdot x(t) + d \cdot u(t)$$

ergibt die Zustandsgröße $x(t)$ für $c = 1$, $d = 0$ und die Differenzgröße als Ausgangsgröße für $c = -1$, $d = 1$. Bei nichtlinearen Modellen geht man aus von der allgemeinen Form der Zustandsgleichung für das Großsignalverhalten

$$\dot{X}(t) = f[X(t), U(t)]\,, \qquad \text{(Gl. 1.8)}$$

in bestimmten Fällen auch von der Form

$$\dot{X}(t) = g[X(t)] + h[U(t)]. \qquad \text{(Gl. 1.10)}$$

1.7.2 Modelle 2. Ordnung

Hier wurden bisher nur drei lineare Systeme behandelt, die sich durch eine gemeinsame Zustandsdarstellung beschreiben lassen.

Für die nicht schwingungsfähigen Elementkombinationen in pneumatischer und elektrischer Ausführung (Bilder 1.19 und 1.21) ergibt sich aus der gemeinsamen Differentialgleichung 2. Ordnung

$$\ddot{x}_2(t) = -\frac{T_1 + T_2 + T_{12}}{T_1 T_2} \cdot \dot{x}_2(t) - \frac{1}{T_1 T_2} \cdot x_2(t) + \frac{1}{T_1 T_2} \cdot u(t)$$

mit der Substitution $\dot{x}_2(t) = x_1(t)$ die ausführlich geschriebene Zustandsgleichung

$$\begin{bmatrix} \dot{x}_1(t) \\ \dot{x}_2(t) \end{bmatrix} = \begin{bmatrix} -\frac{T_1 + T_2 + T_{12}}{T_1 T_2} & -\frac{1}{T_1 T_2} \\ 1 & 0 \end{bmatrix} \cdot \begin{bmatrix} x_1(t) \\ x_2(t) \end{bmatrix} + \begin{bmatrix} \frac{1}{T_1 T_2} \\ 0 \end{bmatrix} u(t).$$

Die Ausgangsgleichung

$$y(t) = \boldsymbol{c}^{\mathrm{T}} \cdot \boldsymbol{x}(t) \qquad \text{mit } \boldsymbol{c}^{\mathrm{T}} = [c_{11} \;\; c_{12}]$$

ergibt gewünschte Linearkombinationen der Zustandsgrößen. Bild 1.25 zeigt das vollständige Strukturbild zu dieser Zustandsbeschreibung. Die Zustandsdarstellung

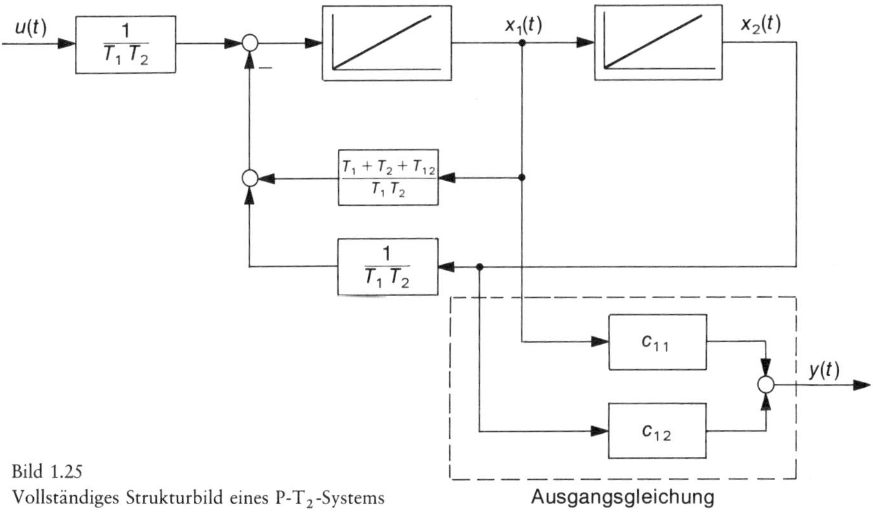

Bild 1.25
Vollständiges Strukturbild eines P-T_2-Systems

für das schwingungsfähige elektrische System von Abschnitt 1.5.3 erhält man auf ganz entsprechende Weise, die zugehörige Struktur ist mit Bild 1.23 bereits vorweggenommen und muß lediglich ergänzt werden durch den Anteil, der zu der Ausgangsgleichung gehört, wobei die drei möglichen Größen $x_R(t)$, $x_L(t)$, $x_C(t)$ und gegebenenfalls Linearkombinationen zu berücksichtigen sind.

In den folgenden Abschnitten werden Modelle für etwas kompliziertere technische Systeme entwickelt, wobei die Möglichkeiten der Zustandsbeschreibung voll zum Einsatz kommen.

1.8 Rührkessel ohne chemische Reaktion

Bei der Herstellung von Kunststoffen und anderen chemischen Produkten werden häufig Reaktoren verwendet, bei denen mehrere flüssige Einsatzstoffe in einen Behälter eingeleitet und dort durch ein Rührwerk möglichst homogen miteinander vermischt werden. Je nach Art der beteiligten Reaktionen müssen solche Rührkesselreaktoren durch einen äußeren Mantel gekühlt oder beheizt werden. Als Vorstufe wird zunächst ein Rührkessel ohne chemische Reaktion behandelt, der in Bild 1.26 schematisch dargestellt ist. Die Temperaturen der Einsatzstoffe seien konstant, $Q_1(t)$ und $Q_2(t)$ sind über Ventile einstellbare Volumenströme, $Q_3(t)$ und die Temperatur $\Theta_3(t)$ sind Störgrößen mit statistischem Charakter. Bedeuten

A = die Kesselquerschnittsfläche,
c = die spezifischen Wärmekapazitäten,
ϱ = die Dichten

jeweils in SI-Einheiten, so erhält man zwei Bilanzierungsansätze für die Modellbildung.

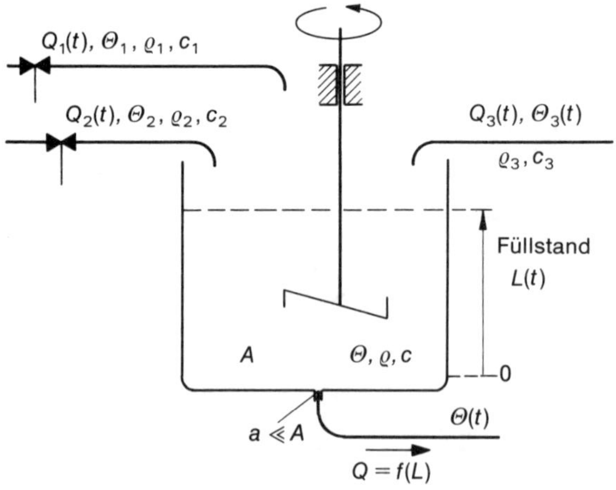

Bild 1.26
Zur Modellbildung für einen Rührkessel ohne chemische Reaktion

Volumenstrombilanz

$$A \cdot \dot{L}(t) = Q_1(t) + Q_2(t) + Q_3(t) - Q(t),$$

wobei gilt

$$Q(t) = a \cdot \sqrt{2gL(t)}, \quad a = \text{Querschnittsfläche des Ablaufs}.$$

Damit lautet die erste nichtlineare Differentialgleichung

$$\dot{L}(t) = \frac{1}{A} \cdot [-a \cdot \sqrt{2gL(t)} + Q_1(t) + Q_2(t) + Q_3(t)]. \qquad \text{(Gl. 1.15a)}$$

Wärmestrombilanz
Da sowohl die im Kessel gespeicherte Masse $\varrho \cdot A \cdot L(t)$ als auch die Temperatur $\Theta(t)$ von der Zeit abhängen, wird der dort gespeicherte Bilanzanteil

$$\Phi_K(t) = A \cdot \varrho \cdot c \cdot \frac{d}{dt}[L(t) \cdot \Theta(t)].$$

Die zufließenden Wärmeströme sind gegeben durch

$$\Phi_1(t) = \varrho_1 c_1 \cdot \Theta_1 \cdot Q_1(t),$$
$$\Phi_2(t) = \varrho_2 c_2 \cdot \Theta_2 \cdot Q_2(t),$$
$$\Phi_3(t) = \varrho_3 c_3 \cdot \Theta_3(t) \cdot Q_3(t).$$

Der mit $Q(t)$ abfließende Anteil wird

$$\Phi_{ab}(t) = a \cdot \sqrt{2gL(t)} \cdot \varrho \cdot \Theta(t).$$

Die Bilanzierung der Wärmeströme ergibt die Differentialgleichung

$$\frac{d}{dt}[L(t) \cdot \Theta(t)] = -\frac{1}{A} \cdot a \cdot \sqrt{2gL(t)} \cdot \Theta(t) +$$
$$+ \frac{1}{A\varrho c} \cdot [k_1 Q_1(t) + k_2 Q_2(t) + k_3 \Theta_3(t) \cdot Q_3(t)]. \qquad \text{(Gl. 1.15b)}$$

Der Rührkesselreaktor zeigt also bereits ohne chemische Reaktionsterme von den Grundgleichungen her nichtlineares Verhalten.

Linearisierung der Differentialgleichungen
Schon hier muß unter Vorwegnahme der allgemeineren Ausführungen von Abschnitt 2.2 deutlich darauf hingewiesen werden, daß jede Linearisierung von den physikalischen Gegebenheiten her gerechtfertigt sein muß; eine formal-mathematische Begründung wäre nicht hinreichend, weil bei einer Linearisierung u.U. wesentliche Effekte verlorengehen können.

Bei dem vorliegenden Reaktor sei eine Linearisierung erlaubt, die für die folgenden Kleinsignale bei jeweils festem Betriebspunkt vorgenommen werden kann:

$$\left.\begin{aligned} x_1(t) &= L(t) - L_0 \\ x_2(t) &= \Theta(t) - \Theta_0 \end{aligned}\right\} \quad \textit{Zustandsgrößen},$$

$$\left.\begin{aligned} u_1(t) &= Q_1(t) - Q_{10} \\ u_2(t) &= Q_2(t) - Q_{20} \end{aligned}\right\} \quad \textit{Steuergrößen},$$

$$\left.\begin{aligned} z_1(t) &= Q_3(t) - Q_{30} \\ z_2(t) &= \Theta_3(t) - \Theta_{30} \end{aligned}\right\} \quad \textit{Störgrößen}.$$

Im einzelnen ergeben die Taylor-Approximationen:

$$Q = f(L) \approx Q_0 + \sqrt{\frac{g}{2L_0}} \cdot x_1,$$

$$L \cdot \Theta \approx L_0 \cdot \Theta_0 + \Theta_0 \cdot x_1 + L_0 \cdot x_2,$$

$$f(L) \cdot \Theta \approx Q_0 \cdot \Theta_0 + \sqrt{\frac{g}{2L_0}} \cdot \Theta_0 \cdot x_1 + Q_0 \cdot x_2,$$

$$\Theta_3 \cdot Q_3 \approx \Theta_{30} \cdot Q_{30} + \Theta_{30} \cdot z_1 + Q_{30} \cdot z_2.$$

Im Rahmen dieser Linearisierungen ergibt sich anstelle der Modellgleichung 1.15a:

$$\dot{x}_1(t) = \frac{1}{A} \cdot \left[-a \cdot \sqrt{\frac{g}{2L_0}} \cdot x_1(t) + u_1(t) + u_2(t) + z_1(t) \right] \qquad \text{(Gl. 1.16a)}$$

und anstelle von Gl. 1.15b:

$$\Theta_0 \cdot \dot{x}_1(t) + L_0 \cdot \dot{x}_2(t) = -\frac{a}{A} \cdot \sqrt{\frac{g}{2L_0}} \cdot \Theta_0 \cdot x_1(t) - \frac{a}{A} \cdot Q_0 \cdot x_2(t)$$
$$+ \frac{1}{A\varrho c} \cdot [k_1 u_1(t) + k_2 u_2(t)$$
$$+ k_3 \cdot (\Theta_{30} \cdot z_1(t) + Q_{30} \cdot z_2(t))].$$

Dieser Ausdruck vereinfacht sich durch Einsetzen von Gl. 1.16a zu

$$\dot{x}_2(t) = \frac{1}{L_0 A} \cdot \left[-aQ_0 x_2(t) + \left(\frac{\varrho_1 c_1}{\varrho c} \cdot \Theta_1 - \Theta_0\right) \cdot u_1(t) + \left(\frac{\varrho_2 c_2}{\varrho c} \cdot \Theta_2 - \Theta_0\right) \cdot u_2(t)\right.$$
$$\left. + \left(\frac{\varrho_3 c_3}{\varrho c} \cdot \Theta_{30} - \Theta_0\right) \cdot z_1(t) + \frac{\varrho_3 c_3}{\varrho c} \cdot Q_{30} \cdot z_2(t) \right].$$

(Gl. 1.16b)

Die beiden linearisierten Modellgleichungen kann man durch Einführung des

$$\textit{Zustandsvektors} \quad \boldsymbol{x}(t) = \begin{bmatrix} x_1(t) \\ x_2(t) \end{bmatrix}, \quad \text{des}$$

Steuervektors $\quad \boldsymbol{u}(t) = \begin{bmatrix} u_1(t) \\ u_2(t) \end{bmatrix}$ und des

Störvektors $\quad \boldsymbol{z}(t) = \begin{bmatrix} z_1(t) \\ z_2(t) \end{bmatrix}$

auf die allgemeine Form der Zustandsdarstellung eines linearen Systems bringen [6], wobei die folgenden Matrizen anzusetzen sind:

$$\boldsymbol{A} = \begin{bmatrix} -\frac{a}{A} \cdot \sqrt{\frac{g}{2L_0}} & 0 \\ 0 & -\frac{a}{A} \cdot \frac{Q_0}{L_0} \end{bmatrix},$$

$$\boldsymbol{B} = \left[\begin{array}{c:c} \frac{1}{A} & \frac{1}{A} \\ \frac{1}{L_0 A}\left(\frac{\varrho_1 c_1}{\varrho c} \cdot \Theta_1 - \Theta_0\right) & \frac{1}{L_0 A}\left(\frac{\varrho_2 c_2}{\varrho c} \cdot \Theta_2 - \Theta_0\right) \end{array}\right],$$

$$\boldsymbol{G} = \left[\begin{array}{c:c} \frac{1}{A} & 0 \\ \frac{1}{L_0 A}\left(\frac{\varrho_3 c_3}{\varrho c} \cdot \Theta_{30} - \Theta_0\right) & \frac{1}{L_0 A} \cdot \frac{\varrho_3 c_3}{\varrho c} \cdot Q_{30} \end{array}\right],$$

$\boldsymbol{C}$ bestimmt die gewünschten Ausgangsgrößen.

Strukturbild des linearisierten Modells

Zur Vereinfachung der Schreibweise gehen wir aus von den Zustandsgleichungen mit allgemein geschriebenen Konstanten:

$$\dot{x}_1(t) = a_{11}x_1(t) + b_{11}u_1(t) + b_{12}u_2(t) + g_{11}z_1(t),$$

$$\dot{x}_2(t) = a_{22}x_2(t) + b_{21}u_1(t) + b_{22}u_2(t) + g_{21}z_1(t) + g_{22}z_2(t).$$

Sowohl an den Matrizen als auch an der Struktur in Bild 1.27 kann man eine bemerkenswerte Konsequenz dieser Linearisierung erkennen; das Modell *entartet* zu zwei entkoppelten P-T_1-Abschnitten mit folgender Signalbeaufschlagung: Beide Abschnitte werden von u_1 und von u_2 angesteuert, auf Abschnitt 1 wirkt nur die Störgröße z_1, auf Abschnitt 2 wirken beide Störgrößen ein. Die Linearisierung führt also hier zu einer besonders auffälligen Modellvereinfachung, die sich als Grundlage zur Regelung von Rührkesselreaktoren der beschriebenen Art in der Praxis seit langem bewährt hat.

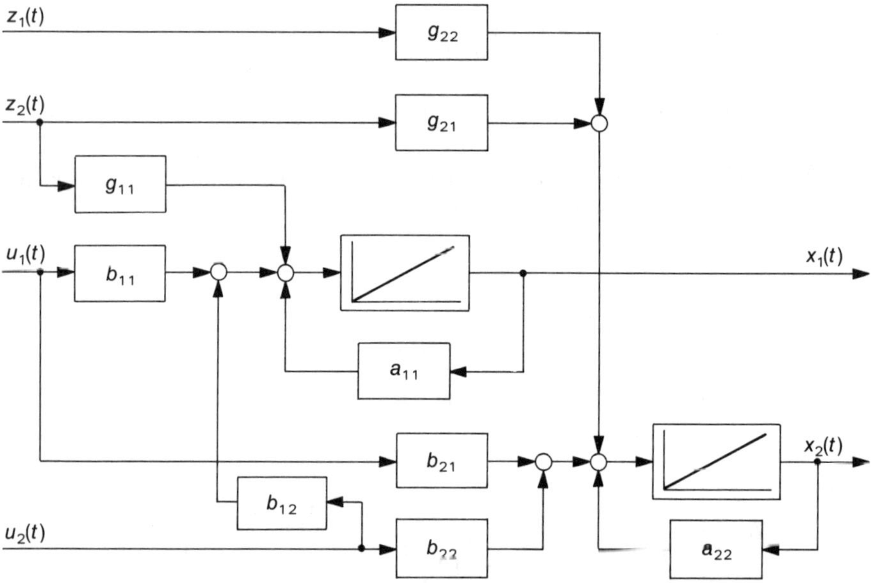

Bild 1.27 Strukturbild des linearisierten Rührkesselmodells

1.9 Rührkessel mit exothermer Reaktion

In einem Rührkessel werden zwei auf gleiche Temperatur Θ_e vorgeheizte Stoffe in idealer Durchmischung zu einer exothermen Reaktion 1. Ordnung gebracht [7]. Das Reaktionsprodukt habe die spezifische Wärmekapazität c und setze die Reaktionsenthalpie $H > 0$ frei, so daß eine laufende Kühlung durch einen Mantel erforderlich ist. Die wirksame Kühlerfläche sei A, die mittlere Kühlmitteltemperatur sei $\Theta_k(t)$; das Bild 1.28 zeigt den Kesselaufbau mit den notwendigen Kenngrößen. Es interessiert der Zusammenhang zwischen $\Theta_e(t)$, der Eingangskonzentration $C_e(t)$ von Stoff 1 als Eingangsgrößen und der Temperatur $\Theta(t)$ sowie der Gemischkonzentration $C(t)$ als Ausgangsgrößen.

Für die Modellbildung setzt man hier eine Wärmestrombilanz und eine Stoffbilanz an.

Wärmestrom-Bilanzterme:

- ☐ im Kessel gespeichert $\quad \Phi(t) = V_0 \cdot \varrho \cdot c \cdot \dot{\Theta}(t)\,,$
- ☐ mit Stoffen zugeführt $\quad \Phi_{zu}(t) = Q \cdot \varrho \cdot c \cdot \Theta_e(t)\,,$
- ☐ mit Produkt abgeführt $\quad \Phi_{ab}(t) = Q \cdot \varrho \cdot c \cdot \Theta(t)\,,$
- ☐ mit Kühlmittel abgeführt $\quad \Phi_k(t) = \alpha \cdot A \cdot [\Theta(t) - \Theta_k(t)]\,,$
- ☐ durch Reaktion entstanden $\quad \Phi_c(t) = k(\Theta) \cdot H \cdot V_0 \cdot C(t)\,.$

Bild 1.28
Gekühlter Rührkessel mit chemischer Reaktion

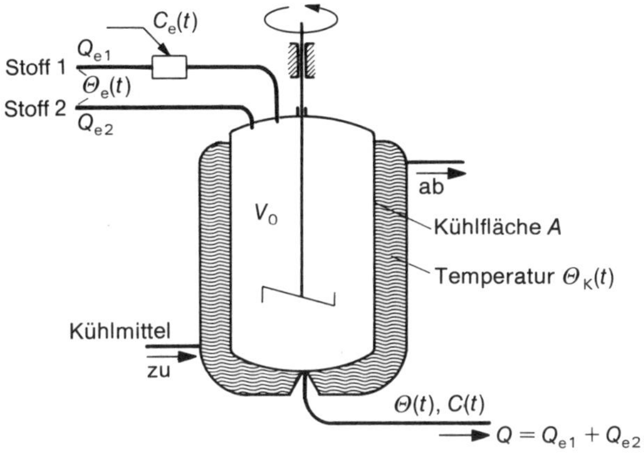

Dabei ist $k(\Theta)$ der exponentielle und damit nichtlineare Arrhenius-Reaktionsterm. Die Wärmestrombilanz lautet

$$\Phi(t) = \Phi_{zu}(t) - \Phi_{ab}(t) - \Phi_k(t) + \Phi_c(t)\,.$$

Stoffbilanzterme:

- ☐ im Kessel gespeichert $\qquad \Psi(t) = V_0 \cdot \dot{C}(t)\,,$
- ☐ Stoffzufuhr $\qquad \Psi_{zu}(t) = Q \cdot C_e(t)\,,$
- ☐ Stoffabfuhr $\qquad \Psi_{ab}(t) = Q \cdot C(t)\,,$
- ☐ Verbrauch durch Reaktion $\qquad \Psi_c(t) = V_0 \cdot k(\Theta) \cdot C(t)\,.$

Die zugehörige Bilanzgleichung heißt

$$\Psi(t) = \Psi_{zu}(t) - \Psi_{ab}(t) - \Psi_c(t)\,.$$

Durch Einsetzen der angegebenen Bilanzterme erhält man unmittelbar die nichtlinearen Zustandsgleichungen des Modells:

$$\dot{\Theta}(t) = -\left(\frac{Q}{V_0} + \frac{\alpha A}{\varrho c V_0}\right) \cdot \Theta(t) + \frac{H}{\varrho c} \cdot k(\Theta) \cdot C(t) + \frac{Q}{V_0} \cdot \Theta_e(t) + \frac{\alpha A}{\varrho c V_0} \cdot \Theta_k(t), \qquad \text{(Gl. 1.17a)}$$

$$\dot{C}(t) = -\left[\frac{Q}{V_0} + k(\Theta)\right] \cdot C(t) \qquad + \frac{Q}{V_0} \cdot C_e(t)\,. \qquad \text{(Gl. 1.17b)}$$

In beiden Gleichungen kommt der nichtlineare Term $k(\Theta) \cdot C(t)$ vor, der auch im zugehörigen Strukturbild deutlich hervortritt (Bild 1.29).

An diesem Modellierungsbeispiel zeigt sich, daß formales Linearisieren wenig Sinn hat. Ohne zusätzliche Kenntnisse über den Verlauf des chemischen Prozesses ist in diesem Stadium der Modellbildung noch nicht abzusehen, wie sich der stark nichtlineare Term tatsächlich auswirken wird. Hier zeigt sich unter anderem, daß

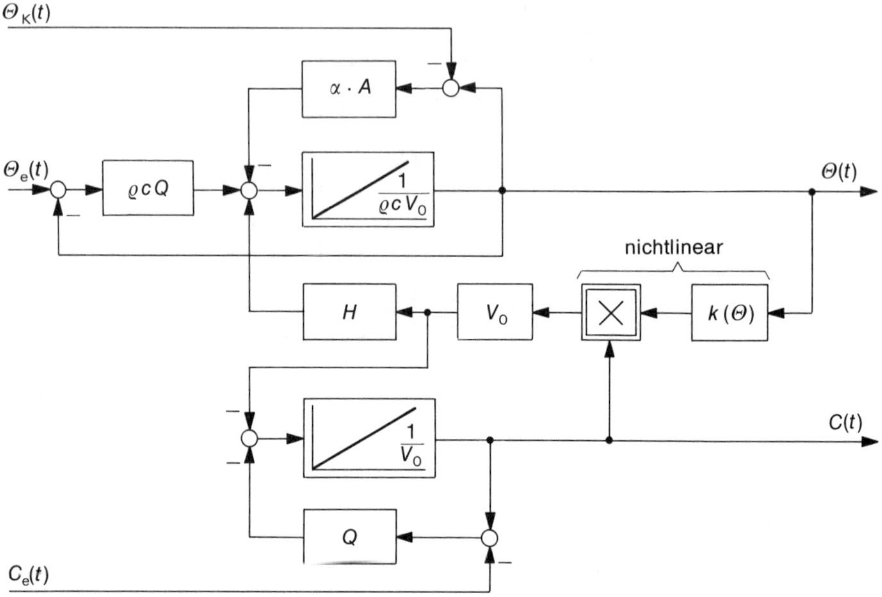

Bild 1.29 Strukturbild des nichtlinearen Rührkesselmodells mit Berücksichtigung der chemischen Reaktion

man sich spätestens an dieser Stelle Gedanken über ein geeignetes Regelungskonzept machen muß; ob es beispielsweise sinnvoll ist, durch eine Temperaturregelung den Reaktor isotherm zu betreiben. Die Entwicklung eines Regelungskonzepts beginnt insbesondere bei Anlagen der technischen Chemie und der Verfahrenstechnik schon in der Planungsphase.

1.10 Ein einfaches Wärmetauschermodell

Wärmetauscher mit verhältnismäßig kleinen geometrischen Abmessungen werden in vielen Darstellungen am einfachsten durch ein P-T_1-Modell beschrieben. Andererseits sind große industrielle Wärmetauscher komplizierte Gebilde mit Verzögerung höherer Ordnung und räumlich verteilten Parametern, so daß eine hinreichend genaue Modellierung auf partielle Differentialgleichungen mit zusätzlichen Ableitungen nach Ortskoordinaten und mit Anfangs- und Randbedingungen führt.

Hier soll eine Modellbildung vorgenommen werden, die den Heizkörper als P-T_1-Anteil berücksichtigt und insgesamt auf ein P-T_2-Modell führt. Bild 1.30 zeigt den zugrunde liegenden Aufbau des Wärmetauschers mit den anzusetzenden Größen. Die physikalischen Grundgleichungen bestehen aus Ansätzen für die berücksichtigten Wärmeströme als Kleinsignale für die Umgebung eines Betriebspunktes. Wie bereits einleitend zu diesem Kapitel erwähnt, liegt hier ein Wärmesystem vor, dessen

Bild 1.30
Wärmetauscher zur Modellierung als P-Strecke 2. Ordnung

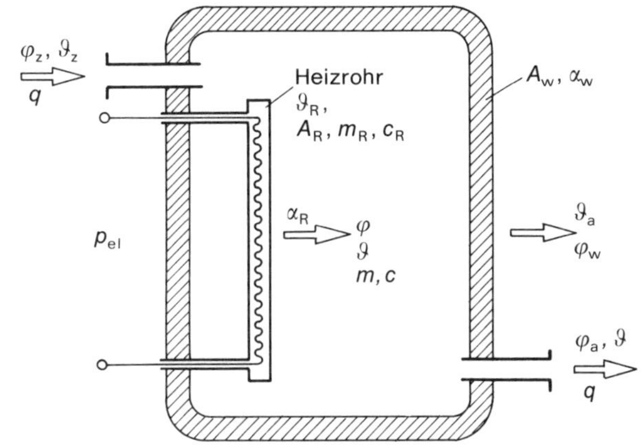

Bilanzraum strenggenommen nicht abgrenzbar ist; deshalb wird auch kein ideal nach außen wärmeisolierter Behälter angenommen, sondern ein stetiger Verlustwärmestrom $\varphi_w(t)$ nach außen angesetzt.

Für die Bilanzierung benötigt man die folgenden Wärmeströme:

- ☐ vom Heizrohr zugeführt

$$\varphi(t) = \alpha_R \cdot A_R \cdot [\vartheta_R(t) - \vartheta(t)],$$

$$m_R \cdot c_R \cdot \dot{\vartheta}_R(t) = p_{el}(t) - \varphi(t).$$

Differentiation der ersten Gleichung und Elimination von $\dot{\vartheta}_R(t)$ ergibt bereits die erste Differentialgleichung

$$\dot{\varphi}(t) = -\frac{1}{T_1} \cdot \varphi(t) + \frac{1}{T_1} \cdot p_{el}(t) - \kappa \cdot \dot{\vartheta}(t). \qquad \text{(Gl. 1.18a)}$$

Dabei ist $T_1 = m_R c_R / \alpha_R A_R$ die Zeitkonstante des Heizrohrs,

α_R = Wärmeübergangszahl in $\frac{J}{m^2 sK}$,

c_R = spezifische Wärmekapazität in $\frac{J}{kg\,K}$ und

$\kappa = \alpha_R \cdot A_R$;

- ☐ mit dem Zulauf zugeführter Wärmestrom

$$\varphi_z(t) = q \cdot c \cdot \vartheta_z(t), \quad q = \text{Massenstrom in kg/s},$$

- ☐ mit dem Ablauf abgeführt wird

$$\varphi_a(t) = q \cdot c \cdot \vartheta(t),$$

- ☐ von der Wand nach außen abgegeben wird

$$\varphi_w(t) = \alpha_w \cdot A_w \cdot [\vartheta(t) - \vartheta_a(t)].$$

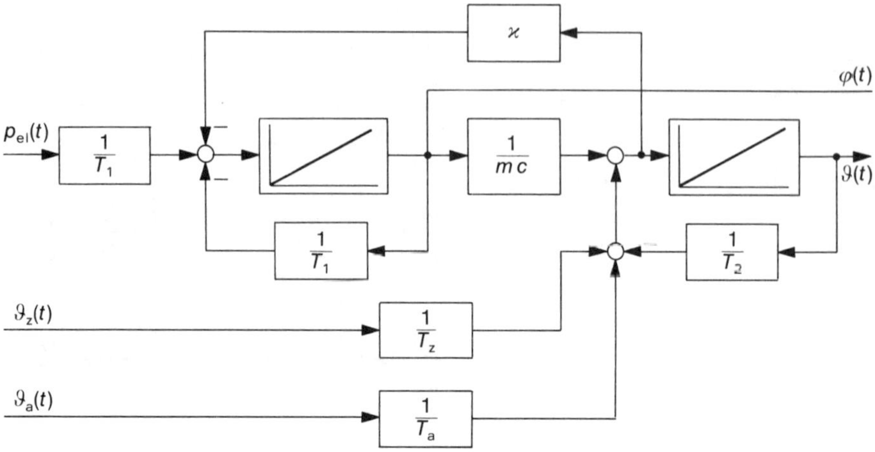

Bild 1.31 Strukturbild des Wärmetauschers nach den Gleichungen 1.18a und 1.18b

Bezeichnet $\varphi_F(t)$ den zur Aufheizung des Wassers verbleibenden Wärmestrom, so gilt

$$\varphi_F(t) = mc \cdot \dot{\vartheta}(t)\,.$$

Durch Einsetzen der zusammengestellten Wärmeströme in die Bilanzgleichung

$$\varphi_F(t) = \varphi(t) + \varphi_z(t) - \varphi_a(t) - \varphi_w(t)$$

ergibt sich die zweite Differentialgleichung

$$\dot{\vartheta}(t) = \frac{1}{mc} \cdot \varphi(t) - \frac{1}{T_2} \cdot \vartheta(t) + \frac{1}{T_z} \cdot \vartheta_z(t) + \frac{1}{T_a} \cdot \vartheta_a(t)\,. \qquad \text{(Gl. 1.18b)}$$

Dabei sind folgende Abkürzungen eingeführt worden:

$$T_2 = \frac{mc}{qc + \alpha_W A_W}, \qquad T_z = \frac{m}{q}, \qquad T_a = \frac{mc}{\alpha_W A_W}.$$

Da keine Zwischengrößen eliminiert worden sind, folgt das Strukturbild aus den beiden Differentialgleichungen 1.18a und 1.18b. Für die Zustandsdarstellung muß man $\dot{\vartheta}$ in Gl. 1.18a ersetzen durch den Ausdruck nach Gl. 1.18b, und man erhält zunächst in skalarer Schreibweise das Gleichungspaar

$$\dot{\varphi}(t) = -\left(\frac{1}{T_1} + \frac{\kappa}{mc}\right) \cdot \varphi(t) + \frac{\kappa}{T_2} \cdot \vartheta(t) + \frac{1}{T_1} \cdot p_{el}(t) - \frac{\kappa}{T_z} \cdot \vartheta_z(t) - \frac{\kappa}{T_a} \cdot \vartheta_a(t)\,, \qquad \text{(Gl. 1.19a)}$$

$$\dot{\vartheta}(t) = \frac{1}{mc} \cdot \varphi(t) - \frac{1}{T_2} \cdot \vartheta(t) + \frac{1}{T_z} \cdot \vartheta_z(t) + \frac{1}{T_a} \cdot \vartheta_a(t)\,. \qquad \text{(Gl. 1.19b)}$$

Auf die allgemeine Form gebracht, ergibt sich

$$\dot{\boldsymbol{x}}(t) = \boldsymbol{A}\boldsymbol{x}(t) + \boldsymbol{b}u(t) + \boldsymbol{G}\boldsymbol{z}(t)\,,$$

wobei $\varphi(t)$ und $\vartheta(t)$ den Zustandsvektor bilden, $p_{el}(t)$ die Steuergröße ist und $\vartheta_z(t)$ zusammen mit $\vartheta_a(t)$ den Störvektor $z(t)$ bildet. Die zugehörigen Matrizen haben die folgenden Formen:

$$\boldsymbol{A} = \begin{bmatrix} -\left(\frac{1}{T_1} + \frac{\kappa}{m\,c}\right) & \frac{\kappa}{T_2} \\ \frac{1}{m\,c} & -\frac{1}{T_2} \end{bmatrix}, \quad \boldsymbol{b} = \begin{bmatrix} \frac{1}{T_1} \\ 0 \end{bmatrix}, \quad \boldsymbol{G} = \begin{bmatrix} -\frac{\kappa}{T_z} & -\frac{\kappa}{T_a} \\ \frac{1}{T_z} & \frac{1}{T_a} \end{bmatrix}.$$

Für die Temperatur $\vartheta(t)$ als Ausgangsgröße ergibt sich

$$y(t) = \boldsymbol{c}^{\mathrm{T}}\,\boldsymbol{x}(t)$$

mit der Ausgangsmatrix

$$\boldsymbol{c}^{\mathrm{T}} = [0 \quad 1].$$

Hinweis: Das erarbeitete Modell beschreibt das Wärmetauscherverhalten nur in der Umgebung eines festen Betriebspunktes. Man erkennt sofort, daß sich die Zeitkonstanten T_2 und T_z ändern, wenn der Wärmetauscher durch Änderung des Wasserdurchsatzes q in einem anderen Lastbereich gefahren wird; auf die dadurch entstehenden Probleme für die Regelung wird in Abschnitt 6.5 eingegangen. Der Leser bearbeite das Beispiel zur Übung mit der Heizrohrtemperatur $\vartheta_R(t)$ anstelle des Wärmestroms $\varphi(t)$ als Zustandsgröße.

1.11 Modellbildung für einen Hydrozylinder

In Abschnitt 1.2.3 wurde ein hydraulischer Dämpfer durch einen besonders einfachen Zusammenhang zwischen Kraft und Geschwindigkeit beschrieben. Wenn ein Hydrozylinder bei einer Positionierung mit hohen Anforderungen an Dynamik und Genauigkeit als Bestandteil eines Regelkreises eingesetzt wird, genügt der einfache Ansatz nicht mehr. Dann wird eine differenziertere Modellierung benötigt, die im folgenden entwickelt wird.

1.11.1 Grundgleichungen und Strukturbild

Anhand von Bild 1.32 erkennt man folgende Zusammenhänge:

- ☐ Die Eingangskraft $U(t)$ dient zur Beschleunigung der Gesamtmasse (Kolben mit Gestänge), zur Überwindung der viskosen Reibung (b) und zum Aufbau der Druckdifferenz $P_2(t) - P_1(t) = \Delta P(t)$ in Verbindung mit der Kolbenfläche A. Die Bilanzierung dieser Kräfte ergibt unmittelbar

$$m \cdot \ddot{X}(t) + b \cdot \dot{X}(t) + A \cdot \Delta P(t) = U(t).$$

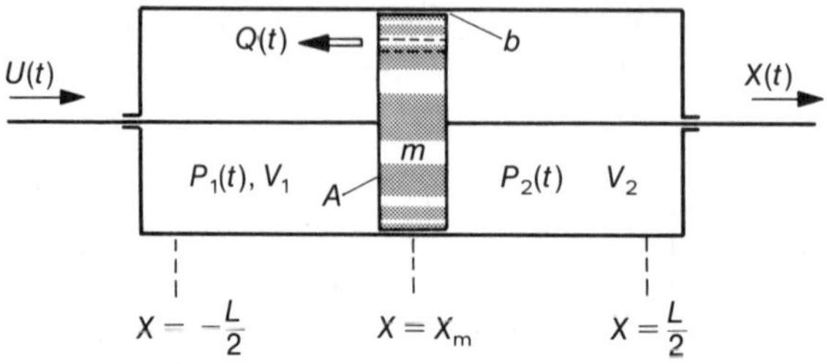

Bild 1.32
Zur Modellbildung eines Hydrozylinders

□ Der durch die Kolbenbohrung (Länge l, Radius r) fließende Ölstrom $Q(t)$ werde durch das Gesetz von Hagen-Poiseuille beschrieben:

$$Q(t) = \alpha \cdot \Delta P(t).$$

Es besteht also ein linearer Zusammenhang für turbulenzfrei angenommene Strömungsverhältnisse.

□ Die Kompressionseigenschaft des Öls kommt in dem Hookeschen Gesetz für Flüssigkeiten zum Ausdruck:

$$\dot{P}(t) = \frac{E}{V} \cdot Q(t), \qquad E = \text{Elastizitätsmodul des Öls}.$$

□ Daraus berechnet man die zeitlichen Änderungen der beiden Kammerdrücke, wobei zu dem Volumenstrom $Q(t)$ jeweils noch der Anteil $-A \cdot \dot{X}(t)$ hinzukommt:

$$\dot{P}_1(t) = \frac{E}{V_1} \cdot [Q(t) - A \cdot \dot{X}(t)],$$

$$\dot{P}_2(t) = -\frac{E}{V_2} \cdot [Q(t) - A \cdot \dot{X}(t)].$$

Die beiden Teilvolumina V_1 und V_2 hängen in einfacher Weise von der Kolbenstellung $X(t)$ ab:

$$V_1 = A \cdot [X_m + X(t)], \qquad V_2 = A \cdot [X_m - X(t)].$$

Damit läßt sich das System von Grundgleichungen für die Modellbildung folgendermaßen darstellen:

$$m \cdot \ddot{X}(t) + b \cdot \dot{X}(t) + A \cdot \Delta P(t) = U(t),$$

$$Q(t) = \alpha \cdot \Delta P(t),$$

$$P_1(t) = \int_0^t \frac{E}{V_1(X)} \cdot [Q(\tau) - A \cdot \dot{X}(\tau)]\, d\tau,$$

$$P_2(t) = -\int_0^t \frac{E}{V_2(X)} \cdot [Q(\tau) - A \cdot \dot{X}(\tau)]\, d\tau.$$

Entwicklung des Strukturbildes

Bei dem vorliegenden Hydrozylinder interessiert der Zusammenhang zwischen der Eingangskraft $U(t)$ als Steuergröße und dem Kolbenweg $X(t)$ als Ausgangsgröße. Dementsprechend ergibt sich das Strukturbild durch Abarbeiten der Grundgleichungen, ausgehend von der Kräftebilanz, die eine Differentialgleichung für den Kolbenweg $X(t)$ darstellt und durch zwei Integrationen gelöst wird. Daher beginnt die Entwicklung des Strukturbildes mit der Reihenschaltung zweier Integratoren gemäß Bild 1.33a, wobei die Geschwindigkeitsrückführung über b schon berücksichtigt ist. Zur weiteren Beschickung der Additionsstelle 2 geht man aus von der Beziehung

$$\begin{aligned} R(t) &= A \cdot \Delta P(t) \\ &= A \cdot E \cdot \int_0^t \beta[X(\tau)] \cdot [A \cdot \dot{X}(\tau) - Q(\tau)]\,d\tau . \end{aligned}$$

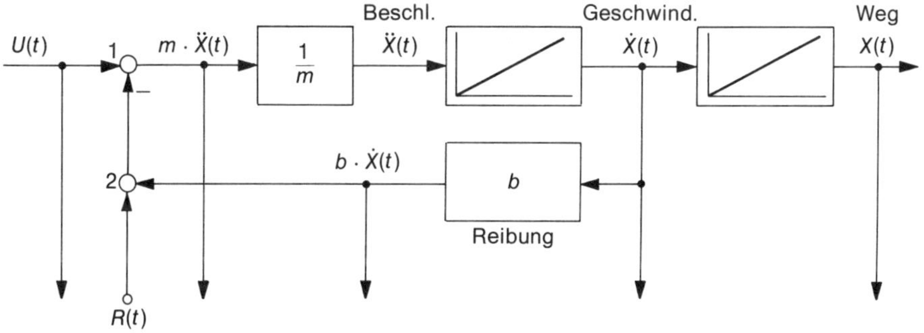

Bild 1.33a Teil 1 des Strukturbildes zum Hydrozylinder

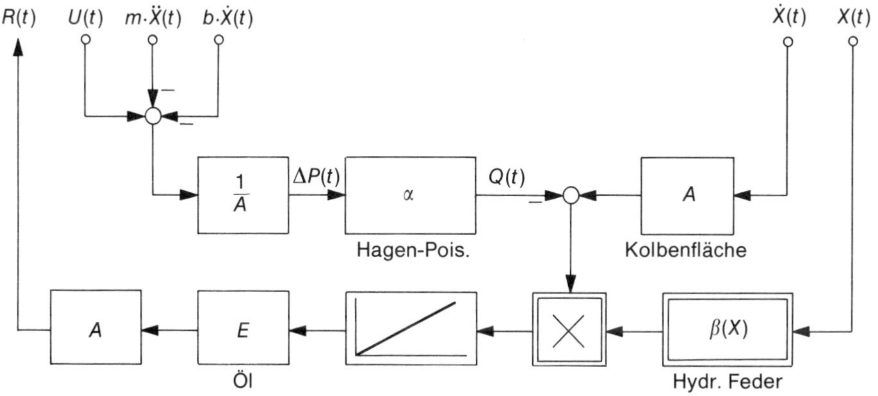

Bild 1.33b Fortsetzung des Strukturbildes zum Hydrozylinder

Dieser Anteil kennzeichnet den integrierenden Charakter des Hydrozylinders und enthält noch die Ausdrücke

$$\beta(X) = \frac{1}{A} \cdot \left[\frac{1}{X_m + X} + \frac{1}{X_m - X}\right] \qquad \text{mit } X = X(\tau),$$

$$Q(\tau) = \alpha \cdot \frac{1}{A} \cdot [U(\tau) - m \cdot \ddot{X}(\tau) - b \cdot \dot{X}(\tau)].$$

Dies bedeutet zwei nichtlineare Elemente in diesem Rückführkomplex entsprechend Bild 1.33b. Das Zusammenfügen der Teilbilder 1.33a und 1.33b ergibt die Modellstruktur des Hydrozylinders, analytisch beschrieben durch folgenden Zusammenhang zwischen Steuerkraft $U(t)$ und Kolbenweg $X(t)$:

$$\ddot{X}(t) + \left[E\alpha \cdot \beta(X) + \frac{b}{m}\right] \cdot \dot{X}(t) + \frac{E}{m} \cdot (A^2 + \alpha b) \cdot \beta(X) \cdot X(t)$$

$$= \frac{1}{m} \cdot U(t) + \frac{E}{m} \cdot \alpha \cdot \int_0^t \beta(X) \cdot U(\tau)\,d\tau. \qquad \text{(Gl. 1.20)}$$

Diese nichtlineare Differentialgleichung zeigt folgende Eigenschaften des Zylinders:

- ☐ aus der rechten Seite ergibt sich, daß das System die Steuerfunktion proportional und integral bewertet, also in Kurzform «PI-Verhalten».
- ☐ aus der linken Seite ergibt sich, daß diese Bewertung mit Verzögerung 2. Ordnung vonstatten geht, es liegt also insgesamt ein PI-T_2-Verhalten vor. Eine quantitative Untersuchung der Koeffizienten zeigt, daß diese hydraulischen Zylinder meistens schwingungsfähige Gebilde sind mit einer verhältnismäßig geringen Dämpfung $D < 1$. Man bringt daher die linke Seite der Differentialgleichung 1.20 auf die Normalform für schwingungsfähige Systeme, erhält jedoch anstelle *konstanter* Koeffizienten die Ausdrücke

$$E\alpha \cdot \beta(X) + \frac{b}{m} \mathrel{\hat{=}} 2D'\omega_0' \qquad \text{und}$$

$$\frac{E}{m} \cdot (A^2 + \alpha \cdot b) \cdot \beta(X) \mathrel{\hat{=}} \omega_0'^2$$

als Funktionen der Kolbenstellung X.

Nimmt man vorübergehend zur Vereinfachung an, daß der durch $\alpha \cdot b$ charakterisierte viskose Reibungsanteil vernachlässigbar klein sei gegen den Einfluß von A^2, so kann man folgende Kenngrößen des schwingungsfähigen Systems einführen:

Dämpfung

$$D(X) = \frac{\alpha}{2A} \cdot \sqrt{E \cdot m \cdot \beta(X)},$$

Kennkreisfrequenz

$$\omega_0(X) = A \cdot \sqrt{\frac{E}{m} \cdot \beta(X)}\,,$$

und ein Vergleich mit einem *linearen* Schwinger mit $\omega_0 = \sqrt{\frac{c}{m}}$ legt es nahe, den Ausdruck

$$c_H(X) = A^2 \cdot E \cdot \beta(X)$$

als hydraulische Federkennfunktion einzuführen; Bild 1.34 zeigt den Verlauf der Funktion $\beta(X)$.

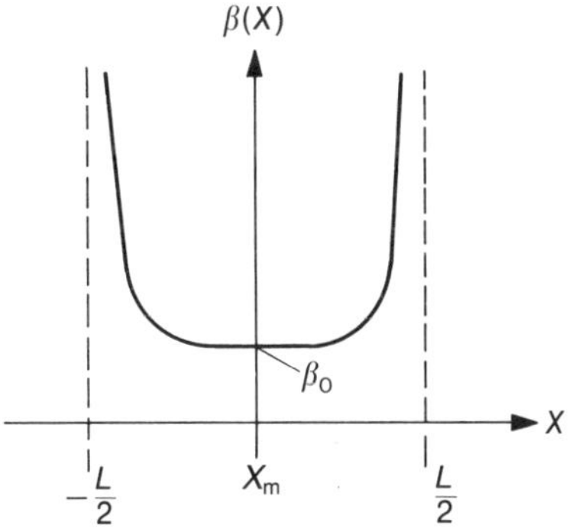

Bild 1.34
Kennlinie der hydraulischen Federwirkung

1.11.2 Modellvereinfachungen

Am vorliegenden Beispiel des Hydrozylinders läßt sich beweisen, wie man aufgrund physikalischer Zusatzüberlegungen schrittweise einen komplizierten Modellansatz vereinfachen und damit den jeweiligen Einsatzbedingungen anpassen kann.

Linearisierung um einen Betriebspunkt

Dem Verlauf der Funktion $\beta(X)$ in Bild 1.34 entnimmt man, daß sich die Funktion in einer gut abschätzbaren Umgebung der Kolbenmittelstellung nur verhältnismäßig wenig ändert. Für diesen Betriebspunkt kann man folglich eine Linearisierung des Modells mit den Konstanten

$$D_B = \frac{\alpha}{2A} \cdot \sqrt{E \cdot m \cdot \beta_0}\,, \qquad \omega_{0B} = A \cdot \sqrt{\frac{E \cdot \beta_0}{m}}$$

vornehmen.

Zum deutlicheren Vergleich mit der nichtlinearen Struktur nach den Bildern 1.33a und 1.33b gehen wir wieder von den Grundgleichungen des linearisierten Modells aus und schreiben mit β_0 anstelle von $\beta(X)$ mit den Kleinsignalen $x(t)$, $q(t)$, $u(t)$:

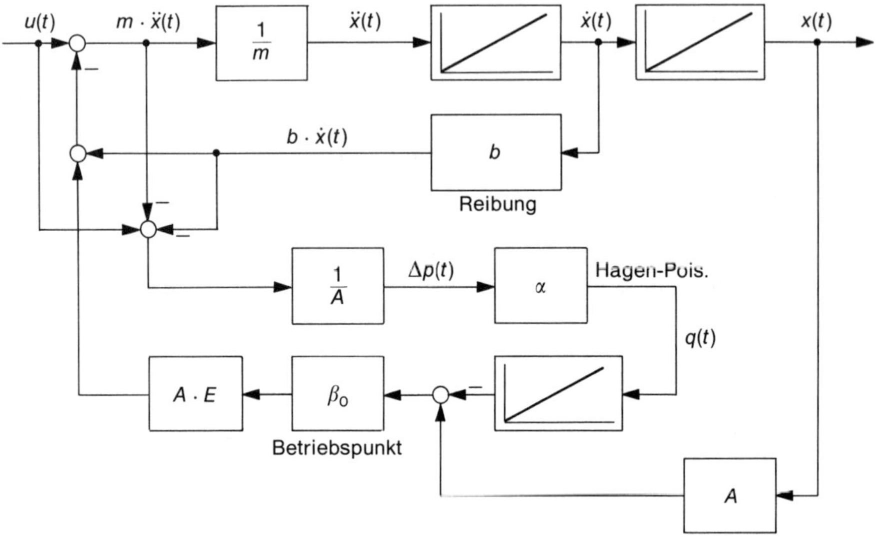

Bild 1.35 Strukturbild zur linearisierten Beschreibung des Hydrozylinders

$$m \cdot \ddot{x}(t) = -b \cdot \dot{x}(t) - A \cdot E \cdot \beta_0 \cdot \left[A \cdot x(t) - \int_0^t q(\tau)\, d\tau \right] + u(t),$$

$$q(\tau) = \frac{\alpha}{A} \cdot [u(\tau) - m \cdot \ddot{x}(\tau) - b \cdot \dot{x}(\tau)].$$

Die zugehörige Struktur zeigt Bild 1.35.

Vernachlässigung des Beschleunigungsterms

Wir bleiben bei dem linearisierten Modell und nehmen an, daß der Beschleunigungsterm vernachlässigbar klein sei gegen jeden der anderen Bilanzterme. Dann wird das weiter vereinfachte Modell beschrieben durch den Ansatz

$$b \cdot \dot{x}(t) = -A \cdot E \cdot \beta_0 \cdot \left[A \cdot x(t) - \int_0^t q(\tau)\, d\tau \right] + u(t),$$

$$q(\tau) = \frac{\alpha}{A} \cdot [u(\tau) - b \cdot \dot{x}(\tau)],$$

also durch die Differentialgleichung

$$\dot{x}(t) = -\frac{1}{T} \cdot x(t) + \frac{1}{b} \cdot u(t) + \frac{1}{b} \cdot E \cdot \beta_0 \cdot \alpha \cdot \int_0^t u(\tau)\, d\tau$$

mit der Zeitkonstanten $T = \dfrac{b}{E \cdot \beta_0 \cdot (A^2 + \alpha b)}$.

In dieser Näherung ergibt sich also ein PI-T_1-Modell, dessen einfache Struktur hier nicht mehr angegeben wird.

Inkompressibles Öl und vernachlässigbar kleine Reibung

Inkompressible Flüssigkeiten kann man dadurch kennzeichnen, daß ihr Elastizitätsmodul gegen Unendlich strebt. In diesem Fall vereinfachen sich die Modellgleichungen zu

$$x(t) = \frac{1}{A} \cdot \int_0^t q(\tau)\, d\tau,$$

$$q(\tau) = \frac{\alpha}{A} \cdot [u(\tau) - b \cdot \dot{x}(\tau)],$$

und die daraus folgende Beziehung

$$x(t) = \frac{\alpha}{A^2 + \alpha b} \cdot \int_0^t u(\tau)\, d\tau$$

beschreibt ein weiter vereinfachtes Modell mit I-Verhalten. Schließlich erhält man die niedrigste Stufe der Modellierung, wenn man auch noch den Term für die viskose Reibung vernachlässigt, denn dann verbleibt nur noch der Ansatz

$$x(t) = \frac{\alpha}{A^2} \cdot \int_0^t u(\tau)\, d\tau.$$

Nach dem Gesetz von Hagen-Poiseuille wird der Strömungsleitwert

$$\alpha = \frac{\pi r^4}{8 \eta l} \quad \left[\frac{\mathrm{m}^5}{\mathrm{N \cdot s}}\right],$$

und der in Abschnitt 1.2.3 angesetzte Koeffizient d_0 hat die Form

$$d_0 = A^2 \cdot \frac{8 \eta l}{\pi r^4} \quad \left[\frac{\mathrm{N \cdot s}}{\mathrm{m}}\right].$$

Geht man in umgekehrter Reihenfolge vor und vernachlässigt bei festem E den Reibungsterm, so ergibt sich ein verzögerungsfreies PI-Modell, dessen P-Anteil mit steigendem Elastizitätsmodul des Öls abnimmt.

Der hiermit abgeschlossene Abschnitt 1.11 sollte zeigen, wie man durch rein physikalische Argumentation ein ursprünglich recht anspruchsvolles Modell stufenweise vereinfachen kann. Welche Modellstufe jeweils angemessen ist, hängt davon ab, in welcher Weise der Hydrozylinder praktisch eingesetzt wird [8].

1.12 Modellbildung für eine Gleichstrommaschine

Ein Paradebeispiel für das Auftreten von elektrischen und mechanischen Termen bei Bilanzansätzen stellt die belastete elektrische Maschine entsprechend dem Orientierungsbild (Bild 1.36) dar. Die Modellbildung soll den Zusammenhang zwischen den Eingangsgrößen

Ankerspannung	$U_A(t)$,
Feldspannung	$U_F(t)$,
Lastmoment	$M_L(t)$

und der Ausgangsgröße

Winkelgeschwindigkeit $\Omega(t)$

ergeben.

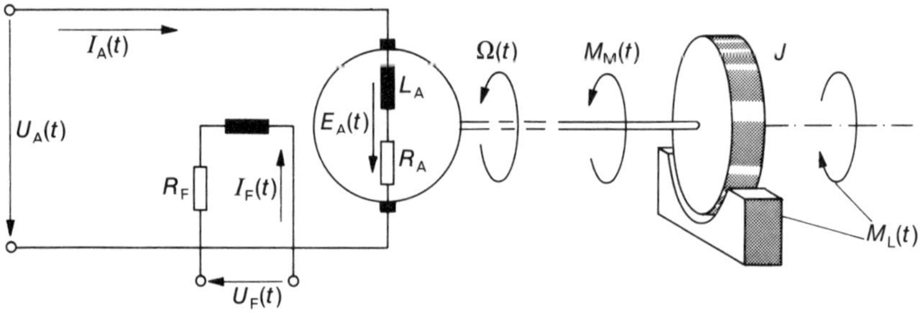

Bild 1.36 Zur Modellbildung für eine belastete Gleichstrommaschine

1.12.1 Grundgleichungen und Strukturbild

- ☐ *Der Ankerkreis*

  mit konstanter Induktivität [9] L_A wird beschrieben durch die Spannungsbilanz

  $$L_A \cdot \dot{I}_A(t) + R_A \cdot I_A(t) = U_A(t) - E_A(t),$$

  wobei $E_A(t)$ die im Anker durch die Drehbewegung induzierte Spannung ist.

- ☐ *Die induzierte Spannung*

  ist proportional zu dem Produkt aus Winkelgeschwindigkeit $\Omega(t)$ und dem verketteten magnetischen Fluß $\Phi(t)$:

  $$E_A(t) = k_1 \cdot \Omega(t) \cdot \Phi(t).$$

- ☐ *Der verkettete magnetische Fluß*

  hängt über die Magnetisierungskennlinie nichtlinear vom Feldstrom $I_F(t)$ ab,

  $$\Phi(t) = f[I_F(t)].$$

□ *Der Erregerkreis*
wird beschrieben durch die Spannungsbilanz

$$\dot{\Phi}(t) + R_F \cdot I_F(t) = U_F(t) \qquad \text{mit } I_F = f^{-1}(\Phi)\,.$$

Die hier zusammengestellten Grundgleichungen enthalten nur elektrische Größen in Gestalt von Konstanten und Funktionen der Zeit. Da die Maschine als Antrieb verwendet wird, benötigt man noch eine Momentenbilanz, die aus folgendem Ansatz besteht:

□ *Das von der Maschine abgegebene Antriebsmoment*

$$M_M(t) = k_2 \cdot I_A(t) \cdot \Phi(t)$$

steht im dynamischen Gleichgewicht mit dem Drehbeschleunigungsmoment $J \cdot \dot{\Omega}(t)$ und dem Lastmoment $M_L(t)$. In Form einer Differentialgleichung ergibt dies bei Vernachlässigung von Reibungseinflüssen

$$J \cdot \dot{\Omega}(t) = M_M(t) - M_L(t)\,.$$

Das Strukturbild
der belasteten Maschine wird wieder unmittelbar aus den Grundgleichungen entwickelt, in denen zwei P-T_1-Anteile enthalten sind: Die Spannungsbilanzen für den

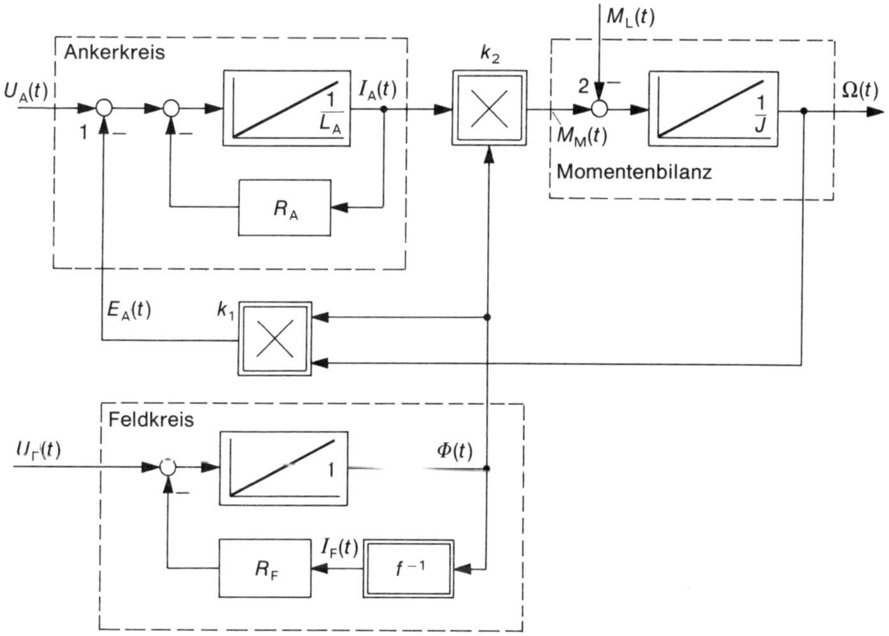

Bild 1.37 Struktur des nichtlinearen Modellansatzes der belasteten Gleichstrommaschine

Ankerkreis und den Erregerkreis; ferner die elektromechanische Momentengleichung. Von diesen drei Kerngebilden ausgehend, erhält man in übersichtlicher Weise die vollständige Struktur des Maschinenmodells (Bild 1.37).

Die zugehörige nichtlineare Zustandsbeschreibung lautet

$$\dot{I}_A(t) = -\frac{R_A}{L_A} \cdot I_A(t) - \frac{k_1}{L_A} \cdot \Omega(t) \cdot \Phi(t) + \frac{1}{L_A} \cdot U_A(t),$$

$$\dot{\Phi}(t) = -R_F \cdot f^{-1}[\Phi(t)] + U_F(t),$$

$$\dot{\Omega}(t) = \frac{k_2}{J} \cdot I_A(t) \cdot \Phi(t) - \frac{1}{J} \cdot M_L(t).$$

1.12.2 Linearisierung um einen Betriebspunkt

Die Grundgleichungen der Maschine enthalten drei nichtlineare Zusammenhänge. Wie bei den vorangegangenen Linearisierungen gelten folgende Zuordnungen:

Multiplikation → P-Glieder mit Additionsstelle,
Kennlinienfunktion → P-Glied mit festem Beiwert in B_0.

Führt man mit den zugeordneten kleinen Buchstaben und mit geeigneten Bezugsgrößen für die Betriebspunkte Kleinsignale ein, so gilt im einzelnen:

☐ Aus dem Produkt

$$E_A(t) = k_1 \cdot \Omega(t) \cdot \Phi(t)$$

wird mit den Bezugsgrößen E_{A0}, Ω_0, Φ_0 für hinreichend kleine Zuwächse $e_A(t)$, $\omega(t)$, $\varphi(t)$:

$$e_A(t) \approx k_1 \cdot \Omega_0 \cdot \varphi(t) + k_1 \cdot \Phi_0 \cdot \omega(t).$$

☐ Aus dem Produkt

$$M_M(t) = k_2 \cdot I_A(t) \cdot \Phi(t)$$

ergibt sich durch eine entsprechende Überlegung

$$m_M(t) \approx k_2 \cdot I_{A0} \cdot \varphi(t) + k_2 \cdot \Phi_0 \cdot i_A(t).$$

☐ *Zusatzüberlegung zu den Konstanten k_1 und k_2* [9]

In einem festen Betriebspunkt gilt

$$E_{A0} = k_1 \cdot \Omega_0 \cdot \Phi_0 \quad \text{folglich} \quad k_1 = \frac{E_{A0}}{\Omega_0 \Phi_0}, \text{ dimensionslos;}$$

andererseits wird die elektrische Leistung

$$P_{0el} = E_{A0} \cdot I_{A0}$$

umgesetzt in die mechanische Leistung

$$P_{0m} = \Omega_0 \cdot M_{M0}, \qquad \text{d.h.}$$

$$E_{A0} \cdot I_{A0} = \Omega_0 \cdot k_2 \cdot I_{A0} \cdot \Phi_0 \quad \text{und daraus} \quad k_2 = \frac{E_{A0}}{\Omega_0 \Phi_0} = k_1 \equiv k\,.$$

☐ Aus der Kennlinienfunktion $\Phi = f(I_F)$ erhält man durch Differentiation folgende lineare Approximation:

$$\varphi(t) \approx \left.\frac{\mathrm{d}f}{\mathrm{d}I_F}\right|_{B_0} \cdot i_F(t)$$

oder in angepaßter Schreibweise

$$\varphi(t) \approx L_{F0} \cdot i_F(t)\,.$$

Die drei linearisierten Zusammenhänge ergeben mit den linearen P-T_1-Anteilen die vereinfachte Modellstruktur nach Bild 1.38 zur Kennzeichnung des Maschinenverhaltens in dem Betriebszustand $(U_{A0}, U_{F0}, M_{L0}, \Omega_0)$.

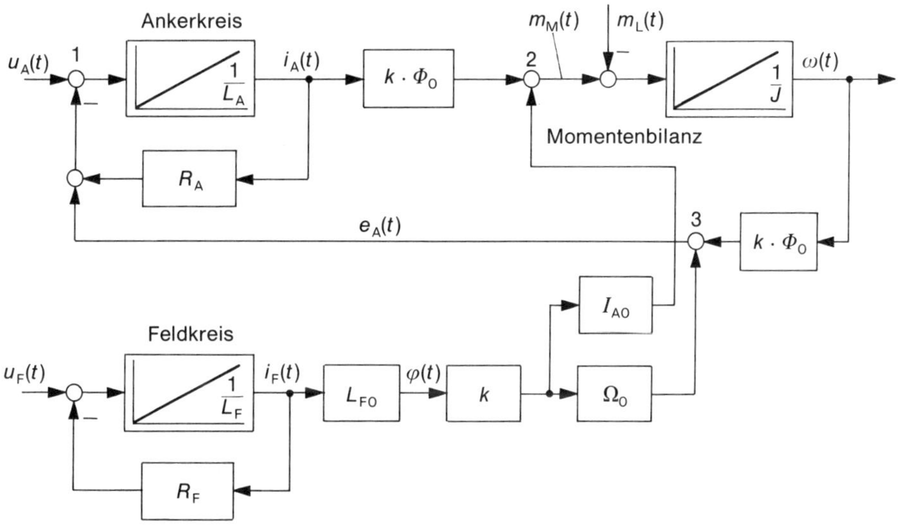

Bild 1.38 Strukturbild zum linearisierten Modell der Gleichstrommaschine

1.12.3 Zustandsdarstellung des linearisierten Modells

Die Grundgleichungen mit den Linearisierungsansätzen haben die Formen

$$\frac{\mathrm{d}}{\mathrm{d}t}\, i_{\mathrm{A}}(t) = -\frac{R_{\mathrm{A}}}{L_{\mathrm{A}}} \cdot i_{\mathrm{A}}(t) - \frac{k\,\Omega_0\, L_{\mathrm{F0}}}{L_{\mathrm{A}}} \cdot i_{\mathrm{F}}(t) - \frac{k \cdot \Phi_0}{L_{\mathrm{A}}} \cdot \omega(t) + \frac{1}{L_{\mathrm{A}}} \cdot u_{\mathrm{A}}(t)\,,$$

$$\frac{\mathrm{d}}{\mathrm{d}t}\, i_{\mathrm{F}}(t) = -\frac{R_{\mathrm{F}}}{L_{\mathrm{F0}}} \cdot i_{\mathrm{F}}(t) + \frac{1}{L_{\mathrm{F0}}} \cdot u_{\mathrm{F}}(t)\,,$$

$$\frac{\mathrm{d}}{\mathrm{d}t}\, \omega(t) = \frac{k\,\Phi_0}{J} \cdot i_{\mathrm{A}}(t) + \frac{k\, I_{\mathrm{A0}}\, L_{\mathrm{F0}}}{J} \cdot i_{\mathrm{F}}(t) - \frac{1}{J} \cdot m_{\mathrm{L}}(t)\,,$$

wobei anstelle von $\varphi(t)$ jetzt $i_{\mathrm{F}}(t)$ als Zustandsgröße verwendet ist.

Setzt man

$$\begin{bmatrix} i_{\mathrm{A}}(t) \\ i_{\mathrm{F}}(t) \\ \omega(t) \end{bmatrix} = \boldsymbol{x}(t)\,, \qquad \begin{bmatrix} u_{\mathrm{A}}(t) \\ u_{\mathrm{F}}(t) \end{bmatrix} = \boldsymbol{u}(t)\,, \qquad m_{\mathrm{L}}(t) = z(t)\,,$$

so ergeben sich für die Zustandsdarstellung die Matrizen

$$\boldsymbol{A} = \begin{bmatrix} -\frac{R_{\mathrm{A}}}{L_{\mathrm{A}}} & -\frac{k\,\Omega_0\, L_{\mathrm{F0}}}{L_{\mathrm{A}}} & -\frac{k\,\Phi_0}{L_{\mathrm{A}}} \\ 0 & -\frac{R_{\mathrm{F}}}{L_{\mathrm{F0}}} & 0 \\ \frac{k\,\Phi_0}{J} & \frac{k\, I_{\mathrm{A0}}\, L_{\mathrm{F0}}}{J} & 0 \end{bmatrix}, \qquad \boldsymbol{B} = \begin{bmatrix} \frac{1}{L_{\mathrm{A}}} & 0 \\ 0 & \frac{1}{L_{\mathrm{F0}}} \\ 0 & 0 \end{bmatrix},$$

$$\boldsymbol{g} = \begin{bmatrix} 0 \\ 0 \\ -\frac{1}{J} \end{bmatrix}, \qquad \boldsymbol{c}^{\mathrm{T}} = [0 \quad 0 \quad 1]\,.$$

Mit der gewählten Zeilenmatrix $\boldsymbol{c}^{\mathrm{T}}$ wird $\omega(t)$ die Ausgangsgröße. Abschließend läßt sich folgendes festhalten:

- ☐ Zwischen der Ankerspannung $u_{\mathrm{A}}(t)$ und der Winkelgeschwindigkeit $\omega(t)$ ergibt sich P-T_2-Verhalten.

- ☐ $u_{\mathrm{F}}(t)$ wirkt über den Feldkreis sowohl bei Additionsstelle 2 als auch bei Additionsstelle 3 ein. Man kann zeigen, daß sich zwischen $u_{\mathrm{F}}(t)$ und $\omega(t)$ Allpaßverhalten ergibt.

1.13 Zusammenfassung

Die behandelten Modellbildungen sind repräsentativ für zahlreiche ähnliche Probleme, die auf gewöhnliche Differentialgleichungen führen. Im einzelnen wurden Beispiele mit zunehmendem Schwierigkeitsgrad vorgestellt, verschiedene Systemordnungen und einige Nichtlinearitäten behandelt. Bewußt wurde bereits im ersten Kapitel die Zustandsdarstellung verwendet, die heutzutage zum selbstverständlichen Rüstzeug des Physikers und Ingenieurs zählt. Auch einfache Linearisierungen wurden vorgenommen, denn sie sind an den betreffenden Stellen nicht nur notwendiger Bestandteil einer Modellierung mit physikalisch begründeten Vereinfachungen, sondern führen auch auf keine besonderen mathematischen Schwierigkeiten, die man erst vorbereitend darlegen müßte.

Ferner wurde ausdrückliche Betonung auf das *physikalische Verständnis* einfacher Grundsysteme gelegt, denn zum einen sind sie bei näherer Betrachtung eben doch recht hintergründig, zum anderen kann man an ihnen den wichtigen Schritt der Umsetzung von physikalischen Gegebenheiten in verhältnismäßig einfache mathematische Grundgleichungen übersichtlich vollziehen. Diese Schritte bereiten erfahrungsgemäß immer wieder Schwierigkeiten und müssen, ausgehend von einfachen technischen Anordnungen, auf komplexe Gebilde übertragen werden.

Dem Leser sei mit auf den Weg gegeben, daß bei komplizierteren Systemen die Vorgehensweise die gleiche bleibt. Eine hier nicht behandelte Variante kommt ins Spiel, wenn ortsabhängige Effekte wie Wärmeleitung oder andere Transportvorgänge auftreten, denn dann ergeben sich partielle Differentialgleichungen [10]. In jedem Fall aber führt kein Weg an der physikalischen Durchleuchtung der Systeme vorbei, und sämtliche Ausführungen über Regelungskonzepte bleiben im Formalen stecken, wenn nicht als Ausgangsbasis ein brauchbares, konkretes Modell der zu regelnden Strecke vorliegt.

Es sei auch noch einmal darauf hingewiesen, daß es bei den vorliegenden Problemen nicht *das Modell* schlechthin gibt, sondern lediglich das für die jeweilige Aufgabe *am besten geeignete* Modell, wobei oft noch ein Ermessensspielraum bleibt. Konkret bedeutet dies, daß man einen Modellansatz gegebenenfalls erweitern oder stufenweise reduzieren muß. Hierbei sind oft die erwähnten Möglichkeiten der Simulation außerordentlich hilfreich [4], darüberhinaus praktische Messungen zur Bestimmung von Streckenparametern.

Abschließend ein kurzer Hinweis auf eine Teilentwicklung der zurückliegenden Jahrzehnte: In den fünfziger und sechziger Jahren trug die internationale Fachliteratur – vorwiegend aus dem angelsächsischen und asiatischen Sprachbereich – stark formale Züge: Man arbeitete weitgehend unabhängig von technischen Anwendungen mit sehr allgemeinen Systembegriffen, mit formal vorgegebenen Differentialgleichungen und Übertragungsfunktionen innerhalb einer «Systemtheorie» der Regelungstechnik. Diese Phase besaß ohne Zweifel ihren spezifischen Wert und hat zu zahlreichen theoretischen Einsichten und Verfahren geführt. Diese sicherlich notwendige Entwicklungsstufe ist heute weitgehend verdrängt bzw. ersetzt durch betont praxisnahe Überlegungen, die sich gerade im Bereich der Modellbildung für konkrete Anlagen niederschlagen. Auch die stärker mathematisch orientierte Fachliteratur, z.B. [11], geht von dieser technisch konkreten Bezugsbasis aus, die nicht zuletzt durch die rasante Entwicklung der Rechenmöglichkeiten deutlichen Auftrieb erhalten hat. Gerade die modernen Verfahren der Prozeßführung, die verschiedenen Automatisierungssysteme, sind ohne die Vorarbeit im Bereich der Modellbildung gar nicht einsatzfähig.

Dies wird besonders deutlich, wenn es um die konsequente Einführung der Zustandsregelung in Kapitel 7 geht. Dieses moderne Konzept ist nur auf der Grundlage einer besonders sorgfältigen Modellbildung praktisch realisierbar, wobei das Modell der jeweiligen Strecke im Rahmen des *Beobachterentwurfs* unter einem neuen Gesichtspunkt eingeführt werden wird.

In einer Einführung ist es hilfreich, zwei besonders wichtige Begriffe noch einmal vergleichend zu erläutern:

- □ Mit *System* haben wir die Gesamtheit von technischen Bauelementen in einer elektrischen Schaltung, in einer pneumatischen, hydraulischen oder mechanischen Anordnung entsprechender Elemente mit ihren gegenseitigen Einwirkungen bezeichnet. In diesem Sinne kann man auch eine Regelstrecke als ein technisches System auffassen. Soweit es sinnvoll ist, wird diese Bezeichnung weiterhin beibehalten. Andererseits muß darauf hingewiesen werden, daß man den Begriff System auch in viel allgemeinerem Sinn verwendet, etwa im Zusammenhang mit biologischen, wirtschaftlichen oder ökologischen Systemen oder aus einem abstrakten Bereich die geläufige Bezeichnung Gleichungssystem. Dies bedeutet letztlich, daß man den semantisch sehr universell verwendbaren Systembegriff nicht starr festlegen darf.
- □ Mit *Modell* haben wir im Sinne eines mathematischen Modells den Satz Grundgleichungen und daraus eindeutig folgende, gleichwertige Beschreibungen der wesentlichen physikalischen Eigenschaften eines technischen Systems bezeichnet. Im technisch-wissenschaftlichen Sprachgebrauch werden die Begriffe System und Modell oft *synonym* verwendet, weil sich aus dem Kontext fast ausnahmslos die genaue Bedeutung ergibt. Immerhin bleibt festzuhalten, daß ein Modell praktisch nie die vollständigen Eigenschaften eines realen Systems beschreibt, sondern jeweils die dominierenden bzw. interessierenden Merkmale. Bei rein theoretischen Überlegungen kann eine Differentialgleichung oder eine Übertragungsfunktion vorgegeben sein, die den Charakter eines Modells haben, wobei aber die Frage nach einer möglichen Realisierung offen bleiben kann, schon im Hinblick auf die Existenz von Analogien, die zum gleichen Modell führen.

  In den folgenden Kapiteln wird sich bestätigen, daß ein sorgfältiger synonymer Gebrauch der Begriffe System und Modell sprachlich vernünftig ist und keine sachlichen Mißverständnisse schafft.

Bemerkungen zum Zeitbegriff

Die vorstehenden Ausführungen haben deutlich gemacht, daß bei der Modellbildung sehr weittragende Prinzipien wie *Separierbarkeit* und *Reduktionismus* eine wesentliche Rolle spielen. Nicht explizit wurde bisher darauf hingewiesen, daß bei der Formulierung physikalischer Grundgesetze und entsprechender Bilanzterme die «absolute» oder Newtonsche *Zeit* verwendet ist. Das allgemeine Zeitproblem wird seit einigen Jahren in vielen Wissenschaftsbereichen erneut diskutiert, so daß auch dem fundiert ausgebildeten (bzw. gebildeten) Ingenieur hierzu ein Denkanstoß gegeben werden mag.

In der klassischen Mechanik ist zunächst kein bestimmtes Zeitmaß ausgezeichnet [52]. Die Bedeutung des grundlegenden Ansatzes

$$m \cdot \ddot{x}(t) = K,$$

der am Anfang vieler Bilanzierungen mit mechanischen Komponenten steht, wird besonders übersichtlich, wenn t die *absolute* oder Newtonsche Zeit bedeutet: Im Fall der Abwesenheit äußerer Kräfte ($K = 0$) führt die Lösung der Differentialgleichung

$$\ddot{x}(t) = 0, \qquad \dot{x}(0) \quad \text{und} \quad x(0) \quad \text{gegeben,}$$

zur *gleichförmig geradlinigen Bewegung* der Masse m; oder anders formuliert, jede Abweichung von dieser Inertialbewegung wird auf die *Einwirkung äußerer Kräfte* zurückgeführt, die mechanischer, elektrischer oder anderer Natur sein können.

Das Arbeiten mit der absoluten Zeit ist aber im übrigen nicht zwingend. Um die *Konsequenzen eines anderen Zeitmaßes* deutlich zu machen, verwenden wir im folgenden die *mittlere Sonnenzeit* τ, wegen ihres Zusammenhangs mit der Erddrehung bezüglich der Fixsterne auch «siderische Zeit» genannt. Sie steht in einem bekannten *nichtlinearen* Zusammenhang mit der Newtonschen Zeit:

$$\tau = f(t).$$

Mit der allgemeinen Beziehung aus der Differentialrechnung

$$\frac{d^2x}{d\tau^2} = \frac{1}{[f'(t)]^3} \cdot \{f'(t) \cdot \ddot{x} - f''(t) \cdot \dot{x}\}, \qquad t = \tau$$

geht der Newtonsche Ansatz über in

$$m \cdot \frac{d^2x}{d\tau^2} = \frac{1}{[f'(t)]^2} \cdot K - m \cdot \frac{f''(t)}{[f'(t)]^3} \cdot \dot{x}, \qquad t = \tau$$

also einen wesentlich komplizierteren Zusammenhang, der zu einer entsprechend modifizierten Deutung führt. Dazu nehmen wir wieder an, daß das ursprünglich beschriebene System kräftefrei sei, d.h., für $K = 0$ wird der neue Ausdruck in der Zeitmetrik τ zu

$$m \cdot \frac{d^2x}{d\tau^2} = -m \cdot h(\tau) \cdot \frac{dx}{d\tau}.$$

Die bezüglich der Newtonschen Zeit t kräftefreie Bewegung ist also bezüglich der siderischen Zeit τ *nicht mehr gleichförmig geradlinig, sondern beschleunigt*, und zwar durch eine von der Masse und der Geschwindigkeit abhängige *Scheinkraft*.

Entsprechende Änderungen würden sich auch bei anderen physikalischen Ansätzen ergeben, wenn man nicht das Newtonsche Zeitmaß t (bzw. eine *lineare* Transformation $\tau = \alpha t + \beta$) ansetzen würde.

Zusammenfassend kann man festhalten, daß unsere Bilanzierungsansätze aus folgenden Gründen möglich und «einfach» werden:

a) die Separierbarkeit physikalischer Phänomene,
b) die Zerlegbarkeit in Teilsysteme (Reduktionismus),
c) die Zugrundelegung der absoluten (Newtonschen) Zeit.

Natürlich sind Zusatzbemerkungen dieser Art nicht notwendig für das Verständnis regelungstechnischer Phänomene; sie legen aber für den Interessierten etwas von den allgemeineren Hintergründen frei, die oft als Selbstverständlichkeiten unausgesprochen bleiben.

Die folgenden Anmerkungen mögen den interessierten Leser zum weiteren eigenen Nachdenken über den so überaus wichtigen Zeitbegriff anregen:

Bei *konservativen* Systemen, in denen ausschließlich reversible Prozesse vonstatten gehen, spielt die Zeit nur die Rolle eines *Ordnungsparameters* zur Beschreibung der dynamischen Vorgänge; hier sind die zugehörigen Differentialgleichungen invariant gegen eine «Zeitumkehr», durch die Transformation $t \rightarrow -t'$ wird wieder der Anfangszustand erreicht. Nur dadurch ist der häufig anzutreffende Begriff «Zeitumkehr» zu rechtfertigen. Bei *irreversiblen, dissipativen* Systemen dagegen erhält die Zeit eine andere Qualität: Die Vorgänge verlaufen *nur in einer Richtung*, sie sind nicht oder zumindest nicht vollständig umkehrbar, eine Wiederherstellung des Anfangszustandes ist – wenn überhaupt – nur auf Kosten von Veränderungen in der Umgebung möglich. Am besten bekannt hierzu sind Vorgänge, bei denen nicht mehr in andere Energieform umwandelbare Wärme erzeugt wird. Will man hier dem Zeitbegriff gerecht werden, sollte man nicht von der «Zeitumkehr» sprechen, sondern von «Richtungsumkehr», denn *dissipative Systeme brechen die Symmetrie bezüglich Zeitumkehr.*

Zusammenhang zwischen Zeit und Energiezufuhr

In der Thermodynamik kennt man quasistatische Prozesse, z.B. Wärmetransport bei verschwindend kleinen Temperaturdifferenzen, Gastransport bei verschwindend kleinen Druckunterschieden. Dabei werden jeweils infinitesimal benachbarte *Gleichgewichtszustände* durchlaufen, es gilt die in Abschnitt 1.6.1 angegebene Zustandsgleichung; im Grenzfall liegen *reversible* Prozesse vor, die *beliebig langsam* verlaufen.

Vor diesem Hintergrund wird abschließend die Energiezufuhr für die elektrische RC-Kombination von Abschnitt 1.2.1 durch eine exponentiell ansteigende Eingangsspannung

$$u_e(t) = u_0 \cdot \{1 - e^{-t/T_e}\} \cdot 1(t), \qquad u_C(0) = 0$$

untersucht. Mit dem zugehörigen Strom

$$i(t) = C u_0 \cdot \frac{1}{T - T_e} \cdot \{e^{-t/T} - e^{-t/T_e}\}, \qquad T = RC$$

ergibt sich durch zeitliche Integration über das Produkt $u_e(t) \cdot i(t)$ die vom System aufgenommene Energie zu

$$E(T_e) = \frac{1}{2} C u_0^2 \cdot \left\{1 + \frac{1}{1 + T_e/T}\right\},$$

und man erkennt:

□ Nur bei *extrem langsamer* Energiezufuhr ($T_e \to \infty$) wird

$$E = \frac{1}{2} C u_0^2 .$$

□ Bei üblicherweise als *sprungförmig* angenommener Energiezufuhr entsprechend dem Fall $T_e \to 0$ wird

$$E = C u_0^2 .$$

Hierbei muß also die «schnelle» Energiezufuhr durch einen irreversiblen Anteil $\frac{1}{2} C u_0^2$ von außen erkauft werden, denn der Kondensator speichert stationär unabhängig von T_e immer nur die Energie $\frac{1}{2} C u_0^2$; die andere Hälfte der zugeführten Energie *dissipert.* Die vollständige Rückgewinnung der gespeicherten Energie ist nur wieder über einen beliebig langsam verlaufenden Entladevorgang möglich. Reversibles Verhalten liegt also gerade dann vor, wenn im Grenzfall die Energie beliebig langsam zu – bzw. abgeführt wird. Genau dieser Anteil der dem System zugeführten Energie ist es, der den *Zustand des Speichers* kennzeichnet. Diese Zusatzüberlegung gibt einen weiteren Hinweis auf die physikalische Hintergründigkeit «einfacher» Systeme.

1.14 Hinweis auf andere Verfahren der Modellbildung

Den hier bevorzugten analytischen Ansätzen der Modellbildung stehen zahlreiche meßtechnische Verfahren gegenüber, die eine große praktische Bedeutung haben. Ihre detaillierte Darstellung erfordert eigene Lehrbücher [47], zur groben Orientierung werden hier nur einige wichtige Verfahren aufgezählt.

Allgemeines Ziel ist die meßtechnische Gewinnung der Reaktion eines Systems auf bestimmte, reproduzierbare Testsignale mit folgenden Zuordnungen zu den Systemantworten:

□ Sprungfunktion	→ Sprungantwort, im normierten Fall Übergangsfunktion
□ Anstiegs- oder Rampenfunktion	→ Rampenantwort
□ Folge harmonischer Schwingungen verschiedener Frequenzen	→ Frequenzgang, Ortskurve, Bode-Diagramme
□ Rechteckimpulse verschiedener Dauer bzw. Periodizität	→ spezielle Impulsantworten

☐ Statistische Testgeräusche → Statistische Ausgangsgrößen, Auswertung durch Korrelationsmeßverfahren

☐ Anlagenspezifische Testsignale mit entsprechenden Reaktionen.

Bei den verschiedenen Untersuchungen sind ähnliche Gesichtspunkte zu beachten wie bei der theoretischen Modellbildung aufgrund physikalischer Ansätze: Etwa die Fragen der Systemabgrenzung, der Separierbarkeit und der Rückwirkung. Bei allen Meßverfahren stellt sich die Frage nach systematischen und zufälligen Meßfehlern; man stößt letztlich also auch bei den experimentellen Analysierverfahren erwartungsgemäß auf *prinzipielle Grenzen der Modellbildung*.

Bei zahlreichen Meßmethoden sind Integrationsvorgänge beteiligt, die u.a. wegen der begrenzten Integrationszeiten grundsätzlich nur «Schätzwerte» für die zu messenden Größen liefern. Mit diesem Stichwort gelangt man sofort in einen weiteren großen Teilbereich der praktischen Modellbildung: Oft sind die *Grundtypen* von Differentialgleichungen oder von Übertragungsfunktionen aus physikalischen Vorüberlegungen gegeben; dann besteht das Meßproblem in der Gewinnung hinreichend guter *Schätzwerte* für Systemparameter, für Konstanten und manchmal auch für vernünftige Anfangs- und Randbedingungen.

Bereits anhand dieser pauschalen Ausführungen ist jedoch schon erkennbar, daß es im konkreten Anwendungsfall keine scharfe *Abgrenzung* zwischen den verschiedenen Methoden zu geben braucht, und daß Grundfragen der Systemdynamik, der Linearitätsbereiche sowie der Störgrößeneinflüsse, des Meßrauschens und vieler anderer Phänomene den gesamten Problembereich von der wie auch immer durchgeführten Modellbildung bis zur Auslegung eines Regelungskonzeptes überdecken. Insofern stehen die Verfahren der experimentellen Identifikation von Regelstrecken nicht einfach *neben* den in dem hiermit abgeschlossenen ersten Kapitel über Modellbildung aufgezeigten Möglichkeiten, vielmehr sind diese Bereiche erkennbar *miteinander verknüpft*; nicht zuletzt tragen die hier behandelten Verfahren zum Verständnis der experimentellen Methoden bei.

Fragen der Modellbildung für Regelstrecken gehören zu den Grundproblemen jeder konkreten Regelungsaufgabe, folglich sollte ihnen in jeder Darstellung des Lehrgebietes Regelungstechnik ein angemessener und angepaßter Anteil eingeräumt werden. Die große Vielfalt der Verfahren zur Modellierung und Parameterschätzung, die bis in den Bereich der rechnergestützten Methoden reicht, erzwingt jeweils eine drastische Stoffbegrenzung: Das Vorhaben, *physikalischen* und *fachübergreifenden Gesichtspunkten* besondere Aufmerksamkeit zu widmen, gab den Ausschlag für die Wahl der Modellbildungsverfahren aufgrund von *Ansätzen physikalischer Grundgleichungen*, die direkt zu mathematischen Modellen führen.

2 Methoden zur Beschreibung der Systemdynamik

Die verschiedenen Modellbildungen des ersten Kapitels haben zu Differentialgleichungen geführt, die das jeweilige technische System im Rahmen der formulierten Annahmen eindeutig beschreiben, wenn man noch passende Anfangsbedingungen angibt. Der Begriff «Systemdynamik» umfaßt darüber hinaus noch Lösungen der Differentialgleichungen, und zwar sowohl freie Lösungen aufgrund von Anfangsbedingungen als auch durch Eingangssignale oder Steuerfunktionen erzwungene Lösungen. Für diese vielfältigen Probleme gibt es bezüglich des Ergebnisses verschiedene gleichwertige Verfahren, von denen im folgenden *nur eine Auswahl* vorgestellt wird. Bezieht man noch den Stabilitätsbegriff, der in Kapitel 4 ausführlich behandelt werden wird, in die grundlegenden Überlegungen ein, so steht man als Physiker und Ingenieur vor einem reichhaltigen Angebot von Möglichkeiten.

Hier wird keine Vollständigkeit angestrebt, denn es gilt folgende Gesichtspunkte zu beachten:

- ☐ Bei aller prinzipiellen Gleichwertigkeit gibt es Verfahren, die einfach nicht mehr zeitgemäß sind und durch elegantere abgelöst wurden.
- ☐ Die Berücksichtigung des hohen Standes der Rechentechnik zwingt zu einer weiteren Sortierung: Einerseits kann man heute praktisch alle sauber formulierten dynamischen Probleme entweder exakt oder wenigstens näherungsweise bei angebbarer Genauigkeit mit Hilfe von Rechnern lösen. Andererseits darf der Studierende nicht an einer falschen Stelle in diese Rechenverfahren einsteigen, er braucht vielmehr ein gut fundiertes Grundwissen über die relevanten mathematischen Verfahren. Eine unter systemdynamischen Gesichtspunkten getroffene Auswahl vorzustellen, ohne auf mathematische Beweise einzugehen, ist die Zielsetzung für dieses Kapitel.

2.1 Lineare Systeme

Ein funktionaler Zusammenhang $y = f(x)$ wird als linear bezeichnet, wenn er folgende Eigenschaften besitzt:

- ☐ $f(x_1 + x_2) = f(x_1) + f(x_2)$, Additivität,

darstellbar in Blöcken entsprechend Bild 2.1a.

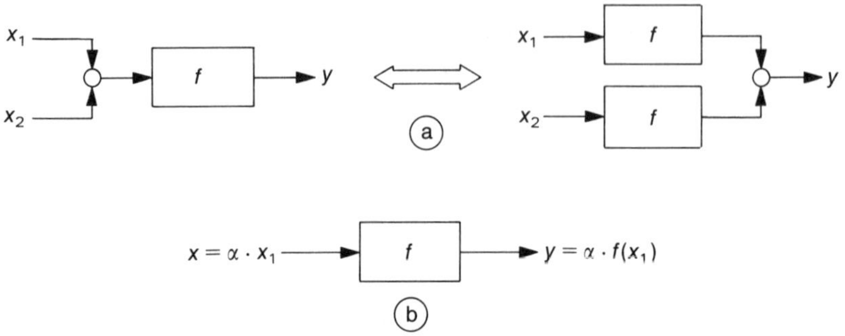

Bild 2.1 Blockdarstellungen zur Definition linearer Systeme

□ $f(\lambda \cdot x) = \lambda \cdot f(x)$, Homogenität 1. Grades,

auch Verstärkungsprinzip genannt (Bild 2.1b). Beide Eigenschaften zusammen kennzeichnen die Linearität von f:

$$f(\lambda_1 x_1 + \lambda_2 x_2) = \lambda_1 \cdot f(x_1) + \lambda_2 \cdot f(x_2)$$

mit der offensichtlichen Verallgemeinerungsfähigkeit auf n Eingangssignale $x_1, x_2, \ldots, x_n$ mit konstanten Gewichtsfaktoren $\lambda_1, \lambda_2, \ldots, \lambda_n$.

Einschränkungen
Da Raum und Zeit bei allen realen Überlegungen endlich sind, kann es keine einschränkungsfreie lineare Gebilde geben, was schon bei den verschiedenen Modellbildungen deutlich wurde.

In der realen Welt der Technik überwiegen jedoch auch innerhalb begrenzter Bereiche *nichtlineare* Zusammenhänge zwischen verschiedensten Größen. Im Gegensatz zur Definierbarkeit der Linearität kann man hier aber allenfalls gewisse *Grundtypen* von Nichtlinearitäten zusammenstellen wie etwa Multiplikation, Wurzelbeziehungen, quadratische Abhängigkeiten, Kennlinien schaltender oder begrenzender Elemente usw., also letztlich gerade das *Fehlen linearer Eigenschaften.*

Bei nichtlinearen Zusammenhängen muß man wissen, ob man das gesamte «Großsignalverhalten» in Betracht ziehen muß oder – davon ausgehend – eine Beschränkung auf die Umgebung eines festen Betriebspunktes zulassen kann. Die zugehörige Vorgehensweise wird im folgenden allgemein behandelt.

2.2 Linearisierung bei einer unabhängigen Variablen

Bei zahlreichen Regelungsproblemen geht es darum, eine Regelgröße $Y(t)$ möglichst gut auf einem festen Sollwert Y_0 zu halten; man spricht dann von einer Festwertregelung. Wenn die statistischen Störeinflüsse wenigstens im Mittel einen bestimmten Bereich (den Störbereich) nur selten überschreiten, dann treten nur entsprechend kleine Abweichungen $y(t) = Y(t) - Y_0$ auf, und man kann sich bei der Auslegung der Regelung auf eine entsprechend kleine Umgebung um den durch Y_0 festgelegten Betriebspunkt beschränken, wie in Bild 2.2 angedeutet. Der Regler liefert dort zunächst ein Ausgangssignal U_{R0}, das einer Grundstellung zum Aufrechterhalten des Betriebspunktes B_0: (Y_0, U_{R0}) entspricht. Den Einfluß hinreichend kleiner Regelabweichungen $y(t)$ kennzeichnet man nun nicht durch die nichtlineare Kennlinienfunktion $Y = f(U_{\mathrm{R}})$ der Strecke, sondern durch die Gleichung der Tangente an die Kurve in B_0, indem man nur das Glied mit der ersten Ableitung aus der folgenden Reihenentwicklung verwendet:

$$\begin{aligned} Y &= f(U_{\mathrm{R}}) \\ &= f(U_{\mathrm{R0}}) + \left.\frac{\mathrm{d}f}{\mathrm{d}U_{\mathrm{R}}}\right|_{B_0} \cdot (U_{\mathrm{R}} - U_{\mathrm{R0}}) + \frac{1}{2}\left.\frac{\mathrm{d}^2 f}{\mathrm{d}U_{\mathrm{R}}^2}\right|_{B_0} \cdot (U_{\mathrm{R}} - U_{\mathrm{R0}})^2 + \cdots . \end{aligned}$$

Die Einführung der Kleinsignale

$$y = Y - Y_0 \quad \text{mit} \quad Y_0 = f(U_{\mathrm{R0}})$$

und $$u_{\mathrm{R}} = U_{\mathrm{R}} - U_{\mathrm{R0}}$$

führt auf die Form

$$y = \left.\frac{\mathrm{d}f}{\mathrm{d}U_{\mathrm{R}}}\right|_{B_0} \cdot u_{\mathrm{R}} + \frac{1}{2}\left.\frac{\mathrm{d}^2 f}{\mathrm{d}U_{\mathrm{R}}^2}\right|_{B_0} \cdot u_{\mathrm{R}}^2 + \cdots .$$

Für hinreichend kleine u_{R} werden bei vielen technisch interessanten nichtlinearen Funktionen der zweite und alle folgenden Terme dieser Taylor-Entwicklung klein

Bild 2.2
Nichtlineare Streckenkennlinie mit Betriebspunkt B_0

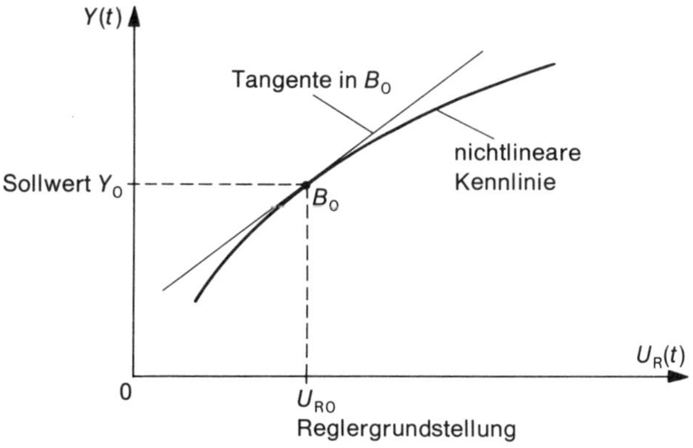

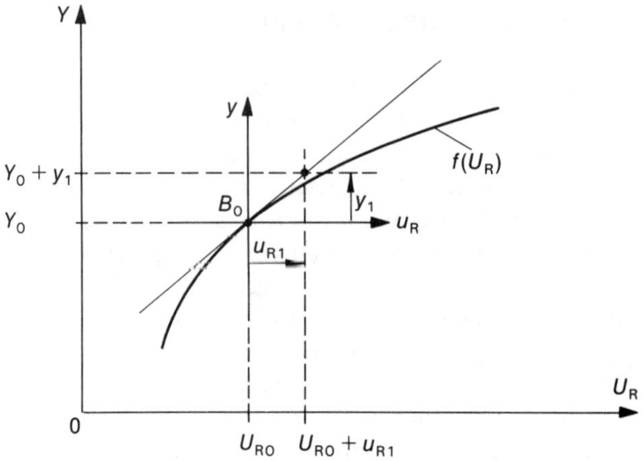

Bild 2.3
Zuordnung von Großsignalen und Kleinsignalen im Betriebspunkt B_0

gegen den ersten, linearen Term. Dieser Effekt ist besonders deutlich, wenn die Krümmung der Kennlinie in B_0 hinreichend klein ist, weil sich dies schon in der zweiten Ableitung bemerkbar macht. Unter diesen Annahmen approximiert man die nichtlineare Funktion durch den Ansatz

$$y(t) = \left.\frac{\mathrm{d}f}{\mathrm{d}U_\mathbf{R}}\right|_{B_0} \cdot u_\mathbf{R}(t)\,,$$

den man vereinbarungsgemäß mit dem Gleichheitszeichen schreibt. Bild 2.3 zeigt noch einmal die Zusammenhänge zwischen nichtlinearem Großsignalverhalten und linearisiertem Kleinsignalverhalten. Zur begrifflichen Klarstellung sei auf folgendes hingewiesen:

- ☐ In jedem Fall muß geprüft werden, ob von den Streckeneigenschaften her eine Linearisierung überhaupt *sinnvoll* ist. So gibt es beispielsweise Effekte, die wesentlich auf einem nichtlinearen Element beruhen und bei einer Linearisierung verlorengehen würden.
- ☐ Die Linearisierung bezieht sich nicht auf das physikalische System, sondern auf eine oder mehrere nichtlineare Modellgleichungen bzw. Terme in einem Bilanzansatz.
- ☐ Aus diesen Überlegungen folgt, daß Linearisierungen *nicht rein formal vorgenommen werden dürfen.* Die Rechtfertigung für eine Linearisierung liegt nicht in der Mathematik, sondern in der Physik des Geschehens.

2.3 Linearisierung bei mehreren unabhängigen Variablen

Wir gehen aus von einer skalaren Zustandsgleichung

$$\dot{X}(t) = f[X(t), U(t)],$$

deren rechte Seite eine nichtlineare Abhängigkeit von der Zustandsgröße $X(t)$ und von der Steuergröße $U(t)$ aufweist. Zur Definition eines sinnvollen Betriebspunktes, in dem eine Linearisierung erlaubt und erwünscht sei, bietet sich ein Wertepaar X_0, U_0 an, das sich aus der Beziehung

$$\dot{X}(t) = 0, \quad f(X_0, U_0) = 0$$

ergibt. Damit lautet der allgemeine Ansatz der Taylor-Entwicklung:

$$f(X, U) = f(X_0, U_0) + \left.\frac{\partial f}{\partial X}\right|_{B_0} \cdot (X - X_0) + \left.\frac{\partial f}{\partial U}\right|_{B_0} \cdot (U - U_0) + \cdots .$$

Bei Abbruch der Entwicklung vor den quadratischen Gliedern ergibt sich für die Kleinsignale die linearisierte Zustands-Differentialgleichung in der vereinbarten Schreibweise

$$\dot{x}(t) = a \cdot x(t) + b \cdot u(t)$$

mit $a = \dfrac{\partial f}{\partial X}$ und $b = \dfrac{\partial f}{\partial U}$ in B_0.

Anwendung auf eine Regelstrecke

Gegeben sei die Kennlinienfunktion $Y = f(U_R, Z^*)$ zur Beschreibung des nichtlinearen Zusammenhangs zwischen Regelgröße $Y(t)$, Stellgröße $U_R(t)$ und Störgröße $Z^*(t)$. Die folgende Linearisierung, deren Zweckmäßigkeit überprüft worden sei, ist grundlegend für die analytische Behandlung einschleifiger Regelkreise.

Man setzt für einen festen Betriebspunkt B_0: $(U_{R0}; Z_0^*)$ an:

$$f(U_R, Z^*) = f(U_{R0}, Z_0^*) + \left.\frac{\partial f}{\partial U_R}\right|_{B_0} \cdot (U_R - U_{R0}) + \left.\frac{\partial f}{\partial Z^*}\right|_{B_0} \cdot (Z^* - Z_0^*),$$

und dies ergibt in der üblichen Schreibweise den linearisierten Zusammenhang

$$y(t) = K_S \cdot u_R(t) + K_{Sz} \cdot z^*(t)$$

mit dem «Stellübertragungsbeiwert» $K_S = \left.\dfrac{\partial f}{\partial U_R}\right|_{B_0}$

und dem «Störübertragungsbeiwert» $K_{Sz} = \left.\dfrac{\partial f}{\partial Z^*}\right|_{B_0}$.

Aus praktischen Überlegungen formt man diesen Ausdruck noch um. Stellsignal $u_R(t)$ und Störsignal $z^*(t)$ haben im allgemeinen unterschiedliche physikalische Dimensionen. Schreibt man daher

$$y(t) = K_S \cdot \left[u_R(t) + \frac{K_{Sz}}{K_S} \cdot z^*(t) \right],$$

so kann man die modifizierte Störgröße

$$z(t) = \frac{K_{Sz}}{K_S} \cdot z^*(t)$$

in den Einheiten der Stellgröße u_R angeben, und der Zusammenhang

$$y(t) = K_S \cdot [z(t) + u_R(t)]$$

wird durch Bild 2.4 dargestellt. Auf den Eingang der Strecke wirkt immer die *Steuergröße* $u(t)$, die von Fall zu Fall unterschiedlich zusammengesetzt sein wird. Liegt im ungeregelten Fall nur eine Störung $z(t)$ am Eingang, so wird $u(t) = z(t)$; kommt ein Stellsignal $u_R(t)$ hinzu, sowird $u(t) = z(t) + u_R(t)$. Diese Vereinbarung wird durchgängig beibehalten.

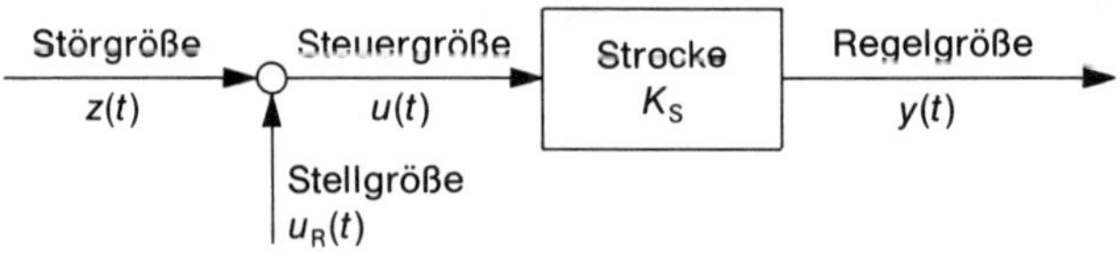

Bild 2.4 Zuordnung der Kleinsignale bei einer linarisierten Regelstrecke mit Proportionalverhalten

Vektorielle Schreibweise

Gegeben sei die allgemeine nichtlineare Vektordifferentialgleichung

$$\dot{\boldsymbol{X}}(t) = f[\boldsymbol{X}(t), \boldsymbol{Z}(t)].$$

Je nach Charakter der nichtlinearen Zusammenhänge kann man auch hier eine Linearisierung um einen verallgemeinerten Betriebspunkt $(\boldsymbol{X}_0, \boldsymbol{Z}_0)$ vornehmen und die linearisierte Zustandsdarstellung für Kleinsignale anschreiben:

$$\dot{\boldsymbol{x}}(t) = \boldsymbol{A}\,\boldsymbol{x}(t) + \boldsymbol{G}\,z(t).$$

Die Elemente der Matrizen $\boldsymbol{A}$ und $\boldsymbol{G}$ sind jetzt partielle Ableitungen in dem gewählten Betriebspunkt, und sie haben im Fall von (2,2)-Matrizen folgende Formen:

$$\boldsymbol{A} = \begin{bmatrix} \dfrac{\partial f_1(\boldsymbol{X},\boldsymbol{Z})}{\partial X_1} & \dfrac{\partial f_1(\boldsymbol{X},\boldsymbol{Z})}{\partial X_2} \\ \dfrac{\partial f_2(\boldsymbol{X},\boldsymbol{Z})}{\partial X_1} & \dfrac{\partial f_2(\boldsymbol{X},\boldsymbol{Z})}{\partial X_2} \end{bmatrix}_{B_0}, \quad \boldsymbol{G} = \begin{bmatrix} \dfrac{\partial f_1(\boldsymbol{X},\boldsymbol{Z})}{\partial Z_1} & \dfrac{\partial f_1(\boldsymbol{X},\boldsymbol{Z})}{\partial Z_2} \\ \dfrac{\partial f_2(\boldsymbol{X},\boldsymbol{Z})}{\partial Z_1} & \dfrac{\partial f_2(\boldsymbol{X},\boldsymbol{Z})}{\partial Z_2} \end{bmatrix}_{B_0}.$$

Eine Verallgemeinerung auf Matrizen höherer Dimensionen kann von hier aus leicht vorgenommen werden.

2.4 Allgemeine Lösung der Zustandsgleichung

Hier wird ebenfalls nur eine gestraffte Darstellung angestrebt, die dem Leser das Nachbereiten des erforderlichen Stoffs verkürzen soll.

Lösung im Zeitbereich
Von der Zustandsdifferentialgleichung mit zeitinvarianten Matrizen

$$\dot{\boldsymbol{x}}(t) = \boldsymbol{A}\,\boldsymbol{x}(t) + \boldsymbol{B}\boldsymbol{u}(t)$$

löst man zuerst den homogenen Teil

$$\dot{\boldsymbol{x}}(t) = \boldsymbol{A}\,\boldsymbol{x}(t)$$

durch den Ansatz

$$\boldsymbol{x}(t) = \mathrm{e}^{\boldsymbol{A}t}\boldsymbol{k}(t)\,.$$

Durch Einsetzen in die inhomogene Differentialgleichung ergibt sich

$$\dot{\boldsymbol{k}}(t) = \mathrm{e}^{-\boldsymbol{A}t}\cdot\boldsymbol{B}\boldsymbol{u}(t)\,,$$

und durch Integration über die Zeit zwischen den Grenzen 0 und t erhält man

$$\boldsymbol{k}(t) = \boldsymbol{k}(0) + \int_0^t \mathrm{e}^{-\boldsymbol{A}\tau}\cdot\boldsymbol{B}\boldsymbol{u}(\tau)\,\mathrm{d}\tau\,.$$

Man nennt den Ausdruck

$$\boldsymbol{\Theta}(t) = \mathrm{e}^{\boldsymbol{A}t} \quad \text{mit} \quad \boldsymbol{\Theta}(0) = \boldsymbol{I}$$

die *Fundamentalmatrix*; ihre wichtigsten Eigenschaften sind im folgenden zusammengestellt:

☐ $\boldsymbol{\Theta}(t)$ erfüllt die Differentialgleichung

$$\dot{\boldsymbol{\Theta}}(t) = \boldsymbol{A}\,\boldsymbol{\Theta}(t)\,, \qquad \boldsymbol{\Theta}(0) = \boldsymbol{I}\,.$$

☐ Für eine Folge von Zustandsübergängen zwischen den Zeitpunkten $t_0 < t_1 < t_2$ gilt

$$\boldsymbol{x}(t_2) = \boldsymbol{\Theta}(t_2 - t_1)\cdot\boldsymbol{\Theta}(t_1 - t_0)\cdot\boldsymbol{x}(t_0)\,,$$

woraus sich die Bezeichnung «Übergangsmatrix» erklärt.

☐ $\boldsymbol{\Theta}^{-1}(t) = \boldsymbol{\Theta}(-t)\,,$

$$\boldsymbol{\Theta}(t_1)\cdot\boldsymbol{\Theta}(t_2) = \boldsymbol{\Theta}(t_1 + t_2)\,,$$

$$\boldsymbol{\Theta}^{\mathrm{n}}(t) = n\cdot\boldsymbol{\Theta}(t)\,.$$

Die Fortsetzung des mit diesen Zusatzangaben unterbrochenen Lösungsganges führt unter Benutzung der Fundamentalmatrix und mit den Anfangswerten $\boldsymbol{k}(0) = \boldsymbol{x}(0)$ auf das Ergebnis

$$\boldsymbol{x}(t) = \boldsymbol{\Theta}(t) \cdot \boldsymbol{x}(0) + \int_0^t \boldsymbol{\Theta}(t-\tau)\, \boldsymbol{Bu}(\tau)\, \mathrm{d}\tau .$$

Der erste Summand auf der rechten Seite beschreibt die *freie Bewegung* des Systems bei gegebenen Anfangsbedingungen, der zweite kennzeichnet die durch den Steuervektor $\boldsymbol{u}(t)$ *erzwungene Bewegung.*

2.5 Algebraisierung von Differentialbeziehungen

Die Beschreibung zusammengesetzter Systeme durch Differentialgleichungen erweist sich im allgemeinen als sehr umständlich, so daß man auf andere gleichwertige Möglichkeiten ausweicht, bei denen keine Differentialbeziehungen mehr auftreten. Dies läuft auf die Algebraisierung von Differentialgleichungen hinaus. Die praktisch wichtigste Integraltransformation zur Algebraisierung gewöhnlicher linearer Differentialgleichungen mit Berücksichtigung von Anfangsbedingungen ist die *Laplace-Transformation* [17], [18], [20]. Bei gegebenem Zustandsvektor $\boldsymbol{x}(t)$ vereinbaren wir folgende Definitionsgleichung:

$$\mathscr{L}\{\boldsymbol{x}(t)\} = \boldsymbol{x}(s) = \int_0^\infty \boldsymbol{x}(t) \cdot \mathrm{e}^{-st}\, \mathrm{d}t . \qquad \text{(Gl. 2.1)}$$

Für die Transformierte des Zustandsvektors $\boldsymbol{x}(t)$ wird also *das gleiche Symbol* $\boldsymbol{x}$ verwendet; die konsequent mitzuschreibenden Argumente t für die Zeit einerseits und für die komplexe Variable $s = \alpha + j\omega$ andererseits schließen Verwechslungen aus. Die Verwendung von Großbuchstaben scheidet hier aus, weil diese zur Kennzeichnung des Großsignalverhaltens bei nichtlinearen Zusammenhängen bestimmt sind. Im Hinblick auf die weitgehend bevorzugte *Zustandsbeschreibung* von Systemen interessiert insbesondere die Laplace-Transformierte der ersten zeitlichen Ableitung:

$$\mathscr{L}\{\dot{\boldsymbol{x}}(t)\} = s \cdot \boldsymbol{x}(s) - \boldsymbol{x}_0 \quad \text{mit} \quad \boldsymbol{x}_0 = \boldsymbol{x}(t = 0+) . \qquad \text{(Gl. 2.2)}$$

Da Zustandsgrößen *stetige* Funktionen von t sind, gilt

$$\boldsymbol{x}(0+) = \boldsymbol{x}(0-) = \boldsymbol{x}(0) \equiv \boldsymbol{x}_0 .$$

2.5.1 Algebraisierung der Zustandsgleichung, Übertragungsfunktion

Gegeben sei die lineare zeitinvariante Modellbeschreibung zu Bild 2.5

$$\dot{\boldsymbol{x}}(t) = \boldsymbol{A}\,\boldsymbol{x}(t) + \boldsymbol{B}\,\boldsymbol{u}(t) , \qquad \text{(Gl. 2.3a)}$$

$$\boldsymbol{y}(t) = \boldsymbol{C}\,\boldsymbol{x}(t) . \qquad \text{(Gl. 2.3b)}$$

Da die Laplace-Transformation alle Eigenschaften einer linearen Transformation

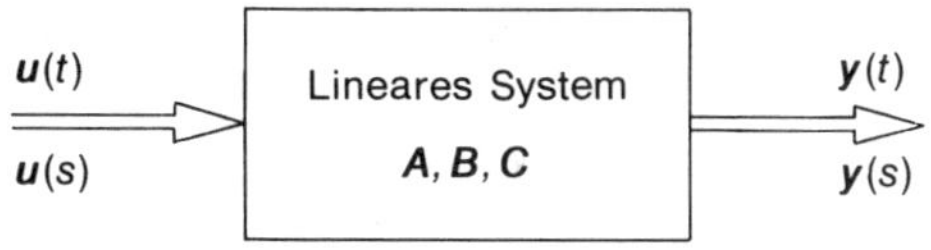

Bild 2.5
Blocksymbolik eines linearen zeitvarianten Systems

besitzt (Abschnitt 2.1), erhält man die transformierten Zustandsgleichungen in der Form

$$s \cdot \boldsymbol{x}(s) - \boldsymbol{x}_0 = \boldsymbol{A}\boldsymbol{x}(s) + \boldsymbol{B}\boldsymbol{u}(s),$$
$$\boldsymbol{y}(s) = \boldsymbol{C}\boldsymbol{x}(s).$$

Umstellung der ersten Gleichung ergibt

$$\boldsymbol{x}(s) = (s\boldsymbol{I} - \boldsymbol{A})^{-1} \cdot \boldsymbol{x}_0 + (s\boldsymbol{I} - \boldsymbol{A})^{-1} \cdot \boldsymbol{B}\boldsymbol{u}(s). \qquad \text{(Gl. 2.4)}$$

Der erste Summand auf der rechten Seite beschreibt im Bildbereich die freie Bewegung aufgrund von gegebenen Anfangsbedingungen $\boldsymbol{x}_0$, während der zweite die durch $\boldsymbol{u}(s)$ erzwungene Bewegung kennzeichnet.

Zur Bestimmung der *Übertragungsmatrix* müssen alle Speicher des Systems *energiefrei* sein, es interessiert also nur der durch die Steuergröße $\boldsymbol{u}(s)$ hervorgerufene Anteil der Lösung $\boldsymbol{y}(s)$, der sich für $\boldsymbol{x}_0 = \boldsymbol{0}$ aus Gl. 2.4 ergibt. Durch Einsetzen von $\boldsymbol{x}(s)$ in die Ausgangsgleichung erhält man

$$\boldsymbol{y}(s) = \boldsymbol{C} \cdot (s\boldsymbol{I} - \boldsymbol{A})^{-1} \cdot \boldsymbol{B} \cdot \boldsymbol{u}(s),$$

und mit dem Ansatz

$$\boldsymbol{y}(s) = \boldsymbol{F}(s) \cdot \boldsymbol{u}(s) \qquad \text{(Gl. 2.5)}$$

ergibt sich die Übertragungsmatrix

$$\boldsymbol{F}(s) = \boldsymbol{C} \cdot (s\boldsymbol{I} - \boldsymbol{A})^{-1} \cdot \boldsymbol{B} \qquad \text{(Gl. 2.6a)}$$

mit der allgemeinen Form

$$\boldsymbol{F}(s) = \begin{bmatrix} F_{11}(s) & F_{12}(s) & \dots & F_{1p}(s) \\ F_{21}(s) & F_{22}(s) & \dots & F_{2p}(s) \\ \vdots & & & \\ F_{m1}(s) & F_{m2}(s) & \dots & F_{mp}(s) \end{bmatrix}$$

wobei gilt

$$F_{ik}(s) = \frac{y_i(s)}{u_k(s)}.$$

Ein Vergleich mit der allgemeinen Lösung im Zeitbereich (Abschnitt 2.4) zeigt, daß die transformierte Fundamentalmatrix die Form

$$\boldsymbol{\Theta}(s) = (s\boldsymbol{I} - \boldsymbol{A})^{-1} \qquad \text{(Gl. 2.7)}$$

annimmt. Bei Systemen mit einem Eingang und einem Ausgang wird die *skalare Übertragungsfunktion*

$$F(s) = \boldsymbol{c}^{\mathrm{T}} \cdot (s\boldsymbol{I} - \boldsymbol{A})^{-1} \cdot \boldsymbol{b}\,. \qquad \text{(Gl. 2.6b)}$$

Zur Wahl der Zustandsgrößen

Bei der Einführung von Zustandsgrößen in Abschnitt 1.6 wurde darauf hingewiesen, daß ihre Wahl *nicht eindeutig* ist. Da diese Zustandsgrößen den Charakter «innerer Zwischengrößen» haben, muß die Übertragungsfunktion des Systems von dieser Wahl *unabhängig* sein. Den Nachweis hierfür kann man leicht erbringen, wenn man die Gleichung des energiefreien Systems

$$s \cdot \boldsymbol{x}(s) = \boldsymbol{A} \cdot \boldsymbol{x}(s) + \boldsymbol{B} \cdot \boldsymbol{u}(s)$$

der Ähnlichkeitstransformation

$$\boldsymbol{x}(s) = \boldsymbol{T} \cdot \boldsymbol{v}(s)$$

unterwirft. Nach einer einfachen Zwischenrechnung, die dem Leser überlassen sei, ergibt sich die unveränderte Übertragungsmatrix entsprechend Gl. 2.6a.

Wird ein System nicht in Zustandsdarstellung, sondern durch eine lineare Differentialgleichung der Form

$$x^{(n)} + a_{n-1} \cdot x^{(n-1)} + \ldots + a_1 \cdot \dot{x} + a_0 \cdot x = b_m \cdot u^{(m)} + \ldots + b_0 \cdot u$$

beschrieben, so erhält man die Übertragungsfunktion mit Hilfe des allgemeinen Differentiationssatzes

$$\mathscr{L}\left\{\frac{\mathrm{d}^n}{\mathrm{d}t^n}\, x(t)\right\} = s^n \cdot x(s)$$

bei verschwindenden Anfangsbedingungen:

$$F(s) = \frac{b_m \cdot s^m + b_{m-1} \cdot s^{m-1} + \ldots + b_1 \cdot s + b_0}{s^n + a_{n-1} \cdot s^{n-1} + \ldots + a_1 \cdot s + a_0} = \frac{Z(s)}{N(s)}\,.$$

Übertragungsfunktionen von diesem gebrochen rationalen Typ kennzeichnen *totzeitfreie* Systeme.

Für die Anwendungen in den folgenden Abschnitten, insbesondere in Kapitel 7, wählt man die Zustandsgrößen vorzugsweise so, daß sich für die Systemmatrizen bestimmte Formen ergeben:

- ☐ die Regelungsnormalform,
- ☐ die Beobachtungsnormalform,
- ☐ die Jordansche Normalform.

In Bild 2.5 sind die vereinbarten Symbole zur Kennzeichnung des Eingangs-/Ausgangs-Verhaltens durch Übertragungsmatrizen zusammengestellt.

2.5.2 Beispiel für ein P-T_2-Modell

Gegeben sei eine Modellstruktur gemäß Bild 2.6. Mit den bekannten Konstanten lautet die Zustandsdarstellung

$$\dot{\boldsymbol{x}}(t) = \begin{bmatrix} -a_{11} & -a_{12} \\ 1 & 0 \end{bmatrix} \cdot \boldsymbol{x}(t) + \begin{bmatrix} b_1 \\ 0 \end{bmatrix} \cdot u(t), \qquad \boldsymbol{x}_0 = 0$$

$$y(t) = [0 \quad c_2] \cdot \boldsymbol{x}(t).$$

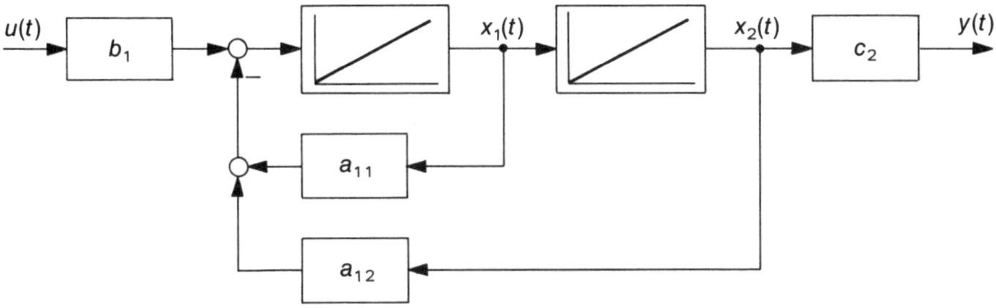

Bild 2.6 Struktur der Zustandsdarstellung eines P-T_2-Modells

Man erhält daraus sofort

$$(s\boldsymbol{I} - \boldsymbol{A}) = \begin{bmatrix} s + a_{11} & a_{12} \\ -1 & s \end{bmatrix}$$

und die zugehörige Inverse

$$\begin{aligned} \boldsymbol{\Theta}(s) &= (s\boldsymbol{I} - \boldsymbol{A})^{-1} \\ &= \frac{1}{\det(s\boldsymbol{I} - \boldsymbol{A})} \cdot \operatorname{adj}[s\boldsymbol{I} - \boldsymbol{A}] \\ &= \frac{1}{s^2 + a_{11}s + a_{12}} \begin{bmatrix} s & -a_{12} \\ 1 & s + a_{11} \end{bmatrix}. \end{aligned}$$

Damit ergibt sich die skalare Übertragungsfunktion

$$\begin{aligned} F(s) &= \boldsymbol{c}^{\mathrm{T}} \cdot \boldsymbol{\Theta}(s) \cdot \boldsymbol{b} \\ &= \frac{1}{s^2 + a_{11}s + a_{12}} \cdot [0 \quad c_2] \cdot \begin{bmatrix} s & -a_{12} \\ 1 & s + a_{11} \end{bmatrix} \cdot \begin{bmatrix} b_1 \\ 0 \end{bmatrix} \\ &= \frac{c_2 b_1}{s^2 + a_{11}s + a_{12}}. \end{aligned}$$

Zur Berechnung der Übertragungsfunktion aus der Zustandsdarstellung werden in der Fachliteratur allgemeine Verfahren bereitgestellt [11], [16].

2.5.3 Berechnung des Zeitverhaltens aus der Übertragungsfunktion

Hier soll nicht auf das allgemeine Umkehrintegral der Laplacetransformation zur Gewinnung der Zeitfunktion eingegangen werden; im Bedarfsfall findet man die mathematischen Grundlagen in der einschlägigen Literatur [16], [17].

Für den praxisnahe arbeitenden Physiker und Ingenieur sind folgende Gesichtspunkte wichtig:

a) *Gebrochen rationale Übertragungsfunktionen*

$$F(s) = \frac{Z(s)}{N(s)}$$

kann man durch Partialbruchentwicklung auf einfache Grundelemente der Rücktransformation zurückführen. Wenn das Nennerpolynom die Form

$$N(s) = (s + s_0)^m \cdot (s + s_1) \cdot (s + s_2) \cdot \ldots \cdot (s + s_k)$$

hat, dann macht man für $F(s)$ den allgemeinen Ansatz

$$\frac{Z(s)}{N(s)} = \frac{r_{0m}}{(s+s_0)^m} + \frac{r_{0m-1}}{(s+s_0)^{m-1}} + \ldots + \frac{r_{01}}{(s+s_0)} \qquad (m\text{-facher Pol})$$

$$+ \frac{r_1}{s+s_1} + \frac{r_2}{s+s_2} + \ldots + \frac{r_k}{s+s_k} \qquad (k \text{ einfache Pole})$$

Die Koeffizienten $r_{0\nu}$ zu dem m-fachen Pol ergeben sich aus der Beziehung

$$r_{0\nu} = \frac{1}{(m-\nu)!} \cdot \frac{\mathrm{d}^{m-\nu}}{\mathrm{d}s^{m-\nu}} \left\{ (s+s_0)^m \frac{Z(s)}{N(s)} \right\}_{s \to -s_0}, \qquad \text{(Gl. 2.8)}$$

die für $\nu = m = 1$ den Fall für Einfachpole enthält:

$$r_j = (s + s_j) \cdot \left. \frac{Z(s)}{N(s)} \right|_{s \to -s_j}.$$

Der Schritt in den Zeitbereich erfolgt über die allgemeine Korrespondenz [17]

$$\frac{1}{(s+a)^m} \bullet\!\!-\!\!\circ \frac{1}{(m-1)!} \cdot t^{m-1} \cdot \mathrm{e}^{-at}.$$

Konjugiert komplexe Pole, die bei schwingungsfähigen Systemen für $D < 1$ auftreten, kann man auf entsprechende Weise behandeln. In der Partialbruchentwicklung kommen dann komplexe Koeffizienten vor, die nach geeigneter Zusammenfassung auf sinus- und cosinus-Anteile im Zeitbereich führen.

b) *Laplace-Transformation*

Mit hinreichend fundierten Grundkenntnissen wird man zu einem der Tafelwerke greifen, die außer zahlreichen Korrespondenzen wichtige allgemeine Sätze der

Laplace-Transformation enthalten [17], [18]. Am Ende dieses Buches sind einige Korrespondenzen zusammengestellt, die an den Problembereich des behandelten Stoffes angepaßt sind.

Da für unsere Fragestellungen die Grenzwertsätze der Laplace-Transformation von besonderer Bedeutung sind, werden sie im folgenden formuliert und an einem Beispiel erläutert.

c) *Grenzwertsätze*

In vielen Anwendungen erhält man wichtige Hinweise zum Zeitverhalten einer Funktion $h(t)$, wenn man nur ihre Grenzwerte für $t \to 0+$ und für $t \to \infty$ kennt. Dazu braucht man nicht die zugehörige Laplace-Transformierte $h(s)$ in den Zeitbereich zurückzutransformieren, sondern nur die folgenden Grenzwertsätze anzuwenden:

$$\lim_{t \to 0+} h(t) = \lim_{s \to \infty} s \cdot h(s) \, .$$

$$\lim_{t \to \infty} h(t) = \lim_{s \to 0} s \cdot h(s) \, .$$

Vorzugsweise in der Regelungstechnik verwendet man die beiden Sätze in modifizierter Form, denn häufig interessiert man sich im Zeitbereich für die Reaktion eines Systems auf ein sprungförmiges, dimensionsfreies Eingangssignal $u(t) = 1(t)$. Dabei werden die physikalischen Größen wie Drücke, Kräfte, Spannungen usw. jeweils auf ihre Dimension bezogen, so daß vor der Sprungfunktion $1(t)$ allenfalls noch ein reiner Zahlenwert ungleich Null steht. Die zugehörige Systemreaktion nennt man die *Übergangsfunktion*

$$x(t) = \mathscr{L}^{-1}\left\{\frac{1}{s} \cdot F(s)\right\} \qquad \text{mit} \quad \frac{1}{s} = \mathscr{L}\{1(t)\} \, , \qquad \text{(Gl. 2.9)}$$

für die hier kein spezielles Symbol eingeführt wird, weil der jeweilige Zusammenhang Mehrdeutigkeiten ausschließt. Für die Übergangsfunktion und die Übertragungsfunktion nehmen die beiden Grenzwertsätze die folgenden praktischeren Formen an:

$$\lim_{t \to 0+} x(t) = \lim_{s \to \infty} F(s) \qquad \text{(Gl. 2.10a)}$$

$$\lim_{t \to \infty} x(t) = \lim_{s \to 0} F(s) \qquad \text{(Gl. 2.10b)}$$

Beispiel:

Die Übertragungsfunktion

$$F(s) = \frac{1 + sT_a}{1 + sT_b} \qquad \text{(Gl. 2.11)}$$

spielt in vielen praktischen Anwendungen eine wichtige Rolle. Hier sollen zum einen die Grenzwertsätze angewendet werden, zum anderen soll aus $F(s)$ die Zustandsdarstellung entwickelt werden.

Anwendung der Grenzwertsätze

Zur Veranschaulichung betrachten wir Bild 2.7 für die prinzipielle Konstruktion der Übergangsfunktion $x(t)$.

- ☐ Für $T_a = T_b$ ergibt sich die Bezugslinie $x(t) = 1$ für $t > 0$ entsprechend einem verzögerungsfreiem P-Verhalten.
- ☐ Für $T_a \neq T_b$ kennzeichnet $F(s)$ ein System 1. Ordnung mit der Zeitkonstanten T_b.
- ☐ Der erste Grenzwertsatz liefert $x(0+) = T_a/T_b$, wofür man zwei Werte eintragen kann, nämlich

$$T_a/T_b = x_{01} > 1 \qquad \text{oder} \qquad T_a/T_b = x_{02} < 1\,,$$

  und damit liegen die Anfangstangenten der beiden möglichen Übergangsfunktionen $x_1(t)$ bzw. $x_2(t)$ fest.
- ☐ Der zweite Grenzwertsatz ergibt $x(t \to \infty) = 1$.

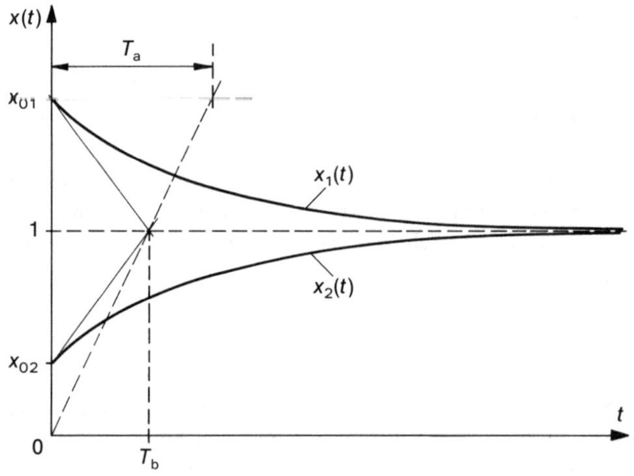

Bild 2.7
Übergangsfunktion
zu der Übertragungsfunktion
nach Gleichung 2.11

Damit sind die prinzipiellen Verläufe festgelegt. In der regelungstechnischen Literatur bezeichnet man den Verlauf von $x_1(t)$ als *PD-T_1-Verhalten*, den von $x_2(t)$ als *PP-T_1-Verhalten*.

2.5.4 Entwicklung der Zustandsdarstellung aus $F(s)$

Es gibt verschiedene Wege, die von der Übertragungsfunktion zur Zustandsdarstellung im Zeitbereich führen, von denen im folgenden einige erläutert werden.

Möglichkeit 1

Gegeben sei die Übertragungsfunktion

$$F(s) = \frac{b_0 + b_1 s}{s^2 + a_1 s + a_0}\,,$$

die man in folgende Form bringt:

$$F(s) = \frac{1}{s^2 + a_1 s + a_0}\, b_0 \;+\; \frac{s}{s^2 + a_1 s + a_0}\, b_1 .$$

Man führt nun zwei Zustandsgrößen im Bildbereich $x_1(s)$, $x_2(s)$ ein, so daß unter Verwendung der Steuerfunktion $u(s)$ folgende Beziehungen bestehen:

$$\frac{x_1(s)}{u(s)} = \frac{1}{s^2 + a_1 s + a_0} \quad \text{und} \quad \frac{x_2(s)}{u(s)} = \frac{s}{s^2 + a_1 s + a_0} .$$

Hieran kann man unmittelbar für den Zeitbereich die Zustandsbeschreibung ablesen:

$$\begin{aligned} \dot{x}_1(t) &= x_2(t) , \\ \dot{x}_2(t) &= -a_0 x_1(t) - a_1 x_2(t) + u(t) , \\ y(t) &= b_0 x_1(t) + b_1 x_2(t) . \end{aligned}$$

Die zugehörigen Matrizen haben die Formen

$$\boldsymbol{A} = \begin{bmatrix} 0 & 1 \\ -a_0 & -a_1 \end{bmatrix}, \quad \boldsymbol{b} = \begin{bmatrix} 0 \\ 1 \end{bmatrix}, \quad \boldsymbol{c}^{\mathrm{T}} = [b_0 \quad b_1]$$

und beschreiben das System in der sogenannten «Regelungsnormalform», was hier gleichbedeutend mit Steuerbarkeit ist (siehe Abschnitt 2.5.5).

Bei dem gewählten Ansatz kann man also die Koeffizienten der Übertragungsfunktion direkt in die Zustandsdarstellung übernehmen. Bild 2.8a zeigt die zu der Regelungsnormalform gehörige Struktur.

Als Beispiel betrachten wir wieder die Übertragungsfunktion

$$\begin{aligned} F(s) &= \frac{1 + sT_{\mathrm{a}}}{1 + sT_{\mathrm{b}}} \\ &= \frac{1}{1 + sT_{\mathrm{b}}} + \frac{s}{1 + sT_{\mathrm{b}}} \cdot T_{\mathrm{a}} , \end{aligned}$$

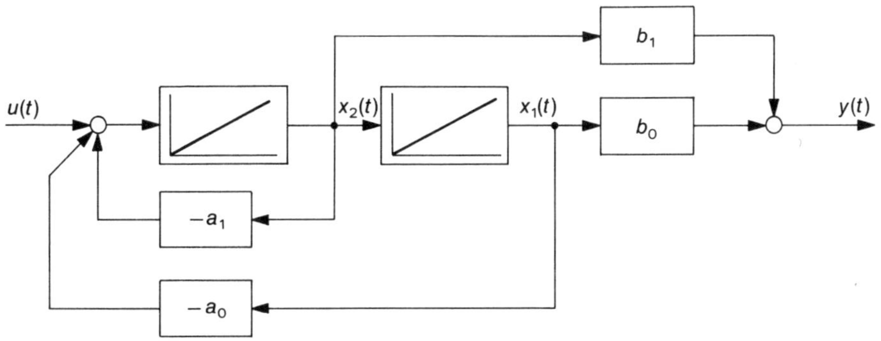

Bild 2.8a Struktur des Systems 2. Ordnung in Regelungsnormalform

und mit der Zustandsgröße $x(t)$ sowie der Steuerfunktion $u(t)$ wird

$$\frac{x(s)}{u(s)} = \frac{1}{1 + sT_b};$$

daraus folgt die Zustandsgleichung

$$\dot{x}(t) = -\frac{1}{T_b} \cdot x(t) + \frac{1}{T_b} \cdot u(t) .$$

Schreibt man die Übertragungsfunktion in der Form

$$F(s) = \frac{1 - T_a/T_b}{1 + sT_b} + \frac{T_a}{T_b},$$

so ergibt sich unmittelbar die Ausgangsgleichung

$$y(t) = \left(1 - \frac{T_a}{T_b}\right) \cdot x(t) + \frac{T_a}{T_b} \cdot u(t)$$

mit der Struktur von Bild 2.8b.

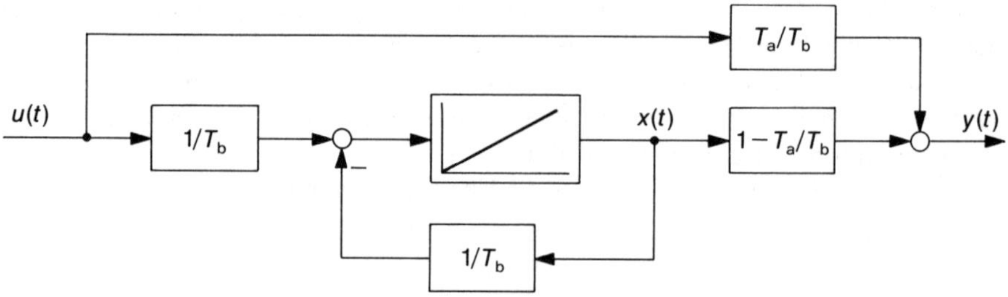

Bild 2.8b Struktur eines Systems mit der Übertragungsfunktion 2.11

Möglichkeit 2
Gegeben sei die Übertragungsfunktion

$$F(s) = \frac{y(s)}{u(s)} = \frac{b_2 s^2 + b_1 s + b_0}{s^2 + a_1 s + a_0},$$

aus der man durch einfache Umformung den Ausdruck

$$y(s) = \frac{1}{s} \cdot [b_1 u(s) - a_1 y(s)] + \frac{1}{s^2} \cdot [b_0 u(s) - a_0 y(s)] + b_2 u(s)$$

findet. Daraus läßt sich die in Bild 2.9 gezeigte *kanonische Struktur* besonders übersichtlich aufbauen. Hierbei ergeben sich die Zustandsgleichungen in der sogenannten «Beobachtungsnormalform» (siehe Abschnitt 2.5.5):

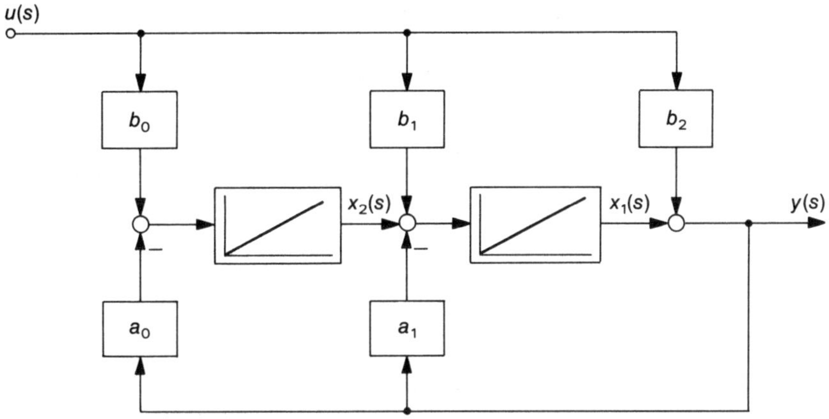

Bild 2.9 Kanonische Struktur eines Systems 2. Ordnung

$$\begin{aligned}\dot{x}_1(t) &= -a_1 x_1(t) + x_2(t) + (b_1 - a_1 b_2) \cdot u(t),\\ \dot{x}_2(t) &= -a_0 x_1(t) \qquad\qquad + (b_0 - a_0 b_2) \cdot u(t),\\ y(t) &= \quad x_1(t) + b_2 \cdot u(t)\end{aligned}$$

mit den Matrizen

$$\boldsymbol{A} = \begin{bmatrix} -a_1 & 1 \\ -a_0 & 0 \end{bmatrix}, \quad \boldsymbol{b} = \begin{bmatrix} b_1 - a_1 b_2 \\ b_0 - a_0 b_2 \end{bmatrix}, \quad \boldsymbol{c}^\mathrm{T} = [1 \ \ 0], \quad d = b_2.$$

Ein System mit dieser Zustandsdarstellung ist *beobachtbar*. Für das unter Möglichkeit 1 behandelte Beispiel wird

$$y(s) = \frac{1}{s} \cdot \left[\frac{1}{T_\mathrm{b}} \cdot u(s) - \frac{1}{T_\mathrm{b}} \cdot y(s)\right] + \frac{T_\mathrm{a}}{T_\mathrm{b}} \cdot u(s),$$

das Strukturbild und die zugehörige Beobachtungsnormalform der Zustandsbeschreibung ergeben sich direkt als Sonderfälle aus den obigen Resultaten. Die Bezeichnungen Regelungs- und Beobachtungsnormalform werden in Kapitel 7 näher erläutert.

Möglichkeit 3

Man formt eine gegebene Übertragungsfunktion, die nur *einfache Pole* haben darf, durch Partialbruchzerlegung um:

$$\begin{aligned}F(s) = \frac{y(s)}{u(s)} &= \frac{2(s+3)}{(s+1)\cdot(s+2)}\\ &= \frac{4}{s+1} + \frac{(-2)}{s+2}.\end{aligned}$$

Hier bietet sich die Einführung zweier Zustandsgrößen gemäß

$$\frac{x_1(s)}{u(s)} = \frac{1}{s+1} \quad \text{und} \quad \frac{x_2(s)}{u(s)} = \frac{1}{s+2}$$

an. Damit ergibt sich eine Zustandsdarstellung, bei der die Systemmatrix *Diagonalform* besitzt, während die von s unabhängigen Zähler unmittelbar in die Ausgangsgleichung übernommen werden:

$$\dot{\boldsymbol{x}}(t) = \begin{bmatrix} -1 & 0 \\ 0 & -2 \end{bmatrix} \cdot \boldsymbol{x}(t) + \begin{bmatrix} 1 \\ 1 \end{bmatrix} \cdot u(t),$$

$$y(t) = [4 \quad -2] \cdot \boldsymbol{x}(t).$$

Bei der Verallgemeinerung auf höhere Ordnungen ist darauf zu achten, daß in der Übertragungsfunktion *keine Mehrfachpole* vorkommen.

Möglichkeit 4

Es gibt zahlreiche praktische Fälle, in denen eine Modellbildung auf ein P-T_3-Verhalten führt, gekennzeichnet durch die Übertragungsfunktion

$$F(s) = \frac{b_1 c_3}{(s+s_1)\cdot(s+s_2)\cdot(s+s_3)}.$$

Wie Bild 2.10 zeigt, beschreibt diese Funktion die rückwirkungsfreie Reihenschaltung von drei P-T_1-Gliedern mit den Zeitkonstanten $T_1 = 1/s_1$, $T_2 = 1/s_2$, $T_3 = 1/s_3$. Mit den eingetragenen Zustandsgrößen erhält man das folgende Gleichungssystem:

$$\begin{aligned}
\dot{x}_1(t) &= -s_1 \cdot x_1(t) & & & + b_1 \cdot u(t), \\
\dot{x}_2(t) &= \phantom{-s_1 \cdot{}} x_1(t) - s_2 \cdot x_2(t), \\
\dot{x}_3(t) &= & x_2(t) - s_3 \cdot x_3(t), \\
y(t) &= & c_3 \cdot x_3(t).
\end{aligned}$$

In solchen Fällen ergibt sich für die drei Matrizen:

$$\boldsymbol{A} = \begin{bmatrix} -s_1 & 0 & 0 \\ 0 & -s_2 & 0 \\ 0 & 0 & -s_3 \end{bmatrix}, \quad \boldsymbol{b} = \begin{bmatrix} b_1 \\ 0 \\ 0 \end{bmatrix}, \quad \boldsymbol{c}^{\mathrm{T}} = [0 \quad 0 \quad c_3].$$

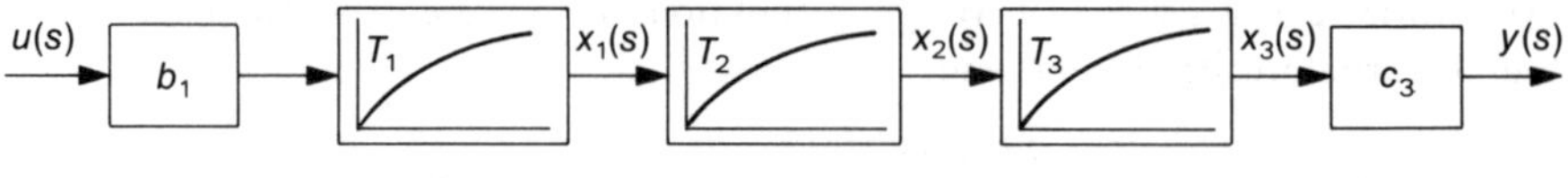

Bild 2.10 Rückwirkungsfreie Reihenschaltung dreier P-T_1-Systeme

2.5.5 Steuerbarkeit und Beobachtbarkeit

Zum Grundkonzept der Regelung gehören immer zwei zunächst gerätetechnisch bedingte Begriffe: die *Meßbarkeit* der zu regelnden physikalischen Größen und die *Beeinflußbarkeit* der Strecke durch geeignete Steuervorrichtungen, auch «Stellgeräte» genannt. Die letztlich auf Kalman zurückgehende Algebraisierung dynamischer Beschreibungen von Systemen, insbesondere die Einführung von Zustandsgrößen, hat zwangsläufig zu einer Verschärfung der genannten Begriffe durch mathematische Definitionen geführt, die hier ohne Beweis als weitere Arbeitsgrundlage angegeben werden [12], [16]. Wir knüpfen an die Darstellung von zeitinvarianten Systemen mit einem Eingang und einem Ausgang an,

$$\dot{\boldsymbol{x}}(t) = \boldsymbol{A}\,\boldsymbol{x}(t) + \boldsymbol{b}\,u(t)\,,$$

$$y(t) = \boldsymbol{c}^{\mathrm{T}}\boldsymbol{x}(t)\,,$$

mit der Grundstruktur entsprechend Bild 2.11. In Abschnitt 1.6 wurde hervorgehoben, daß Zustandsgrößen den Charakter «innerer Systemzustände» beschreiben.

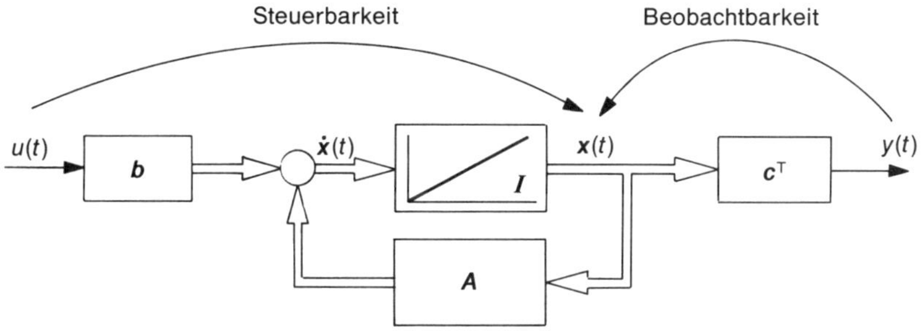

Bild 2.11 Grundstruktur der Zustandsbeschreibung für Systeme mit einem Eingang und einem Ausgang

Davon ausgehend, kann man als *Vorformulierung* für die mathematische Fassung folgendes aussagen:

☐ *Steuerbarkeit*
ist ein Kriterium für die Beeinflußbarkeit der Zustandsgrößen durch eine Eingangsgröße $u(t)$; man nennt ein System vollständig steuerbar, wenn *alle* Zustandsgrößen durch *eine* Steuergröße $u(t)$ unabhängig voneinander beeinflußbar sind.

☐ *Beobachtbarkeit*
ist ein Kriterium für die Rekonstruierbarkeit der Zustandsgrößen über die meßbare Ausgangsgröße $y(t)$; man nennt ein System vollständig beobachtbar, wenn *alle* Zustandsgrößen aus der Ausgangsgröße $y(t)$ bei Kenntnis von $u(t)$ gewonnen werden können.

Es ist einsichtig, daß sich diese beiden Eigenschaften mathematisch in bestimmten Zuordnungen zwischen den Matrizen $\boldsymbol{A}$, $\boldsymbol{b}$ einerseits und $\boldsymbol{c}^{\mathrm{T}}$, $\boldsymbol{A}$ andererseits formulieren lassen müssen:

- ☐ Für die *vollständige Steuerbarkeit* des linearen zeitinvarianten Eingrößensystems

$$\dot{\boldsymbol{x}}(t) = \boldsymbol{A}\,\boldsymbol{x}(t) + \boldsymbol{b}\,u(t)$$

ist notwendig und hinreichend, daß die quadratische Matrix

$$\boldsymbol{S} = [\boldsymbol{b}\ \boldsymbol{A}\boldsymbol{b}\ \boldsymbol{A}^2\boldsymbol{b}\ \ldots\ \boldsymbol{A}^{n-1}\boldsymbol{b}]$$

nicht singulär ist, d.h. $\det \boldsymbol{S} \neq 0$.

- ☐ Für die *vollständige Beobachtbarkeit* des linearen zeitinvarianten Eingrößensystems

$$\dot{\boldsymbol{x}}(t) = \boldsymbol{A}\,\boldsymbol{x}(t) + \boldsymbol{b}\,u(t),$$

$$y(t) = \boldsymbol{c}^{\mathrm{T}}\boldsymbol{x}(t)$$

ist notwendig und hinreichend, daß die quadratische Matrix

$$\boldsymbol{Q} = \begin{bmatrix} \boldsymbol{c}^{\mathrm{T}} \\ \boldsymbol{c}^{\mathrm{T}}\boldsymbol{A} \\ \boldsymbol{c}^{\mathrm{T}}\boldsymbol{A}^2 \\ \vdots \\ \boldsymbol{c}^{\mathrm{T}}\boldsymbol{A}^{n-1} \end{bmatrix}$$

nicht singulär ist, d.h. $\det \boldsymbol{Q} \neq 0$.

Es gibt noch weitere Kriterien zur Beurteilung der Steuerbarkeit und Beobachtbarkeit, auf die aber hier nicht eingegangen wird. In Anlehnung an die Nomenklatur der Zustandsregelung [29] nennt man eine Strecke «vollständig regelbar», wenn sie sowohl vollständig steuerbar als auch vollständig beobachtbar ist.

Schlußbemerkung

Zustandsgleichungen und Übertragungsfunktionen sind nicht immer gleichwertige Darstellungsformen für Systeme. Da die Zustandsbeschreibung auch nicht steuerbare und nicht beobachtbare Systemabschnitte einschließt, kommt ihr die allgemeinere Bedeutung zu.

Andererseits sind Übertragungsfunktionen für Entwurfsverfahren besonders gut geeignet, wie sich in Abschnitt 7.8 beim Entwurf von Zustandsreglern im Frequenzbereich zeigen wird. Dabei muß man aber sicher sein, daß die Übertragungsfunktionen tatsächlich die *vollständige Systembeschreibung* leisten, d.h., es muß vollständige Regelbarkeit vorausgesetzt werden. Die Folgen eines Verstoßes gegen diese Voraussetzung kann man an folgendem Beispiel leicht erkennen:

Zu der Differentialgleichung

$$\ddot{x}(t) + 5\,\dot{x}(t) + 6\,x(t) = 2\,u(t) + \dot{u}(t)$$

gehört die Übertragungsfunktion

$$F(s) = \frac{2 + s}{s^2 + 5s + 6}.$$

Mit den Eigenwerten $s_1 = -2$, $s_2 = -3$ nimmt sie die Form

$$F(s) = \frac{1}{s + 3}$$

an, die durch Herauskürzen des Anteils $(s + 2)$ entsteht und die mit der Differentialgleichung offenbar *nicht* gleichwertig ist; sie beschreibt gerade den *regelbaren Teil* des Systems.

2.6 Übertragungsfunktion und Frequenzgang

Bei der Modellbildung für Regelstrecken in Kapitel 1 ist folgender Gesichtspunkt noch außer Betracht geblieben: Zahlreiche physikalische Grundgesetze sind – schon allein aufgrund ihrer empirischen Herkunft – sehr anschaulich, und mit etwas Erfahrung kann man sich auch unter vielen komplizierteren Bilanzierungsansätzen unmittelbar etwas vorstellen. Dies gilt nicht mehr für Übertragungsfunktionen.

2.6.1 Darstellbarkeit der Übertragungsfunktion

An die Übertragungsfunktionen muß man schon mit deutlicher Zurückhaltung bezüglich ihrer Anschaulichkeit herangehen, denn die formal einfache Definition

$$F(s) = \frac{y(s)}{u(s)}$$

läßt oft vergessen, daß s eine komplexe Variable ist, und die leicht eingängige Interpretation als eine Eingangs-/Ausgangs-Relation beruht bei genauerem Nachforschen mehr auf Gewohnheit und Erfahrung als auf Anschaulichkeit. Man darf sich nicht darüber hinwegtäuschen, daß eine Funktion wie

$$F(s) = \frac{1}{1 + sT}$$

auch bei dem erfahrenen Sachkenner lediglich ein hohes Maß an *Vertrautheit* erweckt, *nicht Anschauung.* Trotz dieser Einsichten bleibt das Bestreben, solche mathematischen Funktionen wenigstens durch das Herausarbeiten gewisser grafisch darstellbarer Eigenschaften in eine Anschauungsform zu bringen, die das rasche Erkennen dominierender Eigenschaften erleichtert oder gar erst ermöglicht. Eine erste Möglichkeit einer geometrischen Kennzeichnung bietet die komplexe s-Ebene, in der man Realteil α und Imaginärteil ω der Variablen $s = \alpha + j\omega$ darstellen kann,

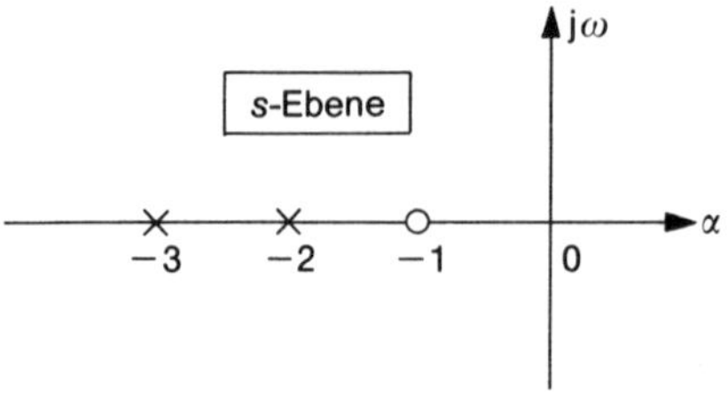

Bild 2.12
Komplexe Ebene des Arguments $s = \alpha + j\omega$

Bild 2.12. Dort sind gewisse Eigenschaften der Übertragungsfunktion

$$F(s) = V \frac{s+1}{(s+2)\cdot(s+3)}$$

als einfaches Beispiel für die allgemeine Form

$$F(s) = \frac{Z(s)}{N(s)}$$

eingetragen, nämlich die Nullstelle $s = -1$ des Zählerpolynoms $Z(s)$ und die beiden Nullstellen $s_1 = -2$ und $s_2 = -3$ des Nennerpolynoms $N(s)$, die für $F(s)$ Polstellen bedeuten. Die Verstärkung V geht in diese Darstellung nicht ein; erst der Übergang zu Kreisstrukturen wird zeigen, in welcher Weise Verstärkungen und andere Parameter Lageänderungen von Polen in der s-Ebene hervorrufen (siehe Abschnitt 4.4). Man kann also abschließend zu diesen vorbereitenden Bemerkungen nicht sagen, die Übertragungsfunktion werde im herkömmlichen Sinn in der s-Ebene grafisch dargestellt; es handelt sich vielmehr um eine *Lokalisationsebene* für die Pole und Nullstellen von $F(s)$.

Die Frequenzgangfunktion

Im Hinblick auf zahlreiche Möglichkeiten zur grafischen Beurteilung der Regelkreisdynamik untersucht man die Randfunktion [11] von $F(s)$, definiert als

$$F(j\omega) = F(s)\,|_{Re(s)=0} \qquad \text{(Gl. 2.12)}$$

die sogenannte Frequenzgangfunktion. Sie ist formal eine komplexe Funktion der reellen Kreisfrequenz $\omega = 2\pi f$; das Mitschreiben der imaginären Einheit j entspricht einer Vereinbarung, deren Zweckmäßigkeit sich noch zeigen wird. Wenn $F(s)$ eine analytische Funktion ist, dann hat $F(j\omega)$ als ihre Randfunktion bestimmte mathematische Eigenschaften, die in der einschlägigen Literatur [11], [16] ausführlich behandelt sind und hier nur zum Teil erörtert zu werden brauchen.

2.6.2 Frequenzgänge und Ortskurven

Der Frequenzgang eines totzeitfreien Systems ist im allgemeinen eine gebrochen rationale Funktion von $j\omega$:

$$F(j\omega) = \frac{Z(j\omega)}{N(j\omega)},$$

die man für grafische Darstellungen entweder in Polarkoordinaten ansetzt,

$$F(\mathrm{j}\omega) = A(\omega) \cdot \mathrm{e}^{\mathrm{j}\varphi(\omega)}$$

mit dem *Amplitudengang* $A(\omega) = \dfrac{|Z(\mathrm{j}\omega)|}{|N(\mathrm{j}\omega)|}$

und dem *Phasengang* $\varphi(\omega) = \arg Z(\mathrm{j}\omega) - \arg N(\mathrm{j}\omega)$,

oder in rechtwinkligen Koordinaten entsprechend

$$F(\mathrm{j}\omega) = R(\omega) + \mathrm{j} \cdot I(\omega)\,.$$

Bild 2.13 zeigt ein Beispiel für die Zusammenhänge zwischen den vier Funktionen $A(\omega)$, $\varphi(\omega)$, $R(\omega)$, $I(\omega)$ sowie eine Verbindung zu einem bekannten *Meßverfahren*: Erregt man ein stabiles zeitinvariantes System mit einer harmonischen Schwingung

$$u(t) = u_0 \cdot \cos\omega t\,,$$

so stellt sich nach Ablauf eines Einschwingvorgangs ein ebenfalls harmonisches Ausgangssignal

$$y(t) = y_0(\omega) \cdot \cos[\omega t + \beta(\omega)]$$

ein. Setzt man beide Schwingungen in ihrer komplexen Schreibweise an,

$$\tilde{u}(\omega; t) = u_0 \cdot \mathrm{e}^{\mathrm{j}\omega t},$$

$$\tilde{y}(\omega; t) = y_0(\omega) \cdot \mathrm{e}^{\mathrm{j}[\omega t + \beta(\omega)]},$$

so ergibt das Verhältnis

$$\frac{\tilde{y}(\omega; t)}{\tilde{u}(\omega; t)} = \frac{y_0(\omega)}{u_0} \cdot \mathrm{e}^{\mathrm{j}\cdot\beta(\omega)}$$

Bild 2.13
Ortskurvendarstellung einer Frequenzgangfunktion

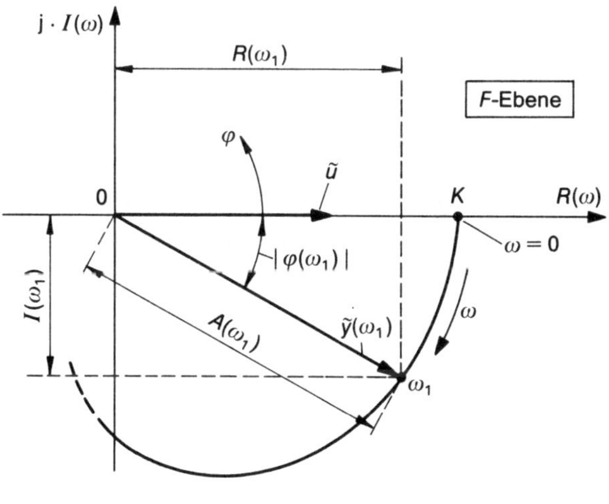

einen von der Zeit unabhängigen Ausdruck, und ein Vergleich mit der Frequenzgangfunktion $F(j\omega)$ führt auf das

Amplitudenverhältnis $\frac{y_0(\omega)}{u_0} = A(\omega)$ und den

Phasenwinkel $\beta(\omega) = \varphi(\omega)$.

In Bild 2.13 repräsentiert somit der Zeiger vom Nullpunkt zum Punkt ω_1 auf der Ortskurve die auf u_0 normierte Ausgangsschwingung nach Betrag und Phase, während die Eingangsschwingung durch einen Zeiger der frequenzunabhängigen Länge u_0 in der positiv reellen Halbachse liegt; aus praktischen Gründen wählt man oft $u_0 = 1$. Ferner ist es sinnvoll, $A(\omega)$ dimensionslos zu machen, falls nicht ohnehin u_0 und y_0 gleiche physikalische Dimension haben.

Beispiele für Ortskurven

a) *P-T_1-System*

Die Frequenzgangfunktion

$$F(j\omega) = \frac{K}{1 + j\omega T}$$

läßt sich über die folgenden beiden Wege als Ortskurve darstellen:

□ Rechtwinklige Koordinaten

$$F(j\omega) = \frac{K}{1 + \omega^2 T^2} + j \cdot \frac{-K\omega T}{1 + \omega^2 T^2},$$

□ Polarkoordinaten

$$F(j\omega) = \frac{K}{\sqrt{1 + \omega^2 T^2}} \cdot e^{-j \cdot \arctan \omega T}.$$

An beiden Formen erkennt man, daß die zugehörige Ortskurve drei ausgezeichnete Punkte besitzt, und zwar für die Werte $\omega = 0$, $\omega_e = 1/T$ und für den Grenzfall $\omega \to \infty$. Mit Hilfe der in Bild 2.14 eingezeichneten Bezifferungsgeraden, die eine lineare ω-Teilung trägt, kann man rein zeichnerisch beliebige Zwischenwerte gewinnen. Die Frequenz $\omega_e = 1/T$ ist neben dem Übertragungsbeiwert K die zweite Kenngröße des P-T_1-Systems; sie wird als «Eckfrequenz» ω_e bezeichnet und spielt bei der logarithmischen Darstellung eine deutlichere Rolle (siehe Abschnitt 2.7.2).

b) *D-T_1-System*

Die Frequenzgangfunktion

$$F(j\omega) = \frac{K \cdot j\omega T}{1 + j\omega T}$$

Bild 2.14
Ortskurven zweier P-T_1-Systeme mit Bezifferungsgerade

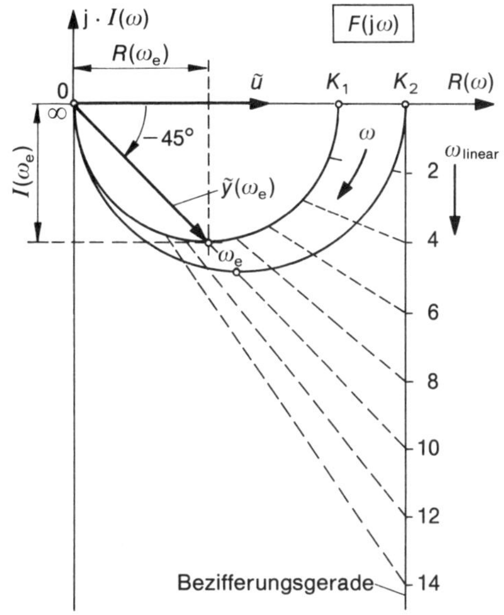

läßt sich entsprechend der Vorgehensweise beim P-T_1-System über die folgenden Ansätze als Ortskurve darstellen:

$$F(\mathrm{j}\omega) = \frac{K\omega^2 T^2}{1 + \omega^2 T^2} + \mathrm{j} \cdot \frac{K\omega T}{1 + \omega^2 T^2}$$

oder gleichwertig in Polarkoordinaten

$$F(\mathrm{j}\omega) = \frac{K\omega T}{\sqrt{1 + \omega^2 T^2}} \cdot \mathrm{e}^{\mathrm{j} \cdot \arctan 1/\omega T}.$$

Bild 2.15 zeigt die Ortskurven für zwei verschiedene K-Werte. Man erkennt zunächst rein äußerlich, daß sich wiederum Halbkreise ergeben; ein Vergleich mit den P-T_1-Ortskurven soll jedoch erst bei den betreffenden logarithmischen Darstellungen vorgenommen werden.

c) *Systeme 2. Ordnung*

Um allgemeinere Fälle zu erfassen, gehen wir von schwingungsfähigen Gebilden aus, die durch die Differentialgleichung

$$\ddot{x}(t) + 2D\omega_0 \cdot \dot{x}(t) + \omega_0^2 \cdot x(t) = K\omega_0^2 \cdot u(t)$$

beschrieben werden. Setzt man $\omega_0 = 1/T_0$, so ergibt sich die Frequenzgangfunktion

$$F(\mathrm{j}\omega) = \frac{K}{T_0^2 \cdot (\mathrm{j}\omega)^2 + 2DT_0 \cdot \mathrm{j}\omega + 1}.$$

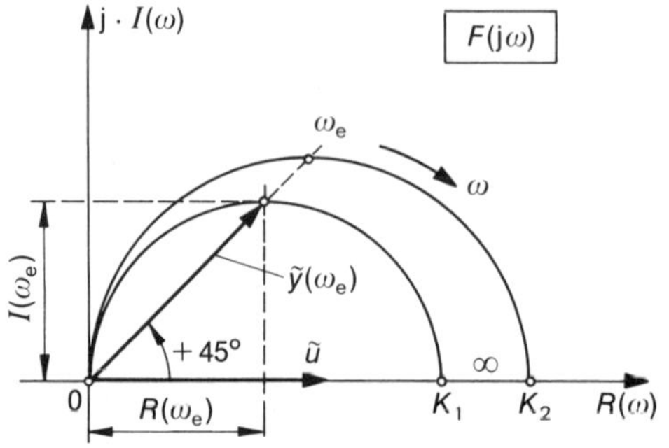

Bild 2.15
Ortskurven zweier D-T_1-Systeme

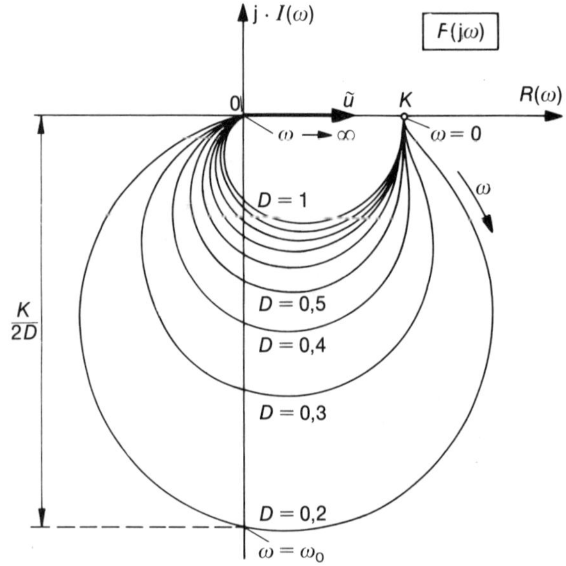

Bild 2.16
Ortskurven eines schwingungsfähigen P-Systems 2. Ordnung
für verschiedene Dämpfungen

Bild 2.17
Zeit- und Frequenzverhalten
von P-T_2-Systemen
in Abhängigkeit
von der Dämpfung

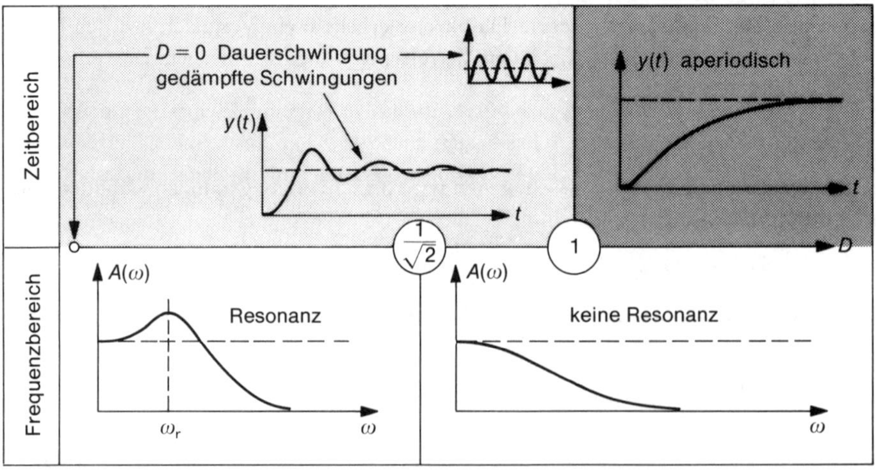

Für die Ortskurvendarstellung geht man am besten von dem Frequenzgang in rechtwinkligen Koordinaten aus:

$$R(\omega) = \frac{K(1-\omega^2 T_0^2)}{(1-\omega^2 T_0^2)^2 + 4D^2 T_0^2 \omega^2},$$

$$I(\omega) = \frac{-K \cdot 2DT_0 \cdot \omega}{(1-\omega^2 T_0^2)^2 + 4D^2 T_0^2 \omega^2}.$$

Die grafische Darstellung dieser Zusammenhänge führt zu einer Schar von Ortskurven, deren Parameter die Dämpfung ist. Bild 2.16 zeigt einige Kurven dieser Schar. Man kann zeigen, daß die Amplitude der Ausgangsschwingung im sogenannten *Resonanzfall* ein Maximum aufweist; dieses tritt in dem Dämpfungsbereich $D < 1/\sqrt{2}$ auf, und zwar bei der Resonanzfrequenz

$$\omega_r = \frac{1}{T_0} \cdot \sqrt{1-2D^2}.$$

Damit existieren für diese Gruppe von schwingungsfähigen Gebilden zwei ausgezeichnete Dämpfungswerte: Der Wert $D = 1$ bildet die Grenze zwischen aperiodischem Verhalten und Schwingverhalten, während $D = 1/\sqrt{2}$ die Grenze zum Resonanzverhalten darstellt. Bild 2.17 soll einen raschen Überblick über die verschiedenen Verhaltensweisen dieser Gebilde durch Gegenüberstellen von Zeitbereich und Frequenzbereich vermitteln. Eine weiterführende Diskussion von Systemen mit Verzögerung 2. Ordnung erfolgt in Abschnitt 3.1.3 im Zusammenhang mit einem Regelkreis.

d) *Integrierende Systeme*

Wenn ein integrierendes System mit Verzögerung 1. Ordnung vorliegt, lautet die Frequenzgangfunktion

$$F(j\omega) = \frac{K_I}{j\omega} \cdot \frac{1}{1 + j\omega T}$$

$$= -\frac{K_I T}{1+\omega^2 T^2} + j \cdot \frac{-K_I}{\omega \cdot (1+\omega^2 T^2)}.$$

Bild 2.18 zeigt die zugehörige Ortskurve, die für $\omega \to 0$ eine Asymptote im Abstand $K_I T$ parallel zur imaginären Achse besitzt und für $\omega \to \infty$ mit einem Phasenwinkel von $-180°$ in den Ursprung des Koordinatensystems einläuft. Der Sonderfall eines verzögerungsfreien I-Systems ergibt sich ohne besondere Mühe als die negativ imaginäre Halbachse.

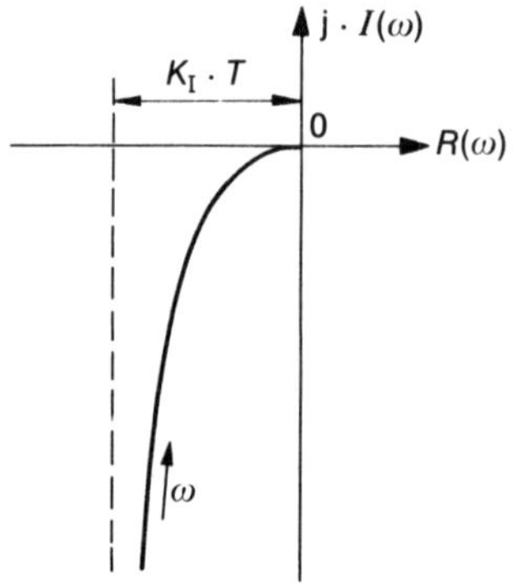

Bild 2.18
Ortskurve eines I-T_1-Systems

e) *Allgemeines rationales Übertragungssystem 1. Ordnung*

Das in Abschnitt 2.5.3 behandelte Beispiel führt auf die Frequenzgangfunktion

$$F(\mathrm{j}\omega) = \frac{1 + \mathrm{j}\omega T_a}{1 + \mathrm{j}\omega T_b},$$

wobei jetzt $T_a < T_b$ angenommen wird. Die Aufspaltung in Realteil und Imaginärteil ergibt

$$F(\mathrm{j}\omega) = \frac{1 + \omega^2 T_a T_b}{1 + \omega^2 T_b^2} + \mathrm{j} \cdot \frac{\omega \cdot (T_a - T_b)}{1 + \omega^2 T_b^2}.$$

Durch eine einfache Zwischenrechnung kann man ω eliminieren, so daß sich zwischen $R(\omega)$ und $I(\omega)$ ein Zusammenhang ergibt, der nur noch die beiden Zeitkonstanten T_a und T_b enthält:

$$\left[R(\omega) - \frac{T_a + T_b}{2\,T_b}\right]^2 + I^2(\omega) = \left[\frac{T_a - T_b}{2\,T_b}\right]^2,$$

also eine Kreisgleichung. Unter der getroffenen Annahme $T_a < T_b$ ist der Imaginärteil $I(\omega) < 0$, folglich beschreibt die gewonnene Gleichung den in Bild 2.19 eingezeichneten Halbkreis als Ortskurve mit den angegebenen Parametern.

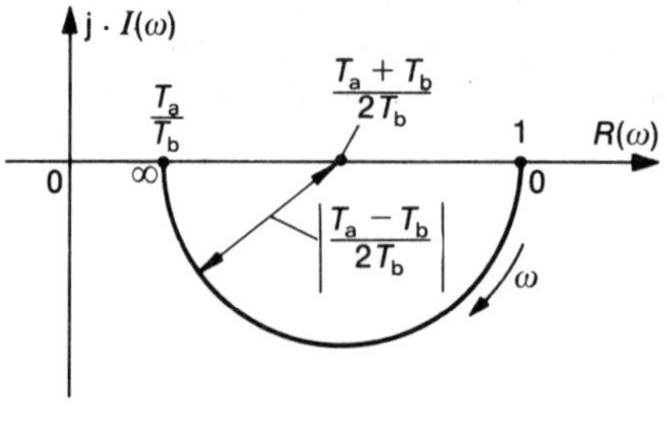

Bild 2.19
Ortskurve eines PP-T_1-Systems

2.7 Reelle Darstellung von Frequenzgängen durch Bode-Diagramme

Die grafische Darstellung von Eigenschaften komplexer Funktionen ist mit gewissen Einschränkungen möglich, aber von Fall zu Fall doch recht unanschaulich und vor allem wenig flexibel, wenn es um die Abschätzung von *Parametereinflüssen* geht. Die auf Bode zurückgehenden Diagramme sind Darstellungen, die in fast allen wissenschaftlichen Disziplinen zur Anwendung kommen, auch wenn dort nicht der in der Technik gebräuchliche Terminus «Bode-Diagramm» Verwendung findet. Der gemeinsame Hintergrund ist wesentlich in zwei Tatsachen begründet: Zum einen sind *logarithmische* Darstellungen sehr beliebt, weil sie das Erfassen großer Variablenbereiche mit *gleichbewerteten Dekaden* ermöglichen; zum anderen werden multiplikative Verknüpfungen in Additionen verwandelt.

Logarithmische Abstufungen haben außerordentlich weite Verbreitung gefunden. In unserem Währungssystem gibt es Pfennigmünzen mit den Wertigkeiten 1, 2, 5 und 10; die Mark kommt in den Abstufungen 1, 2, 5, 10, 20, 50, 100, 500 und 1000 vor. Hier existiert eine *logarithmische Staffelung*, der übrigens der ehemalige Taler mit dem Wert von drei Goldmark zum Opfer fiel.

Bei der zahlenmäßigen Darstellung technisch-wissenschaftlicher Zusammenhänge sollte man noch folgende Hintergründe beachten: Eine *Zehnerteilung* ist *linear* in ihren jeweils kleinsten Einheiten, aber stark *nichtlinear* bezüglich der *Zehnerpotenzen*. Hier sind schließlich die Ingenieure noch einen Schritt weitergegangen, indem sie mit der Dezibel-Skalierung eine durchgängig lineare Teilung einführten.

2.7.1 Rückwirkungsfreie Reihenschaltungen

Die Algebraisierung von gewöhnlichen linearen Differentialgleichungen mit konstanten Koeffizienten führt über die Funktion $F(s)$ zu dem Frequenzgang

$$F(j\omega) = A(\omega) \cdot e^{j \cdot \varphi(\omega)}.$$

Zur grafischen Darstellung einer derartigen komplexen Funktion kann man Ebenen benutzen, in denen der reelle Amplitudengang und der ebenfalls reelle Phasengang über einer gemeinsamen Frequenzachse aufgetragen werden, die logarithmisch geteilt ist. Die Darstellung des Amplitudenganges der Funktion

$$F(j\omega) = A_1(\omega) \cdot A_2(\omega) \cdot e^{j \cdot [\varphi_1(\omega) + \varphi_2(\omega)]}$$

geht aus von der logarithmierten Form

$$\ln F(j\omega) = \ln A_1(\omega) + \ln A_2(\omega) + j \cdot [\varphi_1(\omega) + \varphi_2(\omega)],$$

in der die log. Amplitudengänge und die Phasengänge nur noch additiv vorkommen; die Verallgemeinerung auf die rückwirkungsfreie Reihenschaltung von n Teilsystemen ist unmittelbar einsichtig. Für die grafische Darstellung verwendet man den *Logarithmus zur Basis 10*.

Nach diesen einführenden Bemerkungen zeichnen sich schon einige charakteristische Eigenschaften der Bode-Diagramme ab:

- ☐ Die reellen Darstellungen lassen – zumindest mit etwas Erfahrung – echte Anschaulichkeit erwarten.
- ☐ Wenn man sich eine geeignete Zusammenstellung von Grundelementen verschafft, bieten sich Bode-Diagramme für *Syntheseverfahren* geradezu an.
- ☐ Die gleiche Länge aller Frequenzdekaden läßt eine übersichtliche Beurteilung frequenzabhängiger Korrekturmaßnahmen erwarten: Der in komplexen Darstellungen meist nur schwer überschaubare Einfluß von Amplitudenkorrekturen auf den Phasengang (und umgekehrt) wird offenkundig.

2.7.2 Grundelemente des Bode-Diagramms

Die in Abschnitt 2.7.1 zusammengestellten Eigenschaften der Bode-Diagramme deuten darauf hin, daß die Synthese von Regelkreisen oder anderen dynamischen Systemen besonders übersichtlich wird, wenn man auf einen gewissen Vorrat von Grundelementen zurückgreifen kann, die sich zumindest in einem ersten Ansatz als gegenseitig *rückwirkungsfrei* betrachten lassen. Auf diese Weise kann man Regler, korrigierende Baugruppen zur Beeinflussung von Amplituden- und Phasengängen in bestimmten Frequenzbereichen entwerfen.

a) *Das P-T_1-Element*
Aus der Frequenzgangfunktion

$$F(\mathrm{j}\omega) = \frac{1}{1 + \mathrm{j}\omega/\omega_e}, \qquad \omega_e = \frac{1}{T}$$

findet man nach einfacher Zwischenrechnung

$$A(\omega) = \frac{1}{\sqrt{1 + \left(\frac{\omega}{\omega_e}\right)^2}} \qquad \text{und} \qquad \varphi(\omega) = -\arctan\frac{\omega}{\omega_e}.$$

Bevor man diese Funktionen für eine hinreichend dichte Folge von Werten für ω/ω_e auswertet, untersucht man ihr Verhalten für zwei Grenzbereiche:

☐ $\omega \ll \omega_e$: $A(\omega) \approx 1$

$\hat{=}\ 0$ in der linearen dB-Teilung

gemäß Bild 2.20;

☐ $\omega \gg \omega_e$: $A(\omega) \approx \frac{\omega_e}{\omega}$

$\hat{=}\ -20 \cdot \lg\omega/\omega_e$ in der dB-Teilung,

dies entspricht einer Geraden mit der Steigung -20 dB/Dekade. Damit sind zwei Asymptoten für den Verlauf des Amplitudengangs bekannt, die man bis zu ihrem

Bild 2.20
Amplituden- und Phasengang (Bode-Diagramm) eines P-T_1-Systems

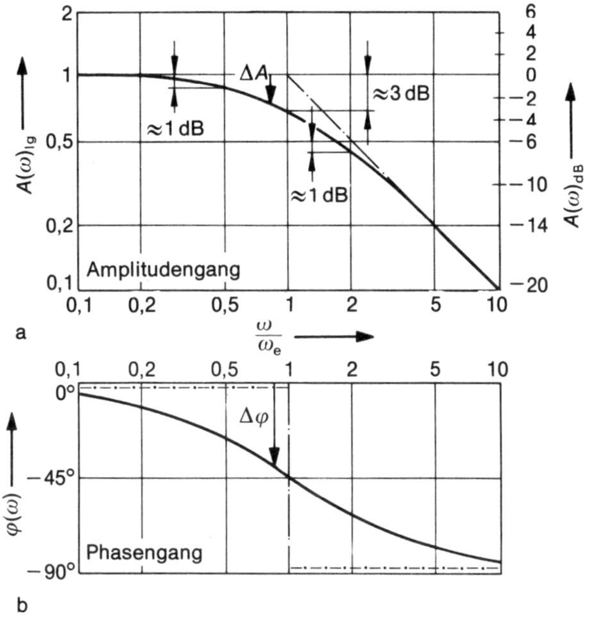

Schnittpunkt bei der Eckfrequenz ω_e in das Diagramm einzeichnet. An der Stelle $\omega = \omega_e$ wird

$$A(1) = 1/\sqrt{2} \approx 0{,}707 \mathrel{\hat{=}} -3\,\mathrm{dB}\,.$$

Interessierende Zwischenwerte des Amplitudenganges findet man über die Beziehung

$$20 \cdot \lg A(\omega) = -10 \cdot \lg\left[1 + \left(\frac{\omega}{\omega_e}\right)^2\right] \text{ in dB}\,.$$

Der zugehörige Phasengang ist im unteren Teil von Bild 2.20 eingezeichnet; er durchläuft den Bereich von 0° bis −90° und beträgt bei der Eckfrequenz −45°. Die eingezeichneten Winkelasymptoten stellen in der Umgebung der Eckfrequenz nur eine sehr grobe Näherung für den wahren Verlauf dar; erst bei zusammengesetzten Systemen mit mehreren unterschiedlichen Eckfrequenzen bilden die verschiedenen Winkelasymptoten brauchbare Anhaltspunkte für den wahren Verlauf.

Immerhin kann man allgemein folgendes festhalten: In den Bode-Diagrammen liefern bereits die mit minimalem Aufwand konstruierbaren *Asymptoten* bei Systemen mit mehreren unterschiedlichen Eckfrequenzen einen brauchbaren Überblick über Amplituden- und Phasenverhalten. Für die genauen Verläufe zieht man entweder Tafelwerke oder die gängigen Rechnermöglichkeiten mit fertigen Programmen heran. Für zahlreiche praktische Anwendungen genügen die Zahlenwerte der Tabelle 2.1, wobei von den bekannten *Normzahlenreihen* R5 und R10 Gebrauch gemacht worden ist.

Tabelle 2.1 Zahlenwerte für Amplituden- und Phasengang eines P-T_1-Systems unter Verwendung der Norm-Zahlenreihen R 5 und R 10 für ω/ω_e bei linearer Teilung

ω/ω_e		Amplitudengang		Phasengang	(Normzahlenreihe genau)
Normzahlenreihe		$A\left(\frac{\omega}{\omega_e}\right)$	Abweichung von Asymptote	Abweichung von Asymptote	
R 5	R 10		ΔA [dB]	$\Delta\varphi$ [°]	R 10
0,1	0,1	0,995	−0,04	− 5,7	0,1000
	0,125	0,992	−0,07	− 7,2	0,1259
0,16	0,16	0,987	−0,11	− 9,0	0,1585
	0,2	0,981	−0,17	−11,3	0,1995
0,25	0,25	0,970	−0,27	−14,1	0,2512
	0,315	0,953	−0,41	−17,5	0,3162
0,4	0,4	0,929	−0,64	−21,7	0,3981
	0,5	0,894	−0,97	−26,6	0,5012
0,63	0,63	0,846	−1,46	−32,3	0,6310
	0,8	0,783	−2,12	−38,5	0,7943
1	1	0,707	−3,01	∓45,0	1,0000
	1,25	0,622	−2,12	38,5	1,2598
1,6	1,6	0,534	−1,46	32,3	1,5849
	2	0,448	−0,97	26,6	1,9953
2,5	2,5	0,370	−0,64	21,7	2,5119
	3,15	0,302	−0,41	17,5	3,1623
4	4	0,244	−0,27	14,1	3,9811
	5	0,196	−0,17	11,3	5,0119
6,3	6,3	0,157	−0,11	9,0	6,3096
	8	0,125	−0,07	7,2	7,9433
10	10	0,100	−0,04	5,7	10,0000

b) *Weitere Grundelemente mit einer Eckfrequenz*

Mit vergleichbar einfachen Vorbereitungen lassen sich die folgenden «Bausteine» für das Arbeiten mit Bode-Diagrammen bereitstellen:

PD-Element, I-Element, D-Element, PI-Element und D-T_1-Element. In Tabelle 2.2 sind die zugehörigen Ortskurven sowie die Asymptoten für Amplituden und Phasengänge zusammengestellt. Wenn man von den idealen I- und D-Elementen absieht, sind die Zusammenhänge mit dem ausführlich behandelten P-T_1-System und damit die Verwendbarkeit der Zahlenwerte von Tabelle 2.1 offenkundig.

c) *Schwingungsfähige P-Systeme 2. Ordnung*

Ausgehend von den Ergebnissen von Abschnitt 2.6.2c soll die Frequenzgangfunktion

$$F(\mathrm{j}\omega) = \frac{1}{1 + 2D \cdot \frac{\mathrm{j}\omega}{\omega_0} + \left(\frac{\mathrm{j}\omega}{\omega_0}\right)^2}$$

Tabelle 2.2 Ortskurven und Bode-Diagramme der Grundelemente

$P - T_1$	PD_{ideal}	I_{ideal}	D_{ideal}	PI_{ideal}	$D - T_1$
Frequenzgang $\frac{1}{1 + j\frac{\omega}{\omega_e}}$	$1 + j\frac{\omega}{\omega_e}$	$\frac{\omega_I}{j\omega}$	$\frac{j\omega}{\omega_D}$	$1 + \frac{\omega_N}{j\omega}$	$\frac{j\omega/\omega_D}{1 + j\frac{\omega}{\omega_e}}$

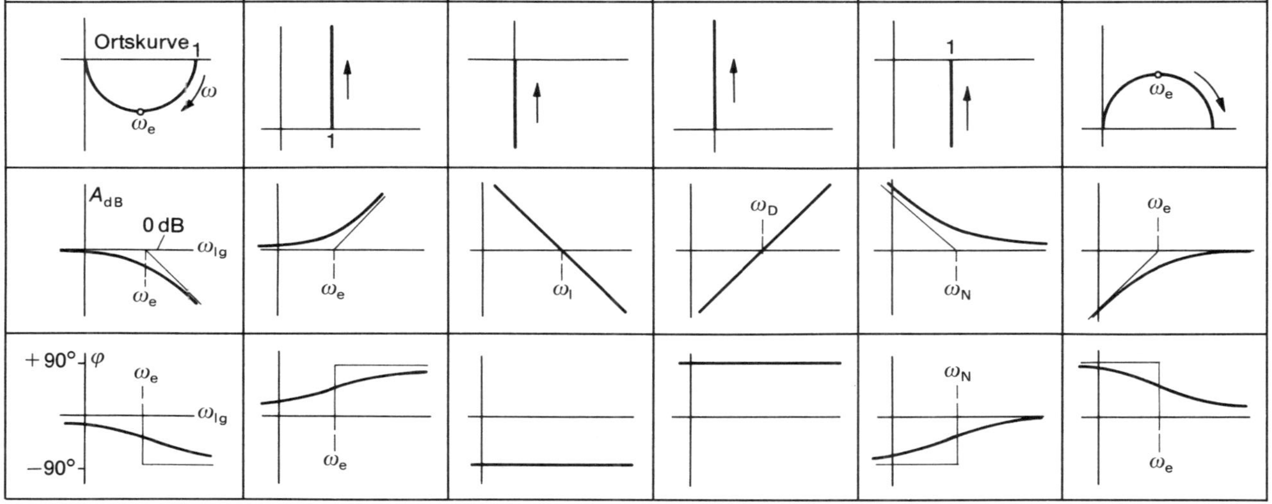

Ein Vorfaktor $K \neq 1$ ergibt eine Vertikalverschiebung der Amplitudenkennlinien: $\lg K \cdot A(\omega) = \lg K + \lg A(\omega)$

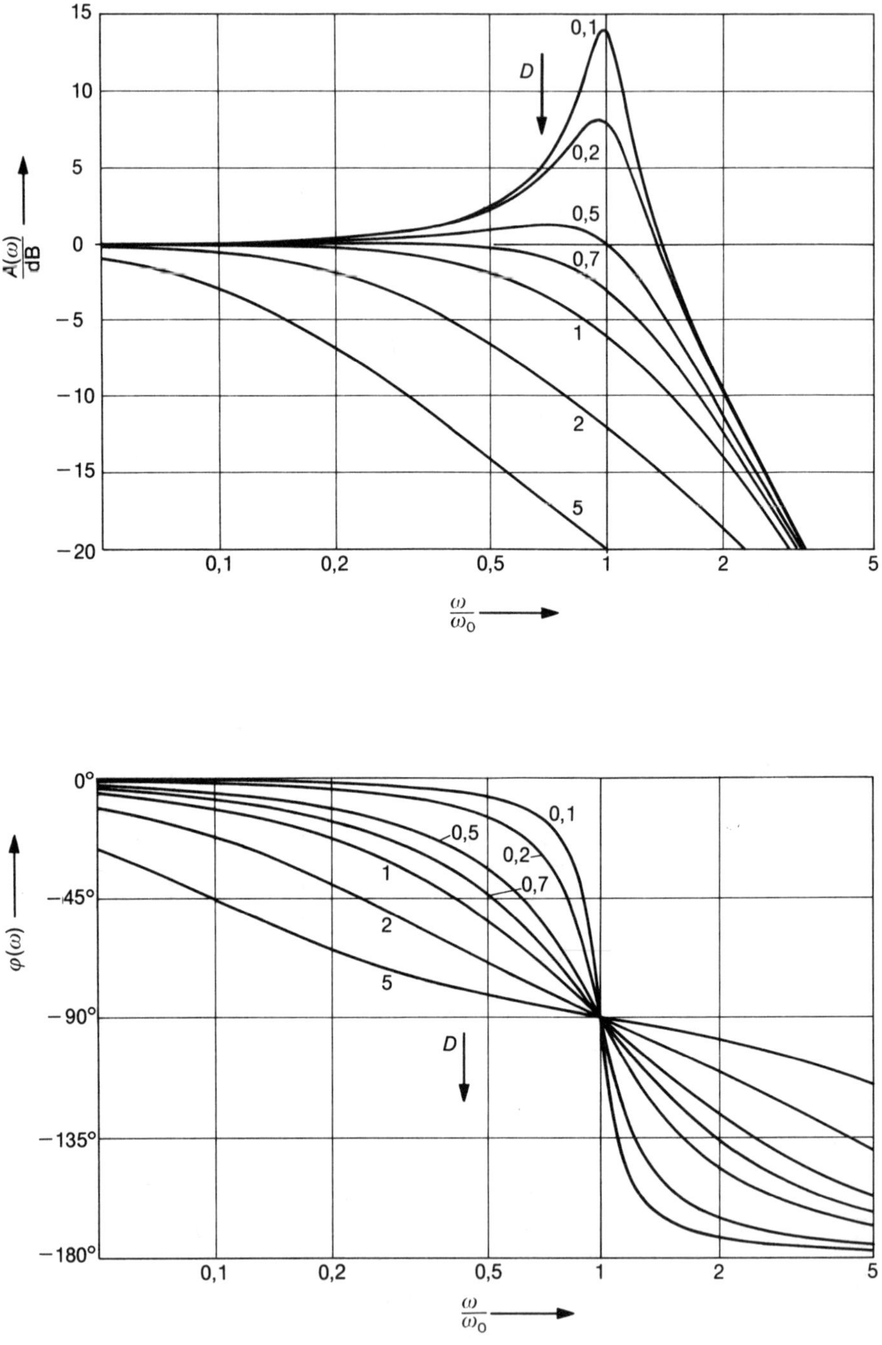

Bild 2.21 Amplituden- und Phasengang eines resonanzfähigen P-Systems 2. Ordnung

im Bode-Diagramm dargestellt werden. Als charakteristische Größen gelten die Dämpfung D, die Kennkreisfrequenz ω_0, die Resonanzfrequenz

$$\omega_r = \omega_0 \cdot \sqrt{1 - 2D^2} \qquad \text{für } D < 1/\sqrt{2}$$

mit dem zugehörigen Amplitudenmaximum

$$A_{max} = \frac{1}{2D \cdot \sqrt{1 - D^2}}.$$

Amplitudengang und Phasengang sind aus Abschnitt 2.6.2c schon bekannt. Für $A(\omega)$ in der logarithmischen Darstellung findet man die folgenden Asymptoten:

$\omega \ll \omega_0$: 0 dB-Linie (Verstärkung 1),

$\omega \gg \omega_0$: Gerade mit der Steigung −40 dB/Dekade.

Man sieht in Bild 2.21a, daß sich mögliche Resonanzerscheinungen im Bode-Diagramm besonders deutlich erkennen lassen; andererseits zeigt der aperiodische Grenzfall ($D = 1$) keinen signifikanten Kurvenverlauf, die Amplitudenkurve schneidet die Vertikale an der Stelle $\omega = \omega_0$ (Knickpunkt der Asymptoten) bei −6 dB.

Die zugehörigen Phasenkurven nähern sich mit abnehmender Dämpfung den Winkelasymptoten mit einem Phasensprung um 180° bei der Kennkreisfrequenz (Bild 2.21b).

Die bereits genannten Vorzüge der Bode-Diagramme lassen sich abschließend noch durch folgende Eigenschaften ergänzen:

- ☐ Verstärkungsänderungen äußern sich lediglich durch Vertikalverschiebungen der Amplitudenkennlinien *ohne Formänderung*.
- ☐ Invertierung von Frequenzgängen führt auf Spiegelung der betreffenden Bode-Kennlinien an der 0-dB-Linie bzw. an der 0°-Linie.

2.8 Einfache Kombinationen von Systemen

Die in Kapitel 1 ausführlich diskutierte Frage nach dem Zusammenwirken von Bauelementen zu mehr oder weniger komplizierten Systemen oder Modellen wird von zwei Aspekten allgemeinerer Bedeutung umrahmt. Der eine bezieht sich auf die Feststellung, daß man schon einen nicht erlaubten Eingriff vornimmt, wenn man ein System aus seiner ursprünglichen Umgebung herauslöst und *isoliert* zu beschreiben versucht. Dieses Problem wird auch durch die erforderliche Abgrenzung von Bilanzräumen prinzipiell nicht aus der Welt geschafft. Die allgemeinere physikalische Aussage geht sogar so weit: Jede reale Messung einer physikalischen Größe bedeutet eine irreversible Störung und somit eine Entropievergrößerung des Systems. Solche Äußerungen mögen spitzfindig erscheinen; sie sind jedoch wichtig für das Erkennen prinzipieller Grenzen und schützen vor vordergründigem Streben nach vermeintlichem Perfektionismus. Der zweite Aspekt bezieht sich auf das *Zusammenwirken* vieler Systeme zu einem Ganzen. Man weiß heute, daß bei der Verknüpfung zahlreicher Teilgebilde zu «Großsystemen» neue Gesetzmäßigkeiten auftreten, die man aufgrund älterer Erfahrungen nicht erwartet hat.

Vor diesem allgemeinen Hintergrund geht es im folgenden um Kombinationen isolierbarer Teilsysteme, jeweils beschreibbar durch ihr Eingangs-/Ausgangs-Verhalten mit Hilfe ihrer Übertragungsfunktionen entsprechend der Notierung von Bild 2.22. Großsysteme im oben erläuterten Sinn kommen dabei nicht zustande.

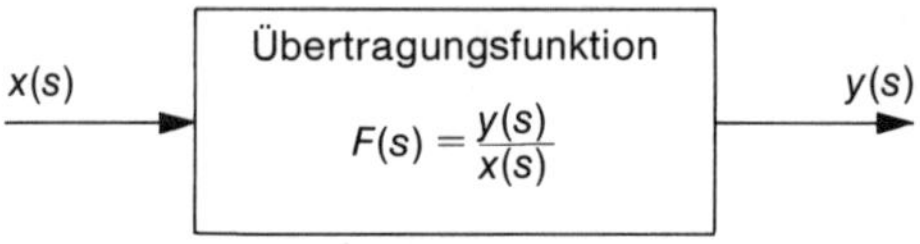

Bild 2.22
Zur Einführung der Übertragungsfunktion

2.8.1 Serienschaltungen und Parallelschaltungen

a) *Serienschaltung*

Die bereits vorbereitend eingeführte Reihenschaltung rückwirkungsfreier Teilsysteme führt auf die verallgemeinerte Form von Bild 2.23 mit der Gesamtübertragungsfunktion als Produkt der Teilübertragungsfunktionen

$$F(s) = F_1(s) \cdot F_2(s) \cdot \ldots \cdot F_k(s),$$

und für die Darstellung im Bode-Diagramm geht man aus von der logarithmierten Form der Frequenzgangfunktion

$$\ln F(j\omega) = \ln A_1(\omega) + \ln A_2(\omega) + \cdots + \ln A_k(\omega) + j \cdot [\varphi_1(\omega) + \varphi_2(\omega) + \cdots + \varphi_k(\omega)].$$

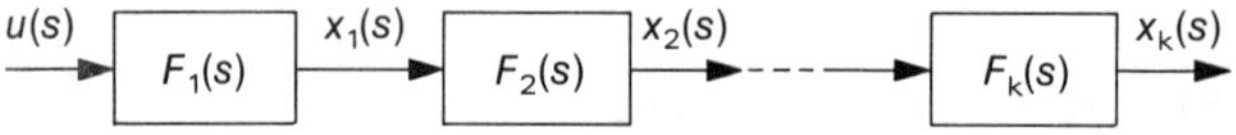

Bild 2.23
Rückwirkungsfreie Serienschaltung linearer Systeme

b) *Parallelschaltung*

Beschickt man eine Systemanordnung gemäß Bild 2.24 mit einer gemeinsamen Steuergröße $u(s)$, so entsteht die Ausgangsgröße $y(s)$ durch die Übertragungsfunktion

$$F(s) = F_1(s) \pm F_2(s) \pm \ldots \pm F_k(s).$$

Weil der gleiche additive Zusammenhang auch für die Frequenzgangfunktionen gilt, wird die Darstellung durch Bode-Diagramme nicht so ohne weiteres durchschaubar wie bei Serienschaltungen. Zur Erläuterung diene das Beispiel von Bild 2.25. Unter der nicht einschränkenden Annahme $T_2 > T_1$ ergeben sich die folgenden Umformungen für die Frequenzgangfunktionen und die zugehörigen Bode-Diagramme der Bilder 2.26 und 2.27:

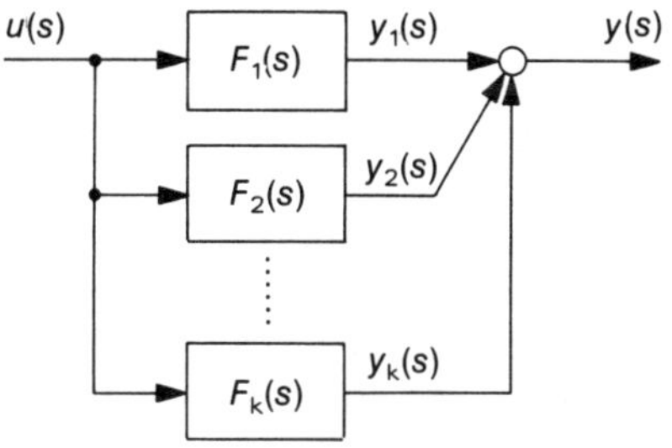

Bild 2.24
Parallelschaltung von Systemen

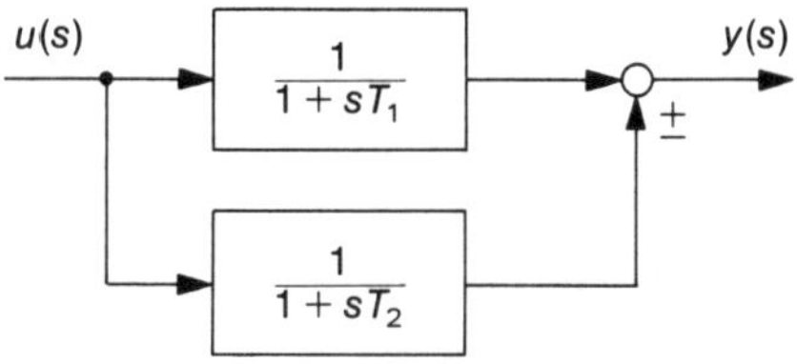

Bild 2.25
Additions- und Subtraktionsschaltung

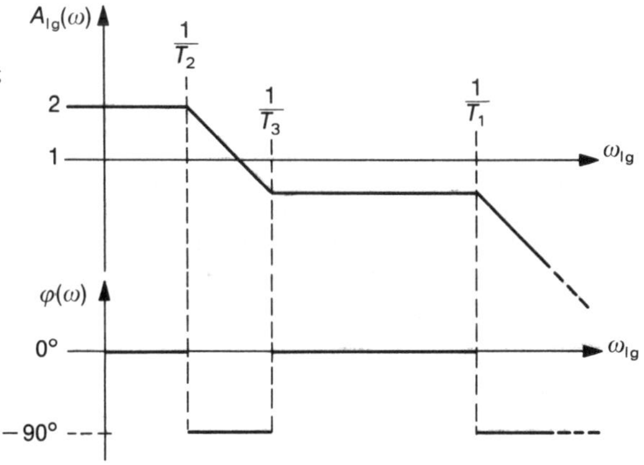

Bild 2.26
Amplituden- und Phasenwinkel-
asymptoten der Additionsschaltung

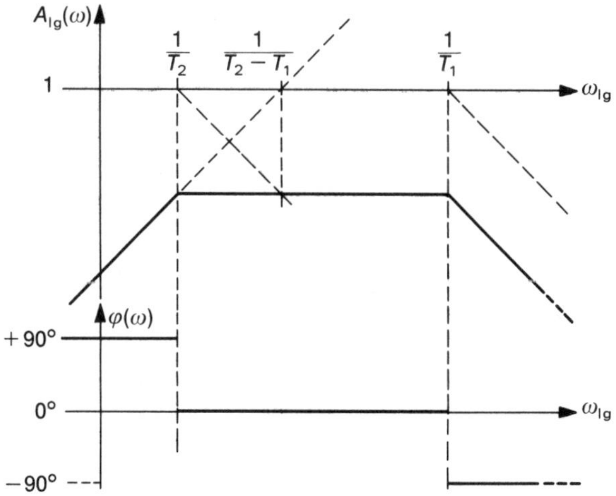

Bild 2.27
Amplituden- und Phasenwinkel-
asymptoten der Subtraktions-
schaltung

☐ *Additionsschaltung*

$$F(\mathrm{j}\omega) = \frac{1}{1+\mathrm{j}\omega T_1} + \frac{1}{1+\mathrm{j}\omega T_2}$$

$$= \frac{2+\mathrm{j}\omega(T_1+T_2)}{(1+\mathrm{j}\omega T_1)\cdot(1+\mathrm{j}\omega T_2)}$$

$$= 2\,\frac{1}{1+\mathrm{j}\omega T_1}\cdot(1+\mathrm{j}\omega T_3)\cdot\frac{1}{1+\mathrm{j}\omega T_2} \qquad \text{mit } T_3 = \frac{1}{2}\cdot(T_1+T_2)\,.$$

☐ *Subtraktionsschaltung*

$$F(\mathrm{j}\omega) = \frac{1}{1+\mathrm{j}\omega T_1} - \frac{1}{1+\mathrm{j}\omega T_2}$$

$$= \frac{\mathrm{j}\omega(T_2-T_1)}{(1+\mathrm{j}\omega T_1)\cdot(1+\mathrm{j}\omega T_2)}\,.$$

Gemeinsame Gesichtspunkte

Bei bekanntem Übertragungsverhalten der Einzelsysteme entstehen Kombinationen, deren Gesamtverhalten meist gut überschaubar ist. Unabhängig vom formalen Aufwand treten keine prinzipiell neuen Phänomene auf, was natürlich zum Teil mit der vorausgesetzten Rückwirkungsfreiheit zusammenhängt. So gilt beispielsweise allgemein, daß sich die bisher besprochenen Kombinationen stabiler Einzelsysteme wieder stabil verhalten. In der komplexen s-Ebene (Lokalisationsebene) bedeutet dies einfach: Durch die besprochenen Kombinationen werden die Pole der Teilsysteme nicht verändert; bei den Parallelschaltungen entstehen jedoch Nullstellen, die aber ohne Einfluß auf die Stabilität sind.

2.8.2 Die einschleifige Kreisstruktur

In Bild 2.28 ist eine einschleifige Kreisstruktur dargestellt, wobei die Übertragungsfunktionen $F_1(s)$ und $F_2(s)$ gegeben sind. Den algebraischen Zusammenhang zwischen den Eingangsgrößen $z(s)$ und $w(s)$ einerseits und der Ausgangsgröße $y(s)$ andererseits kann man unmittelbar ablesen:

$$y(s) = F_1(s)\cdot\{z(s) - F_2(s)\cdot[y(s) - w(s)]\}$$

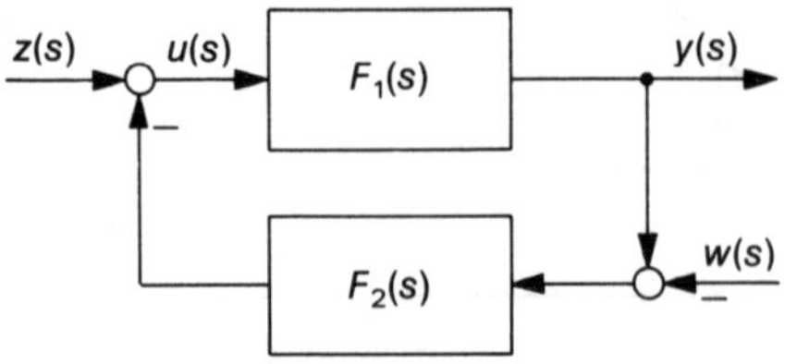

Bild 2.28
Grundlegende Struktur eines einschleifigen Regelkreises

oder umgestellt

$$y(s) = \frac{1}{1 + F_1(s)\,F_2(s)} \cdot [F_1(s) \cdot z(s) + F_1(s)\,F_2(s) \cdot w(s)]\,.$$

Dieses Ergebnis zeigt einerseits, daß man die direkten Kanäle von z nach y und von w nach y analytisch ebensodeutlich vorfindet wie im Blockschaltbild; andererseits führt die analytische Beschreibung zu einer für die Kreisstruktur charakteristischen dynamischen Bewertung der beiden Signaleinflüsse, gekennzeichnet durch die Funktion

$$R(s) = \frac{1}{1 + F_1(s)\,F_2(s)}\,.$$

Daraus folgt ohne nähere Festlegung der gegebenen Übertragungsfunktionen eine *prinzipiell neue Aussage* gegenüber den Serien- und Parallelkombinationen:

Das Gesamtverhalten der Kreisstruktur ist nicht ohne weiteres aus der Kenntnis von $F_1(s)$ und $F_2(s)$ – von trivialen Fällen abgesehen – vorherzusagen; es sind vielmehr *neue Phänomene* zu erwarten, die sich aus den Eigenschaften der unanschaulichen Funktion $R(s)$, einer Verallgemeinerung des statischen Regelfaktors, ergeben werden.

Da beispielsweise das Stabilitätsverhalten linearer Systeme und deren Kombinationen nicht von den beteiligten Signalen abhängig sind, sind die dynamischen Eigenschaften der Kreisstruktur entscheidend durch die Funktion $R(s)$ bestimmt, insbesondere durch die Lösungen der sogenannten *charakteristischen Gleichung*

$$1 + F_1(s)\,F_2(s) = 0\,.$$

3 Regelkreise

Die nachstehenden Ausführungen über einschleifige Regelkreise sind begrifflich leicht zugänglich. Die formale Einfachheit der Beschreibung darf jedoch nicht über ein wesentliches Merkmal aller Regelungen hinwegtäuschen. Der zeitliche Verlauf von Störgrößen, etwa von $z(t)$ in Bild 3.1, ist *zufälliger* Natur und analytisch nicht darstellbar. Dieser Sachverhalt bedingt Konsequenzen für den Charakter der verschiedenen Signale im Regelkreis. Der Zufallscharakter der Störungen bildet sich je nach Angriffsort mehr oder weniger deutlich im Zeitverlauf der Regelgröße $y(t)$ und damit auch in der Regelabweichung $y_w(t)$ ab: Beide sind *statistische* Größen mit nicht vorhersagbarem Verlauf.

Dies führt einerseits dazu, daß man überhaupt Regelkreise aufbauen muß, weil die Störeinflüsse im allgemeinen nicht direkt meßbar sind; andererseits wirft es die Frage auf, ob man die Zielvorstellung, die Auswirkung von Störgrößen auf die Regelgröße vollständig zu beseitigen, überhaupt verwirklichen kann. Es zeigt sich, daß es eine in diesem strengen Sinn ideale Regelung nicht gibt. Man kann den Einfluß von Störungen letztlich nur minimieren und steht damit vor einem Problem, das ohne Einbeziehung des statistischen Charakters der Störgrößen zumindest bei hohen Ansprüchen an die Regelgenauigkeit nicht befriedigend zu lösen ist. Diese Problematik wird in Kapitel 8 wieder aufgegriffen.

Die bisher nur sehr allgemein behandelten Kreisstrukturen werden im folgenden zunächst für drei typische Streckenmodelle in Verbindung mit dem einfachsten Grundtyp stetiger Regler detailliert untersucht, weil sich hierbei schon ganz grundlegende Eigenschaften von Regelkreisen deutlich herausarbeiten lassen. Es werden lineare Streckenmodelle mit der Beschreibung durch Kleinsignale angesetzt; dabei ist im Auge zu behalten, daß der gesamte Regelkreis mit der erforderlichen

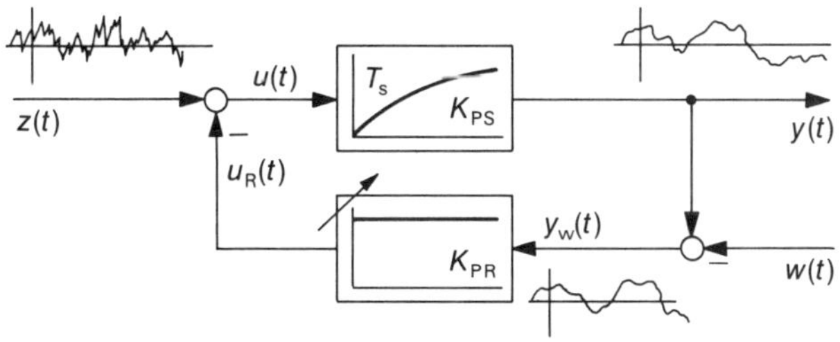

Bild 3.1
P-T_1-Strecke mit P-Regler und typischen Signalverläufen für $z(t)$, $y(t)$ und $y_w(t)$

Energie versorgt ist, was sich an der Kleinsignalbeschreibung nicht mehr unbedingt ablesen läßt.

Auf eine Abweichung $y_w(t)$ der Regelgröße von ihrem gewünschten Wert reagiere der Regler mit einer Stellgrößenänderung

$$u_R(t) = K_{PR} \cdot y_w(t),$$

er zeigt also verzögerungsfreies *Proportionalverhalten* mit dem Übertragungsbeiwert K_{PR}.

3.1 Einschleifige Regelungen

Die grundlegendsten Merkmale aller Regelungen treten bei dem strukturell entscheidenden Übergang von einer offenen Kette von Teilsystemen zu genau einer Schleife mit Gegenkopplung auf; formal abzusehen war dies schon in Abschnitt 2.8.2 im Zusammenhang mit den Übertragungsfunktionen der verschiedenen Strukturen. Die folgenden Überlegungen werden anhand einfacher Teilsysteme vorgenommen, die mit vertretbarem Aufwand im Zeitbereich durch ihre Differentialgleichungen beschrieben werden und zu entsprechend anschaulichen Ergebnissen führen.

3.1.1 P-T_1-Strecke mit Proportionalregler

Bild 3.1 zeigt einen Regelkreis mit der vereinbarten Symbolik für Signale und Systemeigenschaften. Für die analytische Beschreibung werden folgende Ansätze benötigt:

Strecke: $$T_S \cdot \dot{y}(t) + y(t) = K_{PS} \cdot [z(t) - u_R(t)],$$

Regler: $$u_R(t) = K_{PR} \cdot [y(t) - w(t)].$$

Das Einsetzen von $u_R(t)$ in die Differentialgleichung der Strecke ergibt für den *geschlossenen* Regelkreis

$$\frac{T_S}{1 + K_{PS}K_{PR}} \cdot \dot{y}(t) + y(t) = \frac{K_{PS}}{1 + K_{PS}K_{PR}} \cdot z(t) + \frac{K_{PS}K_{PR}}{1 + K_{PS}K_{PR}} \cdot w(t).$$

Das Herausarbeiten der Kreiseigenschaften geschieht am einfachsten durch Vergleich mit den Eigenschaften der ungeregelten Strecke, beschrieben durch die obige Differentialgleichung.

Merkmale des Kreisverhaltens:

a) Die Dynamik hat sich gegenüber der ungeregelten Strecke nicht prinzipiell verändert; sowohl bezüglich der Störgröße $z(t)$ als auch bezüglich der Führungsgröße $w(t)$ besteht P-T_1-Verhalten, jedoch mit Konstanten, in denen sich typische Kreiseigenschaften widerspiegeln.

b) Die Zeitkonstante des Regelkreises ist gegeben durch

$$T_{RK} = \frac{T_S}{1 + K_{PS} K_{PR}}.$$

c) Die Signalbewertung erfolgt mit den Gewichtungen

$$\frac{K_{PS}}{1 + K_{PS} K_{PR}} \quad \text{für die Störgröße } z(t),$$

$$\frac{K_{PS} K_{PR}}{1 + K_{PS} K_{PR}} \quad \text{für die Führungsgröße } w(t).$$

d) Die drei charakteristischen Konstanten des Kreises enthalten jeweils den «statischen Regelfaktor»

$$R = \frac{1}{1 + K_0}, \qquad K_0 = K_{PS} K_{PR},$$

der definiert ist für den eingeschwungenen Zustand von Regelkreisen, bestehend aus Strecken mit Ausgleich und einem Proportionalregler oder PD-Regler.

e) Wird der Regelkreis mit sprungförmigen Signalen

$$z(t) = z_0 \cdot 1(t) \quad \text{und} \quad w(t) = w_0 \cdot 1(t)$$

aus einem festen Betriebszustand (Gleichgewichtszustand) erregt, so ergibt sich nach Abklingen des Einschwingvorgangs die gesamte Änderung der Regelgröße zu

$$y(t \to \infty) = R \cdot (K_{PS} \cdot z_0 + K_{PS} K_{PR} \cdot w_0).$$

f) Der besseren Übersicht wegen untersucht man getrennt voneinander das *Störverhalten* ($w(t) = 0$) und das *Führungsverhalten* ($z(t) = 0$) des Kreises; wegen der Linearität können die Teilergebnisse anschließend miteinander superponiert werden. Mit einem der in Kapitel 2 beschriebenen Lösungsverfahren findet man folgende Übergangsfunktionen (für $z_0 = 1$, $w_0 = 1$):

Störverhalten:

$$y_{St}(t) = \frac{K_{PS}}{1 + K_0} \cdot (1 - e^{-t/T_{RK}}).$$

Der Verlauf dieser Funktion ist zusammen mit der Übergangsfunktion der ungeregelten Strecke in Bild 3.2 wiedergegeben. Der Einfluß des Parameters K_{PR} läßt erkennen, daß die Störübergangsfunktion im nicht erreichbaren Idealfall $K_{PR} \to \infty$ in der Zeitachse verlaufen würde, d.h., die Störung wäre ohne Einfluß auf die Regelgröße.

Führungsverhalten:

$$y_F(t) = \frac{K_0}{1 + K_0} \cdot (1 - e^{-t/T_{RK}}).$$

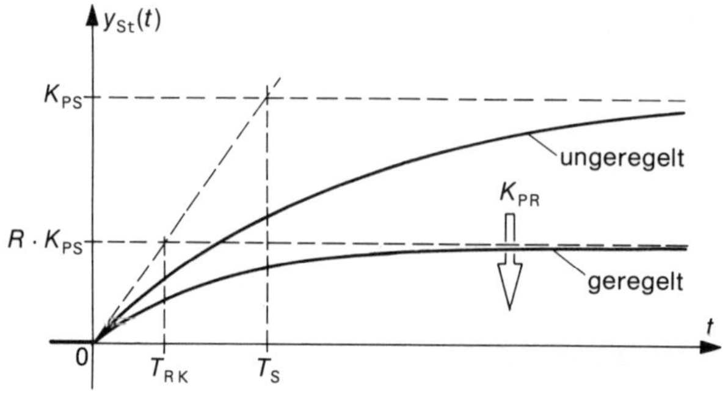

Bild 3.2
Übergangsfunktionen einer P-T_1-Strecke (ungeregelt) und für Störverhalten des Kreises mit P-Regler

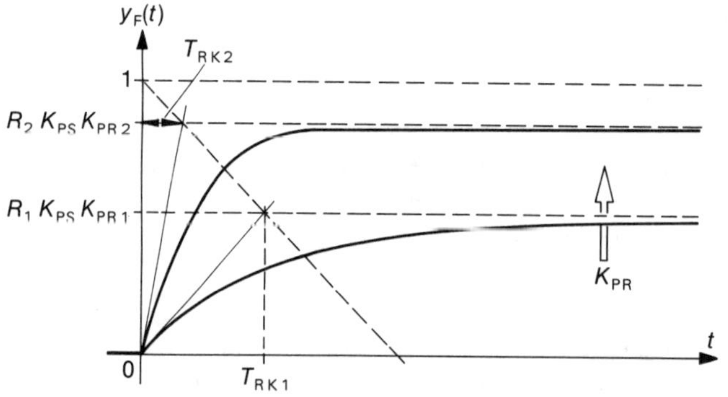

Bild 3.3
Übergangsfunktionen eines Folgeregelkreises

Bild 3.3 zeigt zwei typische Verläufe dieser Funktion, und auch hier deutet sich ein Grenzverhalten an: Mit zunehmendem K_{PR} nähert sich der Verlauf einer idealen Sprungfunktion der Höhe 1; dies würde eine verzögerungsfreie, formgetreue Nachführung der angesetzten Funktion $w(t)$ bedeuten. Für den behandelten Regelkreis läßt sich also zusammenfassend folgendes festhalten:

- ☐ Alle Übergangsfunktionen zeigen P-T_1-Verhalten; mit zunehmendem Reglerbeiwert K_{PR} wird die Zeitkonstante T_{RK} des Kreises kleiner.
- ☐ Mit zunehmendem K_{PR} wird die bleibende Regelabweichung geringer, während bei Führung der Sprung $w(t) = 1(t)$ immer besser approximiert wird.
- ☐ Ideales Störverhalten und ideales Führungsverhalten sind nicht realisierbare theoretische Grenzfälle für $K_{PR} \to \infty$.

3.1.2 Integrierende Strecke mit P-Regler

In Anlagen der technischen Chemie und der Verfahrenstechnik spielt häufig die Regelung von Füllständen in Behältern eine Rolle, es geht also um die Regelung von integrierenden Strecken. Gegeben sei eine innerhalb bekannter Grenzen lineare, verzögerungsfreie Strecke ohne Ausgleich, beschrieben durch

$$y(t) = K_{IS} \cdot \int_0^t [z(\tau) - u_R(\tau)]\, d\tau + y(0)$$

oder in Differentialform

$$\dot{y}(t) = K_{IS} \cdot [z(t) - u_R(t)]\,.$$

Zusammen mit einem verzögerungsfreien P-Regler mit

$$u_R(t) = K_{PR} \cdot [y(t) - w(t)]$$

ergibt sich für den in Bild 3.4 gezeigten Regelkreis die Differentialgleichung

$$T_{RK} \cdot \dot{y}(t) + y(t) = \frac{1}{K_{PR}} \cdot z(t) + w(t)\,, \qquad T_{RK} = \frac{1}{K_{IS} K_{PR}}$$

und damit P-T_1-Verhalten bezüglich $z(t)$ und $w(t)$ mit den ablesbaren Gewichtungen. Hier begegnen wir also erstmals einem völlig anderen Zeitverhalten als bei der ungeregelten Strecke: Die Kreisstruktur entspricht einem *System mit Ausgleich*. Bei der Füllstandsregelung interessiert besonders das Störverhalten; daher sind für zwei verschiedene Reglereinstellungen K_{PR1} und $K_{PR2} = K_{PR1}/0{,}6$ die Störübergangsfunktionen in Bild 3.5 eingezeichnet, wobei $w(t) = 0$ angenommen ist. Die Anfangssteigung der Übergangsfunktionen bei $t = 0+$ ist proportional zu dem Integrierbeiwert K_{IS}. Für diesen Regelkreis kann man zusammenfassend folgendes festhalten:

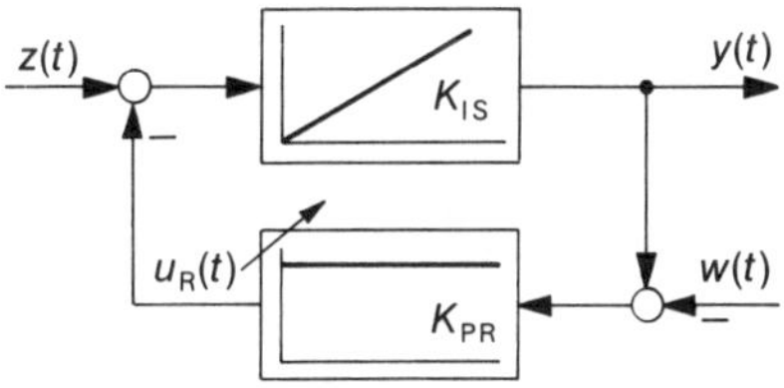

Bild 3.4
Strecke ohne Ausgleich mit P-Regler

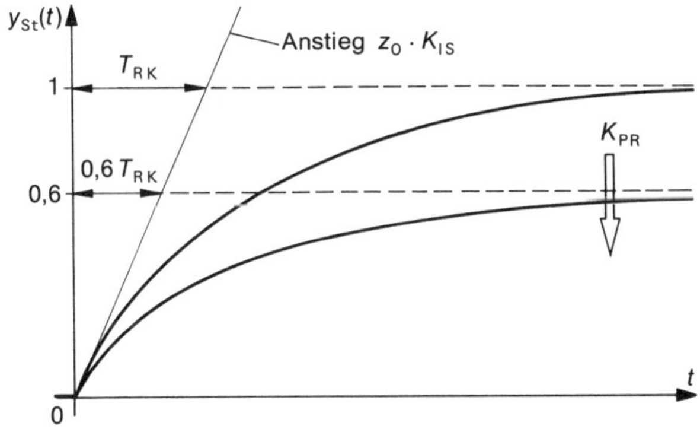

Bild 3.5
Störübergangsfunktion des Regelkreises von Bild 3.4 für $K_{PR1} = 1$, $z_0 = 1$

- ☐ Die Strecke ohne Ausgleich führt zusammen mit einem P-Regler zu einem Regelkreis mit P-T_1-Verhalten.
- ☐ Störgrößen werden mit $1/K_{PR}$ gewichtet, Führungsgrößen mit dem konstanten Wert 1.
- ☐ Auch hier zeigt sich eine typische Schwäche des P-Reglers: Er führt bei einer sprungförmigen Störgrößenänderung zu einer *bleibenden Regelabweichung*.

3.1.3 P-T_2-Strecke mit P-Regler

Gegeben sei die rückwirkungsfreie Reihenschaltung zweier P-T_1-Streckenabschnitte mit den Zeitkonstanten T_1, T_2, so daß die Differentialgleichung die Form

$$T_1 T_2 \cdot \ddot{y}(t) + (T_1 + T_2) \cdot \dot{y}(t) + y(t) = K_{PS} \cdot z(t)$$

annimmt, wenn man sich zunächst nur für die ungeregelte Strecke interessiert. Von solchen Systemen ist bekannt, daß sie nicht schwingungsfähig sind, weil die Dämpfung, gegeben durch

$$D = \frac{T_1 + T_2}{2 \cdot \sqrt{T_1 T_2}} > 1$$

ist. Eine Strecke dieses Typs werde mit einem P-Regler zu einem Regelkreis ergänzt, so daß das Verhalten der Kreisstruktur von Bild 3.6 zu untersuchen ist. Die Differentialgleichung des Regelkreises für Störverhalten lautet

$$T_1 T_2 \cdot \ddot{y}(t) + (T_1 + T_2) \cdot \dot{y}(t) + (1 + K_0) \cdot y(t) = K_{PS} \cdot z(t)\,.$$

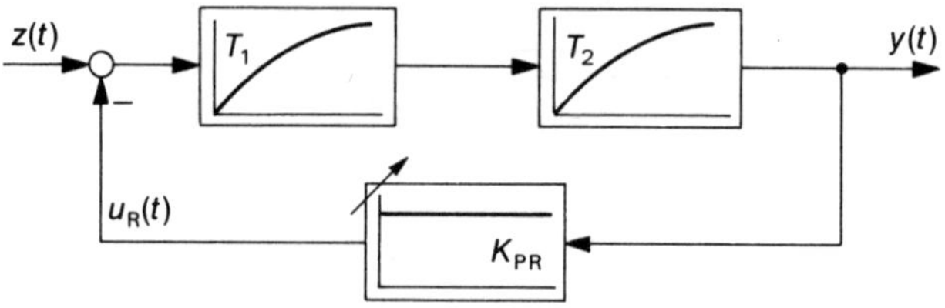

Bild 3.6
Beeinflussung der Dämpfung einer P-T_2-Strecke durch eine P-Rückführung

(Die Untersuchung des Führungsverhaltens wird zur Übung empfohlen.) Ein Koeffizientenvergleich mit der Normalform

$$\ddot{y}(t) + 2D\omega_0 \cdot \dot{y}(t) + \omega_0^2 \cdot y(t) = \frac{K_{PS}}{T_1 T_2} \cdot z(t)$$

ergibt die Kennwerte

$$\omega_0^2 = \frac{1 + K_0}{T_1 T_2} \quad \text{und} \quad D = \frac{T_1 + T_2}{2 \cdot \sqrt{T_1 T_2 \cdot (1 + K_0)}}\,.$$

Man erkennt einen entscheidenden Unterschied zur ungeregelten, nicht schwingungsfähigen Strecke: Durch passende Wahl des Reglerbeiwertes K_{PR} kann man erreichen, daß für den *Regelkreis* die Dämpfung $D < 1$ wird, und zwar für

$$K_0 > \frac{(T_1 + T_2)^2}{4\,T_1\,T_2} - 1\,.$$

Im übrigen bleibt der Grundcharakter eines Systems mit Verzögerung 2. Ordnung erhalten, aber der «dynamische Spielraum» ist durch den Übergang zur Kreisstruktur vergrößert worden. Das physikalisch Bemerkenswerte an diesem Ergebnis besteht darin, daß die bei offenen Systemen an *duale Energiespeicher* gebundene Schwingungsfähigkeit durch eine *strukturelle Maßnahme* bei *gleichartigen* Energiespeichern erreicht wird.

3.1.4 Allgemeines P-System 2. Ordnung

Ein System enthalte zwei rückwirkungsbehaftete duale Energiespeicher und ein Dämpfungselement; es wird beschrieben durch die Übertragungsfunktion

$$F(s) = \frac{\omega_0^2}{s^2 + 2\,D\omega_0 \cdot s + \omega_0^2}\,.$$

In welchem Maß das Systemverhalten von der Dämpfung abhängt, erkennt man am übersichtlichsten, wenn man die Lage der Pole von $F(s)$ in Abhängigkeit von dem Parameter D in die Lokalisationsebene einträgt, Bild 3.7. Die entstehende *Dämpfungsortskurve* enthält alle Möglichkeiten des Systemverhaltens von der linearen Dauerschwingung für $D = 0$ bis zum aperiodischen Einschwingen für $D > 1$.

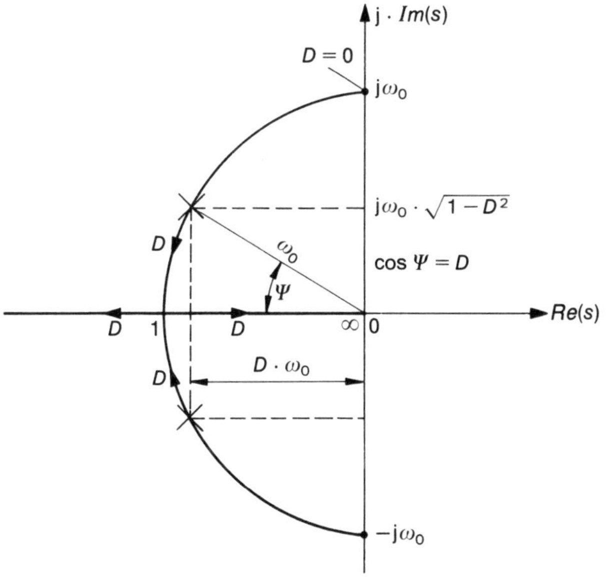

Bild 3.7
Lage der Pole von $F(s)$ für ein P-System 2. Ordnung in Abhängigkeit von der Dämpfung

Eine Übergangsfunktion
Der Leser mag sich zur Übung überlegen, welche grundsätzlichen Formen von Übergangsfunktionen zu den verschiedenen Dämpfungsbereichen gehören. Hier werde beispielhaft ein Fall aus dem Bereich $1/\sqrt{2} < D < 1$ herausgegriffen; aus den Tabellen zur Laplace-Transformation entnimmt man für

$$\mathcal{L}^{-1}\left\{\frac{1}{s}\cdot F(s)\right\}$$

die folgende Übergangsfunktion:

$$y(t) = \left\{1 - \frac{e^{-D\omega_0 \cdot t}}{\sqrt{1-D^2}} \cdot \sin\left[\omega_0 \cdot \sqrt{1-D^2} \cdot t + \arccos D\right]\right\}.$$

Der prinzipielle Funktionsverlauf mit den einhüllenden Exponentialfunktionen ist in Bild 3.8 wiedergegeben. Im Zusammenhang mit Überlegungen zur Kreisdynamik (Abschnitt 4.5.3) interessiert noch die *Überschwingweite ü* in Abhängigkeit von der Dämpfung nach der Formel

$$ü = e^{-\frac{\pi D}{\sqrt{1-D^2}}}.$$

Zahlenwerte zu diesem Zusammenhang können dem Bild 3.9 entnommen werden.

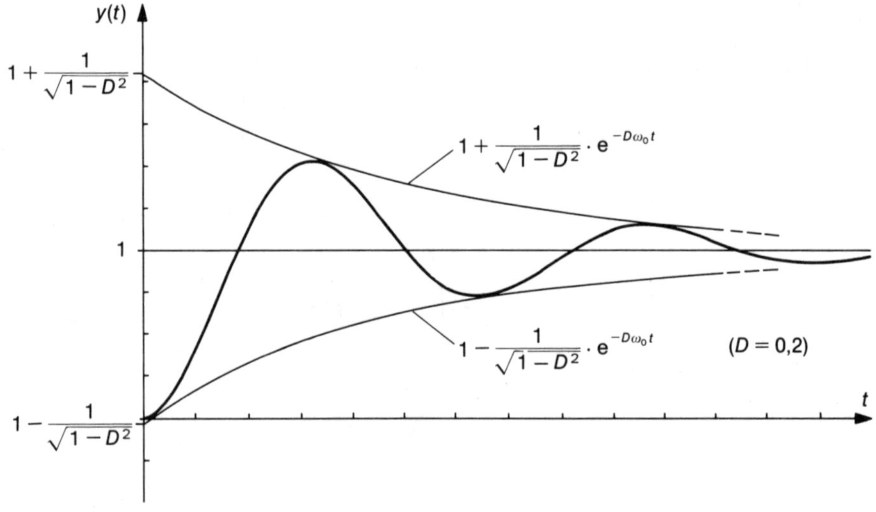

Bild 3.8 Übergangsfunktion eines schwingungsfähigen P-Systems 2. Ordnung mit den Einhüllenden

Bild 3.9
Überschwingweite in Abhängigkeit von der Dämpfung

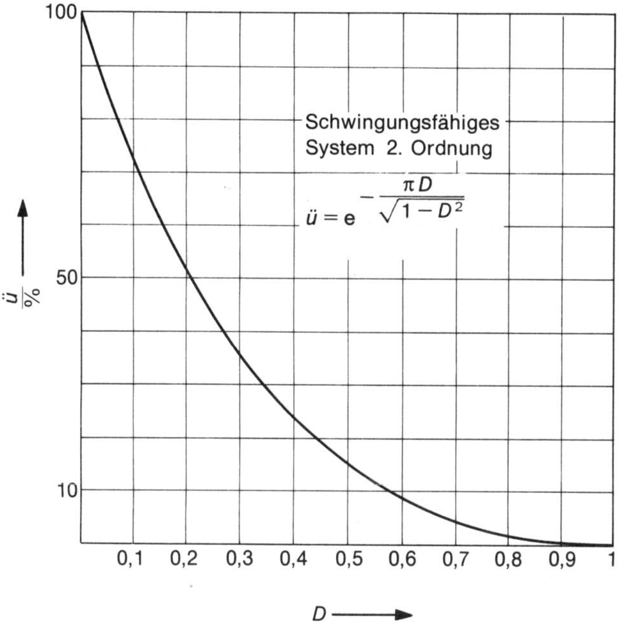

3.2 Technische Ausführung eines Regelkreises

Am Beispiel eines Druckregelkreises nach Bild 3.10, der trotz gerätetechnischer Einzelheiten noch gut überschaubar ist, werden im folgenden einige wichtige Bauelemente, die in der Praxis immer wieder vorkommen, detailliert behandelt. Es interessiert das Regelkreisverhalten für kleine Änderungen der jeweiligen Signale um bestimmte Betriebspunkte auf nichtlinearen Kennlinien, die bei der Behandlung der Elemente entsprechend linearisiert werden.

3.2.1 Die Druckregelstrecke

Zur besseren Übersicht wird ein Rohrleitungsabschnitt mit einem laminar angesetzten Gesamtströmungswiderstand W in Verbindung mit einem Druckkessel der Speicherkapazität K zugrunde gelegt. Aus den physikalischen Gleichungen für das Kleinsignalverhalten

$$q(t) = \frac{1}{W} \cdot [p_d(t) - p(t)],$$

$$\dot{p}(t) = \frac{1}{K} \cdot [q(t) - q_z(t)],$$

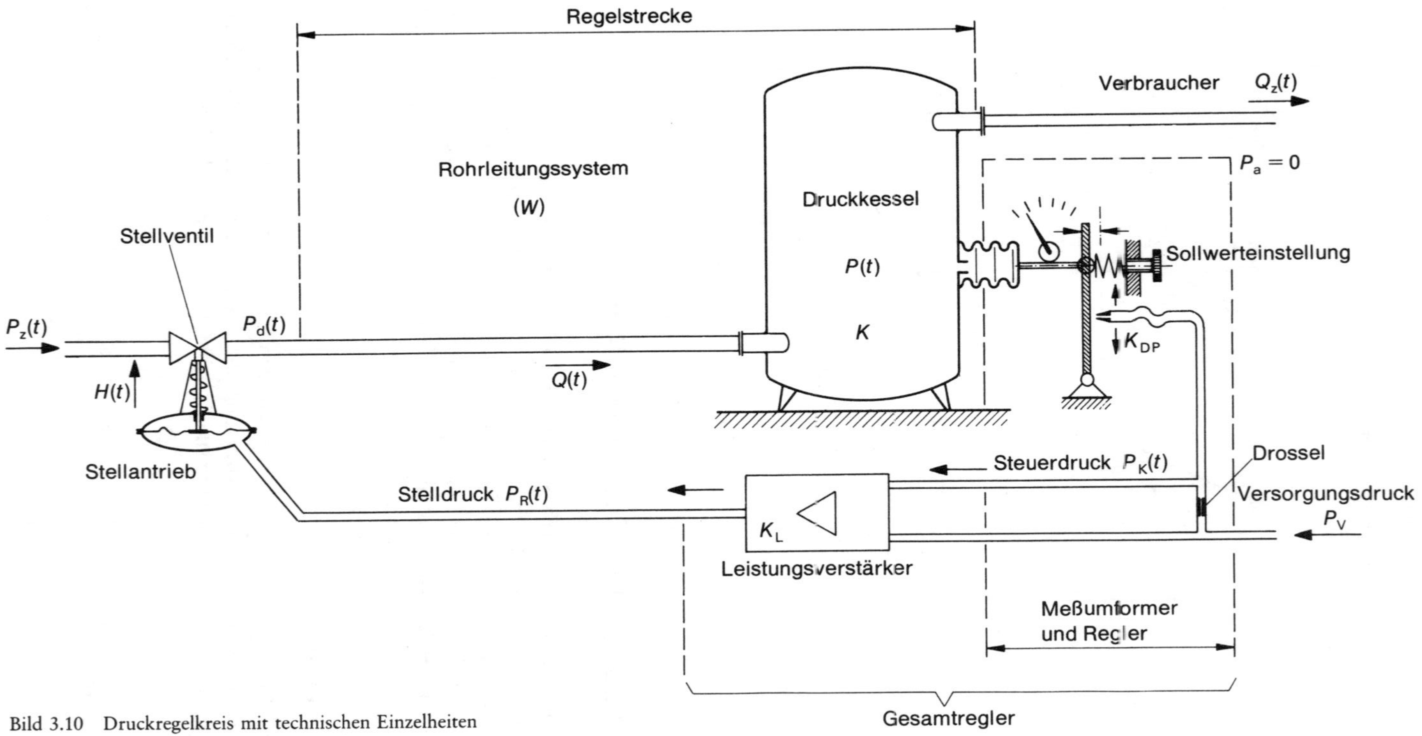

Bild 3.10 Druckregelkreis mit technischen Einzelheiten

ergibt sich für die Strecke die Modellbeschreibung

$$\dot{p}(t) = -\frac{1}{WK} \cdot p(t) + \frac{1}{WK} \cdot p_d(t) - \frac{1}{K} \cdot q_z(t),$$

also ein P-T_1-Verhalten mit der Zeitkonstanten $T = W \cdot K$.

An dieser Stelle dürfen zwei Gesichtspunkte nicht unerwähnt bleiben: Erstens wird hier bewußt ein besonders einfaches Streckenmodell zugrunde gelegt, das sicherlich im hier noch nicht diskutierten Zusammenhang mit Stabilitätsüberlegungen nicht hinreichend genau sein würde; zweitens wurde mit dem Ansatz von Kleinsignalbeziehungen vorweggenommen, daß Linearisierungen des Verhaltens einiger Regelkreiselemente um geeignete Betriebspunkte physikalisch sinnvoll und erwünscht sind. Diese zweite Annahme ist für den Praktiker nicht anfechtbar, während die erste einfach postuliert wird, weil Stabilitätsfragen hier noch nicht anstehen. Im übrigen wird ein längerer Rohrleitungsabschnitt gegebenenfalls durch eine *partielle* Differentialgleichung vom Typ der physikalischen *Transportgleichungen* beschrieben.

3.2.2 Das Stellventil

Aus konstruktiven Gründen ist dieses Anlagenelement oft schon vorgegeben, zumindest bezüglich Nennweite und zugelassenem Maximaldruck. Es wird daher häufig als fester Bestandteil der Regelstrecke gesehen und muß bei der Auslegung der übrigen Kreiselemente entsprechend berücksichtigt werden [19]. Das Stellventil ist ein nichtlineares Gebilde, zu dessen analytischer Beschreibung man von einer Orientierung gemäß Bild 3.11 ausgehen kann. Es wird angenommen, daß der Druck $P_z(t)$ den Charakter einer Störgröße hat, denn hier wirken statistische Vordruckschwankungen auf die Strecke ein, die im Prinzip für den Behälterdruck ähnlich störend einwirken

Bild 3.11
Anordnung und Symbolik zur Beschreibung des Stellventils

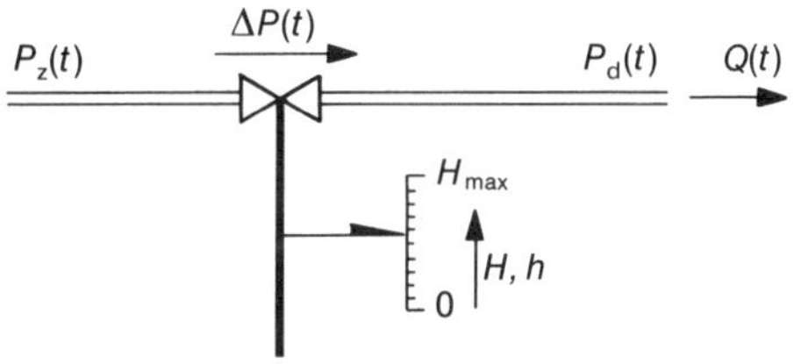

wie statistisch schwankende Volumenströme $Q_z(t)$, die von den Verbrauchern entnommen werden. Der durch das Ventil fließende Volumenstrom $Q(t)$ ist eine nichtlineare Funktion der Druckdifferenz $\Delta P = P_z - P_d$:

$$Q = \alpha \cdot \varepsilon \cdot \sqrt{\frac{2}{\varrho} \cdot \Delta P} \cdot c \cdot H \quad \text{mit}$$

α = Durchflußzahl (dimensionslos),
ε = Expansionszahl (dimensionslos),
ϱ = Dichte des Fluids vor der Drosselstelle in kg/m^2,
ΔP = Druckabfall über dem Ventil in N/m^2.

Die Wurzelbeziehung kennzeichnet turbulente Strömung, während mit $c \cdot H$ die wirksame Öffnungsfläche des Ventils auf besonders einfache Weise eingeführt wird: Bei festem ΔP wird ein proportionaler Zusammenhang zwischen Volumenstrom und Spindelstellung angenommen.

Für eine Regelung im Kleinsignalbereich um einen festen Betriebspunkt geht man so vor, wie es allgemein in Abschnitt 2.3 erläutert ist. Zu dem Ansatz

$$q = \left.\frac{\partial Q}{\partial \Delta P}\right|_{B_0} \cdot \Delta p + \left.\frac{\partial Q}{\partial H}\right|_{B_0} \cdot h \qquad \text{mit } B_0\text{: } (H_0, \Delta_0 P, Q_0)$$

gehören die partiellen Ableitungen

$$\frac{\partial Q}{\partial \Delta P} = \frac{\alpha \cdot \varepsilon}{\varrho \cdot \sqrt{\frac{2}{\varrho} \cdot \Delta P}} \cdot c \cdot H \qquad \text{und}$$

$$\frac{\partial Q}{\partial H} = \alpha \cdot \varepsilon \cdot \sqrt{\frac{2}{\varrho} \cdot \Delta P} \cdot c .$$

Im Betriebspunkt wird $Q_0 = \alpha \cdot \varepsilon \cdot \sqrt{\frac{2}{\varrho} \cdot \Delta_0 P} \cdot c \cdot H_0$, folglich

$$\left.\frac{\partial Q}{\partial \Delta P}\right|_{B_0} = \frac{1}{\varrho Q_0} \cdot (\alpha \cdot \varepsilon \cdot c \cdot H_0)^2 \qquad \text{und}$$

$$\left.\frac{\partial Q}{\partial H}\right|_{B_0} = \alpha \cdot \varepsilon \cdot \sqrt{\frac{2}{\varrho} \cdot \Delta_0 P} \cdot c = \frac{Q_0}{H_0} .$$

Damit ergibt sich der vollständige linearisierte Ansatz für das Stellventil in der Form

$$q = \frac{1}{\varrho Q_0} \cdot (\alpha \cdot \varepsilon \cdot c \cdot H_0)^2 \cdot \Delta p + \frac{Q_0}{H_0} \cdot h .$$

Die Beiwerte gelten für das Ventil mit zunächst freier Ausströmung; mit der Belastung durch die angeschlossenen Anlagenteile ergeben sich jeweils angepaßte Zahlenwerte. Für den praktischen Einsatz ist zu beachten, daß die Abhängigkeit von der Spindelstellung nicht linear zu sein braucht. Dann lautet das Ventilgesetz für den Volumenstrom:

$$Q = k_{vs} \cdot c_F \cdot \sqrt{\frac{\Delta p}{\varrho}} \cdot f\left(\frac{H}{H_{max}}\right).$$

Das angegebene Gesetz gilt für *Flüssigkeiten* mit der dimensionsbehafteten Konstanten

$$c_F = 31{,}6 \cdot \sqrt{\frac{\text{kg}}{\text{m}^3 \cdot \text{bar}}} .$$

Der für die Praxis wichtige k_{vs}-Wert des Ventils gibt den Wasservolumenstrom bei einer Dichte von 1000 kg/m³ und einem Druckabfall über dem voll geöffneten Ventil von 1 bar an. Für *Gase* gilt die Beziehung

$$Q = k_{vs} \cdot c_G \cdot \sqrt{\frac{P_d}{\Theta_N} \cdot \frac{\Delta P}{\varrho_N}} \cdot f\left(\frac{H}{H_{max}}\right)$$

mit der Gasdichte ϱ_N bei einem Druck von 1.0133 bar und der Temperatur $\Theta_N = 273{,}15\,K$. Die dimensionsbehaftete Konstante wird

$$c_G = 519 \cdot \sqrt{\frac{kg \cdot K}{m^3 \cdot bar^2}}.$$

3.2.3 Der pneumatische Stellantrieb

Die in Bild 3.10 eingezeichnete Feder des Stellantriebes habe die Federkonstante c_3, seine Membran die wirksame Fläche A, die Spindelführung habe eine geschwindigkeitsproportionale Reibung. Diese Annahmen führen für die Kleinsignale $h(t)$ und $p_R(t)$ zu dem Modellansatz

$$p_R(t) \cdot A = c_3 \cdot h(t) + b_3 \cdot \dot{h}(t),$$

folglich zu der Differentialgleichung

$$\frac{b_3}{c_3} \cdot \dot{h}(t) + h(t) = \frac{A}{c_3} \cdot p_R(t)$$

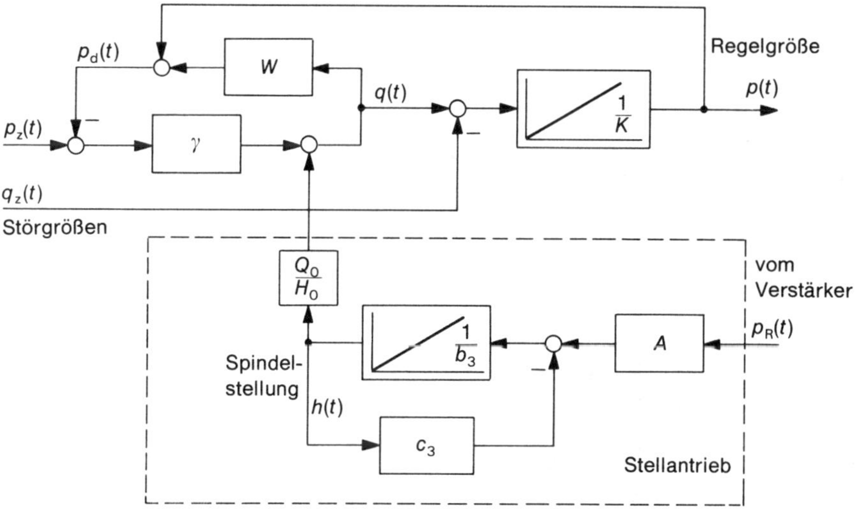

Bild 3.12 Strukturbild zum linearisierten Modell der Druckregelstrecke

für die Spindelstellung. Aus Gründen der Übersichtlichkeit wird in Bild 3.12 die Struktur gezeigt, die das *linearisierte* Zusammenwirken von Stellventil, Antrieb und Regelstrecke darstellt, ausgehend von den Gleichungen

$$q(t) = \gamma \cdot [p_z(t) - p_d(t)] + \frac{Q_0}{H_0} \cdot h(t) \quad \text{(Ventil)},$$

$$\left.\begin{aligned} p_d(t) &= W \cdot q(t) + p(t) \\ \dot{p}(t) &= \frac{1}{K} \cdot [q(t) - q_z(t)] \end{aligned}\right\} \quad \text{(Strecke)},$$

$$\dot{h}(t) = \frac{1}{b_3} \cdot [A \cdot p_R(t) - c_3 \cdot h(t)] \quad \text{(Stellantrieb)}.$$

3.2.4 Meßumformer mit Sollwertsteller

Für die analytische Beschreibung ist die Vorrichtung zur Druckmessung und Sollwerteinstellung in Bild 3.13 ausführlicher gezeichnet. Der Kesseldruck $P(t)$ erzeugt in Verbindung mit der effektiven Fläche A_M des Metallfaltenbalges die Druckkraft $A_M \cdot P(t)$, die im dynamischen Gleichgewicht mit der Federkraft $c_2 \cdot y(t)$ und dem Sollwertanteil $c_2 \cdot Y_0 \mathrel{\hat{=}} A_M \cdot P_0$ stehen muß. Ist ein geschwindigkeitsproportionaler Reibungsterm $b_2 \cdot \dot{y}(t)$ vorhanden, so gilt bei vernachlässigbar kleinen Beschleunigungskräften der Bilanzansatz

$$b_2 \cdot \dot{y}(t) + c_2 \cdot y(t) = A_M \cdot p(t) \qquad \text{mit} \quad p(t) = P(t) - P_0.$$

Berücksichtigt man noch den Hebeleinfluß für hinreichend kleine Auslenkungen durch die Beziehung

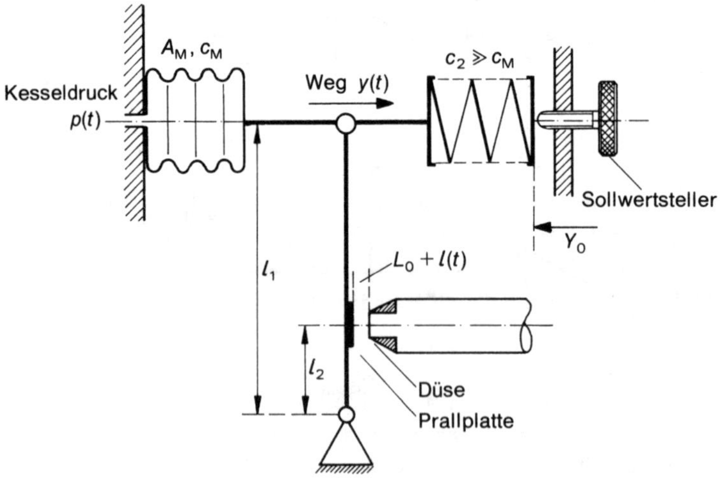

Bild 3.13
Pneumatisch-mechanischer Meßumformer

$$y(t) = \frac{l_1}{l_2} \cdot l(t) \qquad \text{mit} \quad l(t) = L(t) - L_0,$$

so gilt für den Abstandsanteil $l(t)$ zwischen Prallplatte und Düsenöffnung die Differentialgleichung

$$\frac{b_2}{c_2} \cdot \dot{l}(t) + l(t) = K_\mathrm{m} \cdot p(t)$$

mit dem Übertragungsbeiwert des Meßumformers

$$K_\mathrm{m} = \frac{l_2}{l_1} \cdot \frac{A_\mathrm{M}}{c_2}.$$

Zu dieser Modellierung ist folgendes anzumerken: Die Ordnung der Differentialgleichung erhöht sich um 1, wenn Beschleunigungskräfte berücksichtigt werden müssen; bei massearmer Leichtbauweise spielen diese jedoch vergleichsweise keine Rolle. Wenn die Verbindung zwischen Metallfaltenbalg und Kesselwand einen merklichen Strömungswiderstand bildet, muß gegebenenfalls eine Ordnungserhöhung durch die Drossel-Speicher-Kombination angesetzt werden. Bei günstigen Konstruktionen können solche Einflüsse unberücksichtigt bleiben, weil sie immer in Relation zu den Streckeneigenschaften eingeschätzt werden müssen. Dieser Standpunkt setzt jedoch voraus, daß der Regelkreis eine ausreichende *Stabilitätsreserve* besitzt, auf die in Abschnitt 4.5.3 allgemein eingegangen wird. Ist dies nicht gewährleistet, dürfen sogenannte kleine Zeitkonstante im Regelkreis nicht mehr gegenüber den großen vernachlässigt werden. Das gesamte behandelte Beispiel eines praktischen Regelkreises macht deutlich, daß die jeweilige Modellbildung immer *zweckgerichtet* sein muß, daß sie also zur prinzipiellen Beschreibung der Vorgänge in einem Regelkreis anders angesetzt werden kann als bei genaueren Untersuchungen bezüglich Dynamik und Stabilität. Im übrigen gilt hier eine alte Erfahrung: Die Durchführung naheliegender konstruktiver Verbesserungen enthebt einen mancher spitzfindigen Überlegung bei der Modellbildung.

3.2.5 Die Auslaßdüsensteuerung

Einen theoretisch recht hintergründigen Teil der Anlage bildet der äußerlich ziemlich unscheinbare Druckteiler, der zur näheren Kennzeichnung in Bild 3.14 vergrößert dargestellt ist. Dieses Teilgebilde hat folgende Aufgabe zu erfüllen: Bei anliegendem Versorgungsdruck soll der Abstand $L(t)$ zwischen Auslaßdüse und Prallplatte entsprechende Kaskadendrücke $P_\mathrm{k}(t)$ bewirken. Gesucht ist also der Zusammenhang

$$P_\mathrm{k}(t) = f[L_0 + l(t)],$$

der sich wegen der turbulenten Strömungsformen als nichtlinear erweisen wird. Grundlage ist die in der reichhaltigen Literatur über Strömungslehre entwickelte *Ausflußfunktion* [5]

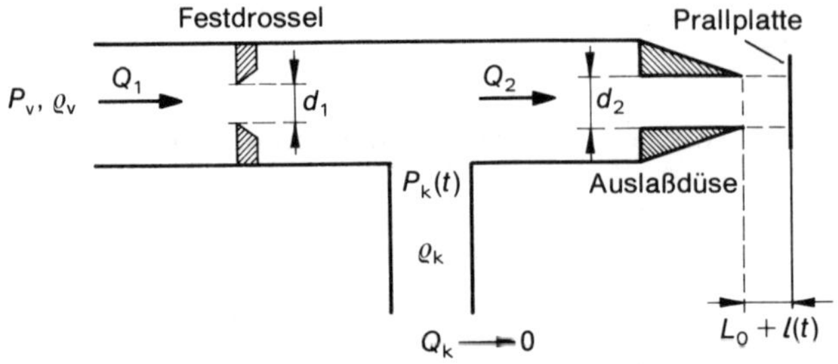

Bild 3.14
Düse-Prallplatte-System (Auslaßdüsensteuerung)

$$\Psi\left(\kappa, \frac{P_2}{P_1}\right) = \sqrt{\frac{\kappa}{\kappa - 1} \cdot \left[\left(\frac{P_2}{P_1}\right)^{\frac{2}{\kappa}} - \left(\frac{P_2}{P_1}\right)^{\frac{\kappa+1}{\kappa}}\right]}.$$

Darin bedeutet $\kappa = c_p/c_v$ das Verhältnis der spezifischen Wärmen, für Luft unter Normalbedingungen wird $\kappa = 1{,}402$; ferner wird adiabatische Entspannung der Luft als ideal gedachtes Gas von P_1 auf P_2 angenommen, Effekte durch Reibung und Strahleinschnürung bleiben unberücksichtigt. Die Anwendung auf die Verhältnisse von Bild 3.14 ergibt für die *Festdrossel* den Massenstrom durch die Kreisfläche $A_{d1} = \frac{\pi}{4} d_1^2$ zu

$$Q_1 = \frac{\pi}{4} d_1^2 \cdot \sqrt{2\varrho_v \cdot P_v} \cdot \Psi\left(\kappa, \frac{P_k}{P_v}\right)$$

und für den Massenstrom durch die Mantelfläche $A_M = \pi d_2 \cdot (L_0 + l)$ bei der *Auslaßdüse*

$$Q_2 = A_M \cdot \sqrt{2\varrho_k \cdot P_k} \cdot \Psi\left(\kappa, \frac{P_a}{P_k}\right).$$

Mit der noch zu rechtfertigenden Annahme, daß der mit dem Kaskadendruck P_K abgeführte Massenstrom $Q_k \rightarrow 0$ geht, führt die Kontinuitätsbeziehung $Q_1 = Q_2$ auf

$$L_0 + l = \frac{d_1^2}{4 d_2} \cdot \sqrt{\frac{\varrho_v}{\varrho_k} \cdot \frac{P_v}{P_k}} \cdot \frac{\Psi\left(\kappa, \frac{P_k}{P_v}\right)}{\Psi\left(\kappa, \frac{P_a}{P_k}\right)}.$$

Die Auswertung dieses Zusammenhangs anhand von Tabellen ergibt prinzipiell einen Kennlinienverlauf des Düse-Prallplatte-Systems entsprechend Bild 3.15. Für die *praktische Ausnutzbarkeit* dieser Kennlinie sind folgende Bereiche zu beachten:

- ☐ *Steuerbereich* $0 \leqq L_0 + l \leqq \frac{1}{4} d_2$,
- ☐ *Normdruckbereich* 0,2 bar bis 1 bar.

Bild 3.15
Prinzipieller Kennlinienverlauf der Auslaßdüsensteuerung

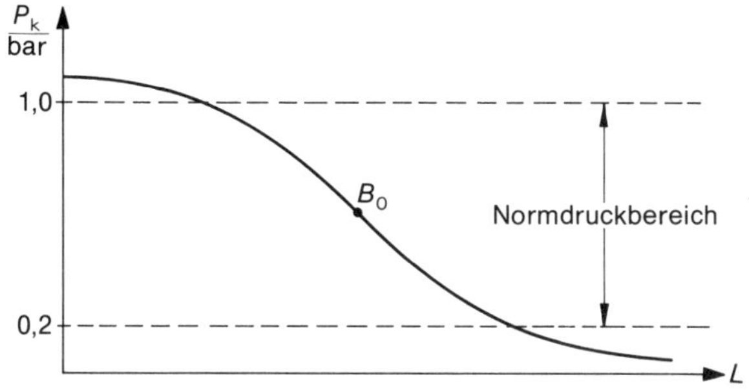

Innerhalb dieser Grenzen kann man eine Linearisierung um einen Betriebspunkt B_0 vornehmen durch den naheliegenden Ansatz

$$p_k(t) = k_{DP} \cdot l(t)$$

mit dem Beiwert $k_{DP} = \left.\frac{\partial P_k}{\partial L}\right|_{B_0}$ und mit $l(t) = L(t) - L_0$.

3.2.6 Der pneumatische Leistungsverstärker

Das zuvor behandelte Düse-Prallplatte-System bildet das eigentliche Kernstück eines im Kleinsignalbereich arbeitenden Reglers. Sein Ausgangsdruck $P_k(t)$ steht jedoch auf einem sehr niedrigen Leistungsniveau an, zumal $Q_k \to 0$ angenommen wurde. Damit kann man das pneumatisch betriebene Stellventil nicht ansteuern; vielmehr verwendet man den Kaskadendruck als Eingangsgröße eines *pneumatischen Verstärkers*, der die Aufgabe hat, einen hinreichend großen Luftvolumenstrom zur Betätigung der Membran des Stellantriebes zu liefern. Ist der eingebrachte Luftvolumenstrom zu klein, ergeben sich unerwünschte Verzögerungen beim Druckaufbau in der Membrankammer. Auf die Vielfalt der technischen Ausführungen solcher Verstärker, die oft zusätzlich für eine *Druckverstärkung* ausgelegt sind, kann hier nicht eingegangen werden, außerdem führen laufende Entwicklungen immer wieder zu geänderten Bauformen.

Im vorliegenden Beispiel wird der Verstärker durch den Beiwert $K_L = \partial P_R / \partial P_k$ in B_0 gekennzeichnet. Die Annahme $Q_k \to 0$ besagt, daß der Verstärker mit extrem geringer Luftleistung angesteuert wird.

3.2.7 Der vollständige Regelkreis

Nachdem die wichtigsten Teile des Druckregelkreises von Bild 3.10 besprochen worden sind, ergibt sich folgender Sachstand:

□ *Regelstrecke mit Stellgerät*
Nach Linearisierung ergibt sich P-T_2-Verhalten mit den Differentialgleichungen

$$\dot{p}(t) = -\frac{1}{T_1} \cdot p(t) + \beta \cdot h(t) + \frac{1}{T_1} \cdot p_z(t) - \frac{1}{K} \cdot q_z(t),$$

$$\dot{h}(t) = -\frac{1}{T_3} \cdot h(t) + \frac{A}{b_3} \cdot p_R(t)$$

und den Konstanten

$$T_1 = \frac{K}{\gamma} \cdot (1 + \gamma \cdot W), \qquad \beta = \frac{1}{K \cdot (1 + \gamma \cdot W)} \cdot \frac{Q_0}{H_0}, \qquad T_3 = \frac{b_3}{c_3}.$$

Zustandsgrößen sind $p(t)$ und $h(t)$, Störgrößen sind $p_z(t)$ und $q_z(t)$, Stellgröße ist der vom Verstärker gelieferte Druck $p_R(t)$.

☐ *Meßumformer*
Den Kleinsignalzusammenhang zwischen Kesseldruck $p(t)$ als Regelgröße und $l(t)$ als Steuergröße für das Düse-Prallplatte-System beschreibt die Differentialgleichung

$$\dot{l}(t) = -\frac{1}{T_2} \cdot l(t) + \frac{K_m}{T_2} \cdot p(t),$$

wobei die Zeitkonstante $T_2 = b_2/c_2$ ist.

☐ *Düse-Prallplatte-System und Verstärker*
Diese Kombination wird in einem Betriebspunkt durch den konstanten Übertragungsbeiwert

$$K_2 = k_{DP} \cdot K_L$$

gekennzeichnet, und damit wird der Regelkreis über die letzte Beziehung

$$p_R(t) = K_2 \cdot l(t)$$

geschlossen.

Bild 3.16 zeigt noch einmal den Regelkreis mit seinen wichtigsten Blöcken. Abschließend sei noch der Hinweis gegeben, daß aus offensichtlich gewordenen Gründen an mehreren Stellen im Regelkreis technisch bedingte *Vorzeichenwechsel* unvermeidlich sind; es ist darauf zu achten, daß insgesamt eine *Gegenkopplung* zustande kommt.

Die verschiedenen Schritte der Modellbildung führen also zu der folgenden linearisierten Beschreibung des kompletten Regelkreises:

$$\dot{p}(t) = -\frac{1}{T_1} \cdot p(t) + \beta \cdot h(t) + \frac{1}{T_1} \cdot p_z(t) - \frac{1}{K} \cdot q_z(t) \qquad \text{(Strecke)},$$

$$\dot{p}_R(t) = -\frac{1}{T_2} \cdot p_R(t) + \frac{K_m K_2}{T_2} \cdot p(t) \qquad \text{(Gesamtregler)},$$

$$\dot{h}(t) = -\frac{1}{T_3} \cdot h(t) + \frac{A}{b_3} \cdot p_R(t) \qquad \text{(Stellantrieb)}.$$

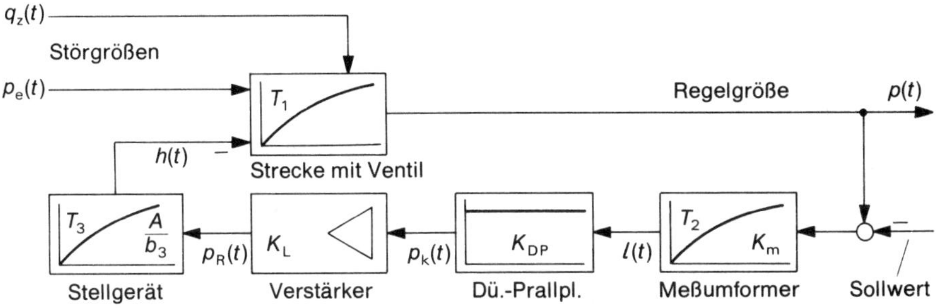

Bild 3.16 Blockdarstellung des Druckregelkreises von Bild 3.10 nach Linearisierung

Damit wurde ein ausführliches Lehrbeispiel dargestellt; bei der praktischen Auslegung eines Regelkreises wird man nicht alle hier gezeigten Zwischenschritte vollziehen, sondern auf fertige Baugruppen vom Meßwertaufnehmer bis zum Stellglied zurückgreifen.

3.3 Grenzen einschleifiger Regelungen

Nach der ausführlichen Behandlung eines technischen Regelkreises werden noch einige allgemeinere Gesichtspunkte zu einschleifigen Kreisstrukturen ins Feld geführt.

3.3.1 Störverhalten und Führungsverhalten

Bild 3.17 zeigt einen Regelkreis, der analytisch durch den Zusammenhang

$$y(s) = \frac{F_S(s)}{1 + F_0(s)} \cdot z(s) + \frac{F_0(s)}{1 + F_0(s)} \cdot w(s) \qquad \text{mit} \quad F_0(s) = F_S(s)\, F_R(s)$$

beschrieben wird, und durch das Ausklammern der Führungsübertragungsfunktion $F_w(s)$ wird

$$y(s) = F_w(s) \cdot \left[\frac{1}{F_R(s)} \cdot z(s) + w(s)\right].$$

Bild 3.17
Einschleifiger Standardregelkreis

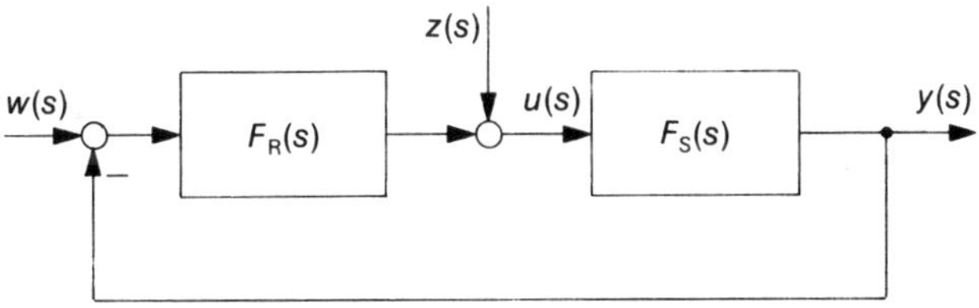

Im Idealfall sollte gelten

$$F_z(s) = 0 \qquad \text{und} \qquad F_w(s) = 1\,.$$

Genähert könnte man beide Forderungen erfüllen, wenn man wenigstens im jeweils interessierenden Frequenzbereich den Betrag von $F_R(j\omega)$ so groß wie möglich auslegte, denn damit würde $|F_z(j\omega)|$ sehr klein und $|F_w(j\omega)|$ käme entsprechend nahe an 1 heran. Wählt man beispielsweise einen I-Regler an einer Strecke mit Ausgleich, dann ist

$$F_R(s) = 1/sT_I, \qquad \text{und im Grenzfall} \qquad s \to 0 \triangleq t \to \infty$$

gilt nach den Grenzwertsätzen der Laplace-Transformation:

$$F_z(s) \to 0\,, \qquad F_w(s) \to 1\,,$$

also das gewünschte Verhalten wenigstens im eingeschwungenen Zustand.

Am folgenden Beispiel werden die Grenzen des einschleifigen Regelkreises deutlich. Ein Regelkreis sei mit einem PI-Regler ausgestattet, dessen Parameter auf gutes Führungsverhalten eingestellt seien. Nun stellt sich die Frage, welches Störverhalten er dabei zeigt. Es gilt

$$F_z(s) = \frac{F_S(s)}{1 + F_0(s)}$$

$$= \frac{1}{F_R(s)} \cdot F_w(s) \qquad \text{mit} \qquad F_R(s) = K_{PR} \cdot \frac{1 + sT_N}{sT_N},$$

und man erkennt: Wenn man erreichen kann, daß im interessierenden Frequenzbereich $|F_w(j\omega)| \approx 1$ ist, dann bestimmt im wesentlichen der reziproke Reglerfrequenzgang $F_R(j\omega)$ das Störverhalten des Regelkreises. Bild 3.18 zeigt die Verhältnisse in Blockdarstellung; danach wird das Störverhalten des Regelkreises auf das Führungsverhalten bezüglich der Größe

$$w'(s) = \frac{1}{F_R(s)} \cdot z(s)$$

$$= \frac{sT_N}{K_{PR} \cdot (1 + sT_N)} \cdot z(s)$$

zurückgeführt.

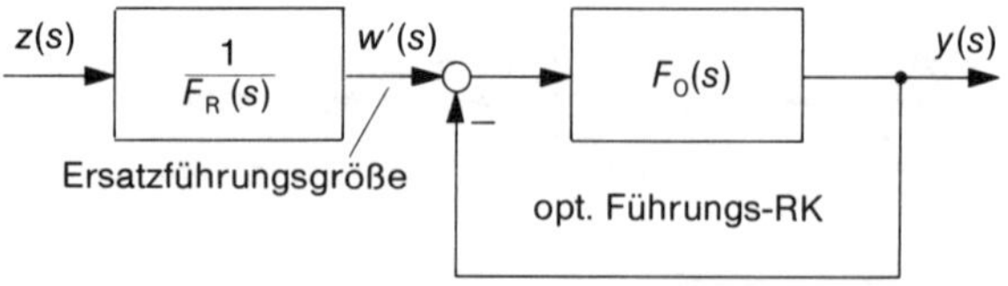

Bild 3.18
Optimaler Führungsregelkreis mit Ersatzführungsgröße

Bei sprungförmigem $z(t) = z_0 \cdot 1(t)$ spiegelt sich im Verlauf von $w'(t)$ deutlich der D-T_1-Charakter wider, wie zwei Verläufe in Bild 3.19 zeigen.

Da $T_{N1} < T_{N2}$ ist, zeigt der Regelkreis mit T_{N1} das bessere Störverhalten.

Wie auch immer die Verläufe vom Charakter der Teilbilder 3.19a und 3.19b aussehen mögen, die Nachstellzeit darf nicht mehr verändert werden, wenn das Optimum des Führungsverhaltens beibehalten werden soll; diese Überlegungen sind von Bedeutung bei Folgesystemen oder *Servosystemen*. Bei den meisten Regelkreisen der Verfahrenstechnik interessiert man sich hingegen primär für optimales *Störverhalten*. Dazu mögen die folgenden Ausführungen überleiten.

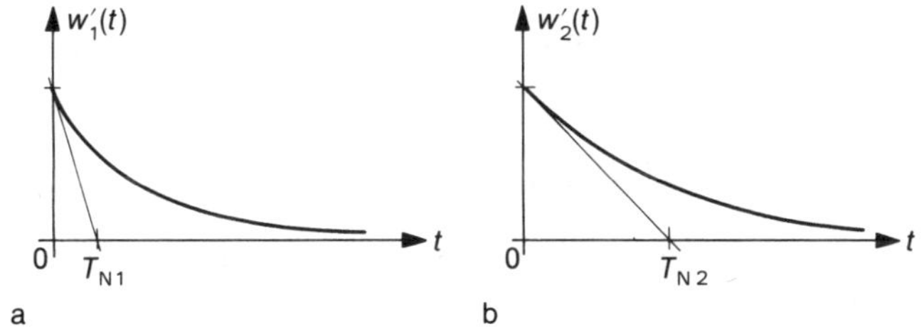

Bild 3.19
Verläufe zweier Ersatzführungsgrößen bei vorgegebenem $F_R(s)$

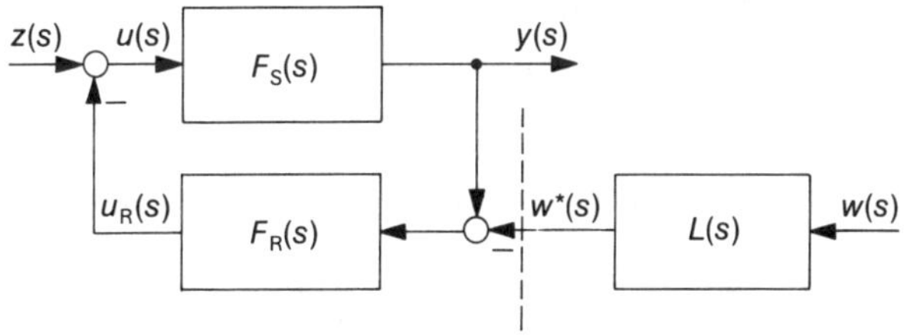

Bild 3.20
Einschleifiger Regelkreis mit Führungsgrößenformer

Der in Bild 3.20 gezeigte Regelkreis soll auf optimales Störverhalten ausgelegt werden; bei bekannter Regelstrecke kann man ansetzen:

$$F_z(s) = \frac{F_S(s)}{1 + F_0(s)},$$

und für die Reglerübertragungsfunktion ergibt sich

$$F_R(s) = \frac{1}{F_z(s)} - \frac{1}{F_S(s)}.$$

Nun kann man das Führungsverhalten des Kreises noch durch einen vorgeschalteten «Führungsgrößenformer» mit der Übertragungsfunktion $L(s)$ beeinflussen:

$$F'_W(s) = \frac{F_R(s)\,F_S(s)}{1 + F_0(s)} \cdot L(s),$$

und der w-Umformer muß die Übertragungsfunktion

$$L(s) = \frac{F_s(s)}{F_z(s) - F_S(s)} \cdot F'_w(s)$$

erhalten.

3.3.2 Synthese durch Vorgabe der Dynamik im Zeitbereich

Gegeben sei eine ungeregelte Strecke durch ihre Differentialgleichung

$$\ddot{y}(t) + \frac{T_1 + T_2}{T_1 T_2} \cdot \dot{y}(t) + \frac{1}{T_1 T_2} \cdot y(t) = \frac{1}{T_1 T_2} \cdot u(t).$$

Gefordert werde ein Regelkreis mit einer Dynamik, die durch die Differentialgleichung

$$\ddot{y}_g(t) + 2 D \omega_0 \, \dot{y}_g(t) + \omega_0^2 \, y_g(t) = \frac{1}{T_1 T_2} \cdot u(t)$$

mit vorgeschriebenen Werten für die Dämpfung D und die Kennkreisfrequenz ω_0 festgelegt ist.

Zur Erfüllung dieser beiden Forderungen entwirft man zwei Regelschleifen nach Bild 3.21 mit proportionalen Rückführungen k_1 und k_2 für die Zustandsgrößen $x_1(t)$, $x_2(t) = y(t)$. Das *geregelte System* gehorcht der Differentialgleichung

$$\ddot{y}_g(t) + \frac{T_1 + T_2 + k_1}{T_1 T_2} \cdot \dot{y}_g(t) + \frac{1 + k_2}{T_1 T_2} \cdot y_g(t) = \frac{1}{T_1 T_2} \cdot z(t),$$

und die erforderlichen Reglerkoeffizienten ergeben sich unmittelbar aus

$$\frac{1}{T_1 T_2} \cdot (T_1 + T_2 + k_1) = 2 D \omega_0,$$

$$\frac{1}{T_1 T_2} \cdot (1 + k_2) \qquad = \omega_0^2$$

zu

$$k_1 = 2 D \omega_0 \cdot T_1 T_2 - (T_1 + T_2),$$

$$k_2 = \omega_0^2 \cdot T_1 T_2 - 1.$$

Mit diesem Konzept ist eine einfach überschaubare Grundlage für die *Zustandsregelung* gegeben, die in Kapitel 7 ausführlich behandelt wird. Das obige Beispiel gewährt allerdings nur einen ersten prinzipiellen Zugang, denn erstens werden dort dynamische Vorgaben im *Frequenzbereich* bevorzugt, und zweitens wird sich als eigentlich neues Konzept der Zustandsregelung der von den Streckeneigenschaften her zu entwerfende *Beobachter* erweisen.

Abschließend noch zwei prinzipielle Einschränkungen physikalischer Natur, denen jedes Regelungskonzept wie überhaupt alle technischen Maßnahmen unterworfen sind:

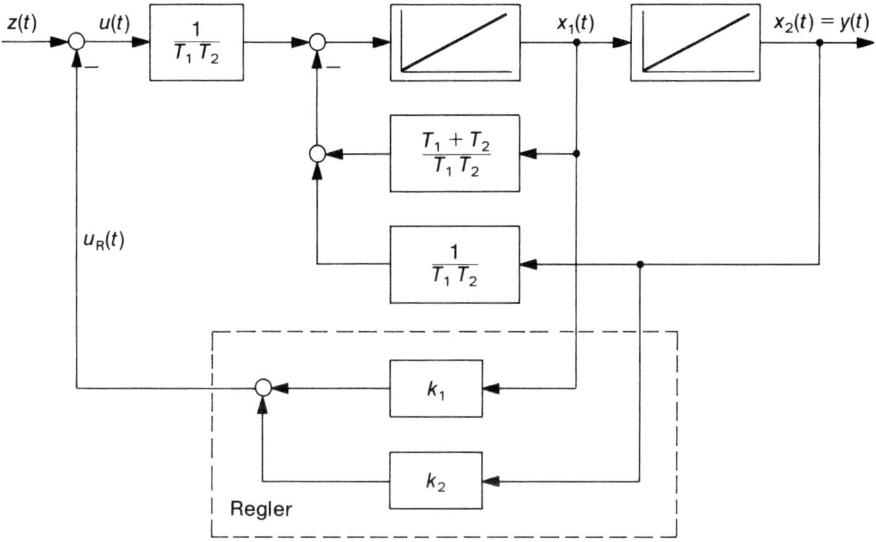

Bild 3.21 Realisierung einer Regelung mit vorgegebener Dynamik bei einer P-T_2-Strecke

- ☐ Überall dort, wo *gemessen* wird, stößt man auf Grenzen «im kleinen», weil sich mit zunehmenden Anforderungen an die Meßgenauigkeit das *Eigenrauschen* bemerkbar macht und in einen *Unschärfebereich* führt.
- ☐ Überall dort, wo *beeinflußt* oder *gestellt* wird, stößt man auf Grenzen im großen wie etwa die Grenzen für Amplitude und Geschwindigkeit von Stelleingriffen oder überhaupt *Begrenzungen* irgendwelcher Art. Hier zeigt sich, daß man einem physikalischen System mit endlichen Energiespeichern einen festen Energiebetrag nicht in einer beliebig kurzen Zeitspanne zuführen kann, vgl. Abschnitt 1.13.

3.4 Biologische Regelkreise

Wie in der Einleitung erwähnt, ist das *Prinzip Regelung* nicht nur in der Technik, sondern bei genauerer Betrachtung erheblich vielfältiger in fast allen nichttechnischen Bereichen anzutreffen.

Man weiß heute, daß biologische Regelkreise zu den fundamentalsten Prinzipien gehören, die Leben überhaupt erst ermöglichen. Die Anzahl solcher Regelkreise und deren Interaktionen bilden ein Maß für die Höhe einer biologischen Entwicklungsstufe. Schon Hippokrates hat angedeutet, daß es in lebenden Organismen «Funktionskreise» geben müsse. Da es hier nicht um das Nachvollziehen der historischen Entwicklung solcher Denkansätze geht, sei nach großer zeitlicher Distanz auf die jüngere Vergangenheit Bezug genommen, in der 1925 R. Wagner die Anpassung der

Skelettmuskelkräfte an äußere Kraftanforderungen zum erstenmal quantitativ mit mathematischen Hilfsmitteln als Regelvorgang beschrieben hat. Kurz darauf hat v. Ranke in den dreißiger Jahren einen geschlossenen Wirkungsablauf bei der Atmungsregelung angegeben. Eine weit ins Detail gehende und dabei übersichtlich bleibende Struktur der *Blutdruckregelung* haben v. Ranke und Keidel [21] im Jahr 1960 vorgestellt, sie wird in Abschnitt 3.4.4 näher besprochen.

Hier soll jedoch nicht ausschließlich das Prinzip Regelung favorisiert werden; vielmehr bedürfen auch weitere grundlegende Begriffe der Erwähnung, deren Übertragbarkeit und Anwendbarkeit besonders weit gehen. Eine Grenze liegt natürlich immer dort, wo wissenschaftliche Methodik prinzipiell nicht anwendbar ist. Genannt seien nur die fachübergreifenden Definitionen der Begriffe System, Modellbildung, Funktion, Struktur, Prozeß, Stabilität, Dynamik.

Eine entscheidende Differenzierung zwischen den grundsätzlichen Aufgaben im technischen und biologischen Bereich zeichnet sich von Anfang an deutlich ab: Der Mediziner will das System Mensch *beschreiben*, funktionale Zusammenhänge aufspüren und letztlich für diagnostische und therapeutische Zwecke nutzbringend anwenden. Der Physiker will Gesetzmäßigkeiten erkennen und beschreiben, auf der Suche nach einem möglichst einheitlichen und umfassenden Grundverständnis, um möglichst zusammen mit den Philosophen unser Weltbild zu verbessern, zu erweitern. Der Biologe möchte primär erkennen, verstehen und beschreiben, neuerdings aber auch verstärkt eingreifen, gestalten, naturgegebene Funktionalität mit bestimmten Zielsetzungen verändern. Um zu beurteilen, inwieweit ihm das zusteht, bedarf es anderer Dimensionen, die zu diskutieren nicht Aufgabe dieses Buches ist. Schließlich ist es der Ingenieur, der technische Systeme über den Weg der Modellbildung zu beschreiben sucht, um sich dann *Problemen der Synthese*, des Gestaltens zuzuwenden. Was hier als legitime Aufgabe formuliert werden kann, muß sich allerdings in zunehmendem Maß auch nichttechnischen Kriterien stellen.

3.4.1 Der Mensch als homöostatisches Wesen

In dem hoch entwickelten menschlichen Organismus spielen sich zahlreiche chemisch-biologische und physikochemische Vorgänge ab, die sich zur Aufrechterhaltung der Lebensfunktionen bei veränderlichen Umweltbedingungen innerhalb bestimmter Toleranzen halten müssen. Repräsentativ für die Gesamtheit körperspezifischer Größen sind: Körperkerntemperatur, Blutdruck, Blutzuckergehalt, Ionenkonzentrationen in körpereigenen Flüssigkeiten, Hormonspiegel usw. Die Aufrechterhaltung der gesamten inneren Konsistenz des menschlichen Organismus nennt man Homöostase.

Aus dieser unvollständigen Aufzählung ergibt sich für unseren Rahmen bereits eine direkte begriffliche Überleitung zur Nomenklatur der Regelung: Da der Organismus zahlreichen Umwelteinflüssen im Sinne von *Störgrößen* ausgesetzt ist, werden zur Aufrechterhaltung der Homöostase zahlreiche *biologische Regelungen* benötigt.

Zusätzlich wird aber auch deutlich, daß – anders als bei vielen technischen Systemen – eine scharfe Abgrenzung gegen die Umwelt weder möglich noch sinnvoll ist. Der Mensch in seiner ständigen Kommunikation mit der Umwelt ist selbst *Bestandteil äußerer Regelkreise*. Als Beispiele hierfür seien genannt: Die Regelung seiner Gleichgewichtslage, seine koordinierten Bewegungen wie das Greifen eines Gegenstandes, das Führen eines Fahrzeugs, die damit verbundene Notwendigkeit der Bereichseinstellung seiner Sinnesorgane, die Adaptionsvorgänge beim Sehen sowie der Regelkreis, über den das Sprechen mit dem Gehör als kontrollierender und korrigierender Instanz in Verbindung steht.

3.4.2 Aufnahme und Wandlung von Signalen aus der Umwelt

Die Übernahme der eingangs genannten Grundbegriffe hat zur Voraussetzung, daß eine Zuordnung zu artspezifischen Elementen, Verknüpfungen und Systemen möglich ist.

Während die jeweils wenigstens genähert abgrenzbaren biologischen Regelstrecken sehr unterschiedlich ausfallen, finden sich beim Menschen weitgehend einheitliche Meßfühler in Gestalt von *Sinnesrezeptoren*, etwa für Wärme, Druck, Helligkeit und Farben, für akustische Signale usw. In Bild 3.22 ist schematisch dargestellt, wie ein typischer Sinnesrezeptor einen Umweltreiz für die weitere Verarbeitung im Organismus im Sinne eines *Meßumformers* aufbereitet. Auf einen sprungförmig angenommenen Reiz reagiert der Rezeptor mit einer Folge von Impulsen, die am Anfang sehr dicht beieinander liegen, dann in ihrer Frequenz einem festen Mittelwert zustreben, wenn der Reiz unverändert aufrechterhalten bleibt. Es gehört zum Wesen biologischer *Schutzmechanismen*, daß der *Ausfall einzelner Impulse den Mittelwert nicht signifikant verändert*. Trägt man die *Pulsdichte* als Funktion der Zeit auf, so ergibt sich ein PD-T_1-Verhalten des biologischen Meßumformers. Einem stärkeren Reiz entspricht eine höhere stationäre Pulsfrequenz unter Beibehaltung des PD-T_1-Charakters der Pulsdichte. Die weitere Verarbeitung der Pulsfolge geschieht in wenigen Fällen linear oder nach einem Potenzgesetz. Ganz überwiegend trägt die Weiterverarbeitung dem Umstand Rechnung, daß viele Sinnesorgane Intensitätsbereiche erfassen müssen, die sich *über mehrere Zehnerpotenzen* erstrecken. Ähnlich

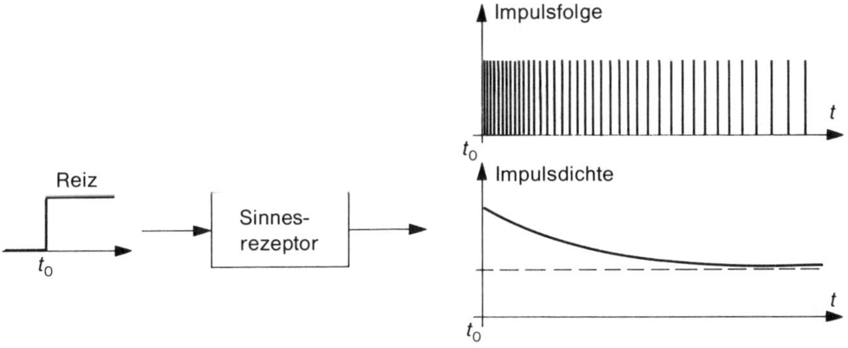

Bild 3.22 Reaktion eines Sinnesrezeptors auf einen sprungförmig einsetzenden äußeren Reiz

wie in technischen Systemen wird dies durch eine *logarithmische Weiterverarbeitung* erreicht, nach dem Weber-Fechnerschen Gesetz.

Bei dem menschlichen Gehör, einem der kompliziertesten Organkomplexe überhaupt, kommt noch eine frequenzabhängige Bewertung hinzu, deren Maximum etwa bei 3000 Hz liegt. In diesem Zusammenhang ist es bemerkenswert, daß Kleinstkinder etwa mit dieser Frequenz schreien, denn das Gehör der Eltern reagiert hier bereits bei einer Schallstärke von $10^{-13}\,W/m^2$, während die Hörschwelle bei 1000 Hz die zehnfache Schallstärke erfordert. Die Notwendigkeit der genannten logarithmischen Bewertung mag man daran erkennen, daß übliche Audiometer einen Bereich von 100 dB umfassen.

3.4.3 Das informationsverarbeitende Zentrum

Wie bereits angedeutet, sind die wichtigsten – insbesondere die sogenannten *übergeordneten* – Regelkreise im Gehirn lokalisiert. Im Rahmen dieser eingeschränkten Darstellung wäre es mehr als vermessen, auf diesen Organbereich höchster Komplexität eingehen zu wollen; immerhin sei die Angabe einiger gesicherter Fakten erlaubt. Das Gehirn als höchste Instanz der biologischen Informationsverarbeitung und universellste Reglerstruktur besitzt etwa 10^{10} Neuronen. Bei einem angenommenen mittleren Gehirnvolumen von $10^3\,cm^3$ bedeutet dies ein biologisches Schaltelement mit dem extrem kleinen Raumbedarf von $10^{-7}\,cm^3$. Daraus könnte man voreilig schließen, daß dem Gehirn ein an gegenwärtigen technischen Maßstäben gemessen enorm großer Informationsfluß zugemutet werden könne.

Dem gegenüber stehen aber zwei entscheidende Eigenschaften: Zum einen erfolgt die biologische Informationsverarbeitung aus Gründen der Unzulänglichkeit ihrer Einzelelemente und allgemein der notwendigen Arterhaltung mit *hoher Redundanz* durch Parallelkanäle, zum anderen findet in bestimmten Hirnbereichen eine enorme *Informationsreduktion* durch Selektion und Klassenbildung statt. So bewältigt beispielsweise das Auge zwar einen mittleren Informationsfluß von 10^{10} bit/s, während der Mensch beim konzentrierten Lesen aber höchstens 50 bit/s aufnehmen kann. Allein dieses Beispiel ergibt eine Reduktion um etwa $10^9:1$.

Im Gehirn sind ferner die verschiedensten situationsangepaßten *Modelle der Außenwelt* und Erfahrungsbereiche gespeichert, mit deren Hilfe es über eine verkürzte interne Zeitskala die unmittelbare Zukunft *abschätzen* kann. Assoziationen und statistische Vergleiche auf Korrelationsbasis (vgl. Abschnitt 8.4) spielen hierbei eine wichtige Rolle. Da alle Sinnesrezeptoren sowohl Nutzinformation als auch Störungen zunächst gleichartig aufnehmen, müssen auch komplizierte *Filterungen* vorgenommen werden.

Die Physiologen verfügen heute über zahlreiche bewährte Modellvorstellungen zu diesen komplizierten Vorgängen; dazu zählt die Einsicht, daß für den Menschen die *Gegenwart* kein beliebig kurzer Erlebensschnitt zwischen Vergangenheit und Zukunft ist, sondern eine *Zeitdauer* von etwa 4 Sekunden.

3.4.4 Die Regelung des Blutdrucks

Diesem repräsentativen Beispiel sollen einige Ausführungen über physiologische Wirkungsgefüge vorangestellt werden, die eine systematische Einordnung der regelungstechnischen Begriffe erleichtern.

Man unterscheidet im wesentlichen drei Arten von physiologisch grundlegenden Kreisstrukturen.

☐ *Vegetative Regelkreise*
Sie dienen zur Aufrechterhaltung bestimmter, für den menschlichen Organismus lebenswichtiger Größen wie Blutdruck, Blutzuckergehalt, Körperkerntemperatur, optimale Atemtiefe, Atemfrequenz, Ionengehalte von Flüssigkeiten usw.

☐ *Animalische Regelkreise*
Es geht um Folgeregelungen oder Servomechanismen zur Einstellung des optimalen Wirkungsgrades der Skelettmuskulatur durch passende Wahl des Arbeitspunktes auf der Ruhedehnungskurve der Muskeln sowie zur Aktivierung der passenden Zahl von Muskelelementen.

☐ *Sensorische Regelkreise*
Sie umfassen den weiten Begriff der sensorischen Optimalisierungsfunktion des menschlichen Zentralnervensystems, die uns in die Lage versetzt, aus dem Überangebot von Informationen, die von unseren Sinnesorganen aus der Umwelt aufgenommen werden, eine optimale Auswahl zur weiteren Verarbeitung zu nutzen.

Bild 3.23 zeigt als Beispiel für eine recht komplizierte Regelungsstruktur die wichtigsten Elemente der Blutdruckregelung nach v. Ranke und Keidel. Dabei ist vorauszuschicken, daß das Aufstellen von Blockschaltbildern für bestimmte nicht streng separierbare Lebensvorgänge im allgemeinen erheblich schwieriger und unsicherer ist als in der Technik. Es kommt wohl auch nicht so sehr darauf an, daß die Modellstruktur das wirkliche Geschehen bis ins letzte Detail wiedergibt; entscheidend ist, daß die *richtigen funktionellen Wirkungsgefüge* erkannt und eventuelle Abweichungen vom Funktionsverlauf im gesunden Organismus beschrieben werden können. Eine allzu enge Anlehnung an die Block- und Strukturdarstellungen technischer Systeme ist ohnehin nicht angebracht.

Wir wenden uns nun dem Beispiel der Blutdruckregelung zu und stellen die Verbindung zu regelungstechnischen Begriffen durch folgende Zuordnungen her:

☐ *Regelstrecke*
Das gesamte Arteriensystem des Körpers, von dem ein schematischer Ausschnitt gezeigt ist.

☐ *Meßumformer*
Sinnesrezeptoren für den arteriellen Blutdruck, sog. Pressorezeptoren. Sie sind im wesentlichen an vier Stellen des Arteriensystems vorzufinden: beiderseits im

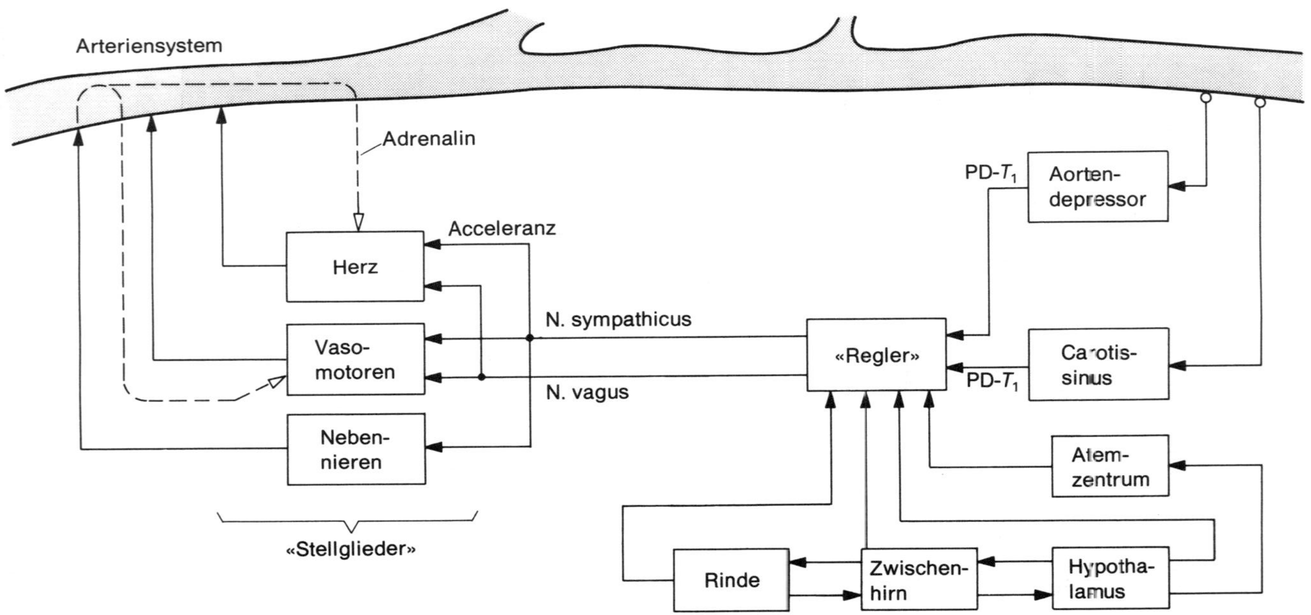

Bild 3.23 Wichtigste Elemente der Blutdruckregelung (nach v. Ranke und Keidel)

Gebiet der Carotis (Halsschlagader) und zweimal am Aortenbogen (Hauptkörperschlagader). Diese Sinnesrezeptoren zeigen das in Abschnitt 3.4.2 erläuterte PD-T_1-Verhalten für die Folge der Aktionspotentiale.

□ *Regler*
Das Vasomotorenzentrum, die medullären Kreislaufzentren.

□ *Stellglieder*
Dies sind die sogenannten effektorischen Organe wie das Herz (Beeinflussung des Minutenvolumens des Blutes), die glatte Gefäßmuskulatur (Beeinflussung des peripheren Strömungswiderstandes der Arterien) sowie hormonale Einflüsse über die Nebennieren (z.B. durch Adrenalinausschüttung).

□ *Übergeordnete Zentren*
Im weitesten Sinne etwa wie bei großen Prozeßautomatisierungssystemen der Technik werden die einzelnen Regelkreise durch übergeordnete Strukturen überwacht und koordiniert. Bei der Blutdruckregelung sind dies nach dem heutigen Wissensstand die direkten und die über den Hypothalamus verlaufenden Verbindungen vom Großhirn zum Vasomotorenzentrum; dadurch kommen psychische Einflüsse auf die Herztätigkeit und auf die Vasomotorik zur Auswirkung.

3.4.5 Allgemeinere Gesichtspunkte

In den vorausgegangenen Abschnitten wurde ein grober Einblick in einige Aspekte biologischer Regelungen gegeben; sie beziehen sich auf das einzelne Individuum. Demgegenüber entwickeln sich beim Zusammenschluß zahlreicher Individuen wiederum Ordnungsgefüge mit dynamischen Eigenschaften und bemerkenswerten Eigengesetzlichkeiten, wobei sich immer wieder *Regelkreisstrukturen* ausbilden.

Sie finden ihren Niederschlag in volks- und marktwirtschaftlichen Regelkreisen, bei staatlichen Organisationsformen, bei der Ausbreitung von Epidemien und zahlreichen anderen nichttechnischen Gesetzmäßigkeiten mit Rückwirkungen unterschiedlichster Art.

Ganz grundlegende Vorstellungen hierzu hat N. Wiener etwa seit 1948 durch Einführung der «Kybernetik» entwickelt. Er hat auf die Bedeutung formalmathematischer Zusammenhänge für systematische und empirische Wissenschaften hingewiesen, die sich von ihrer Entwicklung her nicht dieser Methoden bedienten. Unabhängig von vielen traditionellen Vorstellungen wurden in der Folgezeit immer mehr «kybernetische Systeme» in unterschiedlichsten Gebieten erkannt.

In diesem Zusammenhang müssen auch die erfolgreichen Bemühungen zahlreicher Wissenschaftler unserer Zeit erwähnt werden, eine Systemanalyse zur Klärung und Lösung von Weltproblemen anzusetzen [22]; manche ihrer vorzeitigen Erkenntnisse werden heute von anderen in gewandelter Verpackung als neu herausgestellt.

Wie bedeutsam das Verschmelzen regelungstechnischer und weiterer ingenieurwissenschaftlicher Denkstrukturen mit Medizin und Biologie sind, erkennt man auch daran, daß etwa im vergangenen Jahrzehnt – mit weit zurückreichenden Wurzeln – neue Forschungsbereiche wie *Biokybernetik* und *Bionik* entstanden sind.

Schließlich muß noch darauf hingewiesen werden, daß sich im gleichen Zeitraum das außerordentlich weittragende wissenschaftsübergreifende Gebiet der *Synergetik* [40] entwickelt hat, dessen Leistungsfähigkeit noch gar nicht voll abzusehen ist. Eine der zentralen Zielsetzungen ist auch hier das konsequente Ausschöpfen von Analogien, die allgemeinere Bedeutung von Gleichgewichtsbegriffen, die Bedeutung statistischer Phänomene, das spontane Auftreten stabiler Strukturen aus scheinbar ungeordnetem «Chaos», kurzfristige Verstöße gegen den 2. Hauptsatz, und immer wieder das Entstehen organisationserhaltender *Kreisstrukturen*, die das *Prinzip Regelung* repräsentieren.

Hier gibt es eine gemeinsame Basis für so große Gebiete wie Physik, von der Quantentheorie bis zur Astronomie, Chemie, Biologie und schließlich Philosophie und damit die Einbindung in eine weiterentwickelbare Erkenntnistheorie.

Man hüte sich davor, solche Gedankengänge als hochtrabend oder unangemessen für die üblichen Zielsetzungen eines Fachbuchs abzutun. In unserer gegenwärtigen, stark wissenschaftlich-technisch geprägten Zeit gibt es neben den aktuellen und brisanten Problemen die unabweisbare Notwendigkeit zum *Erkennen einheitlicher Grundphänomene*, also geradezu eine lebenswichtige *Gegenströmung zur scheinbaren Divergenz großer Wissenschaftsbereiche*; im kleinen bedeutet dies die unvermeidbare *Isolation des zufriedenen Spezialisten.*

Dieser vom eigentlichen Arbeitsstoff etwas wegführende Abschnitt wurde bewußt weder am Anfang noch am Ende des Buches, wo man ihn vielleicht eher erwarten könnte, plaziert. In einer Zeit der schleichenden Entwertung allgemeinerer Zusammenhänge müssen interdisziplinäre Gesichtspunkte in geordneter Form und in zwangloser Einordnung an geeigneten Stellen mit dem gleichen Gewicht angeboten werden wie der erwartete Lehrstoff.

4 Stabilität und Dynamik von Regelkreisen

Wenn man versucht, der Herkunft und Entwicklung physikalisch-technischer Begriffe nachzugehen, dann stellt man fest, daß Fragen zur Stabilität mit zu den ältesten zählen und wie so viele andere aus den unterschiedlichsten Bereichen stammen. Die frühesten Quellen beziehen sich auf statische Stabilität im Sinne von Unzerstörbarkeit oder Festigkeit von Gegenständen und Bauwerken.

Eine wesentliche Erweiterung entstand mit den Arbeiten von Aristoteles und Archimedes zur Stabilität von Bewegungen und Gleichgewichtslagen [30]. In einer späteren Entwicklungsstufe untersuchte man Zusammenhänge mit der Bewegung von Himmelskörpern, insbesondere Fragen zur Stabilität der Planetenbewegung.

Aus der Vielfalt der Begriffsverfeinerungen sollen hier drei Linien hervorgehoben werden, die für regelungstechnische Probleme von besonderer Bedeutung sind und wesentliche Querverbindungen zu anderen Wissensgebieten erlauben.

In diesem Sinne beziehen wir den Stabilitätsbegriff auf

- □ Ruhelagen von Systemen,
- □ Einschwingvorgänge und allgemeine Dynamik,
- □ Dauerschwingungen.

Damit ist in groben Zügen das Programm für dieses Kapitel abgesteckt, wobei der Schwerpunkt auf das dynamische Verhalten von Regelkreisen gelegt wird, von denen nicht nur Stabilität schlechthin, sondern ein *vorgegebenes Einschwingverhalten* verlangt wird. Die Überlegungen werden in allgemeinere Zusammenhänge eingebettet.

4.1 Differentialgleichungen und Anfangsbedingungen

Die Frage nach der Stabilität von Systemen setzt naturgemäß entweder unmittelbar bei den physikalisch-technischen Gegebenheiten an oder bei der Modellbeschreibung. Bekanntlich wird aus der Lösungsmannigfaltigkeit einer Differentialgleichung durch Angabe von Anfangs- und/oder Randbedingungen jeweils *eine* Lösung festgelegt. Erst die neueren Erkenntnisse der theoretischen Physik mit ihren Auswirkungen auf Chemie und Biologie haben die Bedeutung der Anfangsbedingungen ins rechte Licht gerückt. Die folgende Ausführungen sollen dies in gestraffter Form umreißen.

In der Dynamik physikalischer und chemischer Systeme arbeitet man gern mit dem anschaulichen und gut verallgemeinerbaren Begriff der Trajekorie zur Kennzeichnung spezieller Lösungen von gewöhnlichen Differentialgleichungen. Die entscheidenden Grundgedanken lassen sich anhand der nichtlinearen Bewegungsgleichung zweiter Ordnung erläutern:

$$\ddot{x}(t) = f[x(t), \dot{x}(t), u(t)].$$

Bringt man diese Differentialgleichung auf die Zustandsform

$$\dot{x}(t) = v(t), \qquad x(0) = x_0,$$

$$\dot{v}(t) = f[x(t), v(t), u(t)], \qquad v(0) = v_0,$$

so beschreibt das Funktionenpaar $x(t)$, $v(t)$ eindeutig die Bewegung. Trägt man v als Funktion von x auf, so ergibt sich in der Phasenebene eine Trajektorie, die mit der Zeit t parametriert ist, Bild 4.1. Diese Trajektorie repräsentiert die Lösung der homogenen Differentialgleichung eines linearen Schwingers bei gegebener Anfangsauslenkung x_0.

Die sehr weit ausgereiften Verfahren zur Beschreibung von Systemen in der Phasenebene finden auch Anwendung in der Regelungstechnik; sie haben jedoch heutzutage vorwiegend noch grundsätzliche Bedeutung und sind bei der Stabilitätsbeurteilung für lineare Systeme etwas in den Hintergrund gerückt.

Damit beim Leser kein verzerrter Eindruck entsteht, sei auf folgendes hingewiesen: Bei der Gegenüberstellung von konservativen und dissipativen Systemen im Zusammenhang mit Problemen der Selbstorganisation, an der Regelvorgänge beteiligt sind und bei der besondere Stabilitätsprobleme auftreten, spielen klassische und verallgemeinerte Methoden der Phasenraumdarstellung wieder eine herausragende Rolle [31], [32].

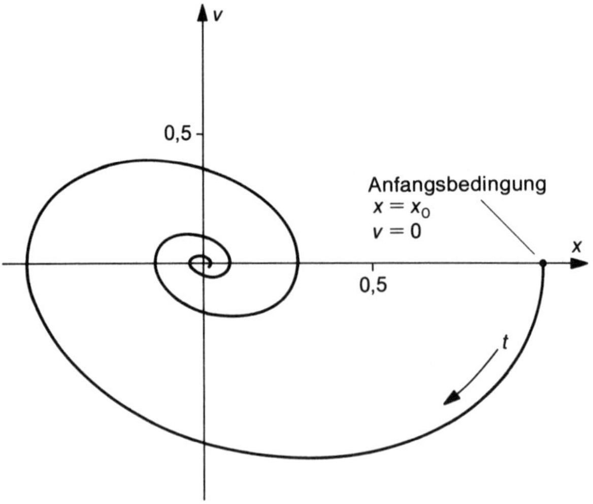

Bild 4.1
Trajektorie einer freien Lösung der Schwingungsgleichung 2. Ordnung für $D = 0.2$

Hier sollen daher einige fachübergreifende Gesichtspunkte herausgestellt werden [31]. Es ist seit langem bekannt und durch die moderne Technik der Weltraumforschung mit ferngesteuerten Sonden bestätigt, daß sich ein Körper, dessen Bahn man im voraus anhand der Gesetze der Mechanik einschließlich der Störungsrechnung bestimmen kann, nach hinreichend langer Zeit nicht an der Stelle im Raum befindet, die sich aus den Bewegungsgesetzen ergibt. Während man früher nach weiteren Korrekturtermen der Bewegungsgleichungen suchen zu müssen glaubte, weiß man heute, daß die beobachteten Abweichungen eine ganz andere Ursache haben: *Die Anfangsbedingungen eines Systems sind prinzipiell nicht beliebig genau vorgebbar*, d.h., die Trajektorien kommen für $t = t_0$ $(= 0)$ nicht aus einem *Punkt* der Phasenebene (allgemeiner: des Phasenraums), sondern aus einem endlichen *Gebiet*. Die Konsequenz ist, daß man das Systemverhalten für sehr große Zeiten nicht mehr vorhersagen kann. Damit ist ein *deterministisch* angesetzter Vorgang nach entsprechend langer Zeit in einen *statistischen* übergegangen. In der Physik untersucht man daher in angemessenen Fällen jeweils ein *Bündel* von Trajektorien eines Anfangsbereichs und fragt nach der *Wahrscheinlichkeit* ihres Einmündens nach einer längeren Zeit in einen endlichen Zielbereich des Phasenraums. In diesem Zusammenhang sind auch alle Messungen nur von endlicher Genauigkeit: Die Mikrostruktur des Phasenraumes ist von extremer Komplexität, folglich gibt es *keine langfristige Vorausbestimmung von Systemzuständen ohne statistische Gesichtspunkte* mit entsprechenden Konsequenzen für Stabilitätsaussagen.

Diese Überlegungen haben ihre Entsprechung in einem Teil der Stabilitätstheorie von Ljapunow, wonach die Ruhelage eines Systems ($v = 0$, x gegeben) als schlechthin stabil bezeichnet wird, wenn seine Trajektorien in eine gewisse endliche Umgebung der Ruhelage einmünden. Es waren allerdings ursprünglich nicht statistische Überlegungen, die zu dieser Formulierung geführt haben.

Im Rahmen dieser Vorbemerkungen sei ferner darauf hingewiesen, daß sowohl die Stabilitätsdefinitionen als auch die Methoden der Stabilitätsuntersuchungen zum Teil uneinheitliche Entwicklungen genommen haben, während gemeinsame Züge erst in unserem Jahrhundert ihre endgültige Ausprägung gefunden haben. Hierzu gehört die Einsicht, daß die Begriffe *Stabilität* und *Störung* eng miteinander verbunden sind. Störeinflüsse mit Folgen für das Stabilitätsverhalten können einwirken auf die beschreibenden Differentialgleichungen im Rahmen der Modellbildung, auf die oben angesprochenen Anfangsbedingungen und schließlich auf die Systemparameter.

In jüngerer Zeit ist noch der Begriff der *statistischen Stabilität* hinzugekommen, der von einer stochastischen Erregung der Systeme ausgeht. Schließlich kommt man wieder zur asymptotischen Stabilität, bei der die Systemtrajektorien für $t \to \infty$ genau in einen festen Ruhepunkt einmünden. Diese offenbar nicht immer brauchbare, aber formal am einfachsten zu handhabende Stabilitätsdefinition wird im folgenden bei der Beurteilung der Dynamik linearer Regelkreise zugrunde gelegt.

Als allgemeines Ergebnis derartiger Vorüberlegungen kann man festhalten, *daß es in unserer gesamten Umwelt keine strenge Trennung zwischen deterministischen und statistischen Phänomenen gibt*. Das eine oder andere wird in vielen Fällen dominieren; ist dies nicht der Fall, muß mit Schwierigkeiten besonderer Art gerechnet werden.

Inwieweit hiervon regelungstechnische Fragestellungen berührt sein können, deutete sich bereits an mehreren Stellen des bisher behandelten Stoffs an. In Kapitel 8 wird auf derartige Probleme näher eingegangen.

4.2 Stabilität eines ökologischen Systems

Eine Population innerhalb eines bestimmten Lebensraums ist von vielen Parametern abhängig [32]. Berücksichtigt man einen Parameter K_1 als Maß für die Geburtenrate, α_1 als Maß für die Sterblichkeit und einen Koeffizienten N_1 für die allgemeinen Ernährungsbedingungen, so erfolgt das Wachstum der Population $x(t)$ gemäß der Differentialgleichung

$$\dot{x}(t) = K_1 \cdot x(t) \cdot [N_1 - x(t)] - \alpha_1 \cdot x(t)\,.$$

Der in Bild 4.2 gezeigte zeitliche Verlauf der Lösung mit einer Anfangsbedingung $x(t_0) = x_0$ macht deutlich, daß sich dic Population wie ein System mit Ausgleich verhält, d.h., sie hört allmählich auf zu wachsen und strebt dem Wert $N_1 - \alpha_1/K_1$ zu.

Taucht nun in derselben ökologischen Umgebung eine *neue Art* in geringer Anzahl und mit nur geringfügig geänderten Existenzparametern K_2, α_2, N_2 auf, so wirken ihre Individuen als statistische Störgrößen auf das bestehende System, und es erhebt sich die Frage nach der Strukturstabilität bezüglich Parameteränderungen. In angepaßter Terminologie heißt das: Wird die neue Art wieder verschwinden, oder wird sie die bestehende verdrängen? Der letztgenannte Fall tritt nur dann ein, wenn

$$N_2 - \frac{\alpha_2}{K_2} > N_1 - \frac{\alpha_1}{K_1}$$

ist; dann ist aus einer statistischen Störung des ökologischen Gleichgewichts eine neue, geordnete Struktur, eine sogenannte *Innovation* hervorgegangen. In der Ökologie nennt man diesen Vorgang die «Besetzung einer ökologischen Nische». Ähnliche Probleme ergeben sich bei der Entwicklung einer Stadt, einer ganzen Region, wobei noch zusätzliche Parameter zur Kennzeichnung von Bedarf, Nachfrage, Produktion, Transportmöglichkeiten und Konkurrenzsituationen im Modell zu berücksichtigen sind. Darüber hinaus besteht eine gewisse Rollenanalogie zur chemischen Autokatalyse.

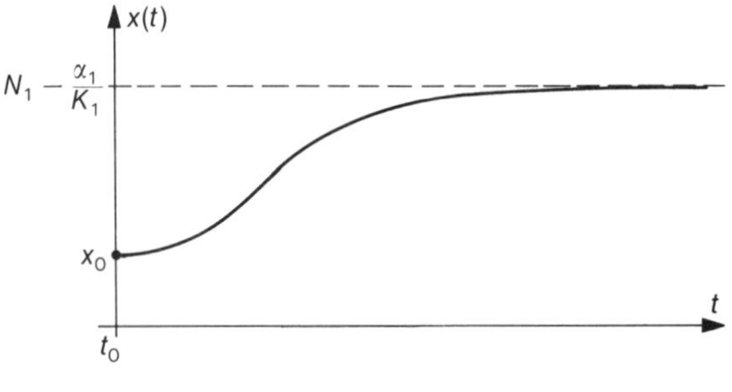

Bild 4.2
Logistische Kurve als Lösung einer Populationsdifferentialgleichung (nach Prigogine)

4.3 Kriterien zur Beurteilung der Stabilität und Dynamik von Regelkreisen

In der einschlägigen Fachliteratur werden im allgemeinen zahlreiche, zum großen Teil prinzipiell gleichwertige Stabilitätskriterien behandelt. Es gibt die algebraischen Kriterien von Routh und von Hurwitz, das Zweiortskurvenverfahren von Oppelt, Untersuchungen anhand der Nichols-Ortskurven, um nur einige der hier nicht behandelten zu nennen. Die Stabilitätsbeurteilung nichtlinearer Systeme bleibt hier außer Betracht. In den zurückliegenden zwei Jahrzehnten haben sich letztlich nur diejenigen Verfahren herausgeschält, die entweder besonders geeignet waren für Rechenprogramme oder mit vertretbarem Aufwand nicht nur Schlüsse auf die Stabilität zuließen, sondern auch auf die viel wichtigeren Fragen zur gezielten *Stabilitätsverbesserung* von Regelkreisen und zur Realisierung vorgegebener Anforderungen bezüglich der *Regelgüte*. Für dieses Buch sind daher Gesichtspunkte richtunggebend, die zu einer entsprechenden Eingrenzung des zu behandelnden Stoffes führen:

- Bei der Lösung regelungstechnischer Probleme haben die verschiedenen Syntheseverfahren in den letzten Jahren so viel an Bedeutung gewonnen, daß sich die Frage nach der Stabilität eines Regelkreises in dieser allgemeinen Form nur noch selten stellt. Damit verlagert sich das Augenmerk auf die *Güte der Stabilität* eines Regelkreises, und von hier aus öffnet sich wiederum ein Zugang zu dem vielfältigen Gebiet der *Optimierung*.
- Die Beurteilung der Dynamik und der Stabilitätsgüte geht oft von einem bestimmten Grenzverhalten des Regelkreises aus und fußt damit natürlich auf dem Stabilitätsbegriff, dieser steht aber nicht im Mittelpunkt der Überlegungen.

Im abzusteckenden Rahmen werden zwei grundlegende und vor allem sehr leistungsfähige Kriterien vorgestellt:

1. Das *Wurzelortskurvenverfahren von Evans* (1948) zur Beurteilung der Lösungen der charakteristischen Gleichung eines Regelkreises in Abhängigkeit von bestimmten Parametern, vornehmlich der Kreisverstärkung.
2. Das *Kriterium von Nyquist* (1932) in Verbindung mit den Darstellungsvorzügen des Bode-Diagramms.

Nach allen bisherigen Überlegungen bildet die Übertragungsfunktion $F_0(s)$ des aufgeschnittenen Regelkreises die Grundlage zur Beurteilung der Kreisdynamik, denn die Lokalisation ihrer Pole und Nullstellen bildet die Ausgangsbasis für das Wurzelortskurvenverfahren, während die Randfunktion $F_0(\mathrm{j}\omega)$ zur Darstellung von Amplituden- und Phasengang im Bode-Diagramm führt, wo das Nyquist-Kriterium zur Anwendung kommt.

4.4 Das Wurzelortskurvenverfahren

Der offene Regelkreis nach Bild 4.3 werde beschrieben durch die gebrochen rationale Übertragungsfunktion

$$F_0(s) = \frac{Z_0(s)}{N_0(s)}, \qquad \text{(Gl. 4.1)}$$

wobei die Polynome $Z_0(s)$ und $N_0(s)$ teilerfremd seien. Damit kennzeichnet $F_0(s)$ nach den Definitionen von Abschnitt 2.5.5 ein vollständig regelbares System, und der geschlossene Regelkreis ist genau dann stabil, wenn die charakteristische Gleichung $1 + F_0(s) = 0$ nur Lösungen mit negativem Realteil besitzt.

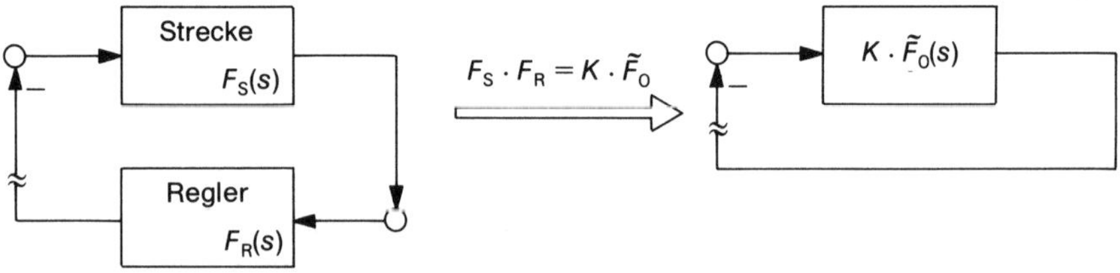

Bild 4.3 Regelkreiskonfiguration zur Einführung des Wurzelortskurvenverfahrens

4.4.1 Aufbereitung der charakteristischen Gleichung

Die dynamischen Eigenschaften des geschlossenen Regelkreises hängen davon ab, welche Lösungen die charakteristische Gleichung

$$1 + \frac{Z_0(s)}{N_0(s)} = 0 \qquad \text{(Gl. 4.2)}$$

hat [33]. Meistens interessieren die Lösungen dieser Gleichung in Abhängigkeit von einem Parameter λ, der an beliebiger Stelle der Übertragungsfunktion $F_0(s)$ auftreten kann. Zu nennen wären beispielsweise die Reglerverstärkung, die Nachstellzeit, eine Verzögerungszeitkonstante oder die Lage einer Nullstelle. Damit ergibt sich folgende Definition:

Die Wurzelortskurve ist der geometrische Ort aller Lösungen der charakteristischen Gleichung des geschlossenen Regelkreises in Abhängigkeit von einem Parameter in $F_0(s)$, dargestellt in der Lokalisationsebene für $s = \alpha + j\omega$.

Die charakteristische Gleichung wird zunächst in der Form

$$N_0(s) + Z_0(s) = 0 \qquad \text{(Gl. 4.3)}$$

angeschrieben. Der Parameter, in dessen Abhängigkeit die Pole des geschlossenen

Regelkreises zu ermitteln sind, steht im allgemeinen an beliebigen Stellen in dem Polynom

$$N_0(s) + Z_0(s).$$

Im nächsten Schritt ist die Gl. 4.3 so umzustellen, daß sich die Form

$$\tilde{N}_0(s) + K \cdot \tilde{Z}_0(s) = 0, \qquad K = K(\lambda) \qquad \text{(Gl. 4.4)}$$

ergibt, wobei nun der interessierende Parameter λ *nur noch in dem Vorfaktor* K *vorkommt*, also nicht mehr in den Polynomen $\tilde{N}_0(s)$ und $\tilde{Z}_0(s)$. Zu beachten ist noch, daß diese Polynome bei der höchsten Potenz in s jeweils den Koeffizienten Eins aufweisen müssen. Die durch Umformung entstehende Funktion $\tilde{F}_0(s)$ braucht keine realisierbare Übertragungsfunktion mehr zu sein, und die Form nach Gl. 4.4 kann man auch *nicht für jeden* interessierenden Parameter λ bilden. An Gl. 4.4 kann man bereits zwei grundlegende Eigenschaften der Wurzelortskurven ablesen:

- □ Für $K \to 0$ wird $\tilde{N}_0(s) = 0$,
  d.h. die Kurven nehmen ihren Anfang für $K = 0$ in den Polen der Funktion $\tilde{F}_0(s)$.

  Für $K \to \infty$ entnimmt man der Form

  $$\frac{1}{K} \cdot \tilde{N}_0(s) + \tilde{Z}_0(s) = 0,$$

  daß die Kurven für $K \to \infty$ in die Nullstellen von $\tilde{F}_0(s)$ einmünden.

Zur Konstruktion der Wurzelortskurven nach den im folgenden angegebenen Regeln geht man von der Normalform

$$1 + K \cdot \tilde{F}_0(s) = 0 \qquad \text{(Gl. 4.5)}$$

aus. Vor Anwendungen dieser Regeln sind noch die im Endlichen liegenden Nullstellen n_j und Pole p_k von $\tilde{F}_0(s)$ zu ermitteln. Bezeichnet man deren Anzahl mit N bzw. P, so ergibt sich die Form

$$\tilde{F}_0(s) = \frac{\prod_{j=1}^{N} (s - n_j)}{\prod_{k=1}^{P} (s - p_k)}.$$

Die folgende Ausführungen und Regeln gelten für *positive* Kurvenparameter K in Gl. 4.5, d.h. für *gegengekoppelte Systeme.*

4.4.2 Übergang zur Betrags- und Winkelbedingung

Geht man von der charakteristischen Gleichung in der Form

$$K \cdot \tilde{F}_0(s) = -1$$

aus, so muß ein Punkt s_i, der auf einer Wurzelortkurve liegt, folgende Bedingungen erfüllen:

- ☐ *Betragsbedingung*

$$K_i \cdot \frac{\prod_{j=1}^{N} |s_i - n_j|}{\prod_{k=1}^{P} |s_i - p_k|} = 1$$

- ☐ *Winkelbedingung*

$$\arg \tilde{F}_0(s_i) = \sum_{j=1}^{N} \arg(s_i - n_j) - \sum_{k=1}^{P} \arg(s_i - p_k)$$
$$= (2r + 1) \cdot 180°, \quad r = 0, \pm 1, \pm 2, \ldots$$

- ☐ Verlauf und Lage der Wurzelortkurven in der s-Ebene sind allein durch die Winkelbedingung festgelegt. Die K-Parametrierung wird durch die Betragsbedingung bestimmt.
- ☐ Abszissen und Ordinaten der s-Ebene müssen *in den gleichen Längeneinheiten* geteilt sein; nur dann gelten die in den Konstruktionsregeln gemachten Aussagen über Winkel.
- ☐ Festlegung eines Punktes der Wurzelortskurve anhand des Beispiels

$$\tilde{F}_0(s) = \frac{s - n_1}{(s - p_1) \cdot (s - p_2)}.$$

In Verbindung mit Bild 4.4 gelten folgende Zusammenhänge:

$$|s_i - n_1| = A,$$
$$|s_i - p_1| = B,$$
$$|s_i - p_2| = C,$$
$$\arg(s_i - n_1) = \Phi_{n1},$$
$$\arg(s_i - p_1) = \Phi_{p1},$$
$$\arg(s_i - p_2) = \Phi_{p2}.$$

Wenn $s = s_i$ ein Punkt der Wurzelortskurve mit dem Parameter K_i ist, dann muß gelten:

$$K_i \cdot \frac{A}{B \cdot C} = 1,$$

$$\Phi_{n1} - (\Phi_{p1} + \Phi_{p2}) = (2r + 1) \cdot 180°, \quad r = 0, \pm 1, \pm 2, \ldots$$

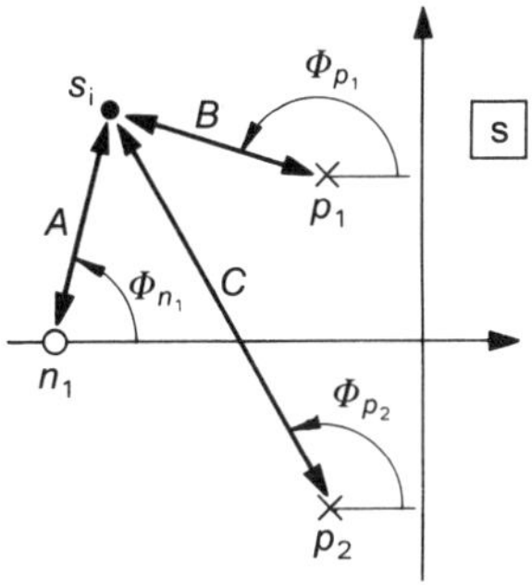

Bild 4.4
Zur Erläuterung von Betrags- und Winkelbedingung für einen Punkt der Wurzelortskurve

Hinweis: Das Wurzelortverfahren hat semigrafischen Charakter und erfordert von Fall zu Fall einen recht hohen Aufwand. Dafür erhält man sehr differenzierte Aussagen über die Systemdynamik und gegebenenfalls konkrete Hinweise für dynamikverbessernde Maßnahmen und für die Reglerauslegung. Im übrigen gibt es komfortable Rechenprogramme, die nach Eingabe der Koeffizienten der charakteristischen Gleichung unmittelbar die Wurzelortskurven in grafischer Darstellung im interessierenden Bereich der s-Ebene liefern.

4.4.3 Ermittlung der Wurzelortskurven

Nach Vorbereitung der komplexen s-Ebene mit den genannten Eigenschaften werden die Pole und die Nullstellen der Übertragungsfunktion $\tilde{F}_0(s)$ des offenen Regelkreises eingetragen, dessen Grundstruktur Bild 4.3 zeigt. Sodann werden folgende Konstruktionsregeln angewandt:

1. *Anfangs- und Endpunkte der Äste*
   In jedem der P Pole beginnt für $K = 0$ ein Ast der Wurzelortskurve (WOK). In jeder der N Nullstellen endet für $K \to \infty$ ein Ast der WOK. Es existieren P separate Äste für den Fall $P \geqq N$, dagegen N separate Äste für $P < N$.
2. *Anzahl der Asymptoten*
   Die WOK haben $|P - N|$ Asymptoten; im Fall $P > N$ werden diese für $K \to \infty$, im Fall $P < N$ für $K \to 0$ erreicht.
3. *Wurzelorte auf der reellen Achse*
   Jeder Ort auf der reellen Achse, auf dessen rechter Seite die Summe von Polen und Nullstellen ungerade ist, stellt einen Wurzelort dar.
4. *Austrittswinkel aus Polen, Eintrittswinkel in Nullstellen*
   Aus einem ϱ-fachen Pol p_i (bzw. in eine ϱ-fache Nullstelle n_i) laufen ϱ Wurzelortäste unter folgenden Winkeln:
   a) *Reelle Pole* p_i (bzw. *Nullstellen* n_i)

$$\Theta_\nu = \frac{1}{\varrho} \cdot [(a_p - a_n - 1) \cdot 180° + \nu \cdot 360°]$$

   mit a_p: Anzahl der rechts von p_i (bzw. n_i) liegenden Pole,
   a_n: Anzahl der rechts von p_i (bzw. n_i) liegenden Nullstellen; $\nu = 1, 2, \ldots, \varrho$, auch bei b) und c).

b) *Komplexe Pole* p_i

$$\Theta_v = \frac{1}{\varrho} \cdot \left[- \sum_{\substack{k=1 \\ k \neq i}}^{P} \arg(p_i - p_k) + \sum_{j=1}^{N} \arg(p_i - n_j) - 180° + v \cdot 360° \right]$$

c) *Komplexe Nullstellen* n_i

$$\Theta_v = \frac{1}{\varrho} \cdot \left[\sum_{k=1}^{P} \arg(n_i - p_k) - \sum_{\substack{j=1 \\ j \neq i}}^{N} \arg(n_i - n_j) - 180° + v \cdot 360° \right]$$

5. *Verzweigungspunkte auf der reellen Achse*
Bei den folgenden Beziehungen sind nur die reellen Lösungen gültig, die für Punkte auf der jeweiligen WOK entsprechend der Regel 3 zutreffen. (Mindestens ein Verzweigungspunkt liegt z. B. zwischen zwei reellen benachbarten Polen oder auch Nullstellen, wenn dort die WOK verläuft.) Zu bestimmen sind die Lösungen s_v.

a) $\tilde{F}_0$ hat nur reelle Pole p_k und Nullstellen n_j

$$\sum_{k=1}^{P} \frac{1}{s_v - p_k} = \sum_{j=1}^{N} \frac{1}{s_v - n_j}$$

b) $\tilde{F}_0$ hat auch komplexe Pole und/oder Nullstellen

$$p_k = \text{Re}(p_k) + j \cdot \text{Im}(p_k)$$

$$n_j = \text{Re}(n_j) + j \cdot \text{Im}(n_j)$$

$$\sum_{k=1}^{P} \frac{s_v - \text{Re}(p_k)}{[s_v - \text{Re}(p_k)]^2 + [\text{Im}(p_k)]^2} = \sum_{j=1}^{N} \frac{s_v - \text{Re}(n_j)}{[s_v - \text{Re}(n_j)]^2 + [\text{Im}(n_j)]^2}$$

Bei einem konjugiert komplexen Pol- bzw. Nullstellenpaar taucht jedes der beiden Elemente für sich in einem Summanden auf.

6. *Winkel der Asymptoten*
Die Winkel der $|P - N|$ Asymptoten (Regel 2) gegen die positiv reelle Achsrichtung betragen

$$\Psi_r = \frac{2r - 1}{|P - N|} \cdot 180°, \qquad r = 1, 2, \ldots, |P - N|$$

7. *Asymptotenschnittpunkt/Wurzelschwerpunkt*
Der Schnittpunkt der Asymptoten liegt auf der reellen Achse an der Stelle

$$s_w = \frac{\sum_{k=1}^{P} p_k - \sum_{j=1}^{N} n_j}{P - N}$$

8. *K-Parametrierung der WOK*
Der Wert des Parameters K_i für einen Punkt s_i der WOK ergibt sich zu

$$K_i = \frac{\sum_{k=1}^{P} |s_i - p_k|}{\sum_{j=1}^{N} |s_i - n_j|}$$

Sonderfälle: Für $P = 0$ wird der Zähler = 1, für $N = 0$ wird der Nenner = 1.

9. *Symmetrie der WOK*
Für reale physikalische Systeme besitzt $F_0(s)$ nur reelle und/oder konjugiert komplexe Pole und Nullstellen, folglich sind die WOK symmetrisch zur reellen Achse (bzw. sie liegen auf Teilen von ihr).

4.4.4 Beispiel für eine WOK-Konstruktion

Gegeben sei die Übertragungsfunktion des offenen Regelkreises

$$F_0(s) = \frac{V \cdot (1 + sT_1)}{10s \cdot (1 + sT_2) \cdot (1 + sT_3) \cdot (s^2 + 2s + 2)},$$

$$= V \cdot \frac{T_1}{10\,T_2 T_3} \cdot \frac{(s + 1/T_1)}{s \cdot (s + 1/T_2) \cdot (s + 1/T_3) \cdot (s^2 + 2s + 2)}.$$

Der interessierende Parameter in dem Vorfaktor K ist die *Verstärkung* V, und die Funktion $\tilde{F}_0(s)$ erhält mit $T_1 = 1/3$, $T_2 = 1/6$, $T_3 = 1/5$ die Form

$$\tilde{F}_0(s) = \frac{s + 3}{s \cdot (s + 6) \cdot (s + 5) \cdot (s^2 + 2s + 2)}.$$

Die Anwendung der Konstruktionsregeln von Evans führen auf folgende Teilergebnisse, die den Gesamtverlauf der Wurzelortkurven in Bild 4.5 ergeben.

Regel 1: $P = 5$, $N = 1$, die WOK bestehen aus 5 separaten Ästen.

Regel 2: Die WOK haben $|P - N| = 4$ Asymptoten.

Regel 3: Zwei Teilabschnitte liegen auf der negativ reellen Achse.

Regel 4b: Mit einer einfachen, dem Bild 4.4 entsprechenden Hilfszeichnung findet man bei dem oberen der konjugiert komplexen Pole den Austrittswinkel $\Theta = -43{,}7°$.

Regel 5: In dem reellen Bereich $-6 < s < -5$ muß ein Verzweigungspunkt liegen; die Stelle s_v muß aus der folgenden Beziehung näherungsweise berechnet werden:

$$\frac{1}{s_v + 6} + \frac{1}{s_v + 5} + \frac{1}{s_v} + \frac{s_v + 1}{(s_v + 1)^2 + 1} + \frac{s_v + 1}{(s_v + 1)^2 + 1} = \frac{1}{s_v + 3}.$$

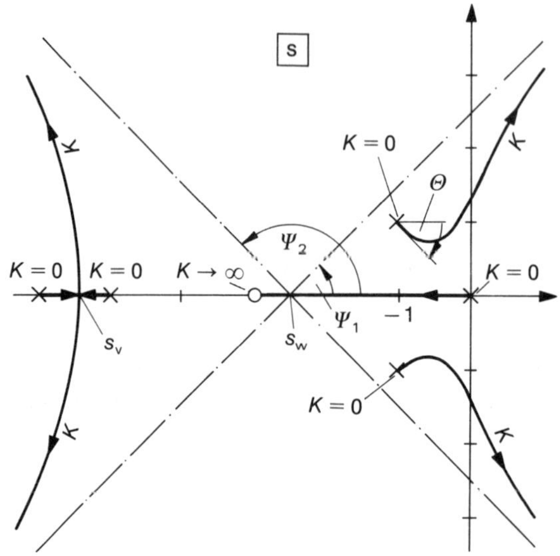

Bild 4.5
Wurzelortskurven für das behandelte Beispiel

Durch Probieren findet man zunächst $s_v = -5{,}5$, dann den verbesserten Wert $s_v = -5{,}52$, der in Bild 4.5 übernommen wird.

Regel 6: Mit $|P - N| = 4$ ergeben sich die Asymptotenwinkel

$$\Psi_1 = 45°, \quad \Psi_2 = 135°, \quad \Psi_3 = 225°, \quad \Psi_4 = 315°.$$

Regel 7: Die reelle Koordinate des Wurzelschwerpunkts ergibt sich zu

$$s_w = \frac{(0 - 6 - 5 - 1 + j - 1 - j) - (-3)}{4} = -2{,}5\,.$$

Regel 8: Als Beispiel wird der Parameterwert K_v berechnet, der zu dem Verzweigungspunkt $s_v = -5{,}52$ gehört,

$$K_v = \frac{|-5{,}52 + 6| \cdot |-5{,}52 + 5| \cdot |-5{,}52| \cdot |-5{,}52 + 1 - j| \cdot |-5{,}52 + 1 + j|}{|-5{,}52 + 3|} = 11{,}7.$$

4.5 Das Stabilitätskriterium von Nyquist

Wie in Abschnitt 4.3 angekündigt, soll noch ein weiterer Zugang zur Beurteilung der Regelkreisdynamik behandelt werden. Die Überlegungen gehen zurück auf Nyquist (1932) und wurden 1946 von Frey mit Hilfe funktionentheoretischer Methoden wesentlich verallgemeinert [46].

In der Regelungstechnik interessiert die Frequenzgangfunktion als Randfunktion der Übertragungsfunktion, d.h. die Kennzeichnung des aufgeschnittenen Regelkreises erfolgt durch die Ortskurve des Frequenzgangs

$$F_0(\mathrm{j}\omega) = F_0(s)\,|_{\mathrm{Re}(s)=0} = R_0(\omega) + \mathrm{j}\cdot I_0(\omega)\,.$$

Damit wird durch die modifizierte Form der charakteristischen Gleichung

$$1 + F_0(\mathrm{j}\omega) = 0$$

allgemein der sogenannte kritische Punkt P_k: $(-1;\mathrm{j}0)$ ausgezeichnet. Seine Lage in der komplexen F_0-Ebene ist Bild 4.6 zu entnehmen, in das drei Möglichkeiten für den Durchtritt der F_0-Ortskurve durch die negativ reelle Halbachse eingezeichnet sind.

Bild 4.6
Zur Erläuterung des Grenzverhaltens eines linearen Regelkreises anhand des Verlaufs der F_0-Ortskurve

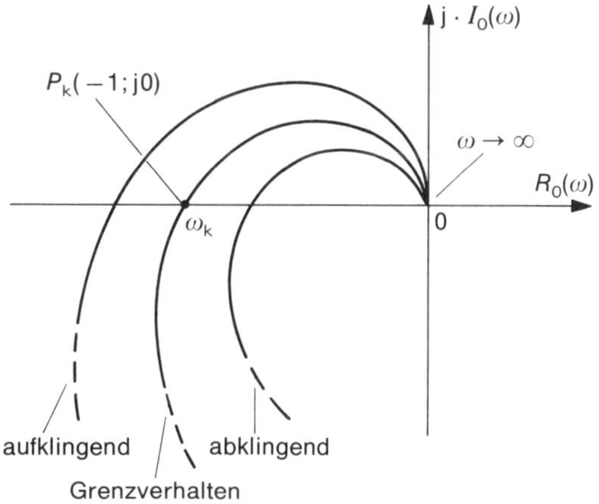

Aus den gegebenen Eigenschaften des aufgetrennten Regelkreises kann man folgendermaßen auf das Verhalten des geschlossenen Kreises schließen (vorläufige Formulierung):

Ein stabiler offener Regelkreis ist genau dann im geschlossenen Zustand stabil, wenn die Ortskurve von $F_0(\mathrm{j}\omega)$ rechts vom kritischen Punkt verläuft.

Die *Richtung* der Ortskurve ist durch die Richtung zunehmender ω festgelegt. Eine Präzisierung bzw. eine Einschränkung dieser ersten Formulierung wird in den Abschnitten 4.5.1 und 4.5.2 vorgenommen. Zuvor soll noch die Frage geklärt werden, wie sich der geschlossene Regelkreis verhält, wenn die F_0-Ortskurve die reelle Achse im kritischen Punkt schneidet. Ein *linearer* Regelkreis zeigt hier ein Grenzverhalten im besonderen Sinn: Die verschiedenen Signale führen ungedämpfte sinusförmige Schwingungen aus, die man jedoch nicht als Dauerschwingungen bezeichnen sollte, denn sie stellen nur ein flüchtiges, *beliebig leicht störbares Grenzphänomen* in Form eines Schwingungszustandes zwischen abklingendem (stabilem) und aufklingendem (instabilem) Kreisverhalten dar.

Wird dieser Schwingungszustand durch Parameteränderungen gestört, kann die Schwingung auf einen festen Ruhezustand abklingen, der Regelkreis ist in diesem Sinne stabil. Im Falle aufklindender Schwingungen nehmen die Amplituden in jedem realen Regelkreis nicht beliebig zu, vielmehr stellen sich, bedingt durch nichtlineare Einflüsse wie Begrenzungen in Stellorganen, *nicht sinusförmige Grenzschwingungen* ein, die eine besondere Art von Stabilität aufweisen können. Solche Grenzschwingungen führen in der eingangs eingeführten Phasenebene auf geschlossene Trajektorien. In diesem Zusammenhang wird besonders deutlich, daß es keine technischen Systeme – hier Regelkreise – gibt, die über unbeschränkte Signalbereiche lineares Verhalten zeigen.

4.5.1 Kritischer Punkt und Einheitskreis

Nach den Ausführungen von Abschnitt 2.6.2 gilt für den kritischen Punkt $(-1; \mathrm{j}0)$, daß dort das Amplitudenverhältnis

$$A_0(\omega_k) = |F_0(\mathrm{j}\omega_k)| = 1$$

ist und daß der zugehörige Phasenwinkel den Wert $\varphi_0(\omega_k) = -180°$ annimmt. Damit stellt sich als nächstes die Frage nach dem Regelkreisverhalten, wenn die F_0-Ortskurve den *Einheitskreis schneidet,* für dessen Punkte $A_0(\omega_D) = 1$ gilt, wobei ω_D die sogenannte Durchtrittsfrequenz ist (siehe Bild 4.7).

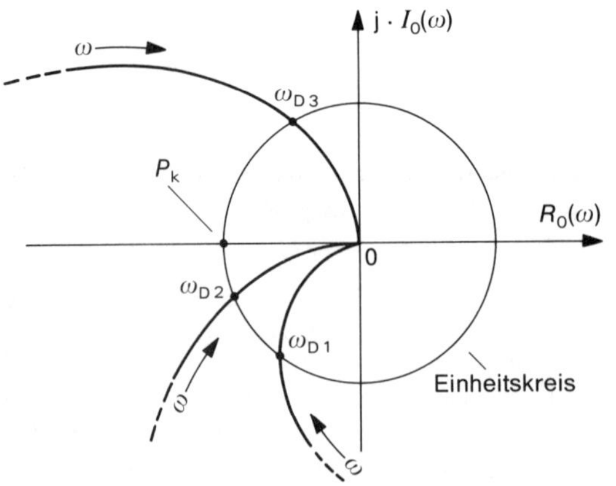

Bild 4.7
Schnittmöglichkeiten der F_0 Ortskurven mit dem Einheitskreis

Für die nachfolgenden Überlegungen wird angenommen, daß die F_0-Ortskurve den Einheitskreis *nur einmal* schneide und daß sie den Nullpunkt *höchstens einmal* umfahre, bevor sie den Einheitskreis von außen nach innen schneidet [11]. Diese Annahmen bedeuten keine allzu gravierenden Einschränkungen; sie lassen beispielsweise noch Amplituden- und Phasenkorrekturen in gewissen Frequenzbereichen zur Verbesserung der Dynamik zu.

Im Grunde ist die Frage nach dem Kreisverhalten für die verschiedenen Fälle von ω_D im Zusammenhang mit Bild 4.6 schon beantwortet, sie soll aber noch in Gestalt eines ausführlich formulierten Stabilitätskriteriums erledigt werden. Dazu werden in Abschnitt 4.5.2 die reellen Darstellungen von Amplituden- und Phasengang verwendet.

4.5.2 Übergang von der F_0-Ebene zum Bode-Diagramm

Die Übernahme der Koordinaten des kritischen Punktes $(-1; \mathrm{j}0)$ in die reellen Darstellungen nach Bode führt zur Auszeichnung der 0-dB-Linie im Amplitudendiagramm und der $-180°$-Linie im Phasendiagramm (siehe Bild 4.8). Im folgenden werden die Voraussetzungen und das zugehörige Stabilitätskriterium formuliert:

Gegeben sei die Frequenzgangfunktion des *offenen* Regelkreises

$$F_0(\mathrm{j}\omega) = \frac{K_0}{(\mathrm{j}\omega)^k} \, \frac{1 + a_1(\mathrm{j}\omega) + a_2(\mathrm{j}\omega)^2 + \ldots + a_N(\mathrm{j}\omega)^N}{1 + b_1(\mathrm{j}\omega) + b_2(\mathrm{j}\omega)^2 + \ldots + b_P(\mathrm{j}\omega)^P}$$

mit teilerfremden Zähler- und Nennerpolynomen, wobei $k = 0$, 1, 2 sein darf und $N < (k + P)$ sei.

Der Amplitudengang schneide die 0-dB-Linie genau einmal bei $\omega = \omega_D$.

Unter diesen Voraussetzungen gilt die folgende Aussage:

☐ *Der geschlossene Regelkreis arbeitet stabil, wenn der Phasenwinkel $\varphi_0(\omega)$ bei $\omega = \omega_D$ oberhalb der $-180°$-Linie liegt* (Bild 4.8).

Erreicht der Phasenwinkel φ_0 den Wert $-180°$, so liegt bei der betreffenden Frequenz $\omega = \omega_A$ der Amplitudengang $A(\omega_A)$ unterhalb der 0-dB-Linie.

Die hier gewählte Formulierung des Nyquist-Kriteriums setzt voraus, daß der offene Regelkreis stabil in folgendem Sinn ist: Die Übertragungsfunktion $F_0(s)$ darf keine Pole in der rechten s-Halbebene haben. Die im Ursprung der s-Ebene zugelassenen Pole werden funktionentheoretisch formal zur linken s-Halbebene gerechnet. Systeme, die diese Voraussetzung nicht erfüllen, kann man bezüglich ihres Stabilitätsverhaltens mit einer verallgemeinerten Form des Nyquist-Kriteriums oder anhand eines der zahlreichen anderen Kriterien beurteilen. Mit dem verallgemeinerten Nyquist-Kriterium kann man nur feststellen, *ob* in der rechten s-Halbebene Pole der Übertragungsfunktion des geschlossenen Regelkreises liegen, *nicht jedoch, an welchen Stellen.* Hiermit wird unmittelbar der Unterschied zum WOK-Verfahren von Evans deutlich, das auch *die Lage* der Pole in Abhängigkeit von einem Parameter in der s-Ebene liefert.

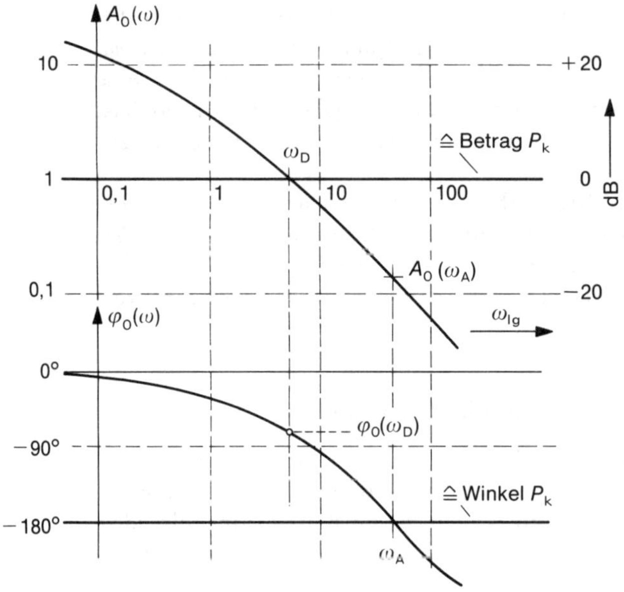

Bild 4.8
Übernahme der Daten des kritischen Punktes in das Bode-Diagramm: 0-dB-Linie und −180°-Linie

4.5.3 Stabilitätsreserve eines Regelkreises

Es wurde schon mehrfach darauf hingewiesen, daß die Erfüllung der Stabilitätsforderung bei der Regelkreissynthese eine Selbstverständlichkeit sein muß.

Anhand von Bild 4.8 kann man sehr deutlich den Einfluß der Verstärkung V erkennen: Mit einer Erhöhung von V wandert die Amplitudenkurve ohne Formänderung nach oben, ihr durch ω_D gekennzeichneter Schnittpunkt mit der 0-dB-Linie nach rechts und der Phasenwinkel $\varphi_0(\omega)$ gegen $-180°$. Solange noch $\omega_D < \omega_A$ ist und somit $\varphi_0(\omega) > -180°$, arbeitet der geschlossene Regelkreis *stabil.*

Allerdings ist dabei die Dämpfung der abklingenden Schwingungen so gering und ihre Abklingzeitkonstante so groß, daß *kein brauchbarer Regelvorgang* zustande kommt (vgl. Abschnitt 3.1.3).

Andererseits arbeitet der Regelkreis bei abnehmender Verstärkung immer «träger», und es erhebt sich die Frage nach einem *optimalen Kreisverhalten* im Zwischenbereich. In diese Richtung zielende Forderungen unterliegen einer gewissen Willkür, oder – positiv ausgedrückt – sie erlauben einen wünschenswerten Spielraum. Vor diesem Hintergrund gibt es in der Praxis bewährte Empfehlungen für die Kenngrößen, die einen «Mindestabstand» vom kritischen Grenzverhalten des Regelkreises sicherstellen. Bevor Zahlenwerte für derartige Abstandsmaße angegeben werden, sei in den Teilbildern 4.9a und 4.9b noch einmal vergleichend zusammengestellt, wie man den Begriff «Stabilitätsreserve» in den hier bevorzugten Darstellungsformen in der s-Ebene und im Bode-Diagramm definieren kann. In der s-Ebene (Teilbild a) läßt man für die Übertragungsfunktion des geschlossenen Regelkreises nur solche Pollagen zu, die folgende Bedingungen erfüllen:

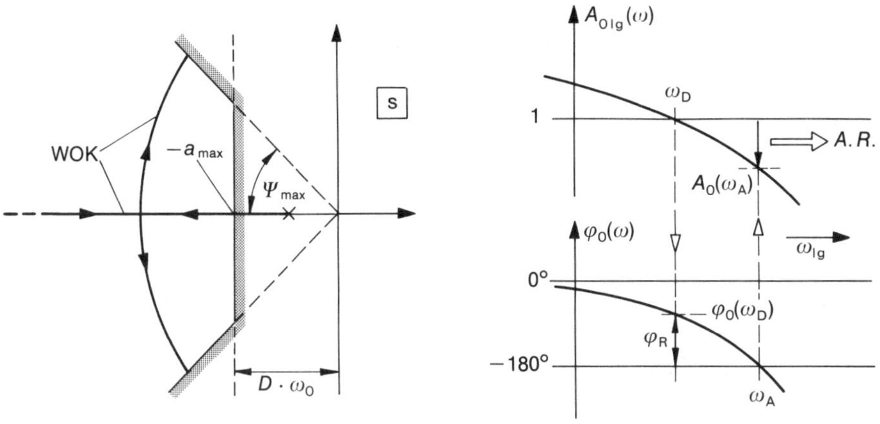

a b

Bild 4.9 Unterschiedliche Definitionsmöglichkeiten für die Stabilitätsreserve eines Regelkreises in der s-Ebene und im Bode-Diagramm

- ☐ Zur Sicherstellung der *absoluten Stabilitätsreserve* fordert man $\mathrm{Re}(s) \leqq -a_{max}$, was eine obere Schranke für die Abklingzeit bedeutet, denn es gilt

$$T_{ab} = 1/D\omega_0 \leqq 1/a_{max}.$$

- ☐ Zur Sicherstellung der *relativen Stabilitätsreserve* fordert man $\Psi \leqq \Psi_{max}$. Wegen der Beziehung $\cos \Psi = D$ bedeutet dies eine untere Schranke für die Dämpfung, denn es gilt $\cos \Psi \geqq \cos \Psi_{max}$, folglich ist $D \geqq D_{min}$.

In den Bode-Diagrammen (Teilbild b) bestimmen die folgenden Kenngrößen den Abstand vom kritischen Kreisverhalten:

- ☐ *Amplitudenreserve* $\quad \mathrm{A.R.} = -A_0(\omega_A)$,
- ☐ *Phasenreserve* $\quad \varphi_R = 180° + \varphi_0(\omega_D)$.

Bei Annäherung an die Stabilitätsgrenze streben beide Reservekenngrößen gegen Null.

Wenn nur die Kreisverstärkung verändert werden kann, sind Amplituden- und Phasenreserve nicht unabhängig voneinander wählbar. Gerade im Bode-Diagramm lassen sich jedoch frequenzabhängige Korrekturen zur Dynamikverbesserung besonders übersichtlich planen und beurteilen.

Praktische Empfehlungen

Die folgenden Angaben für die Wahl einer günstigen Stabilitätsreserve und damit einer bestimmten Stabilitätsgüte beruhen nicht auf einem mathematischen Gütekriterium, sondern auf systematisierter empirischer Erfahrung [13]. Sie müssen dem Umstand Rechnung tragen, daß ein einschleifiger Regelkreis nicht sowohl für

Störverhalten als auch bei Führungsverhalten gleich günstige dynamische Eigenschaften haben kann. In der Praxis ist oft eine der beiden Arbeitsweisen so dominierend, daß man sich an folgende Empfehlungen halten kann:

Günstiges *Störverhalten:* A.R.: 3,5 dB ... 9,5 dB,

φ_R: 20° ... 70°.

Günstiges *Führungsverhalten:* A.R: 12 dB ... 20 dB,

φ_R: 40° ... 60°.

Abschließend hierzu sei vermerkt, daß die vielschichtige Problematik der Optimierung in der Fachliteratur [14], [37] und in Spezialvorlesungen ausführlich behandelt wird. In die Nähe dieser Begriffsbildungen werden wir noch einmal in Kapitel 7 und 8 geführt, wo beim Entwurf von Zustandsregelungen durch Vorgabe der Pole der Kreis-Übertragungsfunktion bestimmte dynamische Eigenschaften einer Regelung erzielt werden können bzw. beim Entwurf von Kalman-Beobachtern ein statistisches Optimierungskriterium zugrunde gelegt wird.

5 Grundlegende Eigenschaften von Reglern

In Abschnitt 3.1 hat sich gezeigt, daß unterschiedliche Strecken in Verbindung mit einem Proportionalregler meistens keine befriedigenden Kreiseigenschaften ergeben können. Diese einfachen Beispiele haben einen ersten Zugang zur Dynamik eines Regelkreises im Vergleich zur ungeregelten Strecke vermittelt. Damit entsteht die Frage, wo sich Ansatzpunkte für Verbesserungen einer Regelung ergeben. Eine allgemeine Systematik eröffnet auch den Zugang zu leistungsfähigeren Konzepten.

5.1 Mögliche Erweiterungen des P-Reglers

Die nächstliegende Verbesserung, ausgehend von dem einfachen Zusammenhang

$$u_R(t) = K_{PR} \cdot y(t)$$

mit konstantem Übertragungsbeiwert K_{PR} besteht darin, daß man eine *dynamische* Verknüpfung zwischen $y(t)$ und $u_R(t)$ vorsieht, darstellbar durch eine Differentialgleichung oder durch eine Regler-Übertragungsfunktion

$$F_R(s) = \frac{u_R(s)}{y(s)}$$

entsprechend dem einfachen Blockbild 5.1. Mit diesem Konzept werden sich nach Einführung weiterer Grundbausteine die klassischen Reglertypen mit PI-Verhalten, PD- und PID-Verhalten ergeben, zu deren technischer Realisierung verschiedene Wege beschritten werden können.

Eine weitergehende Verbesserungsmöglichkeit besteht darin, daß man *eine zusätzliche meßbare Regelgröße* zur Bildung des Stellsignals bereitstellt, so daß der Regler

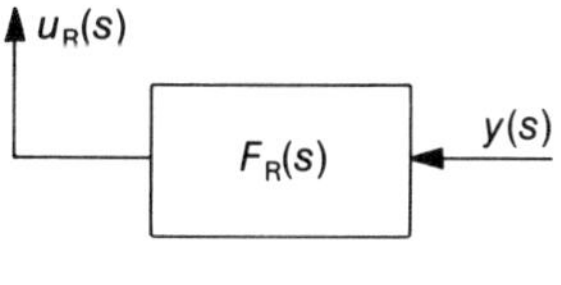

Bild 5.1
Zum Übergang vom P-Regler zum allgemeineren Regler mit geeigneter Dynamik

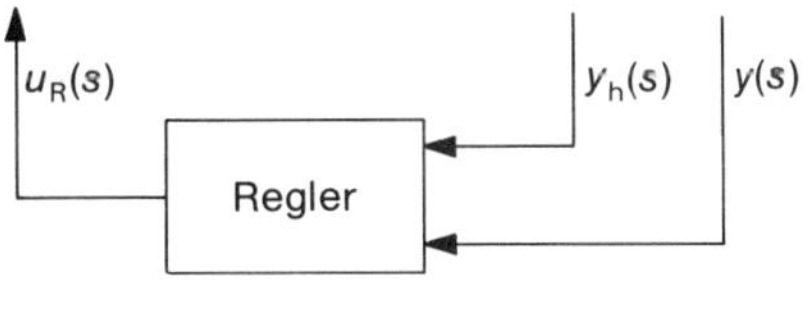

Bild 5.2
Regler zur Verarbeitung von Haupt- und Hilfsregelgröße

zwei Eingangsgrößen erhält (Bild 5.2). Zur analytischen Kennzeichnung in diesem Stadium sind jetzt *zwei* Übertragungsfunktionen erforderlich:

$$F_1(s) = \frac{u_{\mathrm{R}}(s)}{y(s)}, \qquad F_2(s) = \frac{u_{\mathrm{R}}(s)}{y_{\mathrm{h}}(s)}.$$

Ohne nähere Festlegung bieten sich zwei unterschiedliche Strukturen an, nämlich eine Serienschaltung nach Bild 5.3 oder eine Parallelschaltung nach Bild 5.4. Bei diesen Konzepten steht mit y_{h} von der Strecke her eine *Hilfsregelgröße* als weitere Meßgröße zur Verfügung. Die Reihenschaltung bildet die Grundlage für die in der Praxis sehr weit verbreitete *Kaskadenregelung* (Abschnitt 6.3), während die Parallelschaltung eine günstigere Verallgemeinerung auf die Verwendung mehrerer zusätzlicher Regelgrößen ermöglicht. Damit ist der Weg zu einem besonders tragfähigen Regelungskonzept vorgezeichnet: Wenn es möglich wäre, *alle Zustandsgrößen* $x_1(t)$, $x_2(t), \ldots, x_n(t)$ einer Strecke n-ter Ordnung meßtechnisch zu erfassen, könnte man diese Strecke mit n Einzelreglern in n Schleifen regeln, ausgehend von der Anordnung

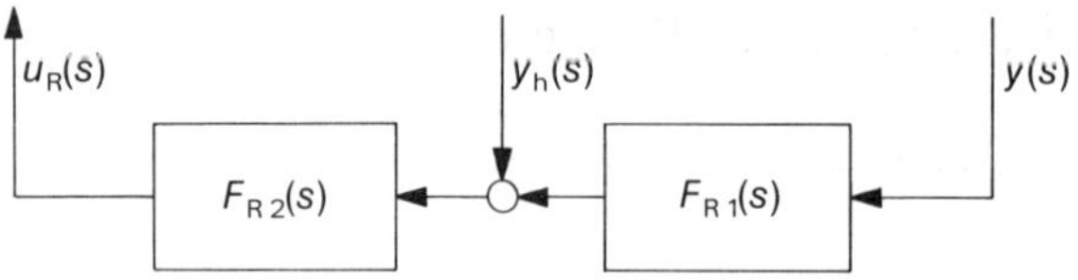

Bild 5.3
Regleranordnung in Kaskade

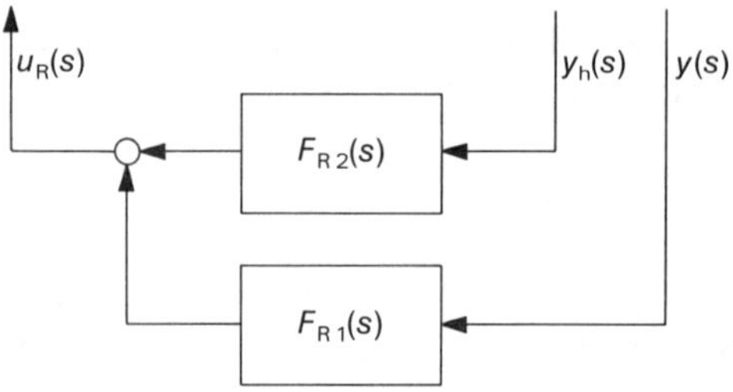

Bild 5.4
Verallgemeinerungsfähige Parallelschaltung von Reglern

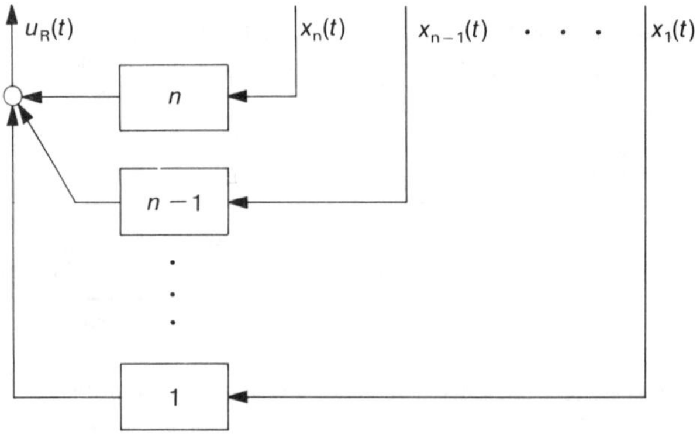

Bild 5.5
Konzept mit n Einzelreglern für eine Strecke n-ter Ordnung

nach Bild 5.5. Dieses Grundkonzept führt auf die Zustandsregelung, die in Kapitel 7 ausführlich behandelt wird.

Schon im Rahmen dieser Vorüberlegungen sei jedoch auf folgende *Einschränkungen* hingewiesen: Das hier noch so durchsichtig erscheinende Konzept der Zustandsregelung wird sich in dieser idealen Grundform nicht verwirklichen lassen, weil zumindest zwei praktische Gegebenheiten zu beachten sind, die schon an früheren Stellen vermerkt wurden, nämlich:

- □ im allgemeinen sind nicht alle Zustandsgrößen einer direkten Messung zugänglich;
- □ Strecke und Meßeinrichtungen sind immer dem Einfluß statistischer Störungen ausgesetzt.

Dementsprechend stehen für eine Zustandsregelung nicht die hier noch als ideal angenommenen Meßinformationen über die Regelstrecke zur Verfügung. Das Problem liegt dann nicht in der Auslegung der einzelnen Reglerkanäle von Bild 5.5, sondern in der *Rekonstruktion* wenigstens der *nicht meßbaren Zustandsgrößen* aus der Streckenausgangsgröße $y(t)$ durch sogenannte *Beobachter*, die von Fall zu Fall nach unterschiedlichen Kriterien entworfen werden müssen. Ein deterministisches Kriterium wird in Kapitel 7, ein statistisches Kriterium in Kapitel 8 ausführlich vorgestellt.

5.2 Betriebsmittel und Klassifizierungsmöglichkeiten

5.2.1 Betriebsmittel für Regler und Stellantriebe

Die Regelungskonzepte mittlerer und größerer Anlagen stellen im wesentlichen vier Anforderungen an die Betriebsmittel:

1. Energieversorgung für Meßwertaufnehmer, Meßumformer, Regler und Registriervorrichtungen;
2. Weiterleitung von Signalen;
3. Aufbringen der Leistung zum Betätigen von Stellgeräten;
4. Energieversorgung für Melde- und Sicherheitssysteme.

Wenn auch bei Anlagen der genannten Größenordnung im allgemeinen verschiedene Betriebsmittel zur Verfügung stehen und meist auch genutzt werden, so muß man sich für das generelle Regelungskonzept doch entscheiden, ob elektrische/elektronische, hydraulische oder pneumatische Baugruppen den Vorrang haben sollen. Etwas anders ist die Situation bei der Planung großer Automatisierungs- und Prozeßleitsysteme, auf die aber hier nicht eingegangen werden kann. Im folgenden werden einige Merkmale der drei wichtigsten Betriebsmittel für Regelanlagen zusammengestellt.

Elektrische/elektronische Regelung
Signalverarbeitung über praktisch beliebige Entfernungen; hohe Kompatibilität der Systemelemente; kleine Bauformen; hohe Operationsgeschwindigkeit; analoge oder

digitale Realisierungen; günstige Anschlußmöglichkeiten für Prozeßrechner; Einheitssignalbereiche.

Pneumatische Regelung
Schnelle Verfügbarkeit großer Stellkräfte zu deutlich geringeren Kosten als bei anderen Betriebsmitteln; keine Ex-Schutzmaßnahmen erforderlich; hohe Betriebssicherheit; keine Wärmeentwicklung; einfache Bauelemente, geringer Wartungsaufwand; elektronisch ansteuerbar; Einheitssignalbereiche international.

Hydraulische Regelung
Übertragung großer Kräfte und Leistungen bei hoher Genauigkeit; stufenlose Regelbarkeit der Antriebe; rasche Bewegungsumkehr; hohe Lebensdauer; elektronisch ansteuerbar.

Die aufgezählten Merkmale weisen offenbar nur auf die verschiedenen Vorteile hin, denen natürlich auch Nachteile gegenüberstehen; praktisch kommt es jedoch in vielen Fällen nicht auf reine Alternativentscheidungen an, sondern auf geschickte *Kombinationen* und gegenseitige Ergänzungsfähigkeit. Beispiele liefern elektrohydraulische Lösungen, elektropneumatische und andere Kombinationsarten, insbesondere an der Prozeßperipherie und auf der Stellseite, so kann man beispielsweise sehr genau und auf hohem Leistungsniveau arbeitenden hydraulischen Elementen, die als ungeregelte Gebilde eine sehr geringe Dämpfung besitzen, mit Hilfe von Zustandsregelungen in analoger oder digitaler Ausführung mit elektronischen Bauelementen eine vorgegebene Dynamik erteilen und sie somit überhaupt erst einsatzfähig machen.

5.2.2 Klassifizierung von Reglern

Entsprechend der außerordentlich großen Vielfalt von Regelungsaufgaben gibt es sehr unterschiedliche Gesichtspunkte, unter denen man die zum Einsatz kommenden Regler in Gruppen einteilen kann. Ohne Anspruch auf Vollständigkeit kann man die folgenden fünf Kategorien nennen.

- ☐ nach dem Betriebsmittel:
  elektrische, pneumatische, hydraulische } Regler und Kombinationen
- ☐ nach Regelgrößen:
  Temperaturregler
  Druckregler
  Stromregler
  Drehzahlregler usw.
- ☐ nach Systemeigenschaften:
  Spezialregler
  Universalregler
  Kompaktregler
  Einheitsregler

□ nach Arbeitsweise und Zeitverhalten:
zeitkontinuierliche und zeitdiskrete Regler mit
P-Verhalten
PI-Verhalten
PID-Verhalten
Regler höherer Ordnung (Zustandsregler)

unstetige Regler mit
Zweipunktverhalten
Dreipunktverhalten
quasistetigem Verhalten (durch Rückführung)
Schrittregler usw.

Diese Aufzählung macht deutlich, daß eine systematische Behandlung von Reglern, die unabhängig vom speziellen praktischen Einsatzgebiet bleiben muß, am besten vom *Zeitverhalten* der Regler ausgeht. Insbesondere bei der Behandlung von Reglern höherer Ordnung wird sich zeigen, daß man in diesem Sinne unter «Reglerentwurf» die Festlegung von bestimmten, an die Strecke angepaßten dynamischen Eigenschaften versteht, nicht die technische Realisierung mit bestimmten Bauelementen.

5.3 Die Reglergrundtypen

Für die folgenden Unterabschnitte wird angenommen, daß die im Regelkreis erforderliche Vorzeichenumkehr am Stellgerät oder an einer geeigneten Mischstelle außerhalb des Reglers erfolgt.

5.3.1 Proportionalanteil

Obgleich ein P-Regler eine selbständige gerätetechnische Einheit sein kann, wird hier ein *P-Anteil* besprochen, weil es in der Folge um Kombinationen von proportional wirkenden Anteilen mit anderen Grundtypen gehen wird. Da der P-Regler bereits an mehreren Stellen erwähnt worden ist, werden hier nur seine wichtigsten Kenngrößen zusammengestellt. Mit den Bereichsangaben

Y_h = *Regelbereich,*
Y_p = *Proportionalbereich,*
U_h = *Stellbereich,*

ergeben sich die folgenden Kennwerte:

Proportionalbeiwert $K_{PR} = \frac{U_h}{Y_p}$

bezogener P-Bereich $y_p = \frac{Y_p}{Y_h}$ oder $y_p = \frac{Y_p}{Y_h} \cdot 100\%$

Reglerverstärkung $V_R = \frac{1}{y_p} = \frac{Y_h}{Y_p}$

Bild 5.6 zeigt die Reglerkennlinie für das Kleinsignalverhalten entsprechend der Beziehung

$$u_{PR} = K_{PR} \cdot y_w$$

mit gegebenen Bereichsgrenzen. Die technische Wirkung des Reglers wird verdeutlicht, wenn man die Daten des Betriebspunkts (Y_0, W_0, U_{R0}) in die Gleichung einbezieht:

$$U_R = U_{R0} + K_{PR} \cdot [(Y - Y_0) - (W - W_0)]$$
$$= U_{R0} + K_{PR} \cdot (Y - W) \quad \text{mit } Y_0 = W_0 \quad \text{o.B.d.A.}$$

Hieran erkennt man, daß der Anteil U_{R0} *zur Aufrechterhaltung des Betriebspunkts* erforderlich ist, während der zweite Anteil den zusätzlichen *Eingriff* aufgrund von Abweichungen zwischen Istwert und Sollwert beschreibt. Die begrenzte Wirkung eines P-Reglers in einschleifigen Regelkreisen wurde eingehend behandelt (vgl. Abschnitt 3.1). Die formal problemlose Bezeichnung «P-Regler» umfaßt in der Praxis eine Fülle unterschiedlichster Realisierungen, vom einfachen elektrischen Spannungsteiler über mechanische Hebel bis zu fast genialen Konstruktionen, bei denen der Istwert-Sollwert-Vergleich, die Proportionalverarbeitung und das Stellglied in einer Baueinheit zusammengefaßt sind, wie man es beispielsweise bei Druckreglern vorfindet.

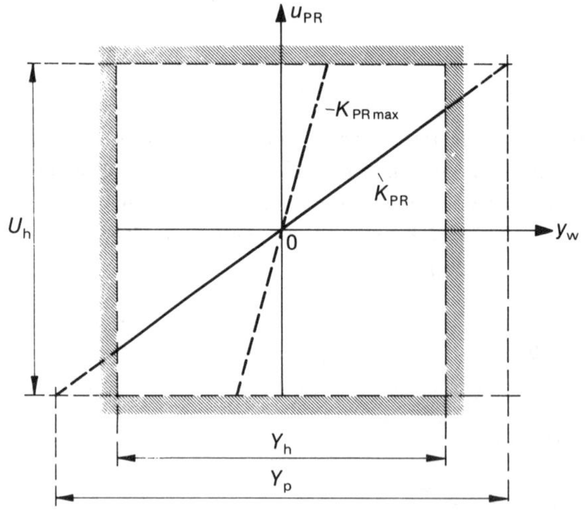

Bild 5.6
Statische Kennlinie eines Proportionalreglers

5.3.2 Integrierender Anteil

Der Vorteil integrierender Regleranteile beruht auf der Tatsache, daß ein Integrationsvorgang erst dann zum Abschluß kommt, wenn das Eingangssignal – hier die Regelabweichung – zu Null geworden ist. Analytisch gilt die einfache Beziehung

$$u_{IR}(t) = K_{IR} \cdot \int_0^t y_w(\tau)\, d\tau$$

oder in Differentialform

$$\dot{u}_{IR}(t) = K_{IR} \cdot y_w(t),$$

wonach die Stellgeschwindigkeit der Regelabweichung proportional ist.

Zur Bestimmung des Beiwertes K_{IR} betrachtet man die Sprungantworten in Bild 5.7:

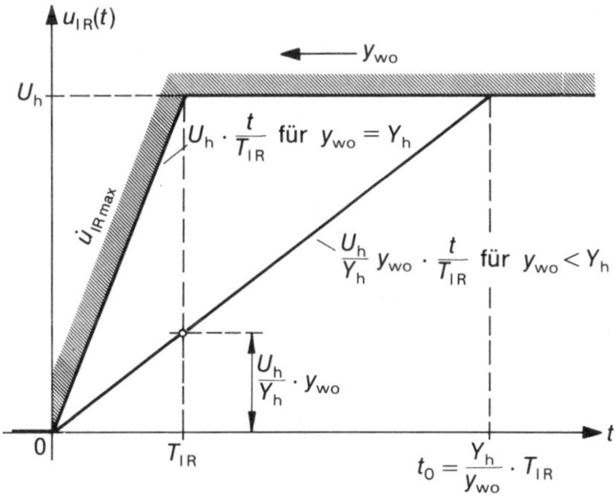

Bild 5.7
Sprungantworten eines I-Anteils für verschiedene Eingangssprunghöhen

$$u_{IR}(t) = K_{IR} \cdot y_{w0} \cdot t, \qquad t \geqq 0$$

für zwei verschiedene y_{w0}. Die größte Stellgeschwindigkeit wird erreicht, wenn die Regelabweichung ihren maximal zugelassenen Wert Y_h annimmt; zum Durchlaufen des gesamten Stellbereichs U_h mit maximaler Geschwindigkeit benötigt das I-System die *Integrierzeit*

$$T_{IR} = \frac{U_h}{\dot{u}_{IR\,max}},$$

und für die zusammengehörigen Werte $u_R = U_h$, $y_{w0} = Y_h$, $t = T_{IR}$ ergibt sich aus der Gleichung der Sprungantwort der *Integrierbeiwert*

$$K_{IR} = \frac{U_h}{Y_h} \cdot \frac{1}{T_{IR}}.$$

Die Wirkung eines I-Anteils im Regelkreis wird in Verbindung mit einer P-T_2-Strecke erläutert. Der geschlossene Regelkreis wird beschrieben durch die Differentialgleichung

$$a \cdot \ddot{y}(t) + b \cdot \dot{y}(t) + c \cdot y(t) = K_{PS} \cdot \left[z(t) - K_{IR} \cdot \int_0^t y(\tau)\, d\tau \right].$$

Differentiiert man beide Seiten einmal nach der Zeit, so erkennt man, daß im eingeschwungenen Zustand für $t \to \infty$ keine bleibende Regelabweichung beim Störverhalten für $z(t) = 1(t)$ existiert, $y(t \to \infty) = 0$.

Hinweise:
Integralregler arbeiten praktisch immer mit Hilfsenergie. Sie werden selten allein, sondern vorwiegend zusammen mit P-Anteilen eingesetzt, wodurch sich der sehr weit verbreitete *PI-Regler* ergibt (siehe Abschnitt 5.4.1). Auch die Eingriffsmöglichkeiten eines verzögerungsfreien I-Reglers sind begrenzt durch den Regelbereich, den Stellbereich und zusätzlich durch die *endliche Stellgeschwindigkeit*. Der Leser möge sich durch einen einfachen Ansatz davon überzeugen, daß ein I-Regler zusammen mit einer Strecke ohne Ausgleich einen unbrauchbaren Regelkreis ergibt.

5.3.3 Differentiierender Anteil

Bei vielen Regelungen ist es zweckmäßig, wenn einer Störgrößenänderung kurzfristig ein möglichst großer Stelleingriff entgegenwirkt. Dies erreicht man mit einem *Vorhaltanteil*, der im Idealfall die zeitliche Ableitung der Regelabweichung bildet:

$$u_{DR}(t) = K_{DR} \cdot \frac{d}{dt}\, y_w(t).$$

Zur Bestimmung des Beiwertes K_{DR} beschickt man das D-System mit einem *Rampensignal*

$$y_w(t) = y_{w0} \cdot \frac{t}{T_w}, \qquad t \geqq 0,$$

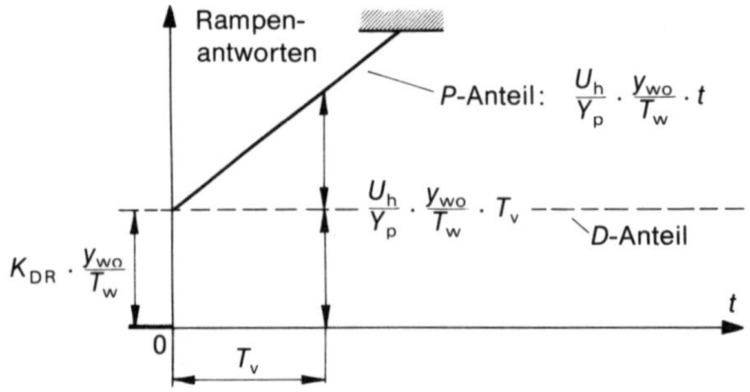

Bild 5.8
Rampenantwort eines D-Anteils und eines P-Anteils zur Bestimmung des Differenzierbeiwertes K_{DR}

weil die Ableitung eines Sprungsignals auf die Diracsche Delta-Funktion führt, die eine Bestimmung von K_{DR} nicht zuläßt. Bild 5.8 zeigt die Antwort des D-Anteils zusammen mit der eines P-Anteils auf das Rampensignal. Diese Kombination stellt einen idealen *PD-Regler* dar, der bei der Behandlung der Kombinationstypen jedoch nicht mehr aufgegriffen wird, da er in der Praxis nur selten anzutreffen ist.

Dem Bild 5.8 entnimmt man unmittelbar den Zusammenhang

$$K_{DR} \cdot \frac{y_{w0}}{T_w} = \frac{U_h}{Y_p} \cdot \frac{y_{w0}}{T_w} \cdot T_v$$

und daraus den gesuchten Differenzierbeiwert

$$K_{DR} = \frac{U_h}{Y_p} \cdot T_v \qquad \text{mit } T_v \text{ als } \textit{Vorhaltzeit.}$$

Den Einfluß eines D-Anteils verfolgen wir in Verbindung mit einer schwingungsfähigen Strecke 2. Ordnung mit Ausgleich. Der geschlossene Regelkreis wird beschrieben durch die Differentialgleichung für das Störverhalten

$$\ddot{y}(t) + 2D\omega_0 \cdot \dot{y}(t) + \omega_0^2 \cdot y(t) = \omega_0^2 \cdot K_{PS} \cdot [z(t) - K_{DR} \cdot \dot{y}(t)]$$

oder leicht umgestellt

$$\ddot{y}(t) + (2D\omega_0 + \omega_0^2 \cdot K_{PS} \cdot K_{DR}) \cdot \dot{y}(t) + \omega_0^2 \cdot y(t) = \omega_0^2 \cdot K_{PS} \cdot z(t)\,.$$

An diesem Ergebnis erkennt man zweierlei: Zum einen wird die Dämpfung des Regelkreises gegenüber der ungeregelten Strecke erhöht, zum anderen hat der D-Anteil im eingeschwungenen Zustand erwartungsgemäß keine Wirkung. Dies bedeutet, daß man D-Anteile *allein* nicht als Regler einsetzen kann. In Verbindung mit anderen Anteilen, etwa mit einem P-Anteil, nutzt man den vom differentiierenden Anteil verursachten starken Stelleingriff zu Beginn des Regelvorgangs aus, um die Kreisdynamik bei Strecken mit Verzögerung höherer Ordnung zu verbessern. Technisch realisierte D-Anteile differentiieren nie ideal, sondern mindestens mit Verzögerung 1. Ordnung, so daß auch sprungförmige Eingangssignaländerungen immer auf endliche Reaktionen führen; die vorgenannte entartete Form einer D-Reaktion ist nur ein theoretischer, nicht ein realer Grenzfall.

5.4 Kombinationen der Reglergrundtypen

Die Einführung der Grundtypen hat deutlich gemacht, daß jeder Typ seine besonderen Eigenschaften besitzt, die sich im Regelkreis unterschiedlich auswirken. Neben dem in der Praxis weit verbreiteten P-Regler findet man besonders häufig die PI- und die PID-Kombination vor, die im folgenden besprochen werden. Es wird vorausgesetzt, daß die üblichen Bereichseinschränkungen auf Y_h und U_R vorgegeben sind; der Übergang von verzögerungsfreien Reglern zu solchen mit Verzögerung 1. Ordnung stellt kein besonderes Problem dar.

5.4.1 PI-Regler

Schaltet man einen direkt eingreifenden P-Kanal und einen ausregelnden I-Kanal parallel, so entsteht der Kombinationstyp des wohl am weitesten verbreiteten stetigen PI-Reglers. Er wird beschrieben durch den Zusammenhang

$$u_R(t) = K_{PR} \cdot \left\{ y_w(t) + \frac{1}{T_N} \cdot \int_0^t y_w(\tau)\, d\tau \right\}$$

mit der *Nachstellzeit* $T_N = \frac{U_h}{Y_p} \cdot \frac{1}{K_{IR}}$.

Wenn der Regler mit einer Verzögerung 1. Ordnung behaftet ist, tritt auf der linken Seite der Reglergleichung noch der Term $T_R \cdot \dot{u}_R(t)$ auf, wobei T_R die Verzögerungszeitkonstante bedeutet. Bild 5.9 zeigt in einem gemeinsamen Koordinatensystem die Sprungantwort des verzögerungsfreien PI-Reglers und die des PI-T_1-Reglers mit allen interessierenden Parametern. Auf Möglichkeiten der technischen Realisierung wird in Abschnitt 5.5 allgemein eingegangen.

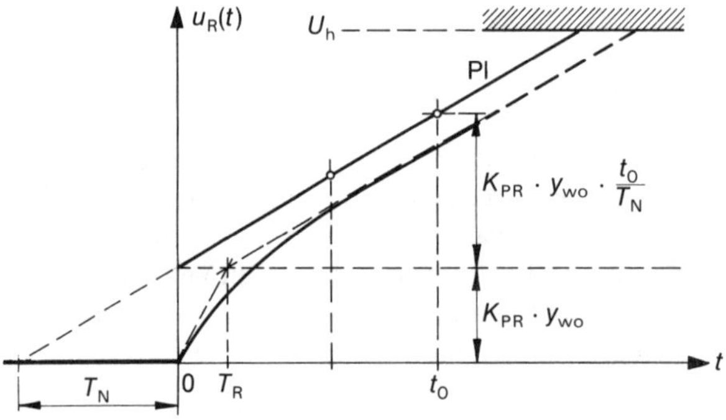

Bild 5.9
Sprungantworten eines PI-Reglers, ideal und mit Verzögerung 1. Ordnung

5.4.2 PID-Regler

Baut man eine Parallelschaltung der drei eingeführten Grundtypen auf, so ergibt sich der recht universell einsetzbare klassische PID-Regler, in dem schnelles Eingreifen des P-Kanals, die ausregelnde Eigenschaft des I-Kanals und die dämpfende Wirkung des D-Kanals miteinander vereint sind. Hier ist es angebracht, im Hinblick auf den differentiierenden Anteil eine Verzögerung anzusetzen. Geht man aus von der Differentialgleichung

$$T_R \cdot \dot{u}_R(t) + u_R(t) = K_{PR} \cdot \left\{ y_w(t) + \frac{1}{T_N} \cdot \int_0^t y_w(\tau)\, d\tau + T_v \cdot \dot{y}_w(t) \right\},$$

so weisen alle drei Kanäle die gleiche Verzögerung auf, und es ergibt sich der in Bild 5.10 gezeigte prinzipielle Verlauf der Sprungantwort.

Bild 5.10
Sprungantwort eines PID-T_1-Reglers

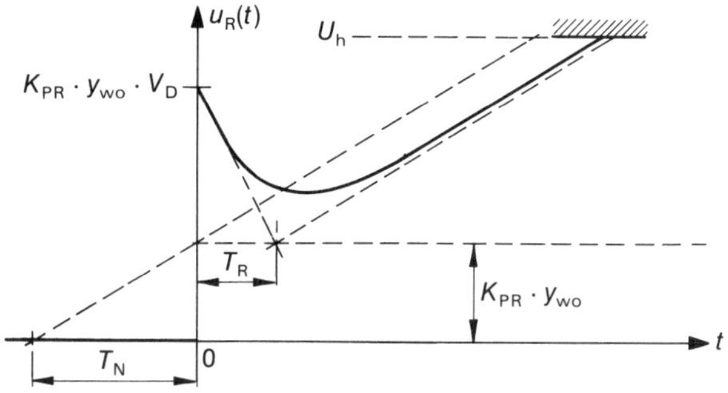

Bei dieser Gelegenheit zeigen sich wieder die Vorzüge der Beschreibung von Systemen durch Übertragungsfunktionen, denn damit kann man in einfacher Weise vom Ansatz her *die einzelnen Kanäle* mit Verzögerungen kennzeichnen: Ein realistischer Ansatz beschreibt einen PID-Regler, bei dem *nur der D-Kanal* eine Verzögerung 1. Ordnung besitzt, durch die Übertragungsfunktion

$$F_R(s) = K_{PR} \cdot \left\{1 + \frac{1}{sT_N} + \frac{sT_V}{1 + sT_R}\right\}.$$

Das theoretisch naheliegende Konzept der Parallelschaltung der einzelnen Kanäle besticht durch den Vorteil, daß die Reglerparameter K_{PR}, T_N und T_V *voneinander unabhängig* gewählt werden können und somit entsprechende Freiheitsgrade zur Anpassung an die Streckendynamik vorhanden sind.

Frequenzgang und Ortskurve
Ausgehend von der Differentialgleichung des verzögerungsfreien PID-Reglers ($T_R = 0$) erhält man die Frequenzgangfunktion

$$F_R(j\omega) = K_{PR} \cdot \left\{1 + \frac{1}{j\omega T_N} + j\omega T_V\right\},$$

und nach Aufspaltung in Realteil und Imaginärteil

$$F_R(j\omega) = K_{PR} + j \cdot K_{PR} \cdot \frac{\omega^2 T_N T_V - 1}{\omega T_N}.$$

Der Realteil ist konstant, und für die Frequenzteilung auf der parallel zur imaginären Achse verlaufenden Ortskurve kann man folgende Werte hervorheben:

☐ $\operatorname{Im} F_R(j\omega_R) = 0, \quad \omega_R = \frac{1}{\sqrt{T_N T_V}}.$

Bei dieser Frequenz schneidet die Ortskurve die reelle Achse.

☐ $\omega_N = 1/T_N, \quad \operatorname{Im} F_R(j\omega_N) = -K_{PR} \cdot (1 - T_V/T_N),$

☐ $\omega_V = 1/T_V, \quad \operatorname{Im} F_R(j\omega_V) = K_{PR} \cdot (1 - T_V/T_N).$

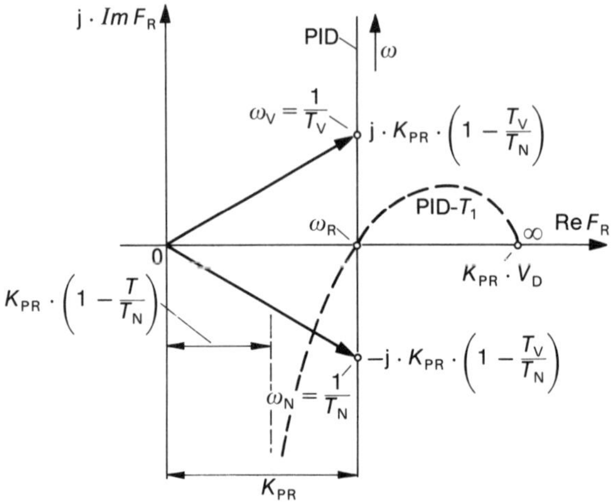

Bild 5.11
Ortskurven von PID-Reglern, ideal und mit Verzögerung 1. Ordnung

Die zu den beiden Frequenzen ω_N und ω_V gehörigen Zeiger sind in die komplexe F-Ebene von Bild 5.11 eingezeichnet. Haben alle drei Kanäle eine gemeinsame Verzögerung 1. Ordnung mit der Zeitkonstanten T_R, so ergibt sich die strichliert eingetragene Ortskurve. Das in den Bildern 5.10 und 5.11 vorkommende Verhältnis $V_D = T_V/T_R$ wird als «Vorhaltüberhöhung» bezeichnet.

5.5 Technische Realisierungsmöglichkeiten für Regler

In zahlreichen praktischen Anwendungen geht man von einem allgemeinen Konstruktionsschema aus, das den Charakter einer Kreisstruktur hat und «Rückführprinzip» genannt wird; Bild 5.12 zeigt die wichtigsten Elemente, einen Vorwärtskanal, eine Rückführung und eine Mischstelle. Diese Anordnung besitzt eine Reihe allgemeiner Eigenschaften und Vorzüge, die man in der Meßtechnik ausnutzt, um beispielsweise *stabilisierende* oder bei gekrümmten Kennlinien eine *linearisierende* Wirkung zu erzielen, auch eine weitgehende Unabhängigkeit von Schwankungen interner Schaltungsparameter wird erreicht. Dies sind typische Vorzüge gegenüber «offenen Strukturen» wie etwa der Parallelschaltung von Reglerkanälen, die vom theoretischen Ansatz der Reglergleichungen her naheliegen. Bei der überwiegenden Zahl der technischen Anwendungen, insbesondere bei der Reglerrealisierung, liegt im Vorwärtskanal ein Verstärker, dessen Übertragungsbeiwert K möglichst groß und im Betriebsbereich frequenzunabhängig sein soll. Diese Forderungen sind bei elektronischen Verstärkern sehr gut erfüllbar, auch noch weitgehend bei hydraulischen Leistungsstufen (die gegebenenfalls I-Verhalten zeigen). Vertretbare Einschränkungen muß man bei pneumatischen Ausführungen in Kauf nehmen; das anschließend behandelte Beispiel wird dies verdeutlichen.

Das zweite wichtige Strukturelement ist das sogenannte Zeitglied, das maßgeblich die Dynamik und damit das Zeitverhalten der gesamten Anordnung bestimmt.

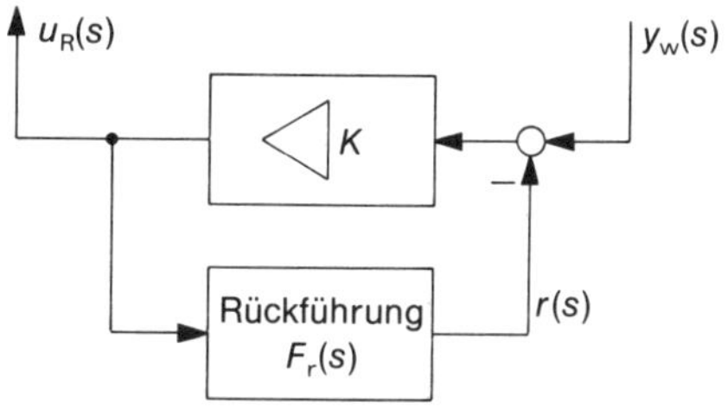

Bild 5.12
Allgemeine Rückführungsstruktur zur Realisierung von Reglern

Analytisch wird die Rückführungsstruktur nach Bild 5.12 beschrieben durch die Übertragungsfunktion

$$F_R(s) = \frac{u_R(s)}{y_w(s)} = \frac{K}{1 + K \cdot F_r(s)}. \qquad \text{(Gl. 5.1)}$$

Wie in zahlreichen anderen Fällen kann man vor der technischen Auswertung dieser Beziehung danach fragen, welches *Grenzverhalten* sich für $F_R(s)$ einstellen würde, wenn die Vorwärtsverstärkung $K \to \infty$ streben könnte; durch einfache Umformung ergibt sich

$$F_R(s) = \frac{1/F_r(s)}{1 + 1/K \cdot F_r(s)},$$

wozu die Konfiguration von Bild 5.13 gehört, in der schon der angedeutete Grenzfall zum Ausdruck gebracht ist: Der Einfluß des modifizierten Rückführkanals mit $1/K$ strebt gegen Null, und es verbleibt der Vorwärtskanal mit der Übertragungsfunktion

$$F_R(s) = \frac{1}{F_r(s)}. \qquad \text{(Gl. 5.2)}$$

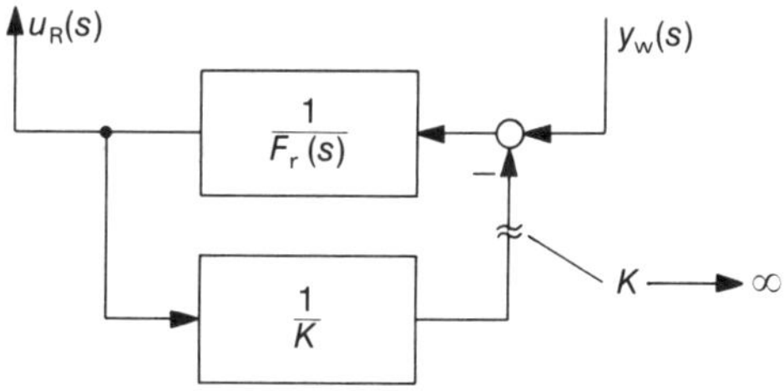

Bild 5.13
Modifizierte Rückführungsstruktur zur Erläuterung des Grenzfalls $K \to \infty$

5.5.1 Pneumatischer PI-Regler

In Bild 5.14 sind die wesentlichen Elemente eines industriellen Reglers gezeigt, die im einzelnen in den Abschnitten 1.2.2 und 3.2 ausführlich behandelt worden sind. Ein pneumatischer Verstärker wird vom Kaskadendruck eines Düse-Prallplatte-Systems angesteuert, das sein Eingangssignal $A(t)$ über eine Hebelvorrichtung erhält. Die jeweilige Stellung des Hebels ergibt sich aus einer Momentenbilanz, gebildet über vier Druckkräfte. Die beiden inneren Metallfaltenbälge bilden den Istwert-Sollwert-Vergleich, die beiden äußeren sind Rückführbälge.

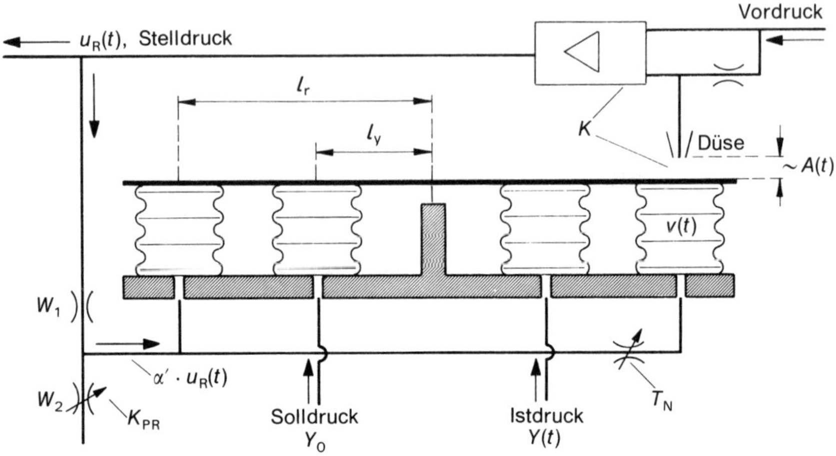

Bild 5.14 Pneumatischer Verstärker mit D-T_1-Rückführung

Die technische Anordnung wird beschrieben durch folgende Grundgleichungen [36]:

$$u_R(t) = K \cdot [y_w(t) - r(t)],$$

$$r(t) = \frac{l_r}{l_y} \cdot [\alpha' \cdot u_R(t) - v(t)],$$

$$T \cdot \dot{v}(t) + v(t) = \alpha' \cdot u_R(t),$$

wobei folgende Annahmen getroffen wurden:

$$\alpha' = \frac{W_2}{W_1 + W_2} \quad : \text{ Druckteilerverhältnis,}$$

T: Zeitkonstante der P-T_1-Kombination aus dem rechten Metallfaltenbalg und der T_N-Drossel.

Für die weitere Behandlung ist es nützlich, die in Bild 5.15 gezeigte *Struktur* des Reglers im Auge zu behalten. Die gesamte Rückführung hat offenbar D-T_1-Verhalten mit der Übertragungsfunktion

$$F_r(s) = \alpha' \cdot \frac{l_r}{l_y} \cdot \left[1 - \frac{1}{1+sT}\right] = \alpha \cdot \frac{sT}{1+sT},$$

und damit wird aus der allgemeinen Rückführungsformel (Gl. 5.1)

$$F_R(s) = K \cdot \frac{1+sT}{1+sT_1} \quad \text{mit } T_1 = T \cdot (1 + \alpha K).$$

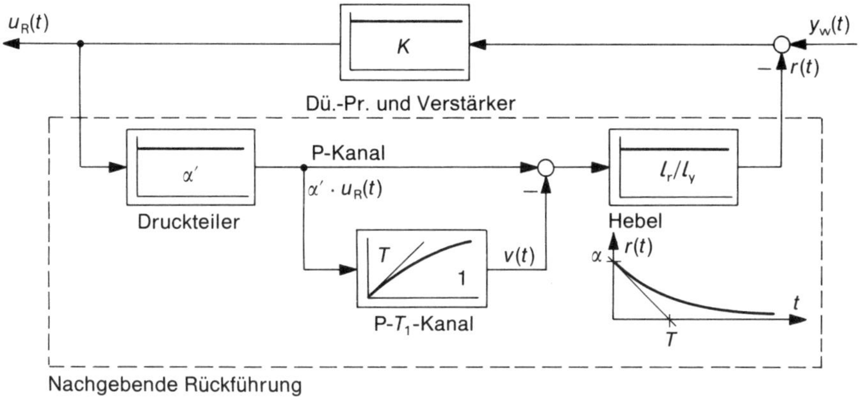

Bild 5.15 Strukturbild des pneumatischen PP-T_1-Reglers

Eine Übertragungsfunktion dieser Art wurde in Abschnitt 2.5.3c eingehend besprochen.

Hier soll jedoch ein anderer Weg beschritten werden, der einen direkten Vergleich mit einem der idealen Reglertypen ermöglicht. Dazu bringt man die Übertragungsfunktion auf die Form

$$F_R(s) = \frac{K}{1+\alpha K} + \frac{\alpha K^2}{1+\alpha K} \cdot \frac{1}{1+sT_1}.$$

Man erkennt sofort, daß der technisch ausgeführte Regler die Wirkung von zwei parallelgeschalteten Kanälen hat, von denen der eine verzögerungsfrei proportional eingreift mit dem Beiwert $K/(1+\alpha K)$, der andere hingegen P-T_1-Verhalten zeigt mit dem Beiwert $\alpha K^2/(1+\alpha K)$. Die Summe aus beiden ergibt den stationären Endwert K der Reglerübertragungsfunktion (Fall $s \to 0$). Die zugehörige Übergangsfunktion erhält man zu

$$u_R(t) = \frac{K}{1+\alpha K} + \frac{\alpha K^2}{1+\alpha K} \cdot (1 - e^{-t/T_1}), \qquad t \geqq 0,$$

deren Verlauf in Bild 5.16 gezeigt ist. Er hat zu der Bezeichnung «PP-T_1-Regler» geführt, wobei sich für kleine Zeiten genähert PI-Verhalten ergibt. Die Abweichung des wahren Verlaufs vom idealen PI-Verhalten kann man analytisch verdeutlichen, indem man die Übertragungsfunktion wie folgt aufspaltet:

$$F_R(s) = K_{PR} \cdot \left(1 + \frac{1}{sT_N}\right) - K_{PR} \cdot \frac{1}{sT_N \cdot (1+sT_1)}$$

mit der Übergangsfunktion in der gleichwertigen Form

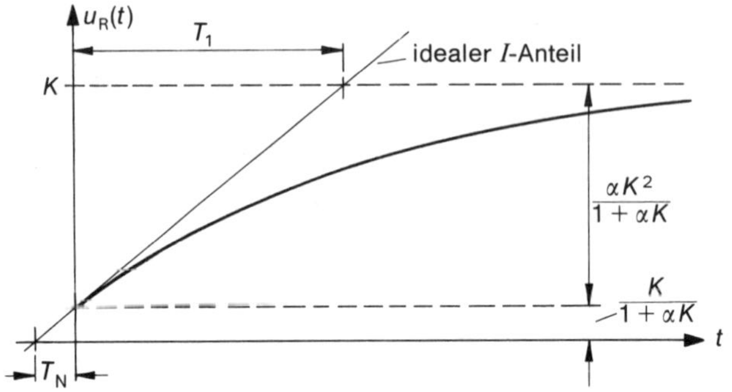

Bild 5.16
Übergangsfunktion des PP-T_1-Reglers

$$u_R(t) = \underbrace{K_{PR} \cdot \left(1 + \frac{t}{T_N}\right)}_{\text{PI-ideal}} - \underbrace{K_{PR} \cdot \alpha K \cdot \left(e^{-t/T_1} + \frac{t}{\alpha K T_N} - 1\right)}_{\text{Abweichungsterm}}, \quad t \geqq 0.$$

Die für eine Rückführungsrealisierung typischen Reglerkennwerte

$$K_{PR} = \frac{K}{1+\alpha K}, \qquad T_N = \left(1 + \frac{1}{\alpha K}\right) \cdot T$$

sind im Gegensatz zur Realisierung in Parallelschaltung *nicht mehr unabhängig voneinander*. Der Grenzfall $K \to \infty$ führt erwartungsgemäß auf einen idealen PI-Regler mit dem Stellsignal

$$u_R(t) = \frac{1}{\alpha} \cdot \left\{ y_w(t) + \frac{1}{T} \cdot \int_0^t y_w(\tau)\,d\tau \right\}, \qquad t \geqq 0.$$

Um keine falschen Vorstellungen über die reale Bedeutung der Näherung an den idealen PI-Regler aufkommen zu lassen, sei folgendes Zahlenbeispiel gebracht: Mit den beschriebenen pneumatischen Bauelementen ist eine Gesamtverstärkung von $K \approx 200$ bis 400 erreichbar, mit elektronischen Verstärkern kommt man in die Größenordnungen von $K \approx 10^5$ bis 10^7. Nimmt man ein Teilerverhältnis für die Drücke bzw. die Spannungen von $\alpha = 0{,}5$ an, so ergeben sich für die beiden Verstärkungsanteile der Übergangsfunktion folgende Zahlenwerte:

	$K = 200$	$K = 10^5$
$\frac{K}{1+\alpha K}$	2	2
$\frac{\alpha K^2}{1+\alpha K}$	200	100000
T_1	$100\,T$	$50000\,T$

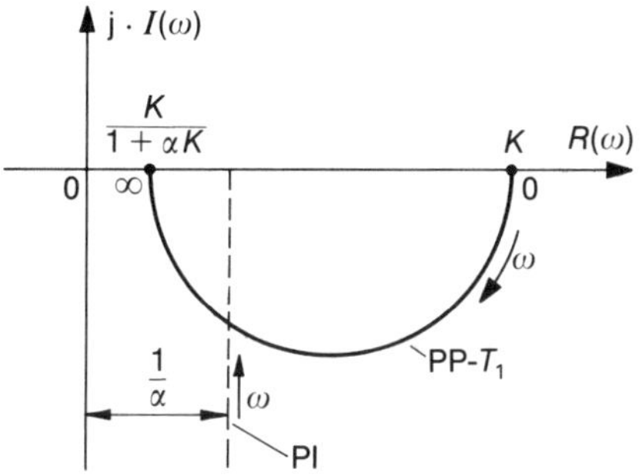

Bild 5.17
Ortskurve des PP-T_1-Reglers im Vergleich zu der des PI-Reglers

Diese Ergebnisse machen deutlich, daß die Abstufung in Bild 5.16 sogar im ungünstigeren pneumatischen Fall nicht mehr sauber maßstabsgerecht zu zeichnen ist. Bei elektronischer Realisierung lohnt sich der Rechenaufwand mit endlichen Werten für K nicht mehr, so daß man nur mit der Grenzformel nach Gl. 5.2 rechnen wird.

Unabhängig von den Zahlenergebnissen zeigt Bild 5.17 den grundsätzlichen Verlauf der Ortskurve im Vergleich mit dem Idealfall.

5.5.2 Elektronischer PID-Regler

Die im Bild 5.18 dargestellte elektrische Rückführung wird durch die Übertragungsfunktion

$$F_r(s) = \frac{\alpha \cdot sT_2}{(1 + sT_1) \cdot (1 + sT_2)}$$

beschrieben. Aus dem vorstehenden Zahlenvergleich geht hervor, daß die Anwendung der allgemeinen Rückführungsformel nach Gl. 5.1 bei Verstärkungen von 10^5 bis 10^7 nicht mehr sinnvoll ist. Die Anwendung der Grenzformel nach Gl. 5.2 ergibt für die Reglerübertragungsfunktion:

$$F_R(s) = \frac{1}{\alpha} \cdot \frac{1 + (T_1 + T_2) \cdot s + T_1 T_2 \cdot s^2}{sT_2}$$

$$= \frac{1}{\alpha} \cdot \left(1 + \frac{T_1}{T_2}\right) \cdot \left\{1 + \frac{1}{s \cdot (T_1 + T_2)} + s \cdot \frac{T_1 T_2}{T_1 + T_2}\right\}.$$

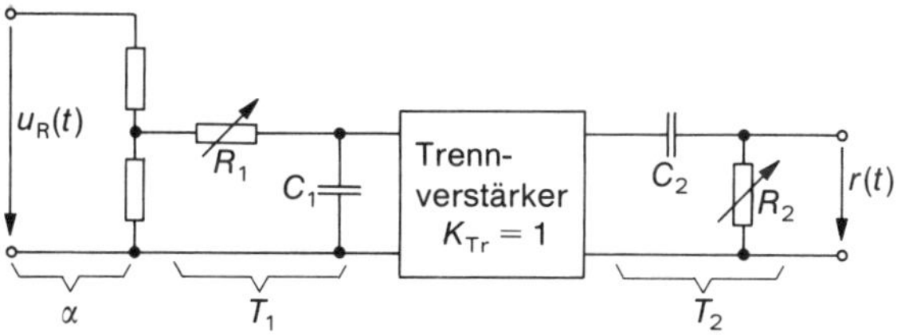

Bild 5.18
Elektrische D-T_2-Rückführung für einen elektronischen Verstärker

Dies ist die Übertragungsfunktion eines PID-Reglers mit den verkoppelten Parametern

$$K_{PR} = \frac{1}{\alpha} \cdot \left(1 + \frac{T_1}{T_2}\right), \qquad T_N = T_1 + T_2, \qquad T_V = \frac{T_1 T_2}{T_1 + T_2}.$$

Hinweise:
Als Beispiele für Reglerrealisierungen in Rückführstruktur wurden nur der PI-Regler und der PID-Regler behandelt. Bei den meisten industriellen Prozessen der Chemie und der Verfahrenstechnik spielen PD-Regler kaum eine Rolle. Dagegen sind sie häufig zu finden bei Flugregelungen [43] und im Bereich biologischer Regelvorgänge, wo sie nicht nur als Regler, sondern vor allem als PD-T_1-Bewerter bei der Aufbereitung von Umweltreizen dominieren (Abschnitt 3.4.2).

Die Rückführschaltung nach Bild 5.12 stellt ein *allgemeines Realisierungsprinzip* dar, das man in der Praxis in zahlreichen Varianten vorfindet. Bei vielen hydraulischen Systemen liegt im Vorwärtskanal ein integrierender Verstärker mit dem Modellansatz

$$K(s) = \frac{1}{sT_I},$$

so daß sich nach der allgemeinen Rückführgleichung ein Gesamtverhalten gemäß

$$F_R(s) = \frac{1}{F_r(s) + sT_I}$$

ergibt. Man erkennt sofort, daß sich mit einer frequenzunabhängigen Proportionalrückführung P-T_1-Verhalten ergibt, dessen Zeitkonstante über die Rückführverstärkung eingestellt werden kann. Solche hydraulischen Kombinationen sind weit verbreitet, z.B. bei der Regelung von Wasserkraftwerken.

5.5.3 Spezielle Reglerstrukturen, Anfahrschaltungen

Die besprochenen Reglerarten stellen *Grundstrukturen* dar, aus denen zahlreiche Varianten hervorgegangen sind: So besteht bei geregelten Anlagen beispielsweise das Problem der ersten Inbetriebnahme, in einigen Fällen die Notwendigkeit des Chargenbetriebs, der Teilabschaltung u. dgl.. Solche Aspekte haben Konsequenzen für die Reglerkonstruktion. Bild 5.19 zeigt eine Anordnung, die insbesondere zum Anfahren sehr träger Regelstrecken entwickelt worden ist; der Kanal mit der kleineren Zeitkonstanten wirkt als Gegenkopplung, der mit der größeren als Mitkopplung auf den Verstärkereingang. Der I-Anteil kann während des Anfahrvorgangs abgeschaltet werden, stärkeres Überschwingen der Regelgröße wird durch Anfahren mit dem PD-Anteil weitgehend vermieden, und erst bei Erreichen des Sollwerts wird der mitgeführte Speicher des I-Anteils zugeschaltet.

Eine weitere Variante zeigt Bild 5.20, wobei außerhalb der Rückführschleife ein PD-T_1-Kanal vorgeschaltet ist. Dadurch wird zunächst ein überhöhter Stelleingriff

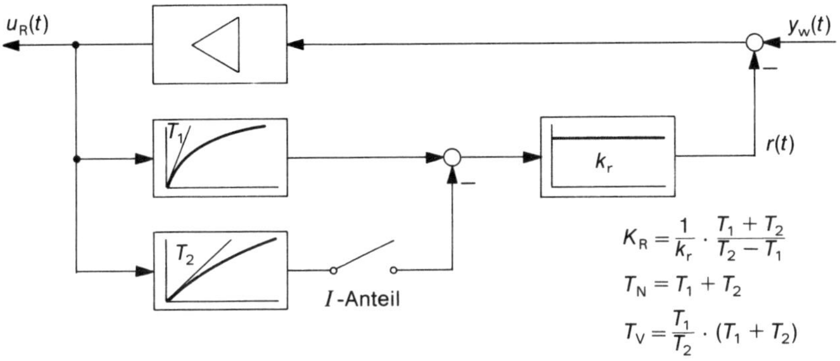

Bild 5.19 Regler mit Anfahrschaltung für sehr träge Strecken

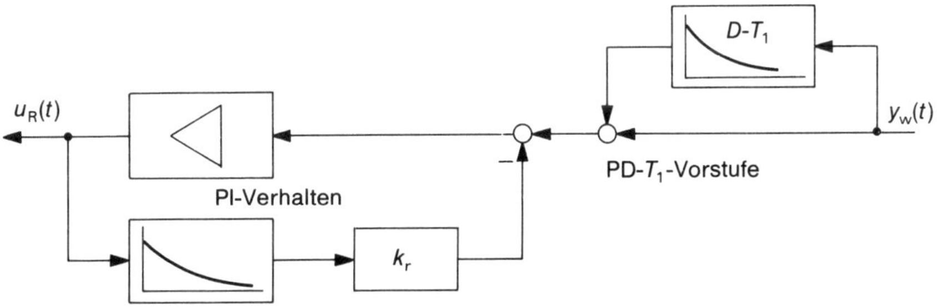

Bild 5.20 Reglerstruktur mit PI-Hauptregler und PD-T_1-Vorbewertung der Regelabweichung

veranlaßt; der Regler bewirkt ein dämpfendes Gegensteuern, bevor der Sollwert erreicht ist. Mit dieser Struktur kann man erreichen, daß bei 50prozentiger Aussteuerung des Reglereingangs ein Überschwingen der Regelgröße auf etwa 2% beschränkt bleibt [26].

Es liegt im Zug der Entwicklung, daß die oft sehr einfallsreichen klassischen Anfahrschaltungen an Bedeutung verlieren, zumindest die meisten Eingriffe von Hand, denn die Abwicklung von An- und Abfahrstrategien wird bei Großanlagen von Prozeßleitsystemen übernommen.

Aber auch bei mittelgroßen und sogar bei kleinen Anlagen, bei denen noch keine aufwendigen Prozeßleittechniken zum Einsatz kommen, gibt es zunehmenden Bedienungskomfort durch geeignete Steuerungen und Automatisierungsschaltungen, wie sie uns bereits in der Technik des Alltags zunehmend begegnen.

5.6 Schaltende Regler

Die in den vorangehenden Abschnitten behandelten Reglertypen gehören in die Klasse der *stetig* arbeitenden Regler, was sowohl aus ihrem Aufbau als auch aus ihrer mathematischen Beschreibung und Wirkungsweise im Regelkreis hervorgeht. Eine wesentlich ältere Vorgeschichte haben Regler, die nicht kontinuierlich, sondern schaltend in den Regelkreis eingreifen. Dabei ist die Bezeichnung «Zeitpunkt» nicht im strengen Sinn zu verstehen, da sowohl das Erfassen als auch das Weiterverarbeiten einzelner Meßwerte eine endliche, wenn auch nur «kurze» Zeit in Anspruch nimmt; dies wird bemerkenswerterweise oft übersehen. Schaltende Vorrichtungen im angedeuteten Sinn sind schon aus der Frühgeschichte der Regelungen [23] bekannt, wurden damals aber noch nicht als Regler erkannt, sondern einfach als schaltende Bauglieder behandelt. Schon Philon von Alexandrien hat eine Zweipunktregelung für den Füllstand einer Öllampe angegeben. Einen ersten Höhepunkt hat diese Entwicklung beim Bau von Wasseruhren in der zweiten Hälfte des 3. Jahrhunderts erreicht, als es um diskontinuierliche Schwimmerregelungen für Zeitmessungen ging.

Schaltende Regler haben sich bis in die heutige Zeit behauptet; sie arbeiten robust, sind zuverlässig und erhalten durch geeignete Zusatzschaltungen im Sinne von Rückführungen auch *quasistetiges Verhalten*. Ihre besonders stabile Arbeitsweise in Regelkreisen wird aus den folgenden Überlegungen deutlich. Schaltende Regler sind *nichtlineare* Gebilde, deren *isolierte* Behandlung nicht sehr ergiebig ist; ihre Eigenschaften werden erst deutlich, wenn sie zusammen mit Strecken oder mit Rückführungen in Kreisstrukturen behandelt werden.

5.6.1 Elektrisch beheizter Glühofen mit Zweipunktregler

In Bild 5.21 ist schematisch ein Glühofen dargestellt, der mit einer elektrischen Heizung betrieben wird und über den gesamten Regelbereich $Y_h = Y_{max} - Y_{min}$ eine Sprungantwort gemäß Bild 5.22 besitzt. Hier wird man keine Modellbildung durch den Ansatz physikalischer Grundgleichungen mehr vornehmen, sondern den Ofen als Regelstrecke durch zwei pauschale Zeitangaben kennzeichnen, die entsprechend Bild 5.22 durch Einzeichnen der Wendetangente gewonnen werden:

☐ *Verzugszeit* T_u,

☐ *Ausgleichszeit* T_g.

Anstelle der gemessenen Sprungfunktion benutzt man zum Entwurf und zur Beurteilung des Regelungskonzeptes eine *Ersatzsprungantwort*, näherungsweise gekennzeichnet durch einen P-T_1-Übergang mit der Zeitkonstanten T_g und einer reinen Totzeit T_u. Bild 5.23 enthält diese Ersatzantwort zusammen mit der idealisierten Kennlinie $U_R = f(Y)$ eines Zweipunktreglers. Der Verlauf von $Y(t)$ *im geschlossenen Regelkreis* ist aus einer Folge von Teilvorgängen zusammengesetzt. Nach dem Einschalten zur Zeit $t = 0$ beginnt nach Ablauf von T_u Zeiteinheiten ein P-T_1-Temperaturanstieg bis zum oberen Wert

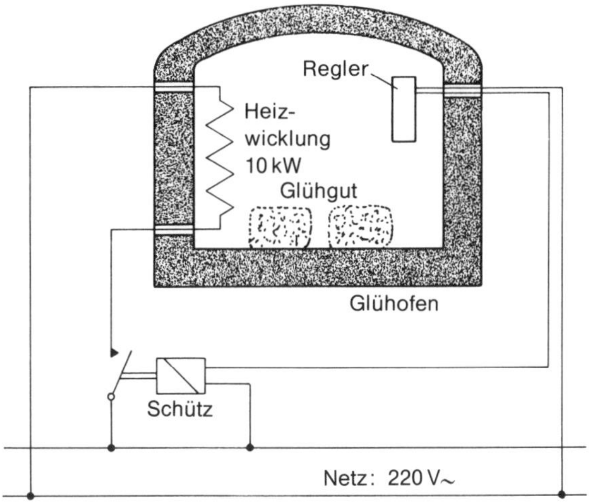

Bild 5.21
Elektrisch beheizter Glühofen mit Zweipunktregler

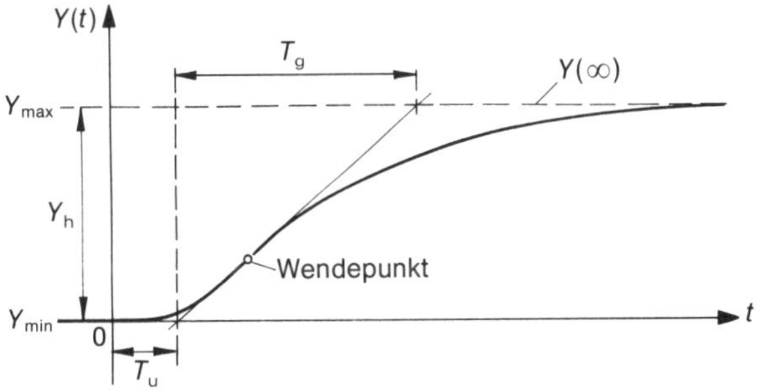

Bild 5.22
Zur Definition von Kenngrößen für eine gemessene Sprungantwort

$$Y_1 = Y_\infty \cdot \left[1 - e^{-\frac{t_1 + T_u}{T_g}}\right].$$

Daran schließt sich ein Teilvorgang entsprechend der strichlierten Abkühlkurve bis zum Erreichen des unteren Wertes

$$Y_2 = Y_\infty \cdot e^{-\frac{t_2 + T_u}{T_g}}$$

an. Mit einfachen Zusatzschritten [26] anhand von Bild 5.23 kann man die beiden Zeitpunkte t_1, t_2 eliminieren und erhält für die *Amplitude* der Regelschwingung

$$y_0 = \tfrac{1}{2} \cdot (Y_1 - Y_2) \;=\; \tfrac{1}{2} \cdot Y_\infty \cdot [1 - e^{-T_u/T_g}].$$

Die Berechnung der *Schwingungsdauer* führt auf einen verhältnismäßig komplizierten Ausdruck, der hier nicht angegeben wird, weil man praktisch nicht damit arbeitet. Es ist ergiebiger, einige allgemeine Eigenschaften der Regelschwingung hervorzuheben:

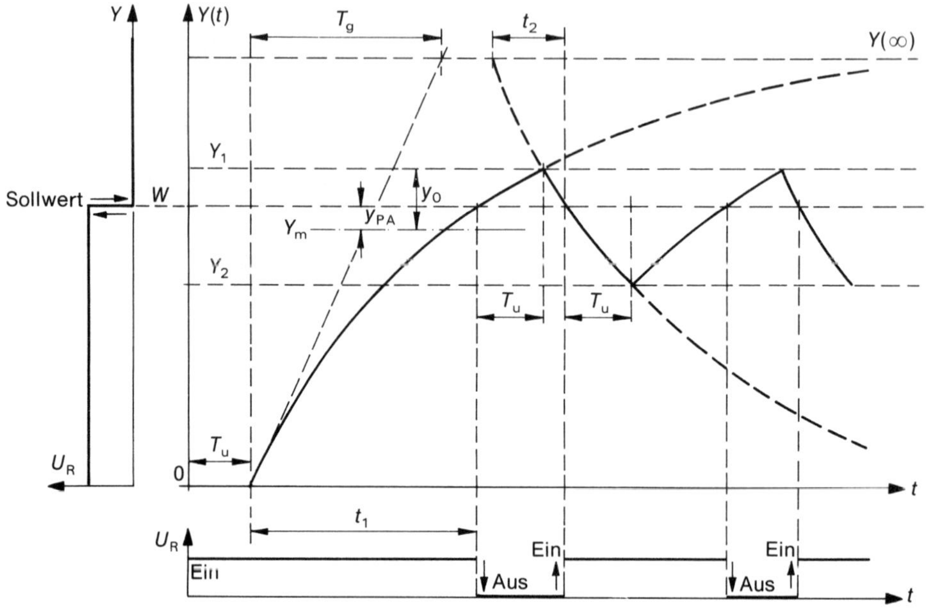

Bild 5.23 Regelvorgang für die Ofentemperatur mit Zweipunktregelung

- ☐ Es handelt sich um eine *nichtlineare Dauerschwingung*, die sich im Gegensatz zu den harmonischen Dauerschwingungen eines *linearen* Regelkreises am Stabilitätsrand unter dem Einfluß hinreichend kleiner Störungen *wieder reproduziert*, also in diesem Sinne eine *stabile* Dauerschwingung darstellt.
- ☐ Der Mittelwert Y_m der Dauerschwingung stimmt im allgemeinen nicht mit dem Sollwert W überein; es gibt eine Mittelwertsabweichung y_{PA}, die man über die exponentiellen Teilverläufe von Aufheiz- und Abkühlkurve aus Bild 5.23 berechnen kann:

$$y_{PA} = \left(\frac{Y_\infty}{2} - W\right) \cdot [1 - e^{-T_u/T_g}],$$

  also über die gleiche exponentielle Abhängigkeit vom Verhältnis T_u/T_g wie die Schwingungsdauer. Wenn der Sollwert $W = \frac{1}{2} \cdot Y_\infty$ gewählt wird, ist die Abweichung Null, und für die Schwingungsdauer gilt in guter Näherung $T_0 \approx 4 \cdot T_u$.
- ☐ Im Hinblick auf eine gute Überschaubarkeit der Teilverläufe ist die Dauerschwingung im Vergleich zur Anheizphase übertrieben groß gezeichnet. In Verbindung mit hinreichend kleinen Totzeiten können praktische Zweipunktregelungen zu Regelschwingungen führen, die man auf einem Registrierschreiber kaum erkennt. Hier ist jedoch Vorsicht geboten, denn wenn die Totzeit bzw. die Verzugszeit gegen Null geht, ist das Konzept mit dem «idealen» Zweipunktregler nicht mehr

anwendbar. In solchen von der Strecke her durchaus realistischen Grenzfällen würde die Schwingungsdauer gegen Null und damit die Schaltfrequenz über alle Grenzen streben. Der *ideale* Zweipunktregler besitzt *keine einstellbaren Parameter*, mit denen man die Regelung beeinflussen könnte; folglich hängt die Dauerschwingung im Regelkreis *nur von den Streckeneigenschaften ab.*

Ein *realer* Zweipunktregler kann je nach Konstruktion nur eine maximale Anzahl von Schaltungen je Zeiteinheit einwandfrei ausführen, außerdem zeigt er ein gewisses Hystereseverhalten. Gerade dieses weist aber einen Weg zu einer *modifizierten Reglerkonstruktion*, bei der gezielt eine Schaltdifferenz und eine Schalthöhe eingestellt werden können. Damit läßt sich das bewährte Konzept der Zweipunktregelung auch bei Strecken ohne Totzeit bzw. mit sehr kleiner Verzugszeit einsetzen, wie in Abschnitt 5.6.2 gezeigt wird.

5.6.2 Zweipunktregler mit Schaltdifferenz

Man kann auch bei Strecken ohne Totzeit bzw. sehr kleiner Verzugszeit eine Arbeitsbewegung im geschlossenen Regelkreis erreichen, die derjenigen von Bild 5.23 entspricht. Dazu muß man einen Zweipunktregler konstruieren, der im Regelkreis – durch einen anderen Effekt – einen vergleichbaren Einfluß ausübt wie eine streckenbedingte Totzeit. Dies erreicht man durch einen Regler, dessen Ein- und Ausschaltpunkte nicht mehr zusammenfallen. Bild 5.24 enthält im linken Teil die nicht mehr eindeutige Schaltkennlinie $U_R = f(Y)$, die eine Schaltdifferenz y_{SD} aufweist und im Zusammenspiel mit einer P-T_1-Strecke den dargestellten Verlauf der Arbeitsbewegung im Regelkreis ergibt. Aus den rechtwinkligen Hilfsdreiecken entnimmt man die Kenndaten der nichtlinearen Regelschwingung für den Fall $W = \frac{1}{2} Y_\infty$:

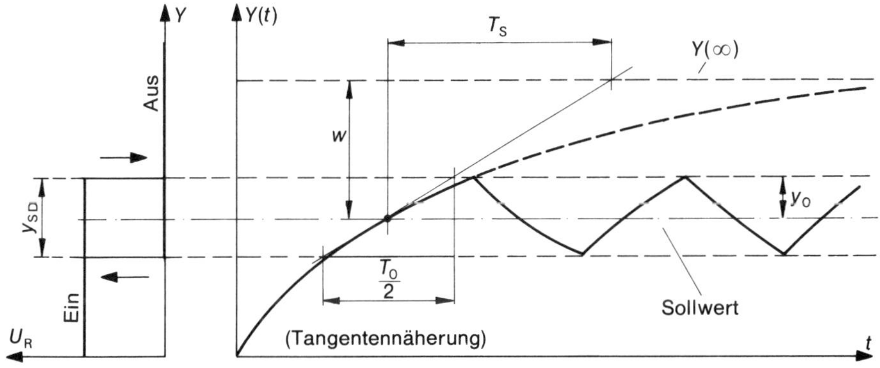

Bild 5.24 Regelvorgang für eine P-T_1-Strecke bei Verwendung eines Zweipunktreglers mit Schaltdifferenz

- □ *Amplitude* $y_0 = \frac{1}{2} \cdot y_{SD}$,
- □ *Schwingungsdauer* $T_0 \approx 2 \cdot \frac{y_{SD}}{W} \cdot T_S$.

Die praktische Festlegung der Schaltdifferenz beruht auf einem Kompromiß: Wird y_{SD} zu klein gewählt, dann wird die Schaltfrequenz zu hoch; bei zu großem y_{SD} ergibt sich eine ungünstige Regelschwingung mit zu großer Amplitude und zu großer Schwingungsdauer.

Darstellung in der Phasenebene
Abschließend für dieses Beispiel einer Regelschwingung wird gezeigt, wie man den Vorgang sehr übersichtlich in der Phasenebene kennzeichnen kann. Dazu knüpfen wir an die Ausführungen von Abschnitt 4.1 an, wo eingangs die Beschreibung dynamischer Vorgänge durch *Trajektorien* in der Phasenebene erwähnt ist. Die Modellierung des Ofens durch die Ersatzübergangsfunktion mit Totzeit und P-T_1-Verhalten führt zu besonders einfachen Trajektorien, denn die Regelbewegung setzt sich stückweise zusammen aus Teilen der Aufheizkurve in Trajektorienform

$$V_1 = -\frac{1}{T_S} \cdot Y + \frac{1}{T_S} \cdot Y(\infty), \qquad Y(0) = 0$$

und Teilen der Abkühltrajektorie

$$V_2 = -\frac{1}{T_S} \cdot Y.$$

Die parallel zueinander verlaufenden Trajektorien sind in Bild 5.25 mit Richtungsangaben der Zeitparametrierung eingezeichnet. Beginnend mit $V(0)$ wird die Aufheiztrajektorie bis zum Ausschaltpunkt A durchlaufen; dann erfolgt mit einem Sprung der ersten Ableitung der Wechsel zur Abkühltrajektorie (Punkt B). Der Regler schaltet in C wieder in die Stellung «Ein», und über D wird bis zum Punkt A wieder aufgeheizt.

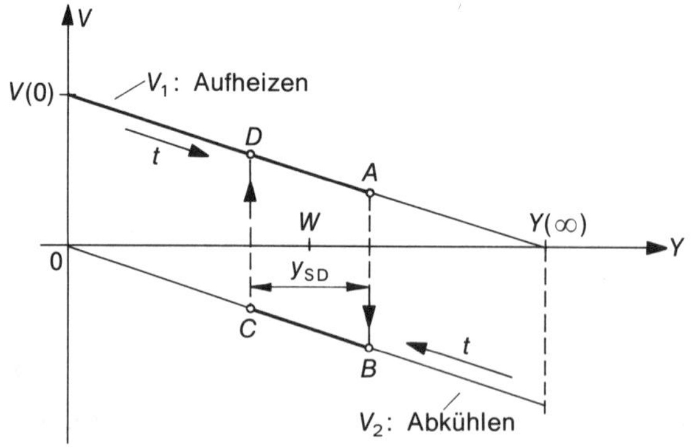

Bild 5.25
Darstellung des Regelvorgangs von Bild 5.24 in der Phasenebene (Einschwingvorgang und Grenzzyklus)

Eine solche geschlossene Kurve in der Phasenebene ist ein besonders einfaches Beispiel für einen sogenannten Grenzzyklus. Gerade dynamische Vorgänge mit schaltenden Reglern werden häufig in der Phasenebene dargestellt.

5.6.3 Zweipunktregler mit Rückführung

Die bisher besprochenen Regelkreise mit schaltenden Reglern zeigen eine gewisse Tendenz: In Abschnitt 5.6.1 wurden die Daten der Arbeitsbewegung im wesentlichen allein vom Verhalten der Strecke bestimmt, weil der Zweipunktregler als idealer Schalter angenommen wurde. In Abschnitt 5.6.2 wurde bereits eine Variante vorgestellt, bei welcher der Zweipunktregler durch seine Schaltdifferenz die Amplitude der Regelschwingung genau und ausschließlich festlegte.

Bei anspruchsvolleren Regelungen mit schaltenden Elementen möchte man insbesondere in Verbindung mit Strecken höherer Ordnung weitgehend deren trägen Einfluß auf die Regelbewegung ausschalten. Dazu geht man nach folgendem Konzept vor: Anstelle der trägen Regelstrecke verwendet man eine möglichst trägheitsarme *Hilfsregelstrecke*, die im gleichen Rhythmus geschaltet wird wie die Strecke selbst. Dadurch entwickelt sich ein relativ schnelles Schaltspiel zwischen Hilfsstrecke und Zweipunktregler, das im zeitlichen Verlauf der Regelgröße selbst praktisch nicht mehr registriert wird. Am Beispiel einer thermischen Zusatzschaltung [13] soll diese Vorgehensweise erläutert werden.

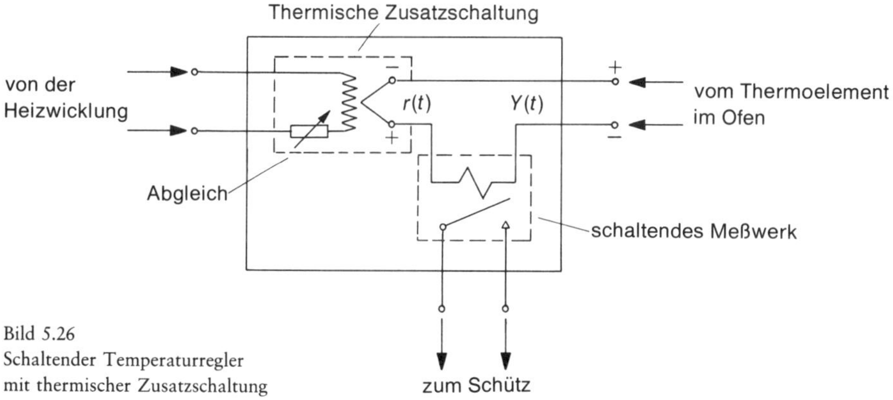

Bild 5.26
Schaltender Temperaturregler
mit thermischer Zusatzschaltung

Die Geräteanordnung von Bild 5.26 enthält eine Hilfsheizwicklung, die abgleichbar ist und deren Temperatur mit einem Thermoelement gemessen wird. Die Summe der Thermospannungen $Y(t) + r(t)$ betätigt ein schaltendes Reglermeßwerk vor dem Leistungssteller, der in Verbindung mit einem Schütz oder rein elektronisch aufgebaut sein kann. Den Teilverläufen in Bild 5.27 kann man deutlich entnehmen, daß die rasche Folge der Umschaltungen durch das Zusammenspiel zwischen dem Meßwerk-

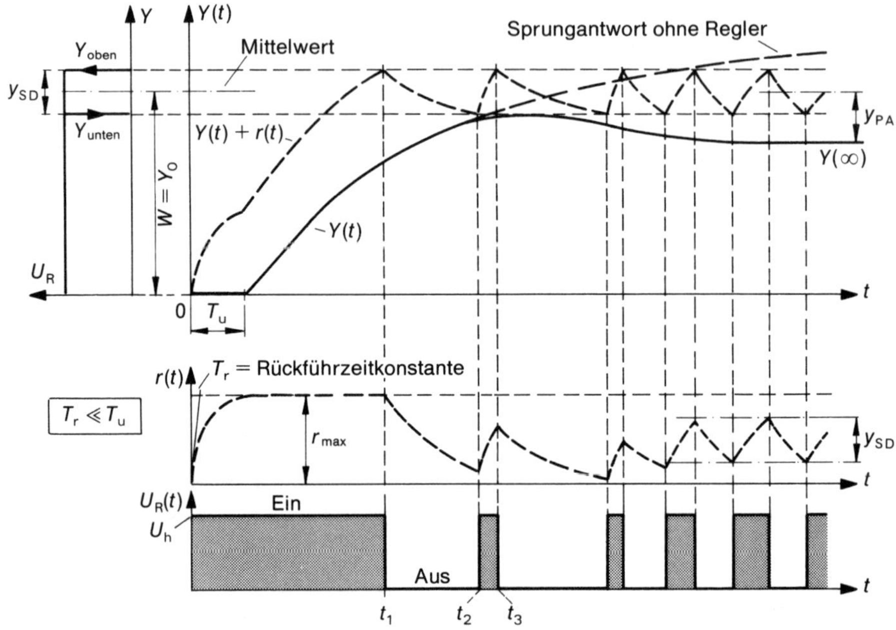

Bild 5.27 Zur Entstehung des Regelvorgangs mit einem Zweipunktregler und thermischer Zusatzschaltung

schalter und der thermisch flinken Hilfsheizwicklung zustande kommt, während die Ofentemperatur als Regelgröße praktisch einen glatten Verlauf zeigt, der auf eine *PD-ähnliche Regelung* schließen läßt. Nach Abklingen eines verhältnismäßig komplizierten Einschwingvorgangs hat die nichtlineare Rückführschwingung genähert die nach außen nicht in Erscheinung tretende Schwingungsdauer

$$T_0 \approx 4 \cdot \frac{y_{SD}}{r_{max}} \cdot T_r,$$

während zwischen dem Sollwert Y_0 und dem stationären Temperaturwert die *Abweichung*

$$y_{PA} = Y_0 - Y(\infty)$$

besteht, die man durch eine Sollwertverschiebung ausgleichen kann. Bild 5.28 zeigt in Blockdarstellung das Zusammenwirken von Strecke, Zusatzschaltung, Zweipunktregler und Leistungssteller.

Auslegung als Regler mit Rückführung

Die gleiche Wirkung erzielt man, wenn man eine naheliegende strukturelle Umformung vornimmt, wonach die Zusatzschaltung die Rolle einer Rückführung entsprechend Bild 5.29 übernimmt. Im Vorwärtskanal liegt der Zweipunktschalter mit der

Bild 5.28
Blockdarstellung des Temperaturregelkreises mit thermischer Zusatzschaltung

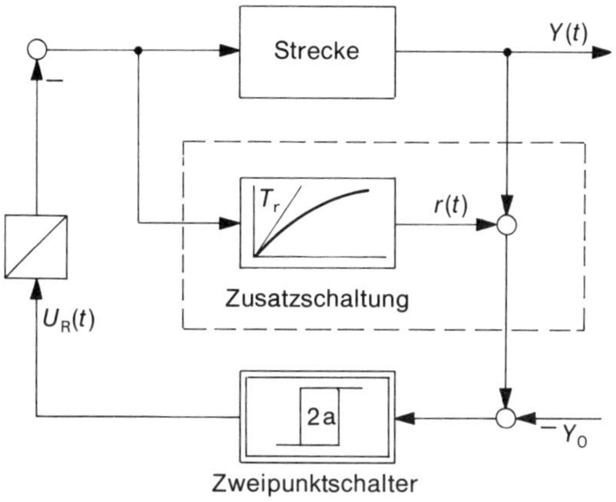

Bild 5.29
Zweipunktschalter mit stetiger Rückführung

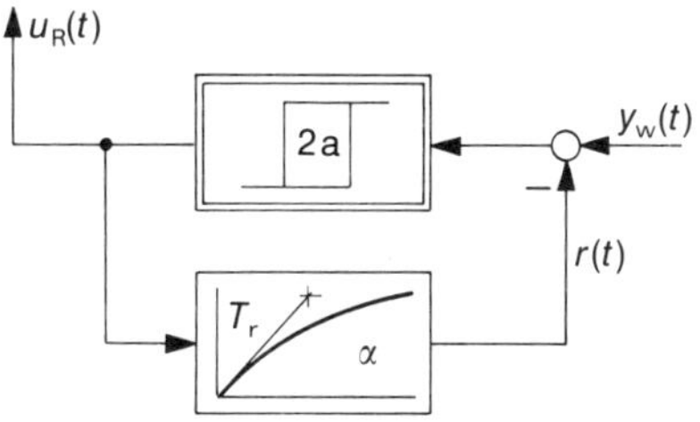

Schaltdifferenz $y_{SD} = 2a$, in der Rückführung eine P-T_1-Schaltung mit der Übertragungsfunktion

$$F_r(s) = \frac{\alpha}{1 + sT_r}.$$

Man kann nun die Arbeitsweise des stetigähnlichen Reglers wie folgt erklären: Die exponentiellen Teilverläufe des Rückführsignals $r(t)$ sind beschränkt auf einen Toleranzbereich der Breite $2a$, dessen Mittellinie von dem zeitlichen Verlauf der Regelabweichung $y_w(t)$ gebildet wird (siehe Bild 5.30). Bei einer technisch guten Auslegung wird die Schaltdifferenz y_{SD} so klein, daß in guter Näherung der *Mittelwert* $\overline{r(t)}$ der Rückführschwingung durch die Regelabweichung $y_w(t)$ ersetzt werden darf. Aus der exakt gültigen Beziehung

$$r(s) = F_r(s) \cdot u_R(s)$$

ergibt sich dann im Rahmen der Näherung

$$y_w(s) \approx F_r(s) \cdot u_R(s)$$

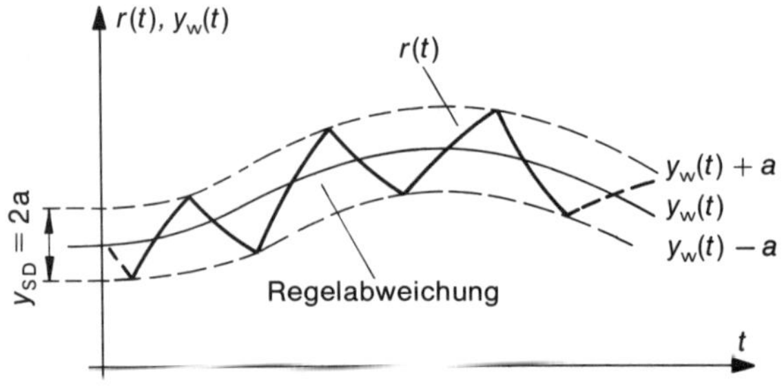

Bild 5.30
Verlauf des Rückführsignals $r(t)$ bei gegebener Regelabweichung und Schaltdifferenz

und daraus die Übertragungsfunktion der Rückführstruktur

$$F_R(s) \approx \frac{1}{F_r(s)}.$$

Dieses Ergebnis *entspricht* der Grenzformel nach Gl. 5.2, die allerdings *aufgrund einer ganz anderen Überlegung* im Bereich der *linearen* Systembeschreibung entstanden ist.

Die im Beispiel verwendete P-T_1-Rückführung ergibt zusammen mit dem schaltenden Element für hinreichend kleine Schaltdifferenz ein quasistetiges PD-Verhalten, näherungsweise charakterisiert durch die Übertragungsfunktion

$$F_R(s) \approx \frac{1}{\alpha} \cdot (1 + sT_r),$$

womit sich die Vermutung bestätigt, die aufgrund des Regelgrößenverlaufs in Bild 5.27 nahegelegen hat.

Mit dieser insgesamt kurzgefaßten Darstellung soll wiederum nur ein Einstieg in die spezielle Literatur über schaltende Regler, die technisch eine große Rolle spielen, ermöglicht werden [15], [26], [27]. Außerdem sollten die Überlegungen an konkreten Beispielen zeigen, wie man die Eigenschaften linearer Systeme mit denjenigen nichtlinearer Elemente verknüpfen kann bzw. muß. Es gibt gerade in der Regelungstechnik noch ganz andere technische und mathematische Kombinationsmöglichkeiten, die jedoch hier nicht behandelt zu werden brauchen; man findet sie in der Fachliteratur unter dem Sammelbegriff «Nichtlineare Regelungen».

5.7 Digitale Regelung

Es gibt zahlreiche Anlagen, bei denen ein Regelungskonzept unter anderen Voraussetzungen als den bisher angenommenen entworfen werden muß. Es kann sein, daß Regelgrößen nicht kontinuierlich anfallen, sondern nur zu diskreten Zeitpunkten als eine Folge von Meßwerten. Weiterhin kann es sein, daß eine kontinuierlich gemessene Regelgröße nur zu bestimmten, diskreten Zeitpunkten sehr kurzzeitig abgefragt wird. Im folgenden sollen beide Möglichkeiten gemeinsam behandelt werden unter der nicht notwendigen, aber den Rechengang vereinfachenden Annahme, daß jeweils eine Folge von Meßwerten in *konstanten zeitlichen Abständen* T in einem Regelungskonzept zu verarbeiten ist:

$$y(0),\ y(T),\ y(2T),\ \ldots,\ y(kT)\,.$$

Diese kurz umrissene Ausgangsposition führt schließlich zu dem weiten Feld der digitalen Regelung und zur Prozeßautomatisierung; aber sie hat historische Vorläufer zu einer Zeit, in der noch kein Gedanke in Richtung einer digitalen Regelung im heutigen Sinn gewiesen hat. Eine der ersten geschlossenen Darstellungen von sogenannten Schrittregelungen findet man bei Oldenbourg und Sartorius; sie beschreiben die Regelvorgänge durch Differenzengleichungen, arbeiten mit der z-Transformation und diskutieren Stabilitätseigenschaften [24].

Der ausschlaggebende Übergang zur digitalen Regelung beginnt mit der Umwandlung der kontinuierlichen Regelgröße $y(t)$ in eine Zahlenfolge $y^*(k)$. In der systematischen Abfolge beginnen die meisten Regelungsaufgaben mit dem Messen der Regelgröße und mit dem Vergleich zwischen Istwert $y(t)$ und Führungsgröße $w(t)$. Wir gehen von einer Anordnung nach Bild 5.31 aus, wo der Regler mit der abgetasteten Regelgröße $y^*(k) \mathrel{\hat{=}} y(kT)$ und einer entsprechenden Führungsgröße $w^*(k)$ eingespeist wird.

Nach diesen einleitenden Bemerkungen bestehen zwei verschiedene Zugänge zur digitalen Regelung, die im folgenden in ihren wesentlichen Zügen entwickelt werden.

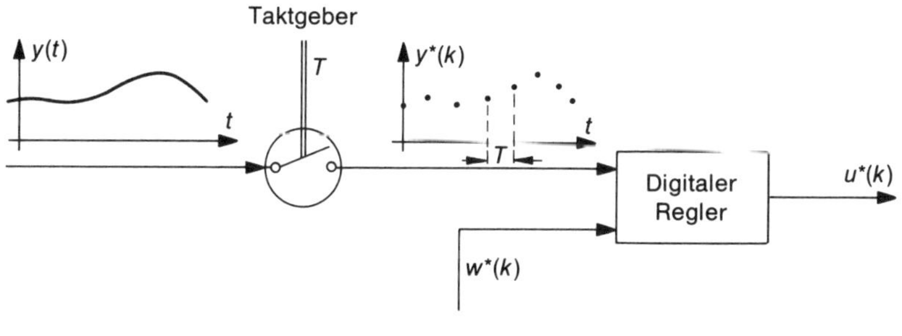

Bild 5.31 Die beteiligten Signale zur Einführung eines digitalen Reglers

5.7.1 Digitale Simulation kontinuierlicher Systeme

Ausgangspunkt ist der Abtastregelkreis nach Bild 5.32, wobei von einem zunächst kontinuierlich gedachten Reglertyp ausgegangen wird, der aber zur Verarbeitung diskreter Signalwerte $y(kT)$ bzw. Zahlenfolgen $y^*(k)$ digital auszulegen ist. Dies erfordert die Simulation des kontinuierlichen Reglers mit Hilfe eines Digitalrechners unter Echtzeitbedingungen. Für die folgenden Überlegungen wird das Abtastintervall T möglichst klein gewählt, so daß quasikontinuierliche Verhältnisse vorliegen.

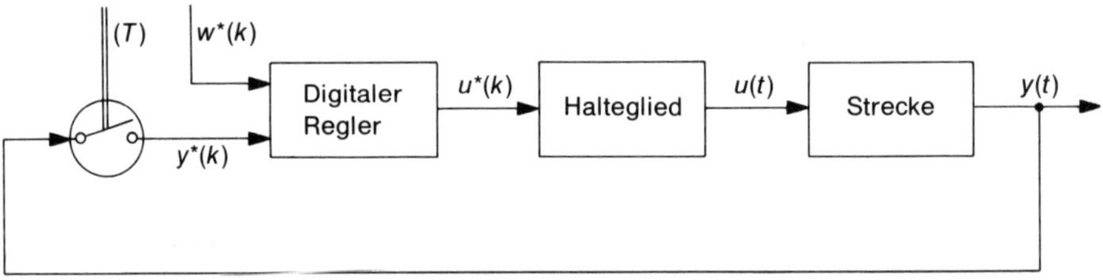

Bild 5.32 Regelkreis mit kontinuierlicher Strecke und digitalem Regler

Es sind zwei Aufgaben zu erfüllen: Die kontinuierliche Integration muß durch einen Algorithmus approximiert werden; der Regler liefert eine entsprechende Folge $u^*(k)$, mit der man nicht unmittelbar die kontinuierlich arbeitende Strecke ansteuern kann. Daraus ergibt sich die zweite Aufgabe, nämlich die Umwandlung der Folge $u^*(k)$ durch einen geeigneten Interpolator in eine Stufenfunktion $u(t)$. Der physikalische Hintergrund besteht darin, daß eine Zahlenfolge $u^*(k)$ nur Informationsinhalt besitzt, keinen Leistungsinhalt.

Numerische Integration

Von den möglichen Integrationsformeln bevorzugen wir hier die Trapezregel [25]. Danach ergibt sich mit Bild 5.33 eine Näherung für den Zusammenhang

$$u(kT) = u[(k-1)\,T] + \int\limits_{(k-1)\,T}^{kT} y(\tau)\,\mathrm{d}\tau\,,$$

beschreibbar durch die rekursive Differenzengleichung

$$u(kT) \approx u[(k-1)\,T] + \frac{T}{2} \cdot \{y(kT) + y[(k-1)\,T]\}\,, \qquad \text{(Gl. 5.3)}$$

die trotz ihres Näherungscharakters im folgenden mit dem Gleichheitszeichen angesetzt wird.

Ähnlich wie im kontinuierlichen Fall vereinfachen sich auch im diskreten die Entwurfsverfahren, wenn man die Differenzengleichungen einer Transformation unterwirft. Für Zahlenfolgen $y^*(k)$ verwendet man die z-Transformation

$$\mathscr{Z}\{y^*(k)\} = \sum_{k=0}^{\infty} y^*(k) \cdot z^{-k} \equiv y^*(z)\,. \qquad \text{(Gl. 5.4)}$$

Bild 5.33
Grafische Interpretation der Trapezregel

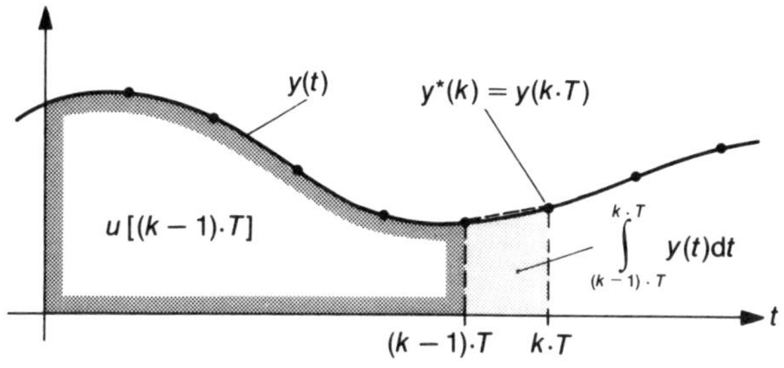

Ihre Anwendung auf die Differenzengleichung (Gl. 5.3) ergibt

$$u^*(z) = u^*(z) \cdot z^{-1} + \frac{T}{2} \cdot y^*(z) \cdot (1 + z^{-1}),$$

und daraus folgt die z-Übertragungsfunktion

$$\frac{u^*(z)}{y^*(z)} = \frac{T}{2} \cdot \frac{z+1}{z-1}$$

des digitalen Integrators. Damit spielt diese Übertragungsfunktion im Diskreten die entsprechende Rolle wie $1/s$ im Kontinuierlichen, und man kann im Sinne der obigen Näherung aus einer Übertragungsfunktion $F(s)$ durch die Substitution

$$s = \frac{2}{T} \cdot \frac{z-1}{z+1} \quad \text{(Tustin-Formel)} \qquad \text{(Gl. 5.5)}$$

die zugehörige z-Übertragungsfunktion $F^*(z)$ gewinnen.

5.7.2 Digitale Realisierung von Reglern

Geht man aus von der Übertragungsfunktion des in der Praxis weit verbreiteten stetigen PI-Reglers

$$F_{\mathbf{R}}(s) = K_{\mathbf{PR}} \cdot \frac{1 + sT_{\mathbf{N}}}{sT_{\mathbf{N}}},$$

so erhält man mit der Tustin-Formel nach kurzer Zwischenrechnung die z-Übertragungsfunktion

$$F_{\mathbf{R}}^*(z) = \frac{b_1 + b_0 \cdot z^{-1}}{1 + c_0 \cdot z^{-1}} \qquad \text{(Gl. 5.6)}$$

mit den Koeffizienten

$$b_1 = K_{\mathbf{PR}} \cdot \left(1 + \frac{T}{2\,T_{\mathbf{N}}}\right), \quad b_0 = -K_{\mathbf{PR}} \cdot \left(1 - \frac{T}{2\,T_{\mathbf{N}}}\right), \quad c_0 = -1.$$

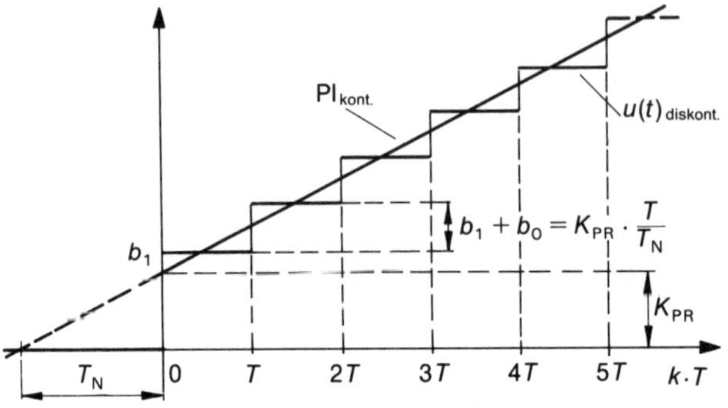

Bild 5.34
Übergangsfunktion des diskreten PI-Reglers

Die Übergangsfunktion des diskontinuierlichen PI-Reglers ist zusammen mit der des kontinuierlichen in Bild 5.34 eingezeichnet. Man kann Gl. 5.6 leicht in eine Differenzengleichung überführen. Da die Multiplikation mit z^{-1} einer *Rücksetzung* um ein Abtastintervall im Zeitbereich entspricht, findet man aus

$$u^*(z) = -c_0 \cdot z^{-1} \cdot u^*(z) + b_0 \cdot z^{-1} \cdot y^*(z) + b_1 \cdot y^*(z)$$

die Differenzengleichung

$$u^*(k) = -c_0 \cdot u^*(k-1) + b_0 \cdot y^*(k-1) + b_1 \cdot y^*(k), \qquad \text{(Gl. 5.7)}$$

wobei die Werte u^* und y^* zum Abtastzeitpunkt $(k-1) \cdot T$ im Rechner gespeichert werden müssen. Die gewonnenen Ergebnisse führen auf die in Bild 5.35 gezeigte Struktur: Während ein kontinuierliches System 1. Ordnung *einen Energiespeicher* enthält, tritt bei der Beschreibung durch Differenzengleichungen *ein Informationsspeicher* auf; damit wird im folgenden ein Zugang zur Zustandsbeschreibung diskreter Systeme hergestellt.

Zuvor wird noch eine Übertragungsfunktion untersucht, die zu weiteren Reglertypen führt. Aus Abschnitt 2.5.3 ist entsprechend Gl. 2.11 die Übertragungsfunktion der allgemeinen Form

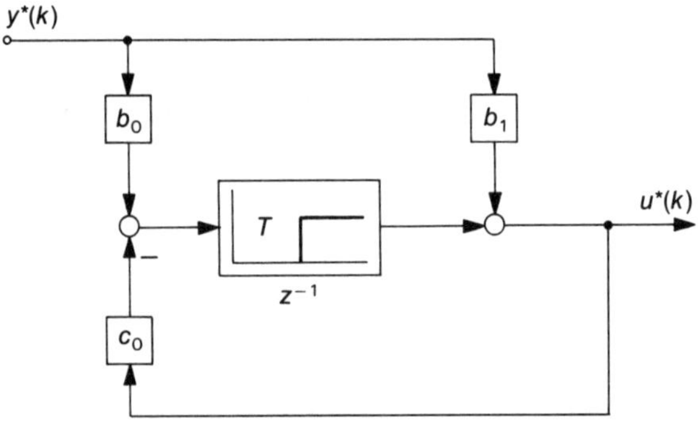

Bild 5.35
Grundstruktur zu einem Regelalgorithmus 1. Ordnung

$$F(s) = \frac{\beta_1 + \beta_0 \cdot s}{\gamma_1 + \gamma_0 \cdot s} \qquad \text{(Gl. 5.8)}$$

bekannt, mit der folgende kontinuierlichen Systemtypen erfaßt werden:

$\beta_1 = 1, \gamma_1 = 0, \quad \beta_0 = \gamma_0$: PI-Verhalten,

$\beta_1 = \gamma_1 = 1, \quad \beta_0 < \gamma_0$: PP-$T_1$-Verhalten,

$\beta_0 > \gamma_0$: PD-T_1-Verhalten,

$\beta_1 = 0, \gamma_1 = 1$: D-$T_1$-Verhalten,

$\beta_0 = \gamma_1 = 0$: I-Verhalten.

Mit diesen Elementen läßt sich prinzipiell auch ein PID-Regler beschreiben, dessen Übertragungsfunktion durch

$$F_{\mathrm{R}}(s) = K_{\mathrm{PR}} \cdot \left\{1 + \frac{1}{sT_{\mathrm{N}}} + \frac{sT_{\mathrm{V}}}{1 + sT_{\mathrm{R}}}\right\}$$

gegeben ist; praktisch wird man die Realisierung jedoch etwas anders vornehmen als es diese Form nahelegt. Im Rahmen der angegebenen Näherung für die numerische Integration lassen sich die fünf zusammengestellten Verhaltensweisen und ihre Linearkombinationen durch den Algorithmus 1. Ordnung mit der Übertragungsfunktion nach Gl. 5.6 nachbilden; auf Besonderheiten der Realisierung wird im Rahmen dieser allgemeinen Überlegungen nicht eingegangen.

Regelalgorithmen höherer Ordnung

Im Hinblick auf die vielfältigen Möglichkeiten der digitalen Signalverarbeitung und auf den Einsatz von Mikroprozessoren und Prozeßrechnern sollte man sich schon an dieser Stelle nicht mehr an die klassischen Reglertypen gebunden fühlen; hinzu kommen noch die in Kapitel 7 zu behandelnden allgemeineren Konzepte der Zustandsregelung mit Beobachtern, so daß der Begriff «Regler» für die folgenden Überlegungen *nicht* mehr im klassisch abgegrenzten Sinn zu verstehen ist. Die Ordnung des besprochenen Algorithmus wird jetzt um eins erhöht, aber es wird kein bestimmter Reglertyp festgelegt. Da sich innerhalb der Struktur ein zusätzlicher Informationsspeicher in Gestalt eines zweiten Verschiebegliedes befindet, ist eine Zustandsdarstellung angebracht. Zu der in Bild 5.36 gezeigten Struktur kann man diese Darstellung unmittelbar angeben; mit der Kennzeichnung eines Verschiebegliedes in der Form

$$V_{-}\{x^*(k)\} = x^*(k-1)$$

erhält man unter Verwendung der Zustandsgrößen $x_1{}^*$ und $x_2{}^*$:

$$x_1{}^*(k) = V_{-}\{x_2{}^*(k) - c_1\, u^*(k) + b_1 \cdot y^*(k)\},$$
$$x_2{}^*(k) = V_{-}\{\qquad - c_0\, u^*(k) + b_0 \cdot y^*(k)\},$$
$$u^*(k) = x_1{}^*(k) + b_2 \cdot y^*(k).$$

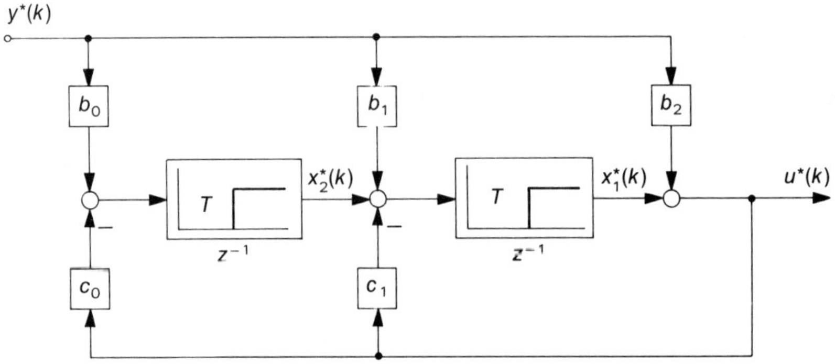

Bild 5.36 Grundstruktur zu einem Regelalgorithmus 2. Ordnung

Die Verschiebung aller k um einen Schritt führt zur Elimination des Operators V_-, und die beiden ersten Gleichungen nehmen folgende Formen an:

$$\begin{aligned} x_1{}^*(k+1) &= -c_1 x_1{}^*(k) + x_2{}^*(k) + (b_1 - c_1 b_2) \cdot y^*(k)\,, \\ x_2{}^*(k+1) &= -c_0 x_1{}^*(k) \qquad\qquad + (b_0 - c_0 b_2) \cdot y^*(k)\,. \end{aligned} \qquad \text{(Gl. 5.9)}$$

Führt man den Spaltenvektor

$$\boldsymbol{x}^*(k) = \begin{bmatrix} x_1{}^*(k) \\ x_2{}^*(k) \end{bmatrix}$$

ein, so ergibt sich die geläufige Zustandsbeschreibung

$$\boldsymbol{x}^*(k+1) = \begin{bmatrix} -c_1 & 1 \\ -c_0 & 0 \end{bmatrix} \cdot \boldsymbol{x}^*(k) + \begin{bmatrix} b_1 - c_1 b_2 \\ b_0 - c_0 b_2 \end{bmatrix} \cdot y^*(k)\,, \qquad \text{(Gl. 5.10a)}$$

$$u^*(k) = [1 \quad 0] \cdot \boldsymbol{x}^*(k) + b_2 \cdot y^*(k)\,. \qquad \text{(Gl. 5.10b)}$$

Abschließend wird noch die zugehörige z-Übertragungsfunktion der Regelalgorithmen 2. Ordnung berechnet. Von der Zustandsbeschreibung durch die Gleichungen 5.10a und 5.10b gelangt man nach einer kurzen Zwischenrechnung zu der Differenzengleichung

$$u^*(k+2) + c_1 u^*(k+1) + c_0 u^*(k) = b_0 \cdot y^*(k) + b_1 \cdot y^*(k+1) + b_2 \cdot y^*(k+2),$$

und man erhält durch z-Transformation mit der Verschiebungskorrespondenz [25]

$$\mathscr{Z}\{x^*(k-n)\} = z^{-n} \cdot x^*(z)$$

das Zwischenergebnis

$$u^*(z) \cdot [z^2 + c_1 z + c_0] = y^*(z) \cdot [b_0 + b_1 z + b_2 z^2]$$

und daraus die z-Übertragungsfunktion von $y^*(z)$ nach $u^*(z)$:

$$F^*(z) = \frac{b_0 + b_1 z + b_2 z^2}{c_0 + c_1 z + z^2}. \qquad \text{(Gl. 5.11)}$$

Zum Halteglied nullter Ordnung

In Abschnitt 5.7.1 wurde schon darauf hingewiesen, daß man mit einer Ziffernfolge als Ausgangsinformation eines Digitalreglers kein Stellglied zur Beeinflussung einer Strecke *leistungsmäßig* betätigen kann.

Es besteht also die Aufgabe, einem Zahlenwert $u^*(k)$ im Intervall $(k-1) \cdot T \leqq t \leqq kT$ ein analoges Stellsignal $u(t) = \alpha \cdot u^*(k-1)$ zuzuordnen. Ein technisches Gebilde, das dies leistet, nennt man ein Halteglied nullter Ordnung; die gebräuchlichen Digital-Analog-Umsetzer realisieren gerade diese Aufgabe.

Es gibt auch Interpolatoren höherer Ordnung, die weitere Ziffernwerte aus der Vergangenheit zur Bildung eines Stellsignals $u(t)$ verarbeiten, das in dem jeweiligen Intervall nicht mehr konstant ist. Dabei entstehen aber Phasenverschiebungen, die sich im geschlossenen Regelkreis destabilisierend auswirken können.

Man kann sich die getrennte Beschreibung des Haltegliedes sparen, wenn man wie in Abschnitt 5.7.3 beschrieben vorgeht; damit wird die anfangs erwähnte *zweite Darstellungsmöglichkeit* vorgestellt.

5.7.3 Diskrete Beschreibung von Halteglied und Strecke mit Abtaster

Die strichlierte Trennungslinie in Bild 5.37 macht deutlich, daß Halteglied, Strecke und Abtaster als *Einheit* ebenfalls als ein digital arbeitendes System aufgefaßt werden können [48]. Am Eingang liegt die Zahlenfolge $u^*(k)$ an, und am Ausgang entsteht die Zahlenfolge $y^*(k)$. Daher ist es sinnvoll, diese drei Bestandteile des Regelkreises durch eine Übertragungsfunktion

$$F^*(z) = \frac{y^*(z)}{u^*(z)} \qquad \text{(Gl. 5.12)}$$

zu beschreiben.

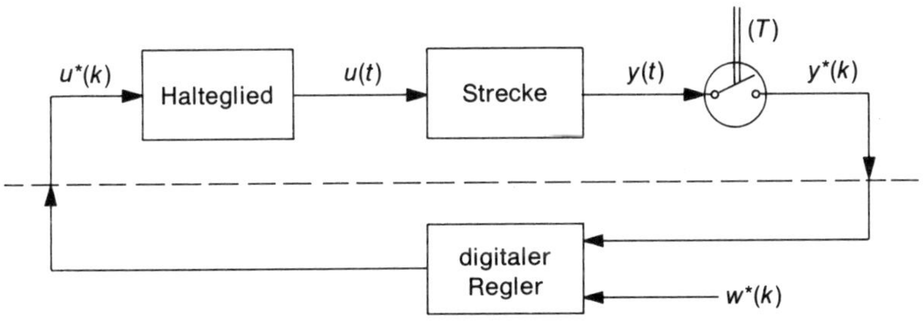

Bild 5.37 Vollständiger digitaler Regelkreis

Mit der Signalabfolge $u^*(k) \rightarrow$ stufenförmiges Stellsignal $u(t) \rightarrow$ Regelgröße $y(t) \rightarrow$ Ziffernfolge $y^*(k)$ ist die Vorgehensweise festgelegt. Da das Halteglied nullter Ordnung eine Ziffernfolge $u^*(k)$ in eine Stufenfunktion $u(t)$ umwandelt, interessiert die Reaktion der Strecke auf *sprungförmige* Eingangssignale, also eine regelungstechnisch geläufige Fragestellung. Die Gesamtantwort der Strecke ist folglich das Ergebnis der Zusammensetzung zeitlich verschobener Sprungantworten.

Im einzelnen sind folgende Schritte zu vollziehen:

☐ Als Eingangsgröße wählt man das Abtastergebnis einer Sprungfunktion $u(t) = 1(t)$, also die Folge $1(k) = 1$ für $k = 0, 1, 2, \ldots$, und die $\mathscr{Z}$-Transformation ergibt

$$u^*(z) = \sum_{k=0}^{\infty} z^{-k}.$$

Nach dem Cauchyschen Kriterium hat diese Summe für $|z| > 1$ den Wert

$$u^*(z) = \frac{1}{1 - z^{-1}} = \frac{z}{z-1}.$$

☐ Im zweiten Schritt berechnet man in gewohnter Weise die Sprungantwort $y(t)$ der Strecke für $u(t) = 1(t)$, und mit der Laplace-Transformierten $1/s$ für die Sprungfunktion $1(t)$ entsteht die Streckenreaktion

$$y(t) = \mathscr{L}^{-1}\left\{\frac{1}{s} \cdot F(s)\right\}$$

als kontinuierliches Signal vor dem Abtaster.

☐ Durch den Abtaster wird $y(t)$ in eine Zahlenfolge $y^*(k) = y(t = kT)$ verwandelt:

$$y^*(k) = \mathscr{L}^{-1}\left\{\frac{1}{s} \cdot F(s)\right\}\Bigg|_{t = k \cdot T}.$$

☐ Die Zahlenfolge $y^*(k)$ wird der $\mathscr{Z}$-Transformation unterworfen, d.h.

$$y^*(z) = \mathscr{Z}\left[\mathscr{L}^{-1}\left\{\frac{1}{s} \cdot F(s)\right\}\Bigg|_{t = k \cdot T}\right]. \qquad \text{(Gl. 5.13)}$$

Damit ist die gesuchte Übertragungsfunktion bestimmt, denn der Ansatz nach Gl. 5.12 liefert mit

$$u^*(z) = \frac{z}{z-1}$$

die z-Übertragungsfunktion

$$F^*(z) = \mathscr{Z}\left[\mathscr{L}^{-1}\left\{\frac{1}{s} \cdot F(s)\right\}\Bigg|_{t = k \cdot T}\right] \cdot \frac{z-1}{z}. \qquad \text{(Gl. 5.14)}$$

Im Unterschied zu den Ergebnissen von Abschnitt 5.7.2 kann mit der Streckenbeschreibung nach Gl. 5.14 das Stabilitätsverhalten des geschlossenen Regelkreises exakt ermittelt werden. Zur Beschreibung der Kreisstruktur wird nach den gleichen Regeln verfahren wie im kontinuierlichen Fall.

Zur Beachtung

- □ Eine gesonderte Beschreibung des Haltegliedes nullter Ordnung ist bei dem letztbeschriebenen Verfahren nicht erforderlich, weil es in der gesamten Kette zwischen $u^*(k)$ und $y^*(k)$ enthalten und berücksichtigt ist.
- □ Die analytische Beschreibung von Abtastsystemen hängt davon ab, *an welcher Stelle* abgetastet wird, gegebenenfalls auch davon, an wie vielen Stellen (synchrone) Abtastungen erfolgen. Eine Verlagerung der Taster führt im allgemeinen auf eine andere z-Übertragungsfunktion, worauf man insbesondere bei der Berechnung der Gesamtübertragungsfunktion eines Regelkreises zu achten hat [16].

5.7.4 Zustandsdarstellung diskret beschriebener Regelstrecken

Lineare *zeitkontinuierliche* Strecken mit einem Eingang $u(t)$ und einem Ausgang $y(t)$ werden beschrieben durch die beiden Gleichungen

$$\dot{\boldsymbol{x}}(t) = \boldsymbol{A} \cdot \boldsymbol{x}(t) + \boldsymbol{b} \cdot u(t)\,,$$

$$y(t) = \boldsymbol{c}^{\mathrm{T}} \cdot \boldsymbol{x}(t)\,,$$

wobei die Zustandsgrößen und die zugehörigen Matrizen jeweils problemangepaßt gewählt werden können. In den Abschnitten 2.4 und 2.5 wurde gezeigt, wie man die allgemeine Lösung der Gleichungen gewinnt. So ergab sich durch Laplace-Transformation die Gl. 2.4:

$$\boldsymbol{x}(s) = (s \cdot \boldsymbol{I} - \boldsymbol{A})^{-1} \cdot \boldsymbol{x}_0 \;+\; (s \cdot \boldsymbol{I} - \boldsymbol{A})^{-1} \cdot \boldsymbol{b} \cdot u(s)$$

und im Zeitbereich

$$\boldsymbol{x}(t) = \mathrm{e}^{\boldsymbol{A} \cdot t} \cdot \boldsymbol{x}_0 \;+\; \int_0^t \mathrm{e}^{\boldsymbol{A} \cdot (t-\tau)} \cdot \boldsymbol{b} \cdot u(\tau)\,\mathrm{d}\tau\,.$$

Der Übergang zur *zeitdiskreten* Streckenbeschreibung beginnt mit einem im Intervall $kT \leqq t < (k+1)\,T$ konstanten Eingangssignal $u(t) = u(kT)$. Ist die zugehörige Lösung $\boldsymbol{x}(kT)$ bekannt, so ergibt sich zu dem Zeitpunkt $t = (k+1)\,T$:

$$\boldsymbol{x}[(k+1)\,T] = \mathrm{e}^{\boldsymbol{A} \cdot T} \cdot \boldsymbol{x}(kT) \;+\; u(kT) \cdot \int_0^t \mathrm{e}^{\boldsymbol{A} \cdot \tau} \cdot \boldsymbol{b}\,\mathrm{d}\tau\,.$$

Beschreibt man die Signale nur zu den Abtastzeitpunkten $t = kT$, so kann man das Ergebnis in Gestalt der folgenden *Vektor-Differenzengleichung* angeben:

$$\boldsymbol{x}^*(k+1) = \boldsymbol{A}^* \boldsymbol{x}^*(k) + \boldsymbol{b}^* u^*(k)$$

mit den Matrizen

$$\boldsymbol{A}^* = e^{\boldsymbol{A}T} \quad \text{und} \quad \boldsymbol{b}^* = \int_0^t e^{\boldsymbol{A}\tau} \cdot \boldsymbol{b} \, d\tau .$$

Die Ausgangsgleichung wird zu

$$y^*(k) = \boldsymbol{c}^T \cdot x^*(k)$$

mit unveränderter Matrix $\boldsymbol{c}^T$.

Hinweise

- ☐ Durch den Abtastvorgang werden die *Spektren* der kontinuierlichen Signale verändert, weil eine Modulation mit der Abtastfrequenz vorliegt.
- ☐ Bevor abgetastet wird, muß eine *Bandbegrenzung* auf die halbe Abtastfrequenz vorgenommen werden, oder es muß sichergestellt sein, daß das Meßsignal eine entsprechende Bandbreite besitzt.
- ☐ Bei praktischen Realisierungen werden oft Sollwerte in digitaler Form vorgegeben (wie in den Bildern 5.32 und 5.37).
- ☐ In Verbindung mit übergeordneten Prozeßleitsystemen werden An- und Abfahrprogramme mit eingebracht (Abschnitt 5.5.3).
- ☐ Bei der Reglerdimensionierung ist zu beachten, daß das *Stabilitätsgebiet* für den diskret arbeitenden Regelkreis das Innere des Einheitskreises in der z-Ebene ist [16]. Die Festlegung von Reglerparametern kann dann mit Hilfe der Wurzelortskurven anhand der charakteristischen Gleichung

  $$1 + F_S^*(z) \cdot F_R^*(z) = 0$$

  vorgenommen werden.
- ☐ Ausgehend von dem allgemeinen Ansatz

  $$F_R^*(z) = \frac{Z_R^*(z)}{N_R^*(z)}$$

  kann man *Zustandsregler* ähnlich wie im Frequenzbereich für kontinuierlich arbeitende Regelkreise entwerfen; im Zeitbereich entsprechen sich die Entwurfsverfahren unmittelbar. Die verschiedenen Möglichkeiten werden in Kapitel 7 behandelt.

6 Allgemeinere Regelungskonzepte

Die Wirkungsgrenzen des einschleifigen Regelkreises haben schon frühzeitig zu verschiedenartigen Erweiterungen geführt, lange bevor die heutigen systematischen Verfahren entwickelt waren. Die folgende Zusammenstellung wird unter dem Aufteilungsgesichtspunkt vorgenommen, daß man einen einschleifigen Regelkreis entweder durch äußere Maßnahmen entlasten oder durch Eingriffe in seine Dynamik bessere Regelungsergebnisse erzielen kann.

Ausgangsbasis sind betriebliche Regelstrecken, bei denen mehrere Meßstellen und/oder mehrere Stellmöglichkeiten vorhanden sind; ferner werden vorläufig keine anderen Reglertypen eingesetzt als in einschleifigen Strukturen.

6.1 Vorregelung

Wie schon mehrfach erwähnt, gehört zur Entwicklung eines Regelungskonzeptes die *Abschätzung von Störgrößen*, die auf die Anlage einwirken. Wenn man ihren Einfluß – wenigstens in einem Gedankenexperiment – ausschalten könnte, noch bevor er überhaupt zur Wirkung kommt, bliebe im Grenzfall kein Regelungsproblem mehr bestehen. Dieser Denkansatz führt zu der besonders bei verfahrenstechnischen Anlagen weit verbreiteten Vorregelung für Störgrößen mit folgenden Eigenschaften:

- □ Die Störgröße muß *meßbar und beeinflußbar* sein, d.h. regelbar im technischen Sinn.
- □ Ihr Einfluß auf das Regelergebnis muß so deutlich ausgeprägt sein, daß sich der Aufwand für eine gezielte Herabsetzung ihres Einflusses lohnt.

Anhand von Bild 6.1 lassen sich diese Vorüberlegungen schärfer formulieren. Der in der rechten Bildhälfte gezeigte *Hauptregelkreis* unterliegt ursprünglich einer Störgröße $Z(t)$ mit einem sehr großen Störbereich Z_h, der beispielsweise schon die linearisierte Beschreibung des Hauptregelkreises in der Umgebung eines Betriebspunktes verbieten kann. Eine typische technische Anwendung zeigt der Ausschnitt aus dem Verfahrensplan einer Kolonne gemäß Bild 6.2. Hier zeigt einer der Einsatzstoffe große Schwankungen des Volumenstroms und der Temperatur, erfaßt mit den Meßwertaufnehmern M_1 bzw. M_2. Der Regler R_1 beeinflußt den Volumenstrom über das Stellventil V_1, während der Regler R_2 den Heizmittelzufluß des Vorwärmers über V_2 verstellt. Die Kolonne wird also mit dem zweifach vorgeregelten Einsatzstoff E_1 beschickt. Im allgemeinen werden an derartige Vorregelkreise keine besonderen

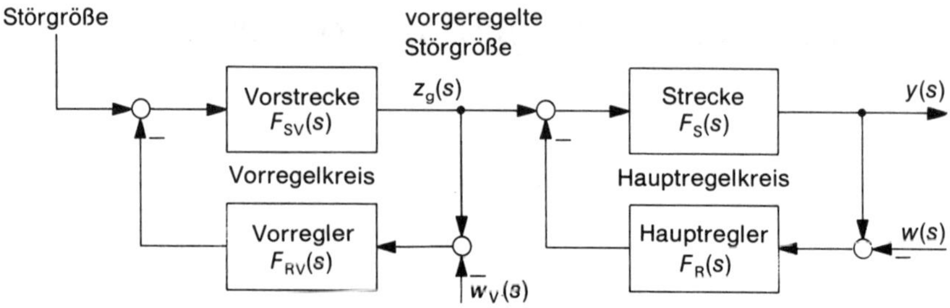

Bild 6.1 Regelkreis mit Vorregelung einer Störgröße

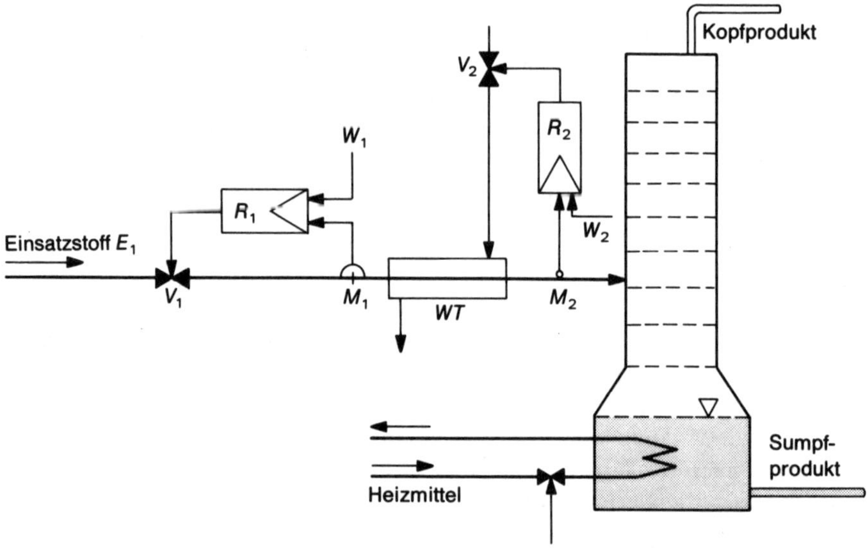

Bild 6.2 Zweifach-Vorregelung eines Einsatzstoffes bei einer Kolonne

dynamischen Anforderungen gestellt; sie arbeiten oft mit einfachen P-Reglern und regeln den jeweiligen Störbereich auf einige Prozente zurück. Mit einer solchen Maßnahme werden oft erst die Voraussetzungen für eine linearisierte Beschreibung des Hauptregelkreises geschaffen. Insofern hat die Vorregelung sehr wohl einen Einfluß auf die Dynamik des Hauptregelkreises.

6.2 Störgrößenaufschaltung

Es gibt eine weitere Möglichkeit, den Einfluß einer dominierenden Störgröße auf einen Regelkreis deutlich herabzusetzten, im Grenzfall sogar zu beseitigen.

Die Anforderungen an die Störgröße können gegenüber der Vorregelung sogar noch abgeschwächt werden, denn es wird *nur noch die Meßbarkeit* der Hauptstörgröße vorausgesetzt. Die bekanntesten Störeinflüsse dieser Art bilden Schwankungen der Außentemperatur, die meßbar, aber nicht verstellbar ist. Bild 6.3 zeigt einen Regelkreis, auf den die Störgröße Z über einen Streckenabschnitt mit $F_1(s)$ bei der Additionsstelle 2 einwirkt. Die Störgröße wird von dem Meßwertaufnehmer M erfaßt und über ein Steuergerät mit der Übertragungsfunktion $F(s)$ an der Additionsstelle 1,

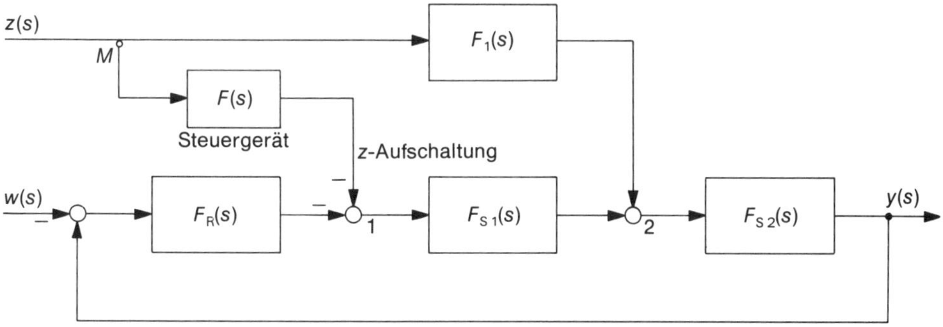

Bild 6.3 Grundstruktur der Störgrößenaufschaltung

etwa einem Stellventil, aufgeschaltet. Ohne analytischen Ansatz kann man einige Eigenschaften der z-Aufschaltung anhand des Blockschaltbildes erkennen:

- ☐ Durch das Einbringen der zusätzlichen Elemente entsteht *keine weitere Regelschleife*; dies ist für den praktischen Einsatz von großer Bedeutung, weil die Kreisdynamik nicht verändert wird. Theoretisch nicht erfaßbare Einflüsse werden in der Praxis durch Nachjustieren der Reglerkennwerte beseitigt.
- ☐ Die Gesamtstruktur ist offenbar eine Kombination aus *Regelung* und *Steuerung* ohne Rückmeldung. Hieraus folgt wiederum ohne Rechnung, daß das Steuergerät keinen integrierenden Anteil haben darf.
- ☐ An der Additionsstelle 2 kommen zwei Signalanteile zusammen, die je einen Einfluß von z enthalten. Die Wirkung der z-Aufschaltung wird von den Übertragungseigenschaften der beiden Kanäle abhängen, die von z zu dieser Additionsstelle 2 führen; hieraus werden sich Forderungen für die Auslegung des Steuergerätes ergeben.
- ☐ Bei günstiger Auslegung kann man wenigstens im eingeschwungenen Zustand eine *Kompensation* der Störanteile erwarten; wäre diese unabhängig von der Zeit stets gewährleistet, so könnte man – auf den ersten Blick – auf die Regelung überhaupt

verzichten. In der Realität ist aber erstens eine ideale Kompensation durch diese Art von z-Aufschaltung nicht möglich, zweitens wird die Regelung für die Herabsetzung zusätzlicher Störeinflüsse benötigt. Das Führungsverhalten des Regelkreises bleibt bei der gewählten Struktur unverändert.

Analytische Beschreibung

Die qualitativen Vorbemerkungen lassen sich quantitativ formulieren, wenn man die Störübertragungsfunktion der Anordnung untersucht. Anhand von Bild 6.3 liest man ohne Zwischenrechnung ab:

$$F_z(s) = \frac{F_1(s) \cdot F_{S2}(s) - F(s) \cdot F_{S1}(s) \cdot F_{S2}(s)}{1 + F_0(s)}.$$

Bei ausgeschalteter bzw. unterbrochener Steuerstrecke stellt sich also das normale Störverhalten des Regelkreises ein. Durch einfache Umformung erhält man

$$F_z(s) = \frac{F_{S2}(s)}{1 + F_0(s)} \cdot [F_1(s) - F(s) \cdot F_{S1}(s)],$$

und der z-Einfluß würde vollständig verschwinden, wenn man ein Steuergerät mit der Übertragungsfunktion

$$F(s) = \frac{F_1(s)}{F_{S1}(s)}$$

realisieren könnte. An dieser Auslegungsvorschrift erkennt man auch, warum die Ordnung von $F_{S1}(s)$ nicht höher sein darf als die von $F_1(s)$, denn die *Pole* von $F_{S1}(s)$ werden zu *Nullstellen* von $F(s)$.

Im folgenden wird der Fall erläutert, in dem $F_1(s)$ und $F_{S1}(s)$ je von 1. Ordnung sind. Bei im allgemeinen unterschiedlichen Zeitkonstanten T_1 und T_{S1} wird

$$F(s) = \frac{1 + sT_{S1}}{1 + sT_1},$$

und die technische Realisierung führt nach den ausführlichen Überlegungen zu diesem Typ von Übertragungsfunktion in Abschnitt 2.5.3 auf folgende Möglichkeiten des Zeitverhaltens für das Steuergerät:

$$T_{S1} > T_1: \text{ PD-T}_1\text{-Verhalten},$$

$$T_{S1} < T_1: \text{ PP-T}_1\text{-Verhalten}$$

mit den Übergangsfunktionen von Bild 2.7. Ein technisches Beispiel ist in Bild 6.8 enthalten; im übrigen spielen in den Anwendungen Steuergeräte mit einfachem Proportionalverhalten durchaus eine Rolle.

6.3 Kaskadenregelung

Die bisher besprochenen Ergänzungsmöglichkeiten für einen einschleifigen Regelkreis beschränken sich auf Maßnahmen *außerhalb* des Kreises. Im folgenden steht das Zusammenwirken zweier Regelkreise zur Diskussion, die man in verschiedenen, aber ähnlich wirksamen Strukturen aufbauen kann.

6.3.1 Allgemeine Eigenschaften

Bei zahlreichen Regelungen der Verfahrenstechnik und der Antriebstechnik besteht die Möglichkeit, eine zusätzliche Meßgröße in das Regelungskonzept einzubeziehen und damit eine zweite Regelschleife zu bilden (Bild 6.4). Die Auswirkung einer solchen Maßnahme auf die Regelgüte hängt von folgenden Gesichtspunkten ab:

- ☐ Eintrittsorte der Störgrößen;
- ☐ Verzögerungen der Streckenabschnitte, gekennzeichnet durch $F_{S1}(s)$ und $F_{S2}(s)$.
- ☐ Möglichst günstige Anordnung des Meßfühlers für y_h. Wenn z_1 die Hauptstörgröße ist, sollte die Meßstelle für y_h möglichst nahe am Eintrittsort von z_1 angebracht werden.
- ☐ Die Hilfsregelgröße y_h muß mit dem gleichen Vorzeichen auf den Folgeregler geschaltet werden wie die Ausgangsgröße des Führungsreglers, damit keine Teilkompensation beider Einflüsse und folglich keine falsche Regelabweichung am Eingang des Folgereglers vorgetäuscht wird.
- ☐ Bei geeigneter Reglerauslegung ist eine deutliche Verbesserung des Störverhaltens bezüglich aller Störgrößen zu erwarten, die *links vom Meßort der Hilfsregelgröße*, also auf den ersten Streckenabschnitt einwirken. Der Einfluß auf das Führungsverhalten muß gegebenenfalls zusätzlich untersucht werden.
- ☐ Bei annähernd gleichmäßiger Verteilung der Störgrößen auf die gesamte Strecke, was bei verfahrenstechnischen Anlagen oft zutrifft, empfiehlt es sich, den Meßort für y_h etwa in der Mitte der Strecke anzubringen [26].

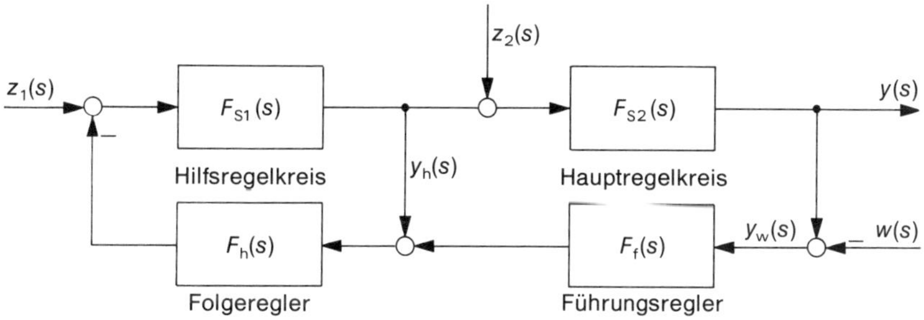

Bild 6.4 Grundstruktur der Kaskadenregelung

Bei Verwendung der häufigsten Kombination

Führungsregler: PI-Verhalten,

Folgeregler: P-Verhalten

ergeben sich deutliche Verbesserungen gegenüber dem einschleifigen Regelkreis hinsichtlich Störverhalten (im oben abgegrenzten Bereich) und Führungsverhalten.

□ Wenn bei Störverhalten die bleibende Regelabweichung der Hauptregelgröße Null werden soll, muß die Reglerkaskade einen I-Anteil erhalten. Ist z_1 die Hauptstörgröße, so muß der Folgeregler mit einem I-Anteil versehen werden; sind noch andere wesentliche Störgrößen – etwa z_2 – zu berücksichtigen, dann sollte der Führungsregler einen I-Anteil besitzen, wodurch auch gutes Führungsverhalten gewährleistet ist [26].

6.3.2 Analytische Behandlung

Zunächst soll der Fall $z_2 = 0$ betrachtet werden. Ein leicht überschaubarer Ansatz führt dann auf den Zusammenhang

$$y(s) = R(s) \cdot [F_S(s) \cdot z_1(s) + F_S(s) \cdot F_f(s) \cdot F_h(s) \cdot w(s)]$$

mit dem dynamischen Regelfaktor

$$R(s) = \frac{1}{1 + F_S(s) \cdot F_f(s) \cdot F_h(s) + F_{S1}(s) \cdot F_h(s)}, \quad F_S = F_{S1} F_{S2}.$$

Hieraus erhält man in gewohnter Weise für $w(s) = 0$ die *Störübertragungsfunktion* bezüglich z_1:

$$F_{z1}(s) = R(s) \cdot F_S(s)$$

und für $z_1(s) = 0$ die Führungsübertragungsfunktion

$$F_w(s) = R(s) \cdot F_S(s) \cdot F_f(s) \cdot F_h(s).$$

Den Einfluß von $z_2(s)$ erhält man durch eine Zusatzüberlegung. Faßt man die von $F_1(s)$ und $F_h(s)$ gebildete Schleife zu einem Block zusammen, so entsteht die in Bild 6.5

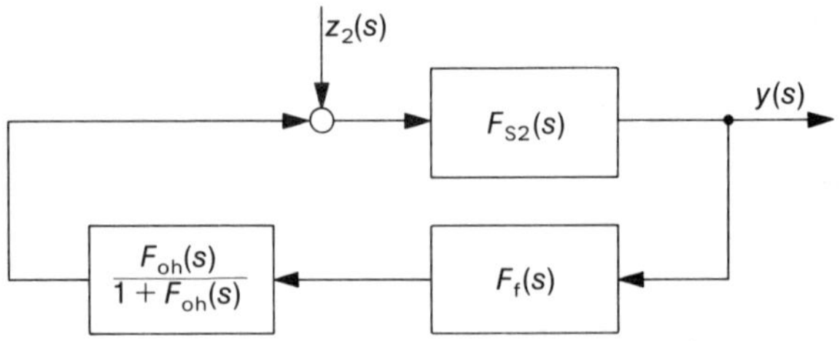

Bild 6.5
Hilfsstruktur zur Berechnung des Einflusses von z_2

gezeigte Blockanordnung mit $z_1(s) = 0$ und $w(s) = 0$. Man liest folgende Übertragungsfunktion von z_2 nach y ab:

$$F_{z2}(s) = \frac{F_{S2}(s) \cdot [1 + F_{oh}(s)]}{1 + F_{S2}(s) \cdot F_f(s) \cdot F_{oh}(s) + F_{oh}(s)} \quad \text{mit } F_{oh} = F_{S1} F_h .$$

Es ergibt sich erwartungsgemäß der gleiche dynamische Regelfaktor wie bei $F_{z1}(s)$, aber im Zähler ein von s abhängiger Term, der zu einer Verschlechterung des Störverhaltens bezüglich z_2 (und weiterer rechts von z_2 einwirkender Störgrößen) gegenüber dem Fall ohne Hilfsregelkreis führen kann.

Vergleich mit dem einschleifigen Regelkreis
Mit den Bezeichnungen

$$F_{S1}(s) \cdot F_{S2}(s) \cdot F_f(s) \cdot F_h(s) = F_o(s)$$

für die gesamte offene Schleife und

$$F_{S1}(s) \cdot F_h(s) = F_{oh}(s)$$

für den offenen Hilfsregelkreis lautet die *charakteristische Gleichung* der Kaskadenregelung

$$1 + F_o(s) + F_{oh}(s) = 0 .$$

Dies bedeutet eine *Veränderung der Kreisdynamik* gegenüber dem einschleifigen Regelkreis mit der charakteristischen Gleichung

$$1 + F_o(s) = 0 .$$

Am einfachsten ist der Unterschied zu erkennen, wenn man von zwei Streckenabschnitten mit Ausgleich und zwei P-Reglern in Kaskade ausgeht. Dann ergibt sich für die statischen Regelfaktoren:

$$R_{\text{mit } y_h} = \frac{1}{1 + F_o(0) + F_{oh}(0)} < \frac{1}{1 + F_o(0)} = R_{\text{ohne } y_h} .$$

Allgemeinere Überlegungen werden im folgenden Abschnitt anhand eines Beispiels herausgearbeitet.

6.3.3 Einfluß einer Hilfsregelgröße auf die Kreisstabilität

Vorbemerkung
Wie bei einschleifigen Strukturen geht die Beurteilung der Dynamik von der charakteristischen Gleichung aus:

$$1 + F_o(s) + F_{oh}(s) = 0 .$$

Für die Anwendung des Wurzelortskurvenverfahrens muß man auch hier von einer bestimmten *Normalform* ausgehen, damit die Regeln von Evans aus Abschnitt 4.4

angewandt werden können. Wenn der für die K-Parametrierung interessierende Parameter λ nicht sowohl in F_o als auch in F_{oh} vorkommt und ausgeklammert werden kann, stehen zwei Ansätze für die charakteristische Gleichung zur Verfügung:

- $$1 + \frac{F_o(s, \lambda)}{1 + F_{oh}(s)} = 0, \quad \text{folglich} \quad 1 + K_1(\lambda) \cdot \frac{\tilde{F}_o(s)}{1 + F_{oh}(s)} = 0;$$
- $$1 + \frac{F_{oh}(s, \lambda)}{1 + F_o(s)} = 0, \quad \text{folglich} \quad 1 + K_2(\lambda) \cdot \frac{\tilde{F}_{oh}(s)}{1 + F_o(s)} = 0,$$

wobei $K_1(\lambda)$ und $K_2(\lambda)$ sowie die Produktformen für Zähler- und Nennerpolynome wie in Abschnitt 4.4.1 zu bilden sind.

Das folgende Beispiel soll den Einfluß einer Hilfsregelgröße auf das Stabilitätsverhalten einer Kaskadenstruktur deutlich machen. Für die Anordnung nach Bild 6.4 seien folgende Übertragungsfunktionen gegeben:

$$F_{S1}(s) = F_{S2}(s) = \frac{0{,}2}{s+1},$$

$$F_h(s) = 5, \qquad F_f(s) = V \cdot \left(1 + \frac{1}{0{,}2\,s}\right),$$

also eine P-T$_2$-Strecke mit einer PI-P-Kaskade. Die charakteristische Gleichung erhält die Form

$$1 + \frac{0{,}2}{(s+1)^2} \cdot V \cdot \left(1 + \frac{5}{s}\right) + \frac{1}{s+1} = 0$$

und daraus die WOK-Normalform

$$1 + \underbrace{0{,}2\,V}_{K} \cdot \frac{s+5}{s \cdot (s+1) \cdot (s+2)} = 0\,.$$

Der gebrochen rationale Anteil besitzt eine Nullstelle bei $n_1 = -5$, d.h. $N = 1$, und drei Polstellen $p_1 = 0$, $p_2 = -1$, $p_3 = -2$, d.h. $P = 3$. Mit den Regeln zur Konstruktion des Verlaufs der Wurzelortskurven ergeben sich folgende Teilschritte:

- WOK auf der reellen Achse (Regel 3):

  zwischen -5 und -2 (——◄——),

  zwischen -1 und 0 (→—↕—←), und aus diesem Teil treten zwei Äste senkrecht aus.

- Verzweigungspunkt s_v (Regel 5):

  $$\sum_{k=1}^{P} \frac{1}{s_v - p_k} = \sum_{j=1}^{N} \frac{1}{s_v - n_j} \quad \text{führt auf}$$

  $$\frac{1}{s_v} + \frac{1}{s_v + 1} + \frac{1}{s_v + 2} = \frac{1}{s_v + 5}$$

  mit der geschätzten Lösung $s_v \approx 0{,}4$.

□ Anzahl der Asymptoten (Regel 2):

$$|P - N| = 3 - 1 = 2 .$$

□ Winkel der Asymptoten (Regel 6):

$$\Psi_r = \frac{2r - 1}{|P - N|} \cdot 180°, \quad r = 1, \ldots, |P - N| \text{ und daraus die Winkel}$$

$$\Psi_1 = \frac{2 - 1}{2} \cdot 180° = 90°,$$

$$\Psi_2 = \frac{4 - 1}{2} \cdot 180° = 270° .$$

□ Wurzelschwerpunkt (Regel 7):

$$s_w = \frac{1}{|P - N|} \cdot \left\{ \sum_{k=1}^{P} p_k - \sum_{j=1}^{N} n_j \right\}$$

$$= \frac{1}{2} \cdot \{(0 - 1 - 2) - (-5)\} = 1 .$$

□ Stabilitätsgrenze (imaginäre Achse) wird erreicht für das Wertepaar ω_k und V_k, zu bestimmen aus der Gleichung

$$1 + 0{,}2\, V_k \cdot \frac{j\omega_k + 5}{j\omega_k \cdot (j\omega_k + 1) \cdot (j\omega_k + 2)} = 0 ,$$

$$V_k - 3\,\omega_k^2 + j\omega_k \cdot (2 - \omega_k^2 + 0{,}2\, V_k) = 0 .$$

Realteil und Imaginärteil liefern durch Nullsetzen zwei Bestimmungsgleichungen mit den Ergebnissen

$$\omega_k = \sqrt{5}\, s^{-1} \approx 2{,}25\, s^{-1}, \qquad V_k = 15 .$$

In Bild 6.6 ist der Verlauf der einzelnen Äste der WOK mit den berechneten Zahlenwerten eingetragen. Durch Vorgabe eines negativen Realteils und eines Winkelsektors (vgl. Abschnitt 4.5.3) wird derjenige Teil der s-Ebene abgegrenzt, der eine gewünschte Stabilitätsreserve sicherstellt.

Vergleich mit dem Regelkreisverhalten ohne Hilfsregelgröße

Die Überlegungen gehen aus von einem einschleifigen Regelkreis nach Bild 6.4, wobei zwei Standpunkte möglich sind:

a) y_h wird nicht gemessen, es liegt ein einschleifiger Regelkreis mit einem PI-Regler vor, der die Übertragungsfunktion

$$F_r(s) = 5\,V \cdot \frac{s + 5}{s}$$

hat;

Bild 6.6
Wurzelortskurven der Kaskadenregelung nach Bild 6.4

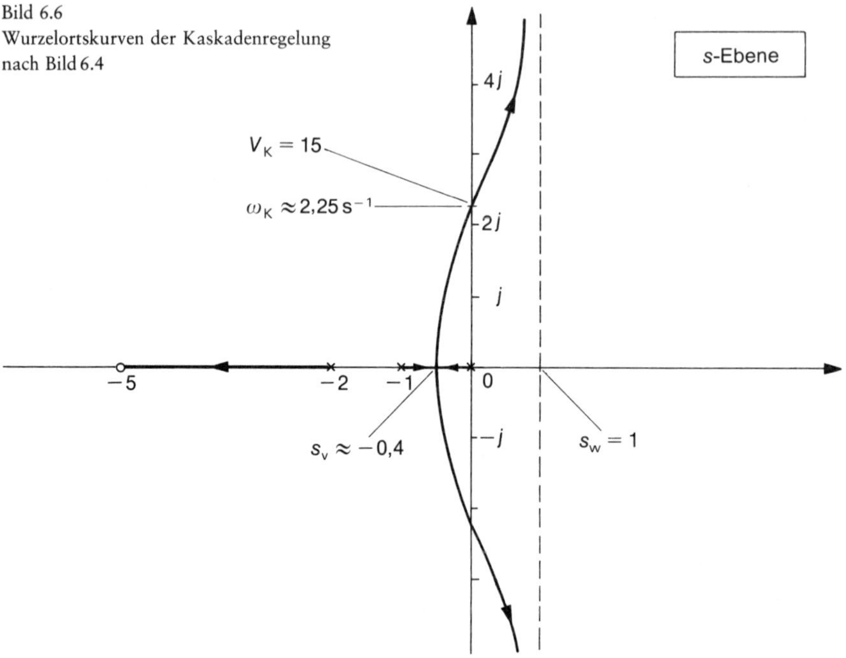

Bild 6.7
Wurzelortskurven der Kaskadenregelung nach Ausfall der Hilfsregelgröße

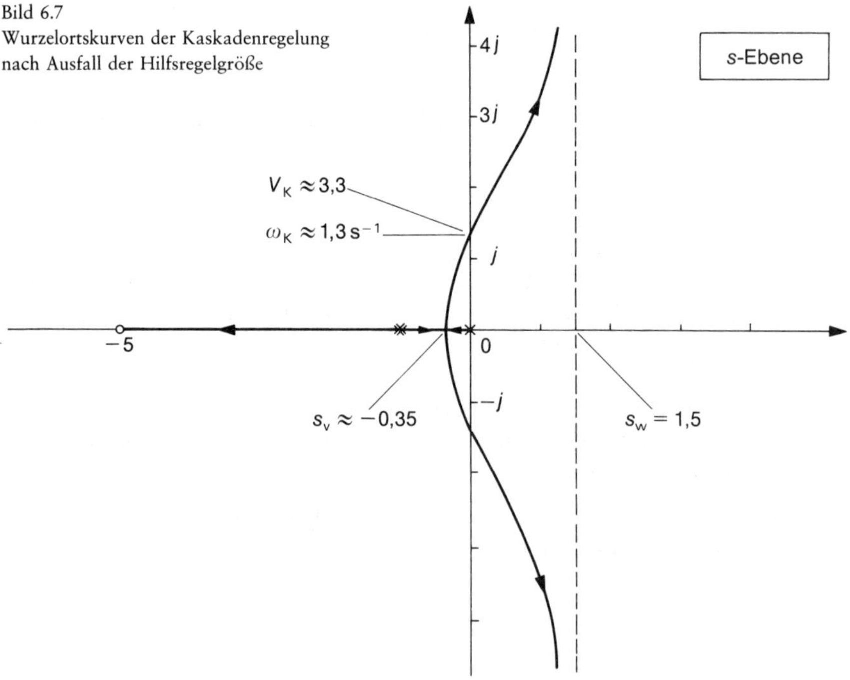

b) es liegt eine Kaskadenregelung vor, bei der die Hilfsregelgröße y_h durch eine Betriebsstörung ausgefallen ist.

Die charakteristische Gleichung hat jetzt die Form

$$1 + 0{,}2\,V \cdot \frac{s+5}{s \cdot (s+1)^2} = 0\,.$$

Das Abarbeiten der einzelnen Schritte für die Konstruktion der zugehörigen WOK ergibt die folgenden Zahlenwerte:

$$s_v = -0{,}35, \quad |P - N| = 2\,,$$

$$\Psi_1 = 90°, \quad \Psi_2 = 270°\,,$$

$$s_w = 1{,}5\,,$$

$$\omega_k \approx 1{,}3\,\mathrm{s}^{-1}, \quad V_k \approx 3{,}33\,.$$

Die zugehörige WOK zeigt Bild 6.7, und der Vergleich mit der Kaskadenregelung zeigt deutlich, daß beim einschleifigen Regelkreis bzw. bei Ausfall der Hilfsregelgröße eine *Verminderung der Stabilitätsreserve* eintritt. Praktisch bedeutet dies: Wenn die Daten der Kaskadenregelung bereits auf eine gerade noch vertretbare, d.h. minimale Stabilitätsreserve eingestellt sind, arbeitet die Regelung nach Ausfall von y_h eventuell nicht mehr stabil. Ein instabiler Regelkreis kann wegen der immer vorhandenen Begrenzungen in den Zustand einer nichtlinearen Grenzschwingung mit definierter Frequenz und Amplitude einlaufen. Natürlich könnte ein übergeordnetes Prozeßleitsystem eine derartige Situation in vorprogrammierter Weise beherrschen.

Technisches Beispiel

Die behandelte Grundform der Kaskadenregelung trifft man besonders häufig in der Verfahrenstechnik an. Bild 6.8 zeigt ein typisches Beispiel zur Regelung eines

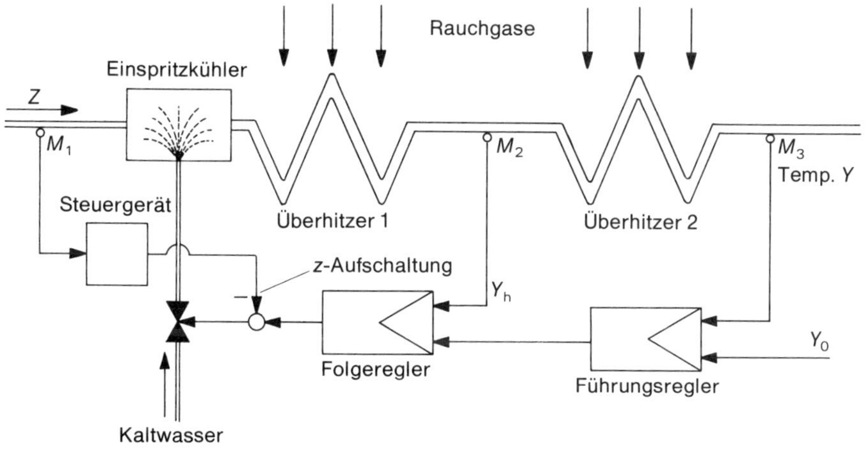

Bild 6.8 Ausschnitt aus einer Kesselregelung (Kaskadenregelung und Störgrößenaufschaltung)

Dampferzeugers in stark vereinfachter Form [26]. Die in den allgemeinen Ausführungen erwähnte «Mitte» der Regelstrecke liegt hier zwischen dem ersten und dem zweiten Überhitzer, die ihre Wärmezufuhr durch Rauchgase erhalten. Hauptregelgröße ist die Austrittstemperatur Y des Heißdampfs; das Stellventil liegt in der Kaltwasserzufuhr des Einspritzkühlers. Bei der gezeigten Anordnung wird auch eine Störgrößenaufschaltung (vgl. Abschnitt 6.2) vorgenommen; sie wirkt als Steuerung, beginnend mit dem Meßfühler M_1 für die Hauptstörgröße Z über das Steuergerät auf das Stellventil.

6.3.4 Andere Strukturen zur Verwendung einer Hilfsregelgröße

Je nach dem praktischen Einsatzgebiet kann man eine Hilfsregelgröße noch in leicht modifizierten Strukturen ausnutzen. So zeigt Bild 6.9 einen bei der Regelung elektrischer Antriebe gebräuchlichen Hauptregelkreis für die Drehzahl einer Maschine mit unterlagertem Stromregelkreis [9]. Diese Anordnung erlaubt auch die Einbringung einer *Zusatzbedingung*, etwa in Gestalt einer Begrenzung für den Ankerstrom.

Ein Vergleich mit der Kaskaden-Grundstruktur in Bild 6.4 zeigt, daß dort mit der

Regelabweichung $\quad y_w(s) = y(s) - w(s)$

gearbeitet wird, in der Struktur nach Bild 6.9 dagegen mit der

Regeldifferenz $\quad y_d(s) = w(s) - y(s)$

jeweils im Hauptregelkreis.

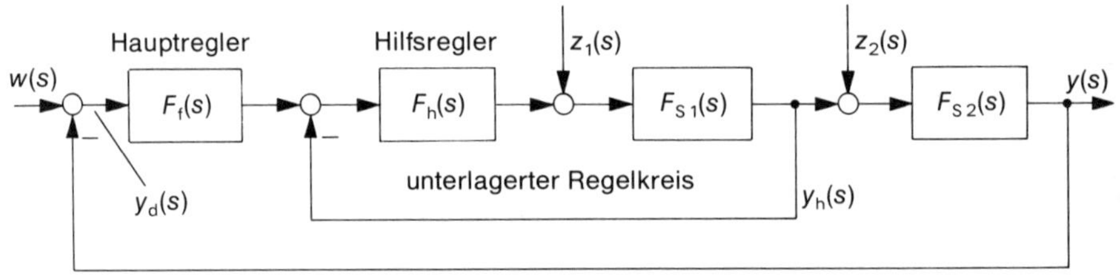

Bild 6.9 Kaskadenregelung mit Verwendung der Regeldifferenz y_d

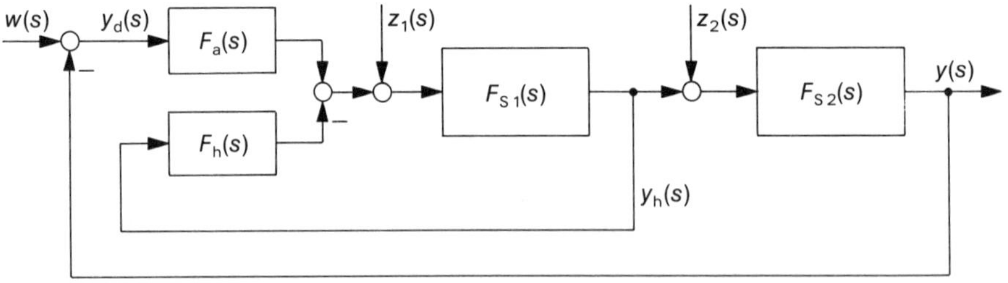

Bild 6.10 Regelung mit unterlagertem Kreis, Regler nicht in Kaskade

Beide Strukturen werden durch dieselbe Grundgleichung beschrieben, besitzen also insbesondere auch dieselbe charakteristische Gleichung.

Eine leichte Variante bringt die Anordnung nach Bild 6.10, wobei die Regler nicht in Kaskade geschaltet sind. Die zugehörige Grundgleichung hat die Form

$$y(s) = R(s) \cdot \{F_S(s) \cdot z_1(s) + F_2(s) \cdot [1 + F_{oh}(s)] \cdot z_2(s) + F_o'(s) \cdot w(s)\}$$

mit $F_o'(s) = F_S(s) \cdot F_a(s)$.

Vergleicht man auch diese Anordnung mit der Kaskaden-Grundstruktur von Bild 6.4, so erkennt man:

- ☐ gleicher z_1-Einfluß,
- ☐ gleicher z_2-Einfluß.
- ☐ Führungsgröße w läuft nur über den äußeren Regler zum Streckeneingang.
- ☐ gleiche Grundform der charakteristischen Gleichung, aber mit dem oben definierten $F_o'(s)$.

Insgesamt bestehen keine wesentlichen Unterschiede zur Kaskadenregelung.

Schließlich führt eine weitere leichte Modifikation zu Bild 6.11, wo jedem Streckenabschnitt je ein Regler zugewiesen ist und die Gesamtstellgröße u_R aus der Summe der einzelnen Stellanteile u_{R1} und u_{R2} besteht. Im Hinblick auf eine in Kapitel 7 vorzunehmende Verallgemeinerung sind die Streckenabschnitte mit P-T_1-Verhalten angesetzt, so daß diese Struktur das Bindeglied zwischen den klassischen Verfahren zur Verwendung von Hilfsregelgrößen einerseits und der außerordentlich flexiblen Zustandsregelung andererseits darstellt.

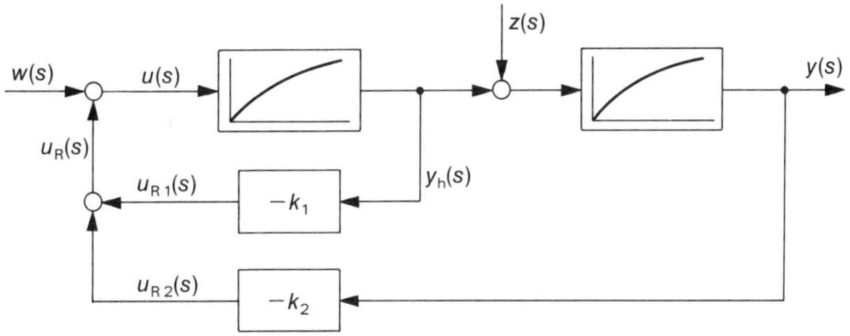

Bild 6.11 Unterlagerte Regelung, Übergang zur Zustandsregelung

6.4 Verwendung einer Hilfsstellgröße

Bei den verschiedenen Möglichkeiten zum Einsatz einer Hilfsregelgröße stand eine Verbesserung des Störverhaltens für den ersten Streckenabschnitt im Vordergrund. Wenn dagegen eine Verbesserung des Führungsverhaltens angestrebt wird, muß man versuchen, den Einfluß der Führungsgröße näher an der Regelgröße zur Auswirkung zu bringen. Dies erreicht man durch Hinzunahme einer weiteren Stellgröße, die mit möglichst geringen Verzögerungen auf die Regelgröße wirkt. Bild 6.12 zeigt die prinzipielle Anordnung der Blöcke zur Verwendung einer Hilfsstellgröße.

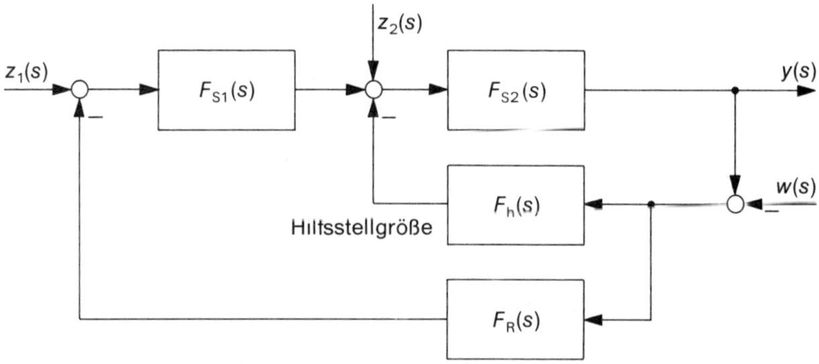

Bild 6.12 Regelkreis mit Hilfsstellgröße

Wie bei den vorher behandelten Strukturen kann man den Zusammenhang zwischen den verschiedenen Signalen unmittelbar angeben:

$$y(s) = F_{S2}(s) \cdot \{z_2(s) + F_{S1}(s) \cdot [z_1(s) - F_R(s) \cdot (y(s) - w(s))] - F_h(s) \cdot (y(s) - w(s))\}$$

oder unter Verwendung des dynamischen Regelfaktors

$$R(s) = [1 + F_o(s) + F_{oh}(s)]^{-1}$$

$$y(s) = R(s) \cdot \{F_S(s) \cdot z_1(s) + F_{S2}(s) \cdot z_2(s) + [F_o(s) + F_{oh}(s)] \cdot w(s)\}\,.$$

Man erkennt zunächst an der charakteristischen Gleichung

$$1 + F_0(s) + F_{oh}(s) = 0\,,$$

daß die Einführung einer Hilfsstellgröße einen *stabilisierenden* Einfluß ausübt, wie es schon bei der Verwendung einer Hilfsregelgröße der Fall war.

Weiterhin sieht man, daß die Führungsgröße $w(s)$ mit der Summe $F_o(s) + F_{oh}(s)$ bewertet wird; diese Parallelschaltung besagt, daß $w(s)$ über die Hilfsschleife relativ schnell zur Auswirkung kommt, während der Pfad über $F_R(s)$ und die gesamte Strecke, also den äußeren Regelkreis, für stationäres Ausregeln sorgt, wenn der Hauptregler einen I-Anteil enthält.

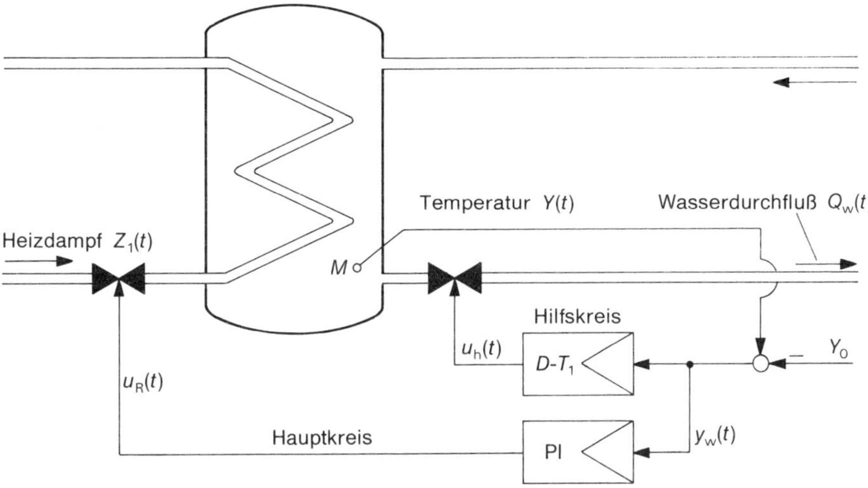

Bild 6.13 Temperaturregelung eines Wärmeaustauschers mit Hilfsstellgröße u_h

Damit der stationäre Wert der Regelgröße durch die Hilfsstellgröße nicht verfälscht wird, darf der Hilfsregler nur einen *vorübergehenden* Einfluß ausüben, was mit D-T_1-Verhalten von $F_h(s)$ erreicht wird. Es sind auch andere Kombinationen und Strukturvarianten bekannt [27], auf die jedoch hier nicht eingegangen werden soll. Bild 6.13 zeigt eine typische Anwendung bei der Temperaturregelung eines Wärmetauschers, bei der die genannte Reglerkombination zum Einsatz kommt; das D-T_1-System kommt jedoch isoliert als Regler nicht zur Anwendung. Das Zeitverhalten der Wärmetauscher-Regelung hängt deutlich davon ab, an welcher Stelle innerhalb des Wärmetauschers der Temperaturmeßfühler M angebracht ist.

6.5 Adaptiver Regelkreis für eine Weitbereichsregelung

Wie mehrfach erwähnt, gibt es zahlreiche Regelungsaufgaben, bei denen trotz nichtlinearer Streckeneigenschaften eine Festwertregelung in der Umgebung eines Betriebspunktes ausgelegt werden kann.

Im Gegensatz dazu wird hier ein praktisches Beispiel behandelt, bei dem ein Wärmetauscher *über einen weiten Lastbereich* betrieben und geregelt werden muß.

Wenn die geometrischen Abmessungen nicht so groß sind, daß man zur Streckenmodellierung eine partielle Differentialgleichung ansetzen muß [3], [10], bewährt sich oft ein P-T_2-Modell zur Kennzeichnung des Streckenverhaltens zwischen Heizdampfstrom $Z_1(t)$ im Primärkreislauf und Wassertemperatur $Y(t)$ am Ausgang des Wärmetauschers nach Bild 6.14. Zunächst wird die Strecke im Kleinsignalbereich modelliert durch die Differentialgleichung

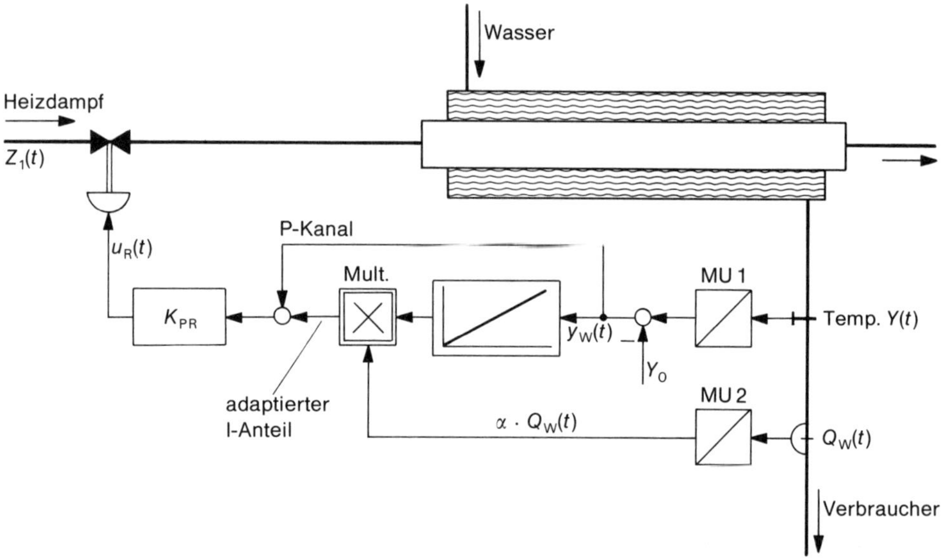

Bild 6.14 Wärmetauscher mit adaptivem PI-Regler für einen großen Lastbereich

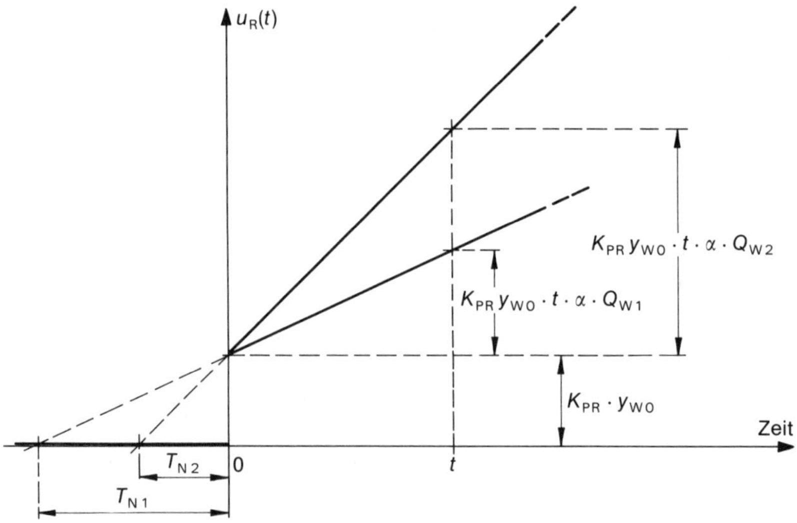

Bild 6.15 Sprungantworten des adaptierenden PI-Reglers für zwei Wasserdurchflüsse $Q_{w2} > Q_{W1}$

$$T_1 T_S \cdot \ddot{y}(t) + (T_1 + T_S) \cdot \dot{y}(t) + y(t) = K_S \cdot z_1(t);$$

sie enthält eine kleinere Zeitkonstante T_1, die über den gesamten Lastbereich praktisch konstant bleibt, während sich die wesentlich größere Hauptzeitkonstante T_S stark mit dem Wasserdurchfluß im Sekundärkreislauf ändert: T_S nimmt deutlich ab, wenn der Wasserdurchfluß $Q_W(t)$, der ein direktes Maß für den Lastzustand darstellt, zunimmt. Der obige Modellansatz müßte also dahingehend modifiziert werden, daß T_S über $Q_W(t)$ von der Zeit abhängt. Durch die folgende Vorgehensweise kann man jedoch diese Modifikation des Streckenmodells durch eine Adaption des Reglers umgehen. Verwendet man einen PI-Regler, so setzt man die Reglergleichung mit einer zeitabhängigen Nachstellzeit $T_N(t)$ an:

$$u_R(t) = K_{PR} \cdot \left\{ y_w(t) + \frac{1}{T_N(t)} \cdot \int_0^t y_w(\tau)\, d\tau \right\}.$$

Bei der Regelung einer Strecke mit festen Zeitkonstanten $T_1 < T_S$ wird man die Nachstellzeit $T_N = T_S$ wählen; im vorliegenden Fall muß dies *im gesamten Lastbereich* durch die Forderung $T_N(t) = T_S(t)$ sichergestellt werden. Diese *Adaption*, das Mitführen der Nachstellzeit des PI-Reglers mit dem durch $Q_w(t)$ gekennzeichneten Lastzustand des Wärmetauschers, wird erreicht durch die Wahl

$$T_N(t) = \frac{1}{\alpha \cdot Q_W(t)},$$

wobei α eine dimensionsbehaftete Konstante ist. Damit erhält die modifizierte Gleichung des PI-Reglers die Form

$$u_R(t) = K_{PR} \cdot \left\{ y_w(t) + \alpha \cdot Q_W(t) \cdot \int_0^t y_w(\tau)\, d\tau \right\}.$$

Aus dieser Gleichung ergibt sich, daß man zur technischen Realisierung die Ausgangsgröße des I-Anteils mit einem dem Wasserdurchfluß proportionalen Signal $\alpha \cdot Q_W(t)$ multiplizieren muß, das von einem Meßumformer MU2 geliefert wird. In Bild 6.15 sind zwei Reglersprungantworten auf $y_w(t) = y_{w0} \cdot 1(t)$ für zwei verschiedene Durchflüsse eingezeichnet. Bild 6.14 zeigt den vollständigen Regelkreis, und man erkennt an seiner Struktur, daß die erforderliche Adaption der Nachstellzeit zu einem *nichtlinearen* System führt. Eine der ersten technischen Realisierungen dieser adaptiven Regelung wurde mit pneumatischen Bauelementen vorgenommen [28].

7 Zustandsregelung

Die wesentlichen Grundgedanken zu den sogenannten modernen Verfahren der Regelung wurden Anfang der sechziger Jahre gelegt, als mit den Arbeiten von Kalman [34] und anderen die Zustandsbeschreibung neu belebt und das Beobachterkonzept von Luenberger eingeführt wurde [35].

Etwa um diese Zeit waren die klassischen Regelungskonzepte weitgehend ausgeschöpft und durch zahlreiche Varianten ergänzt worden. Ohne Streben nach Vollständigkeit sei hier nur folgendes festgehalten: Grundlage für den damaligen Stand – und ebenso noch für zahlreiche Anwendungen heutzutage – war und ist das PID-Regelungskonzept. Im Laufe der Entwicklung wurde dieser Grundtyp erheblich modifiziert im Hinblick auf adaptierende Regelungen, ablösende Regelungen, Anfahrschaltungen, Übergang zu Einheits- und Systemreglern mit hoher Kompatibilität als Bestandteile sehr leistungsfähiger, rechnergestützter Prozeßautomatisierungen.

In der anschließenden Übergangszeit, die heute noch nicht als abgeschlossen gelten kann, erwiesen sich vornehmlich drei Richtungen als dominierend: zum einen die Erstellung möglichst genauer Modelle für die zu regelnden Strecken, der Einsatz moderner Rechenhilfsmittel und elektronischer Bauelemente zur Realisierung allgemeinerer Regelungskonzepte und Optimierungsforderungen; zum anderen die Weiterentwicklung der Sensortechnik, allgemein der Meß- und Stelltechnik an der Prozeßperipherie.

Zunächst noch ausgehend von der konventionellen Basis, wurden digital arbeitende Regler eingesetzt und in der Folgezeit konzeptionell gegenüber dem PID-Konzept erweitert.

Diese Konzepterweiterung reicht bereits in das nun zu behandelnde Gebiet der Zustandsregelung hinein. Dazu sollen folgende Voraussetzungen getroffen werden:

- ☐ Von der Strecke muß ein möglichst umfassendes Modell entworfen werden, das zumindest alle für die Regelung entscheidenden Zustandsgrößen enthält. Hierzu gibt es eine Vielzahl von Möglichkeiten, angefangen von rein theoretischen Ansätzen der physikalischen Grundgleichungen über meßtechnische Parameterermittlungen bis hin zur rechnergestützten Modellbildung.
- ☐ Die Strecke muß mit einer dem regelungstechnischen Problem angemessenen Peripherie bezüglich Meß- und Stellmöglichkeiten ausgerüstet werden.
- ☐ Das Regelungskonzept muß weitgehend frei angelegt werden, d.h. losgelöst von den herkömmlichen Reglertypen. Zu seiner Realisierung müssen zunächst theoretisch die günstigsten Strukturen festgelegt werden; der technische Aufbau muß sich an der jeweils bewährten analogen und digitalen Technologie orientieren.

Da es nicht Aufgabe dieses Buches sein kann, die gerade aktuelle Technologie zu präsentieren, stützt sich eine Darstellung der Zustandsregelung auf folgende Grundlagen:

- □ die Zustandsbeschreibung eines Streckenmodells,
- □ das allgemeine Konzept der Zustandsregelung,
- □ die Einführung des Beobachters für nicht meßbare Zustandsgrößen,
- □ die Vorstellung von Entwurfsverfahren und Realisierungshinweise.

7.1 Zustandsbeschreibung der Strecke

Eine lineare, zeitinvariante Regelstrecke n-ter Ordnung wird beschrieben durch die Zustandsgleichungen in der vektoriellen Form

$$\dot{\boldsymbol{x}}(t) = \boldsymbol{A}\,\boldsymbol{x}(t) + \boldsymbol{b}\,u(t) + \boldsymbol{g}\,z(t)\,, \qquad \text{(Gl. 7.1a)}$$

$$y(t) = \boldsymbol{c}^{\mathrm{T}}\,\boldsymbol{x}(t)\,, \qquad \text{(Gl. 7.1b)}$$

mit folgenden Bedeutungen für die Symbole:

$\boldsymbol{x}(t)$	n-dim. Zustandsvektor $(n, 1)$,
$u(t)$	skalare Steuergröße,
$z(t)$	skalare Störgröße,
$y(t)$	skalare Ausgangsgröße,
$\boldsymbol{A}$	Systemmatrix (n, n),
$\boldsymbol{b}$	Steuervektor $(n, 1)$,
$\boldsymbol{g}$	Störvektor $(n, 1)$,
$\boldsymbol{c}^{\mathrm{T}}$	Ausgangsmatrix $(1, n)$,

Alle folgenden Überlegungen beziehen sich auf diesen Streckentyp mit einem Eingang $u(t)$ und einem Ausgang $y(t)$. Ferner wird vorausgesetzt, daß die Strecken *vollständig regelbar* sind (Abschnitt 2.5.5). Für die unmittelbar folgenden Überlegungen ist der

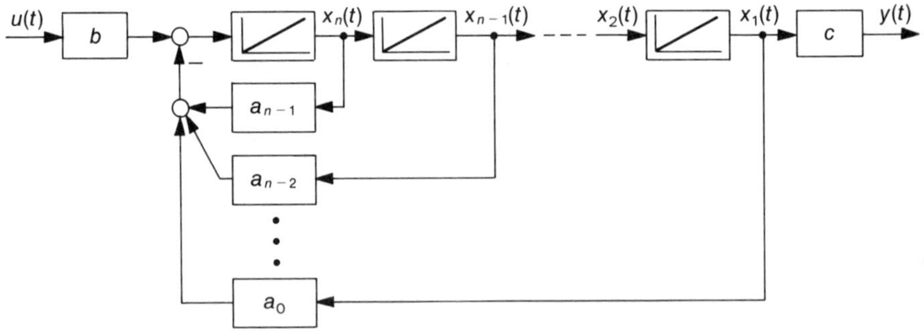

Bild 7.1 Struktur einer linearen zeitinvarianten P-T_n-Regelstrecke

Einfluß bestimmter Störgrößen noch nicht von Belang; man geht daher aus von der in Bild 7.1 gezeigten Struktur, für deren Zustandsgrößen folgende Zusammenhänge gelten:

$$\dot{x}_1 = x_2, \quad \dot{x}_2 = x_3, \quad \ldots, \quad \dot{x}_{n-1} = x_n,$$

woraus folgt

$$\dot{x}_n = -a_0 \cdot x_1 - a_1 \cdot x_2 - a_2 \cdot x_3 - \cdots - a_{n-1} \cdot x_n + b \cdot u .$$

Damit ergibt sich für die Systemmatrix eine Frobenius-Form – hier auch *Regelungsnormalform* genannt – weil sie zu einer besonders einfachen Bestimmung der Koeffizienten für die Zustandsregelung führen wird:

$$\dot{\boldsymbol{x}}(t) = \begin{bmatrix} 0 & 1 & 0 & \ldots & & & 0 \\ 0 & 0 & 1 & 0 & \ldots & & \ldots \\ 0 & 0 & 0 & 1 & 0 & \ldots & \vdots \\ \ldots & \ldots & & & & & \vdots \\ 0 & & & & 0 & & 1 \\ -a_0 & -a_1 & -a_2 & \ldots & & & -a_{n-1} \end{bmatrix} \cdot \boldsymbol{x}(t) + \begin{bmatrix} 0 \\ 0 \\ \vdots \\ \vdots \\ 0 \\ b \end{bmatrix} \cdot u(t), \qquad \text{(Gl. 7.2)}$$

$$y(t) = [c \;\; 0 \; \ldots \; 0] \cdot \boldsymbol{x}(t) .$$

In der letzten Zeile von $\boldsymbol{A}$ stehen die Koeffizienten der Differentialgleichung bzw. der charakteristischen Gleichung der ungeregelten Strecke.

Die Zusammenhänge werden besonders übersichtlich am Beispiel eines gedämpften Schwingers 2. Ordnung, ausgehend von der skalaren Differentialgleichung

$$\ddot{y}(t) + 2 D\omega_0 \dot{y}(t) + \omega_0^2 y(t) = \omega_0^2 \cdot u(t) .$$

Mit den Substitutionen $y(t) = x_1(t)$, $\dot{x}_1(t) = x_2(t)$ ergibt sich das Gleichungssystem

$$\begin{aligned} \dot{x}_1(t) &= x_2(t) \\ \dot{x}_2(t) &= -\omega_0^2 \cdot x_1(t) - 2D\omega_0 \cdot x_2(t) + \omega_0^2 \cdot u(t) \end{aligned}$$

mit den Matrizen

$$\boldsymbol{A} = \begin{bmatrix} 0 & 1 \\ -\omega_0^2 & -2D\omega_0 \end{bmatrix}, \quad \boldsymbol{b} = \begin{bmatrix} 0 \\ \omega_0^2 \end{bmatrix}, \quad \boldsymbol{c}^{\mathrm{T}} = [1 \quad 0] .$$

Anstelle des ausführlichen Strukturbildes (Bild 7.1) benutzt man vorzugsweise die kompaktere Form entsprechend Bild 7.2, bei der auch der Term $\boldsymbol{g} \cdot z(t)$ berücksichtigt ist.

Zur Vertiefung dieser Darlegungen empfiehlt es sich, den Abschnitt 1.7 noch einmal zu rekapitulieren, insbesondere die Beispiele nachzuvollziehen.

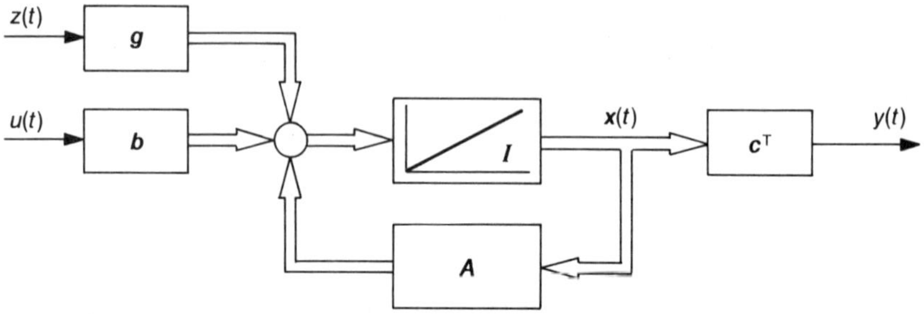

Bild 7.2 Kompakte Blockdarstellung zur Zustandsbeschreibung gemäß Gleichung 7.1

7.2 Das Regelungskonzept

Für einen ersten Zugang werde angenommen, daß alle Zustandsgrößen $x_1(t), \ldots, x_n(t)$ meßtechnisch zur Verfügung stehen; dann kann man von einem Zustandsregelungsgesetz der Form

$$u_R(t) = -k_1 \cdot x_1(t) - k_2 \cdot x_2(t) - \ldots - k_n \cdot x_n(t)$$
$$= -\boldsymbol{k}^T \cdot \boldsymbol{x}(t) \qquad \text{(Gl. 7.3)}$$

ausgehen, wodurch jeder Zustandsgröße ein eigener P-Regler entsprechend Bild 7.3 zugeordnet wird. Die Summe der Stellgrößen

$$u_R(t) = \sum_{i=1}^{n} u_{Ri}(t)$$

bildet die Stellgröße für die Strecke.

Vereinbart man für die Gesamtheit aller entstehenden Schleifen die Bezeichnung «Zustandsregelkreis», so ergibt sich seine Beschreibung aus Gl. 7.1a mit $u(t) = u_R(t)$ nach Gl. 7.3:

$$\dot{\boldsymbol{x}}(t) = [\boldsymbol{A} - \boldsymbol{b}\boldsymbol{k}^T] \cdot \boldsymbol{x}(t) + \boldsymbol{g} \cdot z(t)\,. \qquad \text{(Gl. 7.4)}$$

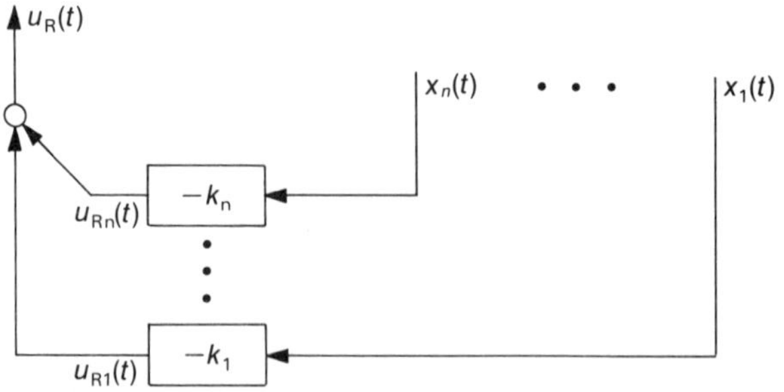

Bild 7.3
Grundstruktur einer Zustandsregelung mit n Proportionalreglern

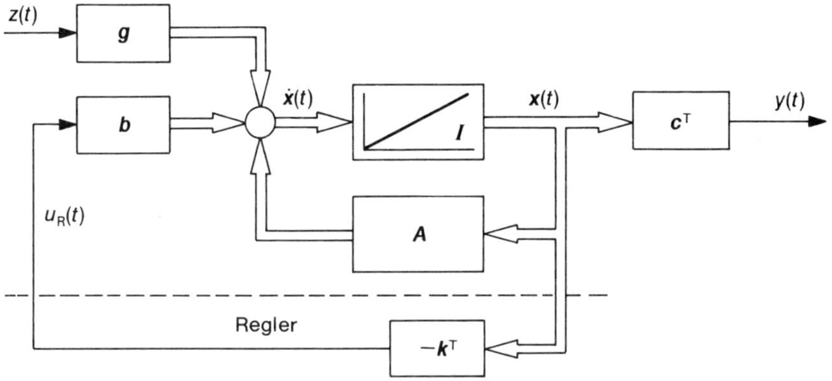

Bild 7.4 Allgemeine Blockdarstellung einer Zustandsregelung

Bild 7.4 zeigt die zugehörige Blockdarstellung. In Anlehnung an den einschleifigen Regelkreis kann man die skalare Führungsgröße $w(t)$ – wie in Bild 7.5 gezeigt – einführen. Die gesamte Stellgröße wird jetzt

$$u_{\mathrm{R}}(t) = -\boldsymbol{k}^{\mathrm{T}} \cdot [\boldsymbol{x}(t) + \boldsymbol{f} \cdot w(t)] \qquad \text{mit } \boldsymbol{f} = \begin{bmatrix} -1 \\ \vdots \\ 0 \end{bmatrix},$$

und der Regelkreis wird beschrieben durch

$$\dot{\boldsymbol{x}}(t) = [\boldsymbol{A} - \boldsymbol{b}\boldsymbol{k}^{\mathrm{T}}] \cdot \boldsymbol{x}(t) + \boldsymbol{g} \cdot z(t) + \boldsymbol{b}\, k_1 \cdot w(t)\,. \tag{Gl. 7.5}$$

An späterer Stelle wird die Führungsgröße jedoch an einer anderen Stelle eingebracht.

Geht man wiederum davon aus, daß die Systemmatrix der ungeregelten Strecke eine Frobenius-Form hat (Gl. 7.2), so erhält man die Matrix

$$\boldsymbol{A} - \boldsymbol{b}\boldsymbol{k}^{\mathrm{T}} = \begin{bmatrix} 0 & 1 & & 0 \\ 0 & 0 & & 0 \\ \vdots & \vdots & \dots & \vdots \\ 0 & 0 & & 1 \\ -(a_0 + b_1 k_1) & -(a_1 + b_2 k_2) & \dots & -(a_{n-1} + b_n k_n) \end{bmatrix}. \tag{Gl. 7.6}$$

Bild 7.5
Zustandsregler mit Führungsgröße für $x_1(t)$

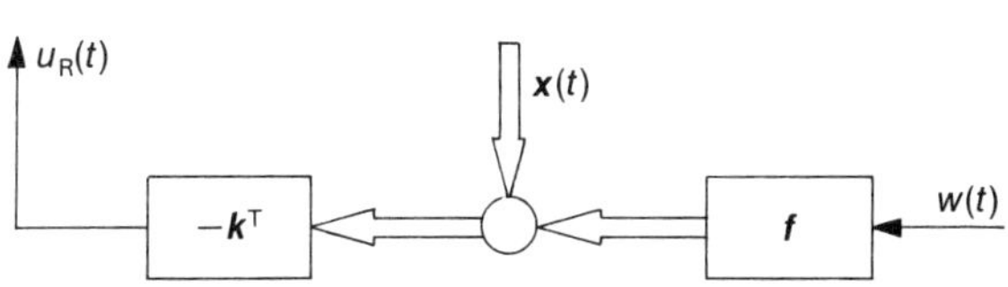

Es ergibt sich also wieder eine Frobenius-Form, in deren letzter Zeile unmittelbar die Koeffizienten der charakteristischen Gleichung des Zustandsregelkreises stehen:

$$\det\{s \cdot \boldsymbol{I} - [\boldsymbol{A} - \boldsymbol{b}\,\boldsymbol{k}^{\mathrm{T}}]\} = 0 \qquad \text{oder ausgeschrieben}$$

$$s^{\mathrm{n}} + (a_{\mathrm{n}-1} + b_{\mathrm{n}} k_{\mathrm{n}}) \cdot s^{\mathrm{n}-1} + \ldots + (a_1 + b_2 k_2) \cdot s + a_0 + b_1 k_1 = 0.$$

Hier wird deutlich, daß durch geeignete Wahl der k_{i} jede beliebige Kreisdynamik (zur Ordnung n) vorgegeben werden kann; diese Aussage gilt allgemein für jede steuerbare Strecke.

7.2.1 Zustandsregelung einer P-T_2-Strecke

Um die Zusammenhänge an einem einfachen Beispiel zu verdeutlichen, wird eine nicht schwingungsfähige P-T_2-Regelstrecke betrachtet (Abschnitt 2.5.2); ihre Zustandsbeschreibung lautet

$$\dot{\boldsymbol{x}}(t) = \begin{bmatrix} 0 & 1 \\ -\dfrac{1}{T_1 T_2} & -\dfrac{T_1 + T_2}{T_1 T_2} \end{bmatrix} \cdot \boldsymbol{x}(t) + \begin{bmatrix} 0 \\ \dfrac{1}{T_1 T_2} \end{bmatrix} \cdot u(t),$$

$$y(t) = [1 \quad 0] \cdot \boldsymbol{x}(t)$$

mit der zugehörigen Struktur nach Teilbild 7.6a.

Der in Teilbild 7.6b gezeigte Zustandsregler besteht aus zwei P-Kanälen, die das Stellsignal

$$u_{\mathrm{R}}(t) = -k_1 x_1(t) - k_2 x_2(t)$$

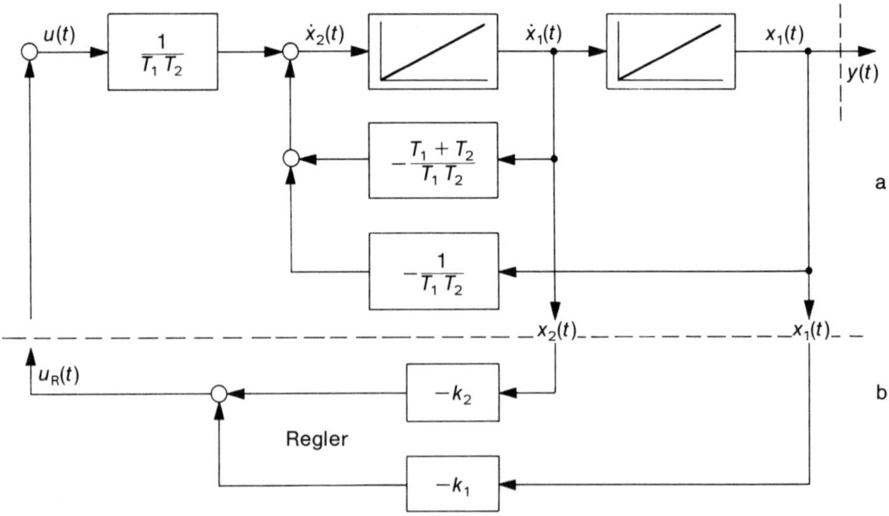

Bild 7.6 P-T_2-Strecke mit Zustandsregelung

liefern. Die Dynamik des zustandsgeregelten Kreises ist bestimmt durch die Systemmatrix

$$\boldsymbol{A} - \boldsymbol{b}\boldsymbol{k}^{\mathrm{T}} = \begin{bmatrix} 0 & 1 \\ -\dfrac{1+k_1}{T_1 T_2} & -\dfrac{T_1 + T_2 + k_2}{T_1 T_2} \end{bmatrix}$$

bzw. durch die charakteristische Gleichung

$$\det\{s \cdot \boldsymbol{I} - [\boldsymbol{A} - \boldsymbol{b}\boldsymbol{k}^{\mathrm{T}}]\} = 0\,,$$

$$s^2 + \frac{T_1 + T_2 + k_2}{T_1 T_2} \cdot s + \frac{1 + k_1}{T_1 T_2} = 0\,.$$

Vorgabe der Kreisdynamik

Die Lösungen dieser Gleichung hängen von k_1 und k_2 ab. Nun kann man eine bestimmte Kreisdynamik dadurch vorgeben, daß man zwei Werte $-1/T_{\mathrm{a}}$ und $-1/T_{\mathrm{b}}$ für die Lösungen der charakteristischen Gleichung festlegt, also

$$(1 + sT_{\mathrm{a}}) \cdot (1 + sT_{\mathrm{b}}) = 0\,,$$

$$s^2 + \alpha s + \beta = 0 \qquad \text{mit} \qquad \alpha = \frac{T_{\mathrm{a}} + T_{\mathrm{b}}}{T_{\mathrm{a}} T_{\mathrm{b}}}\,, \qquad \beta = \frac{1}{T_{\mathrm{a}} T_{\mathrm{b}}}$$

anschreibt. Ein Koeffizientenvergleich für die beiden quadratischen Gleichungen ergibt sofort

$$\frac{1}{T_1 T_2} \cdot (1 + k_1) \qquad = \beta\,,$$

$$\frac{1}{T_1 T_2} \cdot (T_1 + T_2 + k_2) = \alpha$$

mit den Lösungen

$$k_1 = \beta T_1 T_2 - 1\,,$$

$$k_2 = \alpha T_1 T_2 - (T_1 + T_2)$$

für die Rückführkoeffizienten des Zustandsreglers.

Ein Rückblick auf die Frobenius-Matrix (Gl. 7.6) zeigt den verallgemeinerten Fall, wobei eine charakteristische Gleichung in der Form

$$s^n + \tilde{a}_{n-1} \cdot s^{n-1} + \ldots + \tilde{a}_1 \cdot s + \tilde{a}_0 = 0$$

vorgegeben ist und durch eine Zustandsregelung mit n Kanälen realisiert werden soll. Wenn die ungeregelte Strecke durch die Gleichung

$$s^n + a_{n-1} \cdot s^{n-1} + \ldots + a_1 \cdot s + a_0 = 0$$

beschrieben wird, dann muß der Rückführvektor, gewonnen durch Polvorgabe, die Form

$$\boldsymbol{k}^{\mathrm{T}} = [\underbrace{\tilde{a}_0 - a_0}_{k_1} \quad \underbrace{\tilde{a}_1 - a_1}_{k_2} \quad \ldots \quad \underbrace{\tilde{a}_{n-1} - a_{n-1}}_{k_n}]$$

erhalten [29], und man erkennt hieran, warum die eingeführte Frobenius-Matrix zur sogenannten Regelungsnormalform der Zustandsbeschreibung gehört.

Das Verfahren der *Polvorgabe* darf nicht darüber hinwegtäuschen, daß man die Pole der Übertragungsfunktion des Zustandsregelkreises *nicht an beliebige Stellen* in der s-Ebene legen kann; denn bei dem einfachen Ansatz wurden keinerlei *Zusatzbedingungen* angegeben, die beispielsweise die Begrenzung von Stellsignalen oder andere Einschränkungen berücksichtigen.

7.2.2 Vergleich mit konventioneller Regelung

Der vorliegende Fall führt zu einem interessanten Nebenergebnis, das einen weiteren Einblick in die Zustandsregelung vermittelt. Ersetzt man in dem Ausdruck für die Stellgröße

$$u_{\mathrm{R}}(t) = -k_1 \cdot x_1(t) - k_2 \cdot x_2(t)$$

die Zustandsgröße $x_2(t)$ unter Verwendung der ersten Zustandsgleichung

$$\dot{x}_1(t) = x_2(t),$$

so erhält man mit

$$u_{\mathrm{R}}(t) = -k_1 \cdot \left[x_1(t) + \frac{k_2}{k_1} \cdot \dot{x}_1(t)\right]$$

die Gleichung eines idealen PD-Reglers.

Von hier aus gibt es folglich auch einen anderen begrifflichen Übergang zwischen konventioneller Regelung und Zustandsregelung: Eine theoretisch naheliegende Erweiterung des herkömmlichen PID-Konzeptes würde sich ergeben, wenn man im einschleifigen Regelkreis noch höhere Ableitungen bilden könnte. Dies ist jedoch aus verschiedenen Gründen weder möglich noch sinnvoll; zum einen kann man technisch keine exakte erste und erst recht keine höheren Ableitungen bilden, andererseits wäre es auch nicht sinnvoll, weil praktisch alle in einem technischen Regelkreis vorkommenden Signale *statistischer Natur* sind bzw. regellose Störeinflüsse enthalten, deren Differentiation unerwünschte Unruhe im Regelkreis hervorruft.

Festzuhalten bleibt also hier nur die Einsicht in die prinzipiellen Hintergründe, die gerade angedeutet wurden und die unabhängig von dem betrachteten Beispiel gelten.

7.2.3 Führungsgrößenformer

In Abschnitt 7.2 wurde im Zusammenhang mit Bild 7.5 die Führungsgröße $w(t)$ in Anlehnung an den einschleifigen Regelkreis eingeführt. Genau die gleiche Wirkung erreicht man mit dem leicht modifizierten Ansatz für die Steuergröße

Bild 7.7
Zur Einführung eines Führungsgrößenformers

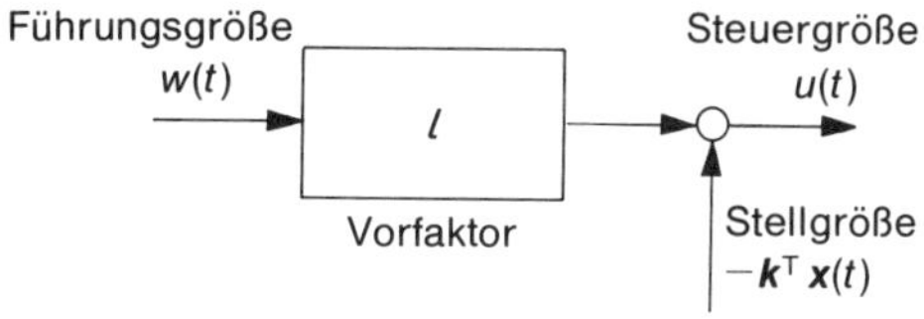

$$u(t) = -\boldsymbol{k}^{\mathrm{T}} \cdot \boldsymbol{x}(t) + l \cdot w(t)$$

dargestellt in Bild 7.7, wobei die Führungsgröße mit einem Vorfaktor l gewichtet wird.

Mit der Zustandsbeschreibung der ungestörten Strecke, $z(t) = 0$,

$$\dot{\boldsymbol{x}}(t) = \boldsymbol{A}\,\boldsymbol{x}(t) + \boldsymbol{b}\,u(t),$$

$$y(t) = \boldsymbol{c}^{\mathrm{T}}\,\boldsymbol{x}(t),$$

ergibt sich durch Einsetzen

$$\dot{\boldsymbol{x}}(t) = [\boldsymbol{A} - \boldsymbol{b}\,\boldsymbol{k}^{\mathrm{T}}] \cdot \boldsymbol{x}(t) + \boldsymbol{b}\,l \cdot w(t).$$

Anwendung der Laplace-Transformation bei verschwindenden Anfangsbedingungen führt auf den Zusammenhang

$$y(s) = \boldsymbol{c}^{\mathrm{T}} \cdot [s \cdot \boldsymbol{I} - (\boldsymbol{A} - \boldsymbol{b}\,\boldsymbol{k}^{\mathrm{T}})]^{-1} \cdot \boldsymbol{b} \cdot l \cdot w(s).$$

Zur Auslegung des Vorfaktors l stellt man die Forderung, daß «asymptotisches Folgen» sichergestellt sein soll, d.h., im eingeschwungenen Zustand muß bei sprungförmigem $w(t)$ gelten:

$$y(t) \to w(t) \quad \text{für} \quad t \to \infty.$$

Die gestellte Forderung wird nach dem Grenzwertsatz der Laplace-Transformation offensichtlich erfüllt, wenn gilt

$$\lim_{s \to 0} \boldsymbol{c}^{\mathrm{T}} \cdot [s \cdot \boldsymbol{I} - (\boldsymbol{A} - \boldsymbol{b}\,\boldsymbol{k}^{\mathrm{T}})]^{-1} \cdot \boldsymbol{b} \cdot l = 1.$$

Damit erhält man die Auslegungsvorschrift

$$l = \frac{1}{\boldsymbol{c}^{\mathrm{T}} \cdot [(-\boldsymbol{A} + \boldsymbol{b}\,\boldsymbol{k}^{\mathrm{T}})]^{-1} \cdot \boldsymbol{b}}. \qquad \text{(Gl. 7.7)}$$

7.3 Der Einheitsbeobachter

Die bisherigen Überlegungen beruhen auf der Annahme, daß eine Strecke n-ter Ordnung vorliegt, bei der alle Zustandsgrößen meßtechnisch erfaßbar sind und den P-Kanälen zugeführt werden können. Von wenigen Ausnahmen bei Strecken niedriger Ordnung abgesehen, ist diese Annahme nicht zutreffend, so daß eine vollständige Zustandsrückführung nicht vorgenommen werden kann. Es muß sogar der ungünstigste Fall einbezogen werden, in dem nur die Ausgangsgröße $y(t)$ der Strecke meßtechnisch zur Verfügung steht. Um dennoch den wünschenswerten Einsatz einer Zustandsreglung zu ermöglichen, geht man in folgenden Schritten vor:

- ☐ Zielsetzung ist ein technisches Gebilde zur Erzeugung von «Schätzwerten» $\hat{x}_i(t)$ für die wahren Zustandsgrößen $x_i(t)$. Mit diesen Ersatzgrößen kann man die Zustandsregelung mit der Stellgröße

$$\hat{u}_R(t) = -\boldsymbol{k}^T \cdot \hat{\boldsymbol{x}}(t)$$

  durchführen; sie bildet einen Ersatzanteil der *Steuergröße*, die weiterhin mit $u(t)$ bezeichnet wird.
- ☐ Zur Rekonstruktion der wahren Zustandsgrößen wird ein *Parallelmodell* zur Strecke aufgebaut, ausgehend von der Modellbeschreibung der Strecke, in dem auch die meßbaren Zustände nachgebildet werden.
- ☐ Bei der Einspeisung der P-Kanäle mit den Schätzwerten $\hat{x}_i$ des Streckenmodells zeigen sich folgende Probleme: Die Anfangswerte $\boldsymbol{x}(0)$ und $\hat{\boldsymbol{x}}(0)$ stimmen nicht miteinander überein; außerdem verhindern Störungen eine fehlerfreie Parallelarbeitsweise von Strecke und Modell.
- ☐ Zur Beseitigung dieser Nachteile bildet man die Differenz $y - \hat{y}$ zwischen den Ausgangsgrößen von Strecke und Modell und *korrigiert damit das Modell* in geeigneter Weise.

Das so entstehende korrigierte Streckenmodell nennt man *Beobachter*. Er wird mit der gleichen Steuergröße angeregt wie die Strecke, so daß sich die in Bild 7.8a gezeigte Grundstruktur ergibt; die zugehörige Differentialgleichung lautet

$$\dot{\hat{\boldsymbol{x}}}(t) = \boldsymbol{A}\hat{\boldsymbol{x}}(t) + \boldsymbol{b}u(t) + \boldsymbol{d} \cdot [y(t) - \boldsymbol{c}^T \cdot \hat{\boldsymbol{x}}(t)].$$

An dieser Stelle soll die Gelegenheit wahrgenommen werden, etwas näher auf die Herkunft und die allgemeinere Bedeutung eines neuen Begriffs einzugehen. Bei der Einführung des Beobachters ist man vielleicht geneigt, etwas sehr Spezielles oder Fachspezifisches zu erwarten; das Gegenteil trifft jedoch zu: Es handelt sich bei dem Beobachter um einen außerordentlich vielschichtigen Begriff, der in seiner prinzipiellen Wirkung von der Alltagserfahrung ausgehend über technische Anwendungen bis in den Bereich der physikalischen Grundlagenforschung an Elementarteilchen reicht. Dabei zeichnen sich je nach Anwendung verschiedene, aber durchaus ähnliche Eigenschaften ab.

So sind die Tätigkeiten *Beobachten* und *Messen* sehr eng miteinander verknüpft, und Messen bedeutet wiederum eine mehr oder weniger deutlich wahrnehmbare *Störung* für das zu beobachtende System.

Beginnen wir mit einer banalen Alltagserfahrung, die im hier aufzuzeigenden Zusammenhang durchaus erwähnenswert ist: Ein Mensch wird seine Verhaltensweise oder Tätigkeit der jeweils gegebenen Situation anpassen; wenn er sich dabei *beobachtet* fühlt, wird er sein Verhalten mehr oder weniger verändern. Damit hat der Beobachter das System Mensch – Verhaltensweise offensichtlich *gestört*.

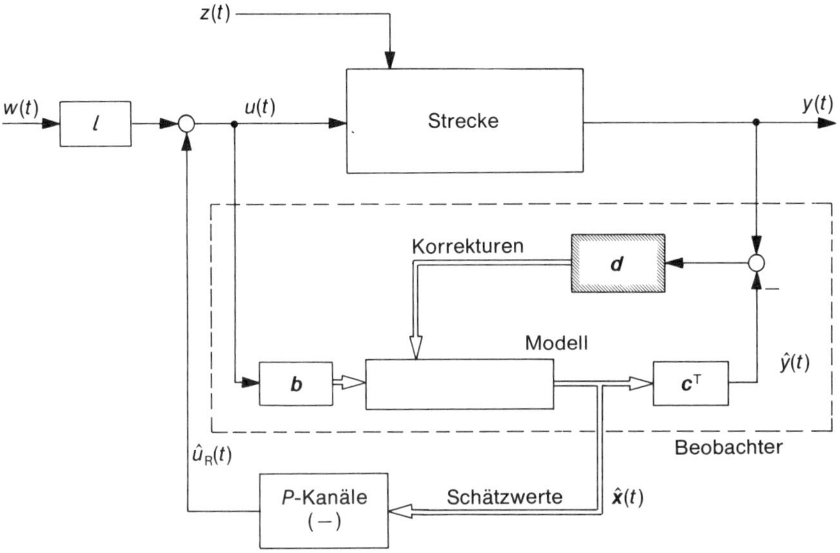

Bild 7.8a Grundstruktur eines Luenberger-Beobachters für Strecken mit einem Eingang und einem Ausgang

Andererseits ist aus der Wärmelehre bekannt, daß man die zu messende Temperatur eines Körpers (je nach Masse und Wärmekapazität) verfälscht, wenn man ihn mit einem Thermometer in Berührung bringt. Es gibt fast beliebig viele Beispiele ähnlicher Art. Wie deutlich eine mit der jeweiligen Messung *grundsätzlich* verbundene Störung des Systems erkennbar ist, hängt sehr vom Einzelfall ab. So wird beispielsweise ein Körper auch dadurch gestört, daß man ihn für eine Beobachtung hinreichend stark mit sichtbarem Licht bestrahlt. Von hier aus besteht eine unmittelbare gedankliche Verbindung zu den Untersuchungsmethoden der Teilchenphysik: Um bestimmte Teilcheneigenschaften untersuchen zu können, muß man dem System hinreichend viel Energie, etwa in Form von Neutronen- oder Gammastrahlen, zuführen. Hierbei zeigt sich unter Umständen der *Grenzfall völlig destruktiver Einflüsse einer Messung*. Durch die Energiezufuhr können neue Teilchen entstehen, so daß das zu beobachtende System durch den erforderlichen Meßvorgang radikal verändert wird und die ursprüngliche *Beobachtungsaufgabe prinzipiell unlösbar ist.*

Im Zusammenhang mit regelungstechnischen Fragestellungen interessiert aber ein weiterer Aspekt von Messungen und Beobachtungen. Das Ergebnis einer Beobachtung hängt insbesondere von gegebenen Bezugsgrößen, von Vergleichsmustern oder anderen *Referenzgrößen* ab. Im einfachsten Fall handelt es sich um Differenzbildungen für Signale, aber hier hat der Beobachter nicht nur passiv zu registrieren, sondern aufgrund beobachteter Abweichungen *korrigierend auf das System einzuwirken*. Man erkennt hier deutlich, wie universell die Bedeutung der Begriffe *Messen, Vergleichen, Bewerten, Eingreifen* usw. sind, und zwar sowohl in technischen wie in nichttechnischen Bereichen.

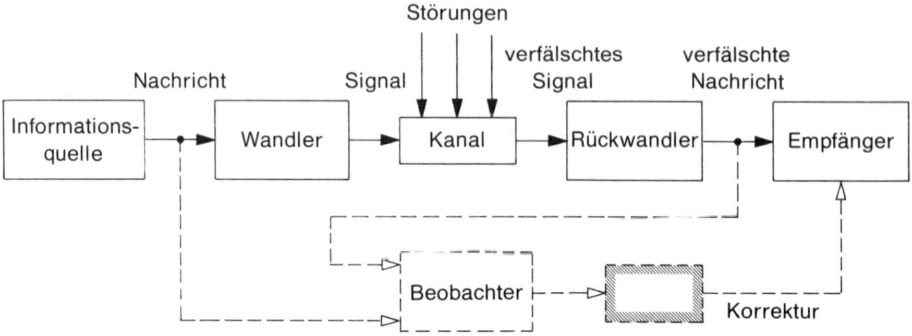

Bild 7.8b Shannonscher Kommunikationskanal, ergänzt um einen Beobachter mit Korrektureinrichtung

Das in Verbindung mit der Zustandsregelung interessierende Beobachterkonzept wurde 1964 von Luenberger [35] eingeführt, der fachübergreifende Grundgedanke ist jedoch um einiges älter. Im Jahr 1949 veröffentlichten Shannon und Weaver ihre grundlegende Arbeit «The Mathematical Theory of Communication» [50], in der die allgemeine Struktur eines Informationskanals (Bild 7.8b, durchgezogene Linien) angegeben wird. In diesem Zusammenhang wurde erkannt, daß die an der Quelle bzw. am Empfänger lokalisierten Kommunikanten den Vorgang einer Nachrichtenübermittlung anders beschreiben als ein außenstehender, objektiver Beobachter, der das Geschehen in einer Metasprache beschreibt [51].

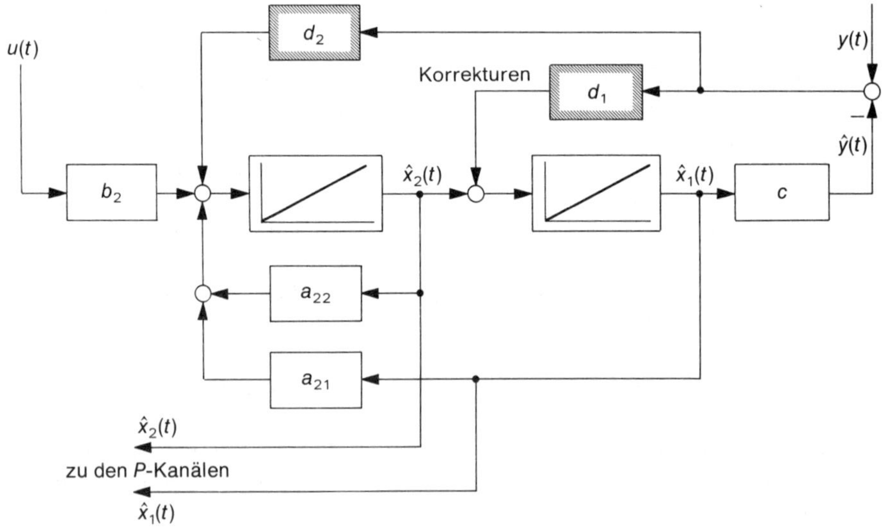

Bild 7.9 Parallelmodell einer P-T_2-Strecke mit Korrekturen für beide Integrierer

Diese Einsicht führte zur Ergänzung des Shannonschen Kommunikationssystems durch die strukturelle Einbeziehung eines *Beobachters*, der als Eingangsgrößen die unverfälschte und die durch Störeinflüsse verfälschte Nachricht erhält. Diese Informationen werden in einer *Korrekturvorrichtung* verarbeitet und dem Empfänger zugeführt (strichlierter Zusatz in Bild 7.8b). Damit ist aber der *prinzipielle*, fachübergreifende Denkansatz geschaffen, der mit unverkennbarer struktureller Ähnlichkeit auch zum Luenberger-Beobachter mit korrigierendem Eingriff am Streckenmodell geführt hat. Der aufmerksame Leser wird bemerkt haben, daß sich mit der Einführung des korrigierenden Beobachters wiederum das *Rückkopplungsprinzip* manifestiert hat; auch der Luenberger-Beobachter zeigt die Struktur eines korrigierenden Regelkreises.

Für die folgende analytische Behandlung muß die Forderung der vollständigen Steuerbarkeit der Strecke durch eine weitere Forderung ergänzt werden: Das vorgezeichnete Konzept zur Gewinnung von Schätzwerten für die wahren Zustandsgrößen hat zur Voraussetzung, daß die Strecke auch vollständig *beobachtbar* ist (Abschnitt 2.5.5).

Ausgehend von einer P-T_2-Strecke ist in Bild 7.9 gezeigt, wie die Modellkorrektur mit dem Differenzsignal $y - \hat{y}$ konkret vorzunehmen ist: Die Korrektur wird über Bewertungsfaktoren d_1 und d_2 auf die Integriererereingänge aufgeschaltet. Man erkennt, daß es sich um ein *nachgeführtes Modell* bezüglich $y(t)$ handelt, beschreibbar durch die folgenden Beobachtergleichungen:

$$\dot{\hat{\boldsymbol{x}}}(t) = \boldsymbol{A}\hat{\boldsymbol{x}}(t) + \boldsymbol{b}u(t) + \boldsymbol{d} \cdot [y(t) - \hat{y}(t)], \qquad \boldsymbol{d} = \begin{bmatrix} d_1 \\ d_2 \end{bmatrix}, \qquad \text{(Gl. 7.7a)}$$

$$\hat{y}(t) = \boldsymbol{c}^{\mathrm{T}}\hat{\boldsymbol{x}}(t)\,. \qquad \text{(Gl. 7.7b)}$$

Zeitverhalten des Beobachtungsfehlers

Für die Beurteilung der Arbeitsweise des Beobachters ist es von Interesse, wie sich der Beobachtungsfehler

$$\boldsymbol{\varepsilon}(t) := \boldsymbol{x}(t) - \hat{\boldsymbol{x}}(t)$$

unter dem Einfluß unterschiedlicher Anfangsbedingungen und Störungen $z(t)$ verhält. Dazu stellt man die Differentialgleichung für $\boldsymbol{\varepsilon}(t)$ auf.

Die gestörte Strecke wird beschrieben durch

$$\dot{\boldsymbol{x}}(t) = \boldsymbol{A}\boldsymbol{x}(t) + \boldsymbol{b}u(t) + \boldsymbol{g}z(t)\,,$$

der Beobachter durch

$$\dot{\hat{\boldsymbol{x}}}(t) = \boldsymbol{A}\hat{\boldsymbol{x}}(t) + \boldsymbol{b}u(t) + \boldsymbol{d}\boldsymbol{c}^{\mathrm{T}} \cdot [\boldsymbol{x}(t) - \hat{\boldsymbol{x}}(t)]\,,$$

folglich lautet die Differentialgleichung des Fehlers

$$\dot{\boldsymbol{\varepsilon}}(t) = (\boldsymbol{A} - \boldsymbol{d}\boldsymbol{c}^{\mathrm{T}}) \cdot \boldsymbol{\varepsilon}(t) + \boldsymbol{g} \cdot z(t)\,. \qquad \text{(Gl. 7.8)}$$

Hieran erkennt man einige wichtige Eigenschaften:

☐ Der allein durch Anfangswertunterschiede

$$\boldsymbol{\varepsilon}(0) = \boldsymbol{x}(0) - \hat{\boldsymbol{x}}(0)$$

verursachte Anteil des Beobachtungsfehlers strebt gegen Null, wenn die Lösungen von

$$\det\{s \cdot \boldsymbol{I} - [\boldsymbol{A} - \boldsymbol{d}\,\boldsymbol{c}^{\mathrm{T}}]\} = 0$$

nur negative Realteile haben.

☐ Störeinflüsse $z(t)$ verursachen Beobachtungsfehler; die Auswirkung statistischer *Meßgeräusche* wird in Kapitel 8 behandelt.

☐ Da eine vollständig beobachtbare Strecke vorausgesetzt wird, kann man mit den Elementen der Matrix $\boldsymbol{d}$ die Beobachterdynamik (innerhalb technisch vernünftiger Grenzen) beliebig vorgeben.

☐ Strecke und Beobachter werden durch dasselbe Steuersignal $u(t)$ angeregt, so daß durch die Differenzbildung der Term

$$u(t) = -\boldsymbol{k}^{\mathrm{T}} \cdot \hat{\boldsymbol{x}}(t) + l \cdot w(t)$$

verschwindet, folglich wird durch die Führungsgröße $w(t)$ kein Beobachtungsfehler angeregt.

☐ Der Beobachter rekonstruiert alle Zustandsgrößen des Modellansatzes; da nach Abklingen des Beobachtungsfehlers auf Null die Beziehung

$$\hat{\boldsymbol{x}}(t) = \boldsymbol{I} \cdot \boldsymbol{x}(t)$$

gilt, verwendet man die Bezeichnung *Einheitsbeobachter*.

Zur begrifflichen Klarstellung sei noch einmal auf folgendes hingewiesen: Der Modellbegriff wird bei der Zustandsregelung in *zweierlei Bedeutung* verwendet. In der Phase der Modellbildung der Regelstrecke geht es um die Erstellung eines in mathematische Schreibweise gekleideten, also um ein *beschreibendes* Modell der Strecke.

Im Gegensatz dazu enthält der Zustandsregler eine *technische Realisierung* des mathematischen Modells: Diese Realisierung ist somit ein materiell aufgebautes bzw. analog, digital, hybrid oder sonstwie simuliertes Modell der realen Strecke. Die Kombination von Parallelmodell mit Korrekturvorrichtung wird in der einschlägigen Literatur als Luenberger-Beobachter bezeichnet.

7.4 Beobachter für eine P-T$_2$-Strecke

Ein schwingungsfähiges Gebilde 2. Ordnung sei gegeben durch die Differentialgleichung

$$\ddot{y}(t) + 2D\omega_0\,\dot{y}(t) + \omega_0^2\,y(t) = \omega_0^2\,u(t)\,.$$

Es soll ein Einheitsbeobachter zur Schätzung der Geschwindigkeit $\dot{y}(t)$ entworfen werden.

Ein Schwinger entsprechend der gegebenen skalaren Differentialgleichung wurde schon in Abschnitt 7.1 behandelt; die dort hergeleitete Zustandsbeschreibung erfolgte durch die sogenannte Regelungsnormalform mit der zugehörigen Systemmatrix $\boldsymbol{A}$. Im Rahmen des jetzigen Beispiels liegt eine andere Zielsetzung vor, zu der es eine andere angepaßte Form der Systemmatrix gibt, die im folgenden aufgestellt wird.

Zustandsdarstellung in Beobachternormalform
Die vorliegende skalare Differentialgleichung führt mit $x_1(t) = y(t)$ als Ortskoordinate zu der in Bild 7.10 gezeigten Struktur, an der man unmittelbar die folgende Zustandsbeschreibung ablesen kann:

$$\begin{aligned}
\dot{x}_1(t) &= -2D\omega_0 \cdot x_1(t) + x_2(t)\,,\\
\dot{x}_2(t) &= \quad -\omega_0^2 \cdot x_1(t) + \omega_0^2 \cdot u(t)\,,\\
y(t) &= [1 \quad 0] \cdot \boldsymbol{x}(t)\,,
\end{aligned}$$

und damit erhält die Systemmatrix die Form

$$\boldsymbol{A} = \begin{bmatrix} -2D\omega_0 & 1 \\ -\omega_0^2 & 0 \end{bmatrix},$$

die physikalischen Parameter des Systems treten also nur in der ersten *Spalte* auf. Hieran erkennt man, daß diese Form der Systemmatrix zu einer besonders einfachen Bestimmung der Beobachterkoeffizienten d_1 und d_2 führen wird, denn es gilt ja, die

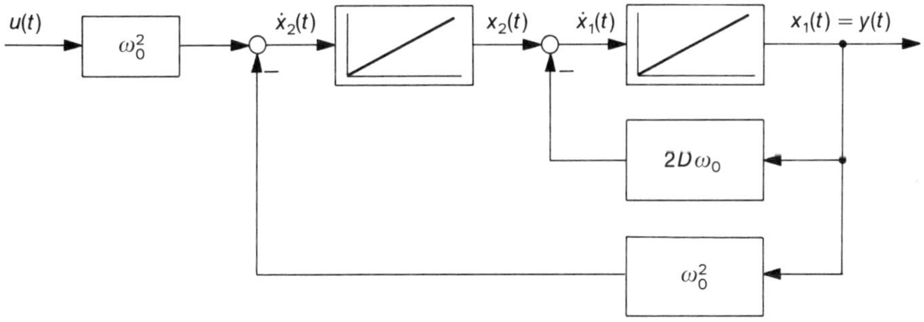

Bild 7.10 Struktur einer schwingungsfähigen P-T$_2$-Strecke für einen Beobachterentwurf

Elemente der Spaltenmatrix $\boldsymbol{d} = \begin{bmatrix} d_1 \\ d_2 \end{bmatrix}$ zu bestimmen, wenn die Beobachterdynamik in passender Form vorgegeben ist. Die hier gewonnene Systembeschreibung trägt die Bezeichnung *Beobachternormalform* (Abschnitt 2.5.4).

Entwurf und Realisierung des Beobachters
Schreibt man noch die Ausgangsgleichung an,

$$\hat{y}(t) = \boldsymbol{c}^{\mathrm{T}} \cdot \hat{\boldsymbol{x}}(t) = [1 \quad 0] \cdot \begin{bmatrix} \hat{x}_1(t) \\ \hat{x}_2(t) \end{bmatrix} = \hat{x}_1(t)\,,$$

so ergibt sich für den Beobachter die Differentialgleichung

$$\dot{\hat{\boldsymbol{x}}}(t) = \boldsymbol{A}\,\hat{\boldsymbol{x}}(t) + \boldsymbol{b}\,u(t) + \begin{bmatrix} d_1 \\ d_2 \end{bmatrix} \cdot \left(y - [1 \quad 0] \cdot \begin{bmatrix} \hat{x}_1(t) \\ \hat{x}_2(t) \end{bmatrix} \right)$$

oder weiter ausgewertet

$$\dot{\hat{\boldsymbol{x}}}(t) = \begin{bmatrix} (-2D\omega_0 - d_1) & 1 \\ (-\omega_0^2 - d_2) & 0 \end{bmatrix} \cdot \hat{\boldsymbol{x}}(t) + \begin{bmatrix} 0 \\ \omega_0^2 \end{bmatrix} \cdot u(t) + \begin{bmatrix} d_1 \\ d_2 \end{bmatrix} \cdot y(t)\,.$$

Während man also beim Regelungsproblem durch Koeffizientenvergleich anhand der Elemente der letzten Zeile der Frobenius-Matrix unmittelbar die Koeffizienten der Zustandsrückführung $\boldsymbol{k}^{\mathrm{T}}$ bestimmen kann, ergeben sich beim Beobachtungsproblem die gesuchten Koeffizienten von $\boldsymbol{d}$ für die Korrekturaufschaltung aus der ersten Spalte der zur Beobachternormalform gehörigen Systemmatrix. Die naheliegende Verallgemeinerung auf den Fall einer Korrekturmatrix mit n Elementen mag der Leser zur Übung entwickeln.

Im laufenden Beispiel sei eine bestimmte Beobachterdynamik durch das Polynom

$$s^2 + \alpha s + \beta = 0$$

vorgeschrieben. Die erforderlichen Korrekturkoeffizienten d_1 und d_2 ergeben sich direkt durch Vergleich mit dem zu $\boldsymbol{A} - \boldsymbol{d}\boldsymbol{c}^{\mathrm{T}}$ gehörenden Polynom

$$s^2 + (2D\omega_0 + d_1) \cdot s + \omega_0^2 + d_2 = 0\,.$$

Man liest ab

$$d_1 = \alpha - 2D\omega_0\,,$$
$$d_2 = \beta - \omega_0^2$$

als Lösung des Problems zur Schätzung der Geschwindigkeit durch den angesetzten Einheitsbeobachter. Bild 7.11 zeigt eine Realisierung mit Elementen der Analogrechentechnik, ausgehend von der Differentialgleichung des Beobachters

$$\dot{\hat{\boldsymbol{x}}}(t) = \boldsymbol{A} \cdot \hat{\boldsymbol{x}}(t) + \boldsymbol{b} \cdot u(t) + \begin{bmatrix} d_1 \\ d_2 \end{bmatrix} \cdot \left(y(t) - \hat{x}_1(t) \right).$$

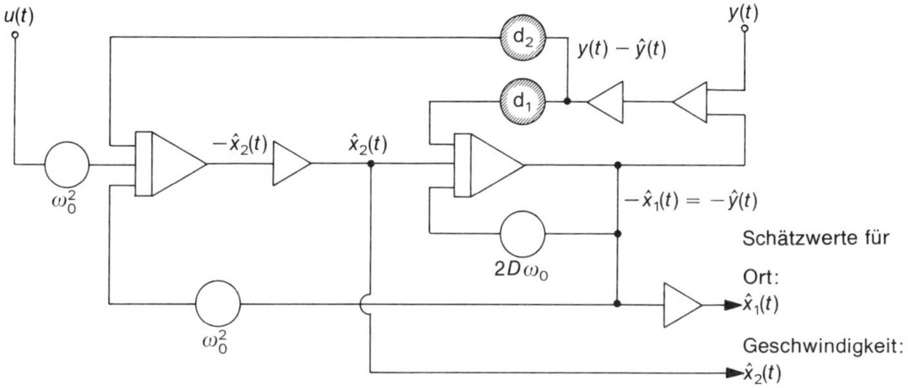

Bild 7.11 Grundsätzliche Analogrechenschaltung des Beobachters zur Schätzung von Ort und Geschwindigkeit

Zahlenbeispiel:
Gegeben ist eine Regelstrecke 2. Ordnung durch die Zustandsdarstellung

$$\dot{\boldsymbol{x}}(t) = \begin{bmatrix} 0 & 1 \\ -4 & -2 \end{bmatrix} \cdot \boldsymbol{x}(t) + \begin{bmatrix} 0 \\ 1 \end{bmatrix} \cdot u(t),$$

$$y(t) = [4 \quad 2] \cdot \boldsymbol{x}(t),$$

das Steuersignal ist von der Form

$$u(t) = -\boldsymbol{k}^{\mathrm{T}} \cdot \boldsymbol{x}(t) + l \cdot w(t), \qquad \boldsymbol{k}^{\mathrm{T}} = [12 \quad 8].$$

Der Zustandsregelkreis wird folglich beschrieben durch

$$\dot{\boldsymbol{x}}(t) = [\boldsymbol{A} - \boldsymbol{b}\,\boldsymbol{k}^{\mathrm{T}}] \cdot \boldsymbol{x}(t) + \boldsymbol{b}\,l \cdot w(t),$$

$$y(t) = \boldsymbol{c}^{\mathrm{T}} \cdot \boldsymbol{x}(t).$$

Man berechnet zunächst den Führungsgrößenfaktor l nach der in Abschnitt 7.2.3 hergeleiteten Vorschrift

$$l = \frac{1}{\boldsymbol{c}^{\mathrm{T}} \cdot [-\boldsymbol{A} + \boldsymbol{b}\,\boldsymbol{k}^{\mathrm{T}}]^{-1} \cdot \boldsymbol{b}},$$

um asymptotisches Folgeverhalten des Zustandsregelkreises sicherzustellen. Nach einer einfachen Zwischenrechnung findet man $l = 4$.

Damit kann die Führungsübertragungsfunktion der zustandsgeregelten Strecke berechnet werden:

$$F_{\mathrm{w}}(s) = \boldsymbol{c}^{\mathrm{T}} [s \cdot \boldsymbol{I} - \boldsymbol{A} + \boldsymbol{b}\,\boldsymbol{k}^{\mathrm{T}}]^{-1} \cdot l$$

$$= \frac{8}{s+8}.$$

Es sei nur $y(t)$ meßtechnisch zugänglich, so daß ein Einheitsbeobachter für $\boldsymbol{x}(t)$ entworfen werden muß.

Dazu geht man aus von der Zustandsbeschreibung des Beobachters durch die beiden Gleichungen

$$\dot{\hat{\boldsymbol{x}}}(t) = \boldsymbol{A} \cdot \hat{\boldsymbol{x}}(t) + \boldsymbol{b} \cdot u(t) + \boldsymbol{d} \cdot [y(t) - \hat{y}(t)],$$
$$\hat{y}(t) = \boldsymbol{c}^{\mathrm{T}} \cdot \hat{\boldsymbol{x}}(t),$$

oder zusammengefaßt zu der Beobachtergleichung

$$\dot{\hat{\boldsymbol{x}}}(t) = [\boldsymbol{A} - \boldsymbol{d}\boldsymbol{c}^{\mathrm{T}}] \cdot \hat{\boldsymbol{x}}(t) + \boldsymbol{b} \cdot u(t) + \boldsymbol{d} \cdot y(t).$$

Für die Auslegung des Beobachters müssen also die Elemente der Korrekturmatrix

$$\boldsymbol{d} = \begin{bmatrix} d_1 \\ d_2 \end{bmatrix}$$

so bestimmt werden, daß sich eine noch festzulegende Beobachterdynamik ergibt. Dazu führt man die folgenden Rechenschritte aus:

$$\boldsymbol{d}\boldsymbol{c}^{\mathrm{T}} = \begin{bmatrix} 4d_1 & 2d_1 \\ 4d_2 & 2d_2 \end{bmatrix}$$

$$\boldsymbol{A} - \boldsymbol{d}\boldsymbol{c}^{\mathrm{T}} = \begin{bmatrix} -4d_1 & 1-2d_1 \\ -4-4d_2 & -2-2d_2 \end{bmatrix},$$

folglich erhält man für das Beobachterpolynom:

$$\det [s \cdot \boldsymbol{I} - \boldsymbol{A} + \boldsymbol{d}\boldsymbol{c}^{\mathrm{T}}] = \begin{vmatrix} s+4d_1 & -1+2d_1 \\ 4+4d_2 & s+2+2d_2 \end{vmatrix}$$
$$= s^2 + (2+4d_1+2d_2) \cdot s + 4 + 4d_2.$$

Gefordert werde eine Beobachterdynamik, die durch die beiden Pole $s_1 = -2$, $s_2 = -8$ bestimmt ist. Damit sind die beiden Elemente der Korrekturmatrix $\boldsymbol{d}$ durch folgenden Koeffizientenvergleich festgelegt:

$$s^2 + 10s + 16 \overset{!}{=} s^2 + (2+4d_1+2d_2) \cdot s + 4 + 4d_2,$$
$$2 + 4d_1 + 2d_2 = 10,$$
$$4 + 4d_2 = 16,$$

mit den Lösungen

$$d_1 = 0{,}5, \qquad d_2 = 3.$$

Durch Einsetzen dieser Werte in die Beobachtergleichung ergibt sich

$$\dot{\hat{\boldsymbol{x}}}(t) = \begin{bmatrix} 0 & 1 \\ -4 & -2 \end{bmatrix} \cdot \hat{\boldsymbol{x}}(t) + \begin{bmatrix} 0 \\ 1 \end{bmatrix} \cdot u(t) + \begin{bmatrix} 0{,}5 \\ 3 \end{bmatrix} \cdot [y(t) - \hat{y}(t)]$$
$$\hat{y}(t) = [4 \quad 2] \cdot \hat{\boldsymbol{x}}(t),$$

oder zusammengefaßt zu einer Gleichung:

$$\dot{\hat{\boldsymbol{x}}}(t) = \begin{bmatrix} -2 & 0 \\ -16 & -8 \end{bmatrix} \cdot \hat{\boldsymbol{x}}(t) + \begin{bmatrix} 0{,}5 \\ 3 \end{bmatrix} \cdot y(t) + \begin{bmatrix} 0 \\ 1 \end{bmatrix} \cdot u(t)\,.$$

Damit ist der Zustandsregler, bestehend aus Einheitsbeobachter und Rückführung der geschätzten Zustandsgrößen gemäß

$$u(t) = -\boldsymbol{k}^{\mathrm{T}} \cdot \hat{\boldsymbol{x}}(t) + 4 \cdot w(t)$$

entworfen; er wird beschrieben durch die beiden Gleichungen

$$\dot{\hat{\boldsymbol{x}}}(t) = \begin{bmatrix} -2 & 0 \\ -28 & -16 \end{bmatrix} \cdot \hat{\boldsymbol{x}}(t) + \underbrace{\begin{bmatrix} 0{,}5 \\ 3 \end{bmatrix}}_{\boldsymbol{d}} \cdot y(t) + \underbrace{\begin{bmatrix} 0 \\ 4 \end{bmatrix}}_{\boldsymbol{b} \cdot l} \cdot w(t)$$

$$u(t) = -[12 \quad 8] \cdot \hat{\boldsymbol{x}}(t) + 4 \cdot w(t)\,.$$

Bild 7.11a zeigt die berechnete Führungssprungantwort der zustandsgeregelten Strecke, zum Vergleich ist die Sprungantwort der ungeregelten Strecke mit eingezeichnet; ihre analytische Form ergibt sich durch Laplace-Rücktransformation (vgl. Abschnitt 2.5) aus der Funktion

$$\frac{1}{s} \cdot F_{\mathrm{S}}(s) = \frac{1}{s} \cdot \frac{2s+4}{s^2+2s+4}\,.$$

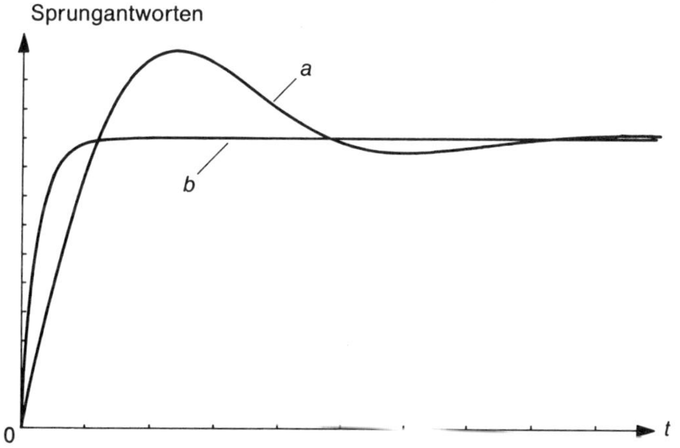

Bild 7.11a Verlauf der berechneten Sprungantwort der ungeregelten (a) und der zustandsgeregelten Strecke bei Führungsverhalten (b)

7.5 Zustandsregler mit Beobachter für eine Gleichstrommaschine

Da es in diesem Abschnitt darauf ankommt, die grundsätzliche Vorgehensweise an einem weiteren Beispiel deutlich zu machen, wird von einem gegenüber dem Abschnitt 1.12 vereinfachten Modell der Gleichstrommaschine ausgegangen, zu dessen Beschreibung nur zwei Zustandsgrößen erforderlich sind. Ferner wird die mit der Zustandsdarstellung eingeführte allgemeine Symbolik benutzt.

7.5.1 Das mathematische Modell der Strecke

Das vereinfachte Modell wird beschrieben durch die folgenden physikalischen Ansätze:

$$i_A(t) = \frac{1}{L_A} \cdot \int_0^t u_L(\tau)\,d\tau + i_A(0),$$

$$u_L(t) = u_A(t) - i(t) \cdot R_A - e_A(t), \qquad e_A(t) = a \cdot \omega(t),$$

$$\omega(t) = \frac{1}{J} \cdot \int_0^t [m_M(\tau) - m_L(\tau)]\,d\tau + \omega(0), \qquad m_M(t) = a \cdot i_A(t).$$

Diese Gleichungen beschreiben das Kleinsignalverhalten der Maschine in einem festen Betriebspunkt, die Symbole haben die gleiche Bedeutung wie in Abschnitt 1.12. Die hier getroffene Vereinfachung beruht auf der Annahme einer konstanten Erregung, wodurch die Dynamik des Feldkreises außer Betracht bleibt. Man kann für das folgende den Ankerindex A weglassen und erhält die beiden Differentialgleichungen

$$\frac{d}{dt} i(t) = -\frac{R}{L} \cdot i(t) - \frac{a}{L} \cdot \omega(t) + \frac{1}{L} \cdot u_A(t),$$

$$\frac{d}{dt} \omega(t) = \frac{a}{J} \cdot i(t) - \frac{1}{J} \cdot m_L(t).$$

Für die Zustandsbeschreibung werden folgende Zuordnungen vorgenommen:

Zustandsgrößen	$x_1(t) = i(t),\ x_2(t) = \omega(t),$
Steuergröße	$u(t) = u_A(t),$
Störgröße	$z(t) = m_L(t),$
Ausgangsgröße	$y(t) = \frac{60}{2\pi} \cdot \omega(t)$, d.h. Drehzahl in U/min.

Damit ergibt sich die allgemeine Darstellung:

$$\dot{\boldsymbol{x}}(t) = \boldsymbol{A}\,\boldsymbol{x}(t) + \boldsymbol{b}\,u(t) + \boldsymbol{g}\,z(t),$$

$$y(t) = \boldsymbol{c}^T \boldsymbol{x}(t)$$

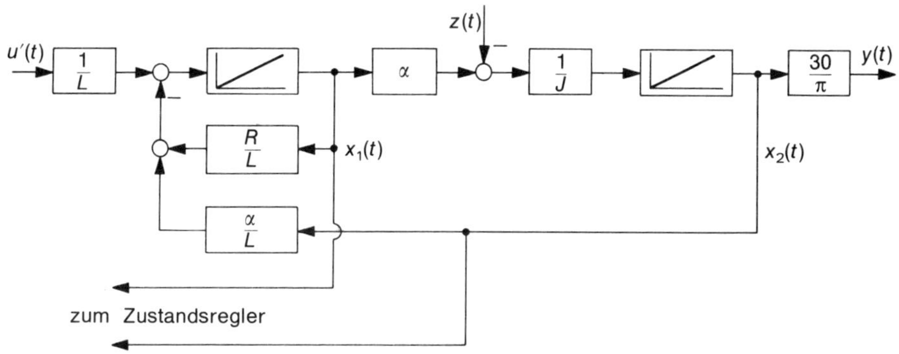

Bild 7.12 Struktur des linearisierten Modells eine Gleichstrommaschine

mit den Matrizen

$$A=\begin{bmatrix}-R/L & -a/L\\ a/J & 0\end{bmatrix},\quad b=\begin{bmatrix}1/L\\ 0\end{bmatrix},\quad g=\begin{bmatrix}0\\ -1/J\end{bmatrix},\quad c^{\mathrm{T}}=\begin{bmatrix}0 & \dfrac{60}{2\pi}\end{bmatrix}.$$

Bild 7.12 zeigt die zugehörige Struktur des vereinfachten Modells.

7.5.2 Zustandsregelung für die Maschine

Das zugrunde gelegte, prinzipiell schwingungsfähige Modell wird charakterisiert durch die Parameter

Dämpfung $\qquad D=\frac{1}{2}\cdot\frac{R}{a}\cdot\sqrt{\frac{J}{L}}$ $\qquad$ und

Kennkreisfrequenz $\qquad \omega_0=\frac{a}{\sqrt{JL}}$,

und die charakteristische Gleichung lautet

$$s^2+\frac{R}{L}\cdot s+\frac{a^2}{JL}=0.$$

Die Dynamik der geregelten Maschine kann man also durch Polvorgabe «beliebig» wählen, indem man entsprechende Lösungen der charakteristischen Gleichung vorgibt und nach Bestimmung der Rückführkoeffizienten eine Zustandsregelung nach Bild 7.13 realisiert.

Mit diesem Konzept kann man arbeiten, wenn Drehzahl und Ankerstrom der Maschine *meßbar* und damit als Eingangsgrößen für die Rückführkanäle verfügbar sind.

Die Pole der Übertragungsfunktion der geregelten Maschine ergeben sich aus den Lösungen der Gleichung

$$\det\{s\cdot I-[A-b\cdot k^{\mathrm{T}}]\}=0$$

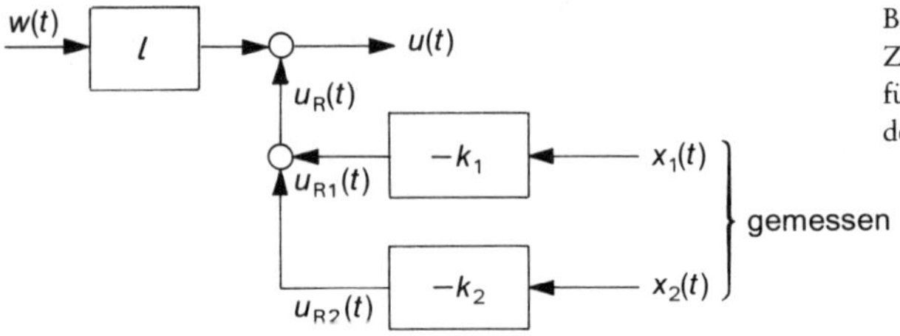

Bild 7.13
Zur Bildung der Steuergröße $u(t)$ für die Zustandsregelung der Gleichstrommaschine

mit der Matrix

$$[\boldsymbol{A} - \boldsymbol{b} \cdot \boldsymbol{k}^{\mathrm{T}}] = \begin{bmatrix} -\frac{1}{L}(R + k_1) & -\frac{1}{L}(a + k_2) \\ \frac{a}{J} & 0 \end{bmatrix},$$

deren Eigenwerte durch passende Wahl der Reglermatrix $\boldsymbol{k}^{\mathrm{T}}$ eine vorgegebene Kreisdynamik festlegen.

Ergänzt man die Reglerstruktur eingangsseitig noch durch die mit l bewertete Führungsgröße $w(t)$, so wird die gesamte Steuergröße

$$u(t) = -k_1 \cdot x_1(t) - k_2 \cdot x_2(t) + l \cdot w(t),$$

und die vollständige Zustandsregelung wird beschrieben durch

$$\dot{\boldsymbol{x}}(t) = [\boldsymbol{A} - \boldsymbol{b} \cdot \boldsymbol{k}^{\mathrm{T}}] \cdot \boldsymbol{x}(t) + \boldsymbol{b} \cdot l \cdot w(t) + \boldsymbol{g} \cdot z(t).$$

7.5.3 Entwurf eines Einheitsbeobachters

Wenn der Ankerstrom der Maschine nicht oder nur schwierig zu messen ist und damit als Zustandsgröße nicht zur Verfügung steht, greift man auf das Beobachterkonzept zurück. Da das zugrunde gelegte Modell eine vollständig regelbare Strecke beschreibt, kann man es als Grundlage zum Aufbau eines Einheitsbeobachters verwenden, der den Ankerstrom in Gestalt eines Schätzwertes liefert. Da auch diese Regelstrecke unter dem Einfluß von Störungen steht, muß man das Streckenmodell mit der Differenz $y(t) - \hat{y}(t)$ ansteuern und über die Matrix $\boldsymbol{d}$ eine passende Beobachterdynamik festlegen. Obgleich die Winkelgeschwindigkeit als zweite Zustandsgröße meßbar ist, wird man den zweiten Rückführkanal mit dem im allgemeinen deutlich weniger gestörten Schätzwert $\hat{x}_2(t)$ einspeisen, den der Einheitsbeobachter ohnehin liefert.

Ausgehend von dem angesetzten Modell der Strecke erhält der Beobachter die in Bild 7.14 gezeigte Struktur. Der wie ein Folgesystem arbeitende Beobachter wird analytisch beschrieben durch die Gleichungen

$$\dot{\hat{x}}_1(t) = -\frac{R}{L} \cdot \hat{x}_1(t) - \frac{a}{L} \cdot \hat{x}_2(t) + \frac{1}{L} \cdot u(t) + d_1 \cdot [y(t) - \hat{y}(t)],$$

$$\dot{\hat{x}}_2(t) = \frac{a}{J} \cdot \hat{x}_1(t) \qquad + d_2 \cdot [y(t) - \hat{y}(t)],$$

und es ergibt sich nach Einsetzen die Beobachtergleichung

$$\dot{\hat{\boldsymbol{x}}}(t) = \begin{bmatrix} -\frac{R}{L} - \left(\frac{a}{L} + d_1 \cdot \frac{60}{2\pi}\right) \\ \frac{a}{J} \quad - d_2 \cdot \frac{60}{2\pi} \end{bmatrix} \cdot \hat{\boldsymbol{x}}(t) + \begin{bmatrix} \frac{1}{L} \\ 0 \end{bmatrix} \cdot u(t) + \frac{60}{2\pi} \cdot \begin{bmatrix} d_1 \\ d_2 \end{bmatrix} \cdot y(t),$$

wobei die Beobachter-Ausgangsgleichung

$$\hat{y}(t) = \boldsymbol{c}^{\mathrm{T}} \cdot \hat{\boldsymbol{x}}(t)$$

benutzt wurde. An der Matrix $\boldsymbol{A} - \boldsymbol{d} \cdot \boldsymbol{c}^{\mathrm{T}}$ erkennt man wieder die Möglichkeit, eine gewünschte Beobachterdynamik mit Hilfe der Koeffizienten d_1 und d_2 einzubringen; außerdem erkennt man, daß die getroffene Wahl der Zustandsgrößen nicht auf die

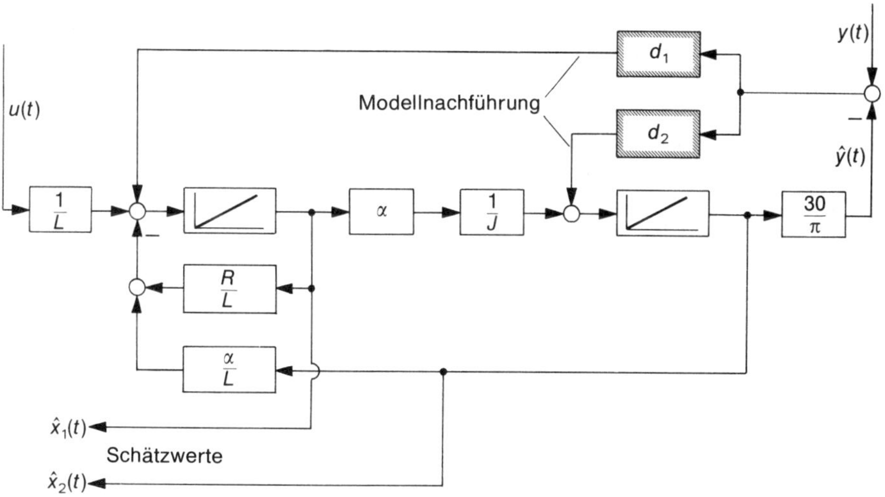

Bild 7.14 Einheitsbeobachter zur Erzeugung von Schätzwerten für die Zustandsgrößen der Maschine

Beobachtungsnormalform geführt hat. Die Steuergröße $u(t)$ enthält jetzt die geschätzten Zustandsgrößen zur Bildung des Stellsignals; ist noch eine Führungsgröße $w(t)$ zu berücksichtigen, wie in Bild 7.13 bereits angegeben, so lautet die gesamte Steuergröße

$$u(t) = -k_1 \cdot \hat{x}_1(t) - k_2 \cdot \hat{x}_2(t) + l \cdot w(t).$$

Das Bild 7.15 macht noch einmal deutlich, daß der Beobachter wie ein *Folgesystem* mit der internen Führungsgröße $y(t)$ arbeitet.

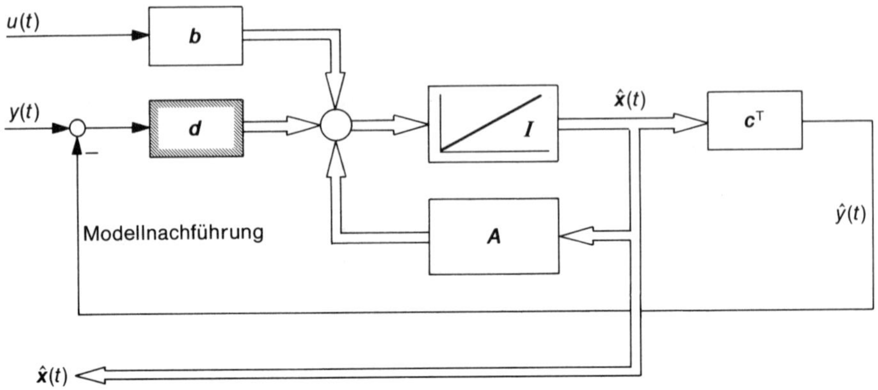

Bild 7.15 Allgemeine Form des Beobachters als Folgesystem

Zusammenfassende Bemerkungen
Unabhängig von den behandelten Beispielen lassen sich einige Eigenschaften der Zustandsregelung festhalten, die beim Entwurf im Frequenzbereich (Abschnitt 7.8) bestätigt und ergänzt werden:

- ☐ Die Zusammenfassung von Beobachter und Rückführkanälen mit P-Verhalten bildet den Zustandsregler.
- ☐ Der Beobachter ist ein internes Folgesystem mit dem Streckenausgang $y(t)$ als Führungssignal. Die für Strecke und Beobachter gemeinsame Ansteuerung mit $u(t)$ hat zur Folge, daß von $u(t) = \hat{u}_{\mathrm{R}}(t) + l \cdot w(t)$ aus kein Beobachtungsfehler angeregt wird.
- ☐ Da durch die gemeinsame Steuergröße und damit durch die Führungsgröße $w(t)$ kein Beobachtungsfehler angeregt wird, ergibt sich *auch im geschlossenen Regelkreis* mit Beobachter das gleiche Führungsverhalten wie bei der Regelung ohne Beobachter, solange nicht durch *Störgrößen* Beobachtungsfehler verursacht werden.

7.6 Reduzierte Beobachter

Bis zu diesem Stand der Überlegungen ist die Bedeutung der Ausgangsgleichung noch nicht besonders hervorgetreten. Immerhin legt die Ausgangsmatrix $\boldsymbol{C}$ fest, welche der Zustandsgrößen an der Bildung der Ausgangsgröße $\boldsymbol{y}(t)$ beteiligt sind.

Nun soll allgemein der Fall behandelt werden, daß eine Strecke n-ter Ordnung mit $m (< n)$ linear unabhängigen Meßgrößen vorliege. Es wird sich zeigen, daß zur Rekonstruktion des Zustandsvektors n-ter Ordnung bei m linear unabhängigen Meßgrößen ein Beobachter der *reduzierten Ordnung* $(n - m)$ genügt [35].

7.6.1 Die Gleichungen des reduzierten Beobachters

Die Regelstrecke n-ter Ordnung werde beschrieben durch die Zustandsdarstellung

$$\dot{\boldsymbol{x}}(t) = \boldsymbol{A}\,\boldsymbol{x}(t) + \boldsymbol{b}\,u(t) + \boldsymbol{g}\,z(t)\,, \qquad \text{(Gl. 7.9a)}$$

$$\boldsymbol{y}(t) = \boldsymbol{C}\,\boldsymbol{x}(t)\,. \qquad \text{(Gl. 7.9b)}$$

Aus der Ausgangsgleichung ließe sich der Zustandsvektor dann berechnen, wenn die Matrix $\boldsymbol{C}$ invertierbar wäre. Dies ist jedoch selten der Fall, weil meist die Zahl m der linear unabhängigen Meßgrößen $y_1(t)$, $y_2(t)$, ..., $y_m(t)$ kleiner ist als die Zahl n der Zustandsgrößen.

Die Ausgangsgleichung habe beispielsweise die Form

$$m\left\{\begin{bmatrix} y_1 \\ y_2 \\ y_3 \end{bmatrix}\right. = \underbrace{\begin{bmatrix} c_{11} \dots c_{15} \\ c_{21} \dots c_{25} \\ c_{31} \dots c_{35} \end{bmatrix}}_{n} \cdot \left.\begin{bmatrix} x_1 \\ x_2 \\ x_3 \\ x_4 \\ x_5 \end{bmatrix}\right\} n; \quad \boldsymbol{C}\colon (m, n)\,.$$

Hier entsteht die praktische Frage, ob man zur Rekonstruktion des Streckenzustands $\boldsymbol{x}(t)$ überhaupt einen Einheitsbeobachter der Ordnung n braucht, wenn schon m linear unabhängige Meßgrößen vorliegen. Um einer *neuen* Ausgangsmatrix vollen Rang zu geben und sie damit invertierbar zu machen, ist es erforderlich, einen *zusätzlichen Meßvektor*

$$\boldsymbol{\zeta}(t) = \boldsymbol{H} \cdot \boldsymbol{x}(t)$$

mit $(n - m)$ Elementen zu konstruieren, wobei $\boldsymbol{H}$ die Dimension $(n - m), n$ hat und linear unabhängig von $\boldsymbol{C}$ sein muß.

Wenn dies gelingt, verfügt man über einen mit $\boldsymbol{\zeta}(t)$ ergänzten Ausgangsvektor

$$\begin{bmatrix} \boldsymbol{y}(t) \\ \boldsymbol{\zeta}(t) \end{bmatrix} = \begin{bmatrix} \boldsymbol{C} \\ \boldsymbol{H} \end{bmatrix} \cdot \boldsymbol{x}(t)\,, \quad \begin{bmatrix} \boldsymbol{C} \\ \boldsymbol{H} \end{bmatrix} = \textit{neue}\ \text{Ausgangsmatrix}, \qquad \text{(Gl. 7.10)}$$

aus dem man den Zustandsvektor berechnen kann:

$$\boldsymbol{x}(t) = \begin{bmatrix} \boldsymbol{C} \\ \boldsymbol{H} \end{bmatrix}^{-1} \cdot \begin{bmatrix} \boldsymbol{y}(t) \\ \boldsymbol{\zeta}(t) \end{bmatrix}.$$

Daraus ergibt sich wieder eine praktische Aufgabe: Da der Anteil $\boldsymbol{\zeta}(t)$ nicht in Form von Messungen vorliegt, muß man sich *Schätzwerte* $\hat{\boldsymbol{\zeta}}(t)$ beschaffen, und dazu benötigt man einen Beobachter der Ordnung $(n - m)$. Wie Bild 7.16 zeigt, erhält er ebenso wie ein Einheitsbeobachter die Meßgrößen $\boldsymbol{y}(t)$ und die Steuerfunktion $u(t)$ als Eingangsgrößen.

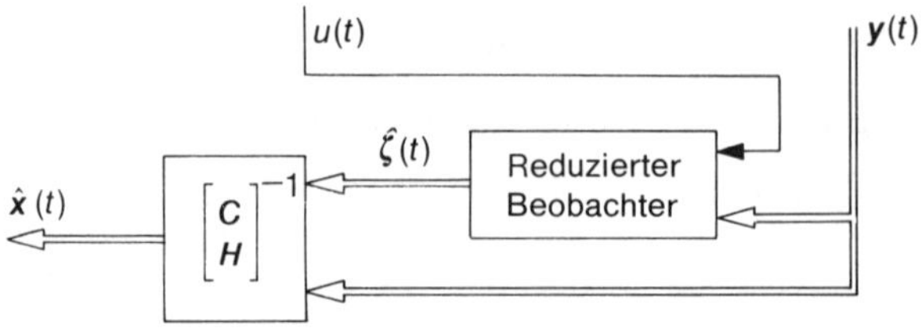

Bild 7.16
Reduzierter Beobachter zur Erzeugung zusätzlicher Meßgrößen $\hat{\zeta}_i(t)$

Er liefere am Ausgang die Schätzwerte $\hat{\zeta}(t)$ für $\zeta(t)$ mit der Eigenschaft, daß der Beobachtungsfehler

$$\boldsymbol{\varepsilon}(t) := \boldsymbol{\zeta}(t) - \hat{\boldsymbol{\zeta}}(t)$$

gegen Null strebt für $t \to \infty$.

Für den reduzierten Beobachter macht man in Anlehnung an die aus Gl. 7.7a und 7.7b ableitbare Form des Einheitsbeobachters

$$\dot{\hat{\boldsymbol{x}}}(t) = (\boldsymbol{A} - \boldsymbol{D}\boldsymbol{C}) \cdot \hat{\boldsymbol{x}}(t) + \boldsymbol{b} \cdot u(t) + \boldsymbol{D} \cdot \boldsymbol{y}(t)$$

den modifizierten Ansatz

$$\dot{\hat{\boldsymbol{\zeta}}}(t) = \boldsymbol{F} \cdot \hat{\boldsymbol{\zeta}}(t) + \boldsymbol{q} \cdot u(t) + \boldsymbol{D} \cdot \boldsymbol{y}(t) \qquad \text{(Gl. 7.11)}$$

und stellt die Differentialgleichung des Beobachtungsfehlers $\boldsymbol{\varepsilon}(t)$ auf:

$$\begin{aligned} \dot{\boldsymbol{\varepsilon}}(t) &= \frac{\mathrm{d}}{\mathrm{d}t} [\boldsymbol{\zeta}(t) - \hat{\boldsymbol{\zeta}}(t)] \\ &= \boldsymbol{H} \cdot \dot{\boldsymbol{x}}(t) - \dot{\hat{\boldsymbol{\zeta}}}(t) . \end{aligned}$$

Mit den Gleichungen 7.9a und 7.11 ergibt sich

$$\dot{\boldsymbol{\varepsilon}}(t) = \boldsymbol{H}\boldsymbol{A} \cdot \boldsymbol{x}(t) - \boldsymbol{F} \cdot \hat{\boldsymbol{\zeta}}(t) + [\boldsymbol{H}\boldsymbol{b} - \boldsymbol{q}]\,u(t) - \boldsymbol{D} \cdot \boldsymbol{y}(t) + \boldsymbol{H}\boldsymbol{g} \cdot z(t) ,$$

und daraus folgt unter Verwendung von

$$\hat{\boldsymbol{\zeta}}(t) = \boldsymbol{H} \cdot \boldsymbol{x}(t) - \boldsymbol{\varepsilon}(t)$$

und von Gl. 7.9b die gesuchte Differentialgleichung des Beobachtungsfehlers:

$$\begin{aligned} \dot{\boldsymbol{\varepsilon}}(t) = {} & \boldsymbol{F} \cdot \boldsymbol{\varepsilon}(t) + [\boldsymbol{H}\boldsymbol{A} - \boldsymbol{F}\boldsymbol{H} - \boldsymbol{D}\boldsymbol{C}] \cdot \boldsymbol{x}(t) \\ & + [\boldsymbol{H}\boldsymbol{b} - \boldsymbol{q}] \cdot u(t) + \boldsymbol{H}\boldsymbol{g} \cdot z(t) . \end{aligned} \qquad \text{(Gl. 7.12)}$$

Die Forderung, daß weder von $\boldsymbol{x}(t)$ noch von $u(t)$ ein Beobachtungsfehler angeregt werden darf und somit für $t \to \infty$ der Fehler $\boldsymbol{\varepsilon}(t) \to 0$ strebt, wird im störungsfreien Fall sicherlich erfüllt, wenn die Klammerausdrücke vor $\boldsymbol{x}(t)$ und vor $u(t)$ in Gl. 7.12 verschwinden:

$$\boldsymbol{H}\boldsymbol{A} - \boldsymbol{F}\boldsymbol{H} = \boldsymbol{D}\boldsymbol{C} , \qquad \text{(Gl. 7.13)}$$

$$\boldsymbol{q} = \boldsymbol{H}\boldsymbol{b} . \qquad \text{(Gl. 7.14)}$$

Dies sind die Bestimmungsgleichungen für die Matrizen $\boldsymbol{F}$, $\boldsymbol{H}$, $\boldsymbol{D}$ zur Auslegung des reduzierten Beobachters. Für den Beobachtungsfehler gilt nun die Differentialgleichung

$$\dot{\boldsymbol{\varepsilon}}(t) = \boldsymbol{F} \cdot \boldsymbol{\varepsilon}(t) + \boldsymbol{Hg} \cdot z(t)\,,$$

wobei die Matrix $\boldsymbol{F}$ stabile Eigenwerte besitzen muß, damit Beobachtungsfehler auf Null abklingen.

Beobachtungsfehler entstehen also durch von Null verschiedene *Anfangswerte* $\boldsymbol{\varepsilon}(0)$, die gegen Null abklingen, und durch *Störungen* $z(t)$, die ansatzgemäß auf die Strecke einwirken. Den gewünschten Schätzwert des Zustandsvektors erhält man dann aus Gl. 7.10 über die Beziehung

$$\hat{\boldsymbol{x}}(t) = \begin{bmatrix} \boldsymbol{C} \\ \boldsymbol{H} \end{bmatrix}^{-1} \cdot \begin{bmatrix} \boldsymbol{y}(t) \\ \hat{\boldsymbol{\zeta}}(t) \end{bmatrix}. \qquad \text{(Gl. 7.15)}$$

Die erforderliche Matrixinversion ist möglich, weil voraussetzungsgemäß $\boldsymbol{H}$ nur Zeilen enthält, die linear unabhängig von $\boldsymbol{C}$ sind.

Zusammenhang mit dem Einheitsbeobachter

Der Einheitsbeobachter wird unter Verwendung der Ausgangsgleichung

$$\hat{\boldsymbol{y}}(t) = \boldsymbol{C} \cdot \hat{\boldsymbol{x}}(t)$$

beschrieben durch die Differentialgleichung

$$\dot{\hat{\boldsymbol{x}}}(t) = [\boldsymbol{A} - \boldsymbol{DC}] \cdot \hat{\boldsymbol{x}}(t) + \boldsymbol{b} \cdot u(t) + \boldsymbol{D} \cdot \boldsymbol{y}(t)\,.$$

Entsprechend wurde für den reduzierten Beobachter die Gleichung 7.11 angesetzt:

$$\dot{\hat{\boldsymbol{\zeta}}}(t) = \boldsymbol{F} \cdot \hat{\boldsymbol{\zeta}}(t) + \boldsymbol{q} \cdot u(t) + \boldsymbol{D} \cdot \boldsymbol{y}(t)\,.$$

Im eingeschwungenen Zustand liefert der Einheitsbeobachter den Schätzvektor

$$\hat{\boldsymbol{x}}(t) = \boldsymbol{I} \cdot \boldsymbol{x}(t)\,,$$

der reduzierte Beobachter entsprechend

$$\hat{\boldsymbol{\zeta}}(t) = \boldsymbol{H} \cdot \boldsymbol{x}(t)\,,$$

folglich gilt für den Einheitsbeobachter $\boldsymbol{H} = \boldsymbol{I}$.

Aus der ersten Entwurfsgleichung (Gl. 7.13) des reduzierten Beobachters

$$\boldsymbol{HA} - \boldsymbol{FH} = \boldsymbol{DC}$$

ergibt sich also für den Einheitsbeobachter die Identität

$$\boldsymbol{A} - (\boldsymbol{A} - \boldsymbol{DC}) = \boldsymbol{DC}\,,$$

aus der zweiten Entwurfsgleichung (Gl. 7.14)

$$\boldsymbol{q} = \boldsymbol{Hb}$$

folgt einfach $\boldsymbol{q} = \boldsymbol{b}$.

Folgerungen:

- ☐ Die Entwurfsbedingungen für den reduzierten Beobachter sind beim Einheitsbeobachter *automatisch* erfüllt: *Der Entwurf eines reduzierten Beobachters stellt das allgemeinere Problem dar*, der Einheitsbeobachter wird zu einem *Sonderfall*. Die oben getroffene Annahme

$$\boldsymbol{F} = \boldsymbol{A} - \boldsymbol{D}\boldsymbol{C}$$

hat zur Folge, daß im eingeschwungenen Zustand $\hat{\boldsymbol{\zeta}}(t) = \hat{\boldsymbol{x}}(t)$ wird.

- ☐ Die Ordnung n_{RB} des reduzierten Beobachters kann zwischen $(n-m)$ und n liegen, es sind jeweils nur $n - n_{\mathrm{RB}}$ Meßgrößen aus $\boldsymbol{y}(t)$ erforderlich; man kann also beispielsweise auf stark verrauschte Messungen verzichten, muß dann aber die *Mindestordnung* $(n-m)$ des reduzierten Beobachters entsprechend erhöhen. Verwendet man im äußersten Fall *keine* direkte Messung, so wird die Ordnung $n_{\mathrm{RB}} = n$, und es gilt

$$\hat{\boldsymbol{x}}(t) = \boldsymbol{H}^{-1} \cdot \hat{\boldsymbol{\zeta}}(t) .$$

Da die Matrix $\boldsymbol{H}$ frei wählbar ist, setzt man $\boldsymbol{H} = \boldsymbol{I}$, womit man bei dem Entwurfskonzept des *Einheitsbeobachters* angelangt ist.

7.6.2 Wärmestromschätzung mit einem reduzierten Beobachter

In Abschnitt 1.10 wurde ein Wärmetauscher durch ein Modell 2. Ordnung beschrieben. Da die meßtechnische Erfassung von Wärmeströmen problematisch werden kann, wird im folgenden ein reduzierter Beobachter für den Wärmestrom $\varphi(t)$ entworfen. Zur Vereinfachung der Berechnung und ohne Einschränkung der Entwurfsproblematik wird angenommen, daß in der Bilanzierung gemäß Abschnitt 1.10 die beiden Terme

$$m_{\mathrm{R}}\, c_{\mathrm{R}} \cdot \dot{\vartheta}_{\mathrm{R}}(t) \qquad \text{und} \qquad \varphi_{\mathrm{W}}(t)$$

vernachlässigbar klein seien gegen die Vergleichsterme. Damit verbleibt das mathematische Modell in der Form

$$\begin{bmatrix} \dot{\varphi}(t) \\ \dot{\vartheta}(t) \end{bmatrix} = \begin{bmatrix} -\dfrac{1}{T_1} & 0 \\ \dfrac{1}{mc} & -\dfrac{1}{T_2} \end{bmatrix} \cdot \begin{bmatrix} \varphi(t) \\ \vartheta(t) \end{bmatrix} + \begin{bmatrix} \dfrac{1}{T_1} \\ 0 \end{bmatrix} \cdot u(t) + \begin{bmatrix} 0 \\ \dfrac{1}{T_z} \end{bmatrix} \cdot z(t) ,$$

$$y(t) = [0 \quad 1] \cdot \begin{bmatrix} \varphi(t) \\ \vartheta(t) \end{bmatrix}$$

mit der Struktur nach Bild 7.17.

Für den Entwurf wird $\boldsymbol{F} \mathrel{\hat{=}} 1$ angesetzt, d.h., die Beobachterdynamik ist mit

$$\det(s\boldsymbol{I} - \boldsymbol{F}) = s + 1$$

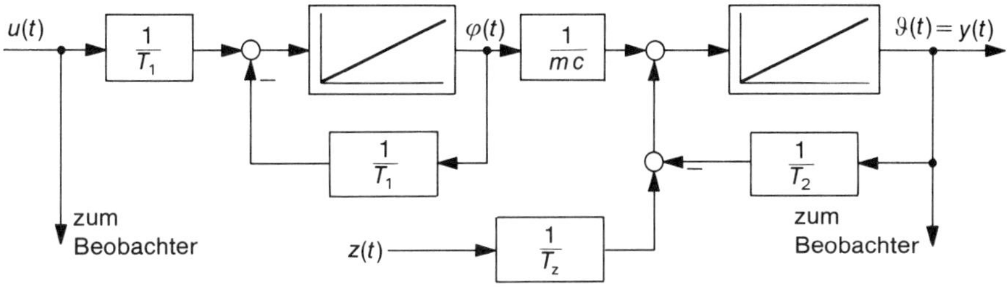

Bild 7.17 Struktur des vereinfachten Wärmetauschermodells

vorgegeben, die Matrix $\boldsymbol{H} = [h_1 \ \ h_2]$ ist noch zu bestimmen. Schließlich ist $\boldsymbol{D} \triangleq d$ frei wählbar, wobei darauf zu achten ist, daß $\boldsymbol{H}$ und $\boldsymbol{C}$ linear unabhängig voneinander sein müssen.

Damit wird zunächst aus der Entwurfsgleichung 7.13:

$$[h_1 \ \ h_2] \cdot \begin{bmatrix} a_{11} & a_{12} \\ a_{21} & a_{22} \end{bmatrix} + [h_1 \ \ h_2] = d \cdot [0 \ \ 1],$$

womit zwei Bestimmungsgleichungen für h_1 und h_2 vorliegen,

$$-\frac{1}{T_1} \cdot h_1 + \frac{1}{mc} \cdot h_2 + h_1 = 0,$$

$$-\frac{1}{T_2} \cdot h_2 + h_2 = d.$$

Aus der Entwurfsgleichung 7.14 folgt der Skalar

$$q = \frac{h_1}{T_1}.$$

Mit diesen Zwischenergebnissen geht die Beobachtergleichung 7.11 über in die skalare Form

$$\dot{\hat{\zeta}}(t) = -\hat{\zeta}(t) + \frac{h_1}{T_1} \cdot u(t) + d \cdot y(t). \qquad \text{(Gl. 7.16)}$$

Darin ist $\hat{\zeta}(t)$ noch nicht der gesuchte Schätzwert für den Wärmestrom; dieser ist vielmehr die erste Komponente des Schätzvektors $\hat{\boldsymbol{x}}(t)$, der noch aus Gl. 7.15 berechnet werden muß:

$$\hat{\boldsymbol{x}}(t) = \begin{bmatrix} \boldsymbol{C} \\ \boldsymbol{H} \end{bmatrix}^{-1} \cdot \begin{bmatrix} \boldsymbol{y}(t) \\ \hat{\zeta}(t) \end{bmatrix},$$

wobei im vorliegenden Beispiel $c_1 = 0$, $c_2 = 1$ ist, also

$$\begin{bmatrix} \boldsymbol{C} \\ \boldsymbol{H} \end{bmatrix}^{-1} = -\frac{1}{h_1} \begin{bmatrix} h_2 & -1 \\ -h_2 & 0 \end{bmatrix}.$$

Die erforderlichen Bestimmungsgleichungen für $\hat{\varphi}$ und $\hat{\vartheta}$ folgen also aus dem Ansatz

$$\begin{bmatrix} \hat{\varphi}(t) \\ \hat{\vartheta}(t) \end{bmatrix} = \begin{bmatrix} -\frac{h_2}{h_1} & \frac{1}{h_1} \\ 1 & 0 \end{bmatrix} \cdot \begin{bmatrix} y(t) \\ \hat{\zeta}(t) \end{bmatrix}$$

in der Form

$$\hat{\varphi}(t) = \frac{1}{h_1} \cdot [\hat{\zeta}(t) - h_2 \cdot y(t)],$$

$$\hat{\vartheta}(t) = y(t) = \vartheta(t),$$

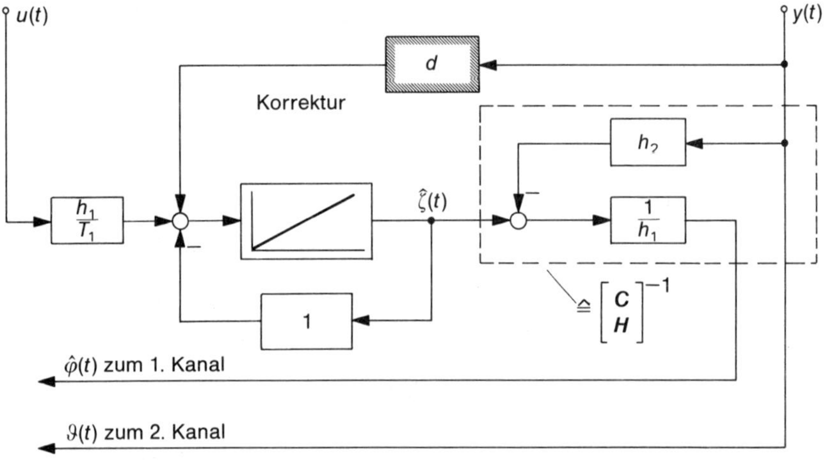

Bild 7.18 Reduzierter Beobachter zur Wärmestromschätzung

und zusammen mit Gl. 7.16 erhält der reduzierte Beobachter zur Wärmestromschätzung die in Bild 7.18 gezeigte Struktur; er hat offenbar nicht mehr den Charakter eines Folgesystems bezüglich $y(t)$.

7.7 Zur Dynamik der Zustandsregelung

In gewisser Parallelität zu der Fragestellung bei einschleifigen Regelkreisen soll nun für die Zustandsregelung entwickelt werden, welche allgemeine Form die charakteristische Gleichung hat und wie Stör- und Führungsverhalten in die analytische Beschreibung einbezogen werden.

Für die Strecke lassen wir eine skalare Steuergröße $u(t)$, eine skalare Störgröße $z(t)$ und mehrere Ausgangsgrößen $\boldsymbol{y}(t)$ zu. Ferner werden zeitunabhängige Matrizen beibehalten, so daß bei den Signalfunktionen das Argument t ohne Verwechslungsgefahr nicht mitgeschrieben zu werden braucht.

Unter diesen Annahmen wird die Strecke beschrieben durch

$$\dot{\boldsymbol{x}} = \boldsymbol{A}\boldsymbol{x} + \boldsymbol{b}u + \boldsymbol{g}z, \qquad \text{(Gl. 7.17)}$$

$$\boldsymbol{y} = \boldsymbol{C}\boldsymbol{x}. \qquad \text{(Gl. 7.18)}$$

Solange keine Führungsgröße zu berücksichtigen ist, besteht die Steuergröße nur aus dem Stellsignal der Zustandsrückführung

$$\hat{u}_R = -\boldsymbol{k}^T \cdot \hat{\boldsymbol{x}}, \qquad \text{(Gl. 7.19)}$$

wobei der Schätzwert des Zustandsvektors

$$\hat{\boldsymbol{x}} = \begin{bmatrix} \boldsymbol{C} \\ \boldsymbol{H} \end{bmatrix}^{-1} \cdot \begin{bmatrix} \boldsymbol{y} \\ \hat{\boldsymbol{\zeta}} \end{bmatrix} \qquad \text{(Gl. 7.20)}$$

von einem Beobachter mit der Differentialgleichung

$$\dot{\hat{\boldsymbol{\zeta}}} = \boldsymbol{F} \cdot \hat{\boldsymbol{\zeta}} + \boldsymbol{H}\boldsymbol{b} \cdot u + \boldsymbol{D} \cdot \boldsymbol{y} \qquad \text{(Gl. 7.21)}$$

gebildet wird. Das Einsetzen des Schätzvektors (Gl. 7.20) in die Steuerfunktion (Gl. 7.19) ergibt

$$\hat{u}_R = -\boldsymbol{k}^T \cdot \begin{bmatrix} \boldsymbol{C} \\ \boldsymbol{H} \end{bmatrix}^{-1} \cdot \begin{bmatrix} \boldsymbol{y} \\ \hat{\boldsymbol{\zeta}} \end{bmatrix},$$

und mit dem Ansatz

$$\boldsymbol{k}^T \cdot \begin{bmatrix} \boldsymbol{C} \\ \boldsymbol{H} \end{bmatrix}^{-1} = [\boldsymbol{m}^T \mid \boldsymbol{e}^T]$$

ergibt sich

$$\hat{u}_R = -\boldsymbol{m}^T \cdot \boldsymbol{y} - \boldsymbol{e}^T \cdot \hat{\boldsymbol{\zeta}}.$$

Weiterhin gilt damit auch der Zusammenhang

$$\boldsymbol{k}^T = \boldsymbol{m}^T \boldsymbol{C} + \boldsymbol{e}^T \boldsymbol{H}, \qquad \text{(Gl. 7.22)}$$

der später noch benötigt wird.

Ergänzt man die Steuergröße durch eine Führungsgröße w, wobei ein Vorfilter keinen Einfluß auf die Kreisdynamik hat, so ergibt sich mit der *gesamten* Steuergröße

$$u = -\boldsymbol{m}^T \cdot \boldsymbol{y} - \boldsymbol{e}^T \cdot \hat{\boldsymbol{\zeta}} + l \cdot w$$

die in Bild 7.19 gezeigte Blockdarstellung. Diese Anordnung wird durch folgende Zustandsgleichungen beschrieben:

$$\dot{\boldsymbol{x}} = \boldsymbol{A} \cdot \boldsymbol{x} + \boldsymbol{b} \cdot (-\boldsymbol{m}^T \cdot \boldsymbol{y} - \boldsymbol{e}^T \cdot \hat{\boldsymbol{\zeta}} + l \cdot w) + \boldsymbol{g} \cdot z,$$

$$\dot{\hat{\boldsymbol{\zeta}}} = \boldsymbol{F} \cdot \hat{\boldsymbol{\zeta}} + \boldsymbol{D} \cdot \boldsymbol{y} + \boldsymbol{H}\boldsymbol{b} \cdot (-\boldsymbol{m}^T \cdot \boldsymbol{y} - \boldsymbol{e}^T \cdot \hat{\boldsymbol{\zeta}} + l \cdot w),$$

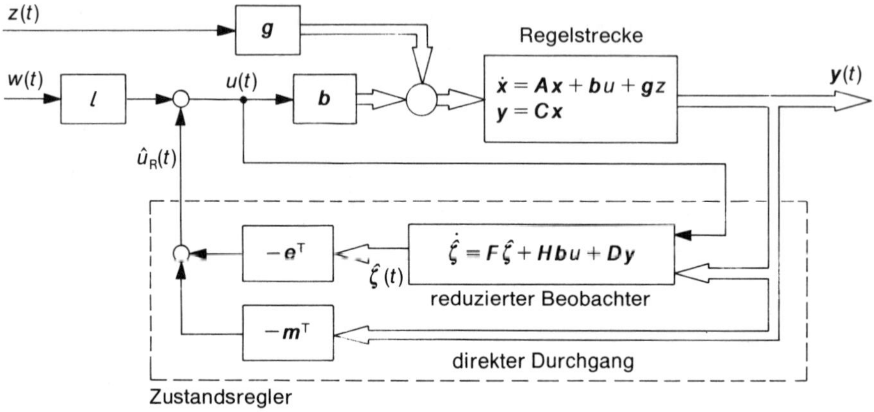

Bild 7.19 Blockbild zur Erläuterung der Dynamikberechnung einer Zustandsregelung mit reduziertem Beobachter

oder zusammengefaßt und mit $\boldsymbol{y} = \boldsymbol{C}\boldsymbol{x}$

$$\begin{bmatrix} \dot{\boldsymbol{x}} \\ \dot{\hat{\boldsymbol{\zeta}}} \end{bmatrix} = \left[\begin{array}{c|c} \boldsymbol{A} - \boldsymbol{b}\boldsymbol{m}^{\mathrm{T}}\boldsymbol{C} & -\boldsymbol{b}\boldsymbol{e}^{\mathrm{T}} \\ \hline \boldsymbol{D}\boldsymbol{C} - \boldsymbol{H}\boldsymbol{b}\boldsymbol{m}^{\mathrm{T}}\boldsymbol{C} & \boldsymbol{F} - \boldsymbol{H}\boldsymbol{b}\boldsymbol{e}^{\mathrm{T}} \end{array}\right] \cdot \begin{bmatrix} \boldsymbol{x} \\ \hat{\boldsymbol{\zeta}} \end{bmatrix} + \begin{bmatrix} \boldsymbol{b} \\ \boldsymbol{H}\boldsymbol{b} \end{bmatrix} l \cdot w + \begin{bmatrix} \boldsymbol{g} \\ 0 \end{bmatrix} z. \qquad \text{(Gl. 7.23)}$$

Zur Bestimmung der Eigenwerte der Regelkreismatrix ersetzt man in Gl. 7.23 den Beobachterzustand $\hat{\boldsymbol{\zeta}}$ entsprechend der Fehlergleichung aus Abschnitt 7.6.1 durch

$$\hat{\boldsymbol{\zeta}} = \boldsymbol{H} \cdot \boldsymbol{x} - \boldsymbol{\varepsilon},$$

und man erhält

$$\dot{\boldsymbol{x}} = (\boldsymbol{A} - \boldsymbol{b}\boldsymbol{m}^{\mathrm{T}}\boldsymbol{C}) \cdot \boldsymbol{x} - \boldsymbol{b}\boldsymbol{e}^{\mathrm{T}} \cdot (\boldsymbol{H} \cdot \boldsymbol{x} - \boldsymbol{\varepsilon}) + \boldsymbol{b} \cdot l \cdot w + \boldsymbol{g} \cdot z, \qquad \text{(Gl. 7.24)}$$

$$\boldsymbol{H} \cdot \dot{\boldsymbol{x}} - \dot{\boldsymbol{\varepsilon}} = (\boldsymbol{D}\boldsymbol{C} - \boldsymbol{H}\boldsymbol{b}\boldsymbol{m}^{\mathrm{T}}\boldsymbol{C}) \cdot \boldsymbol{x} + (\boldsymbol{F} - \boldsymbol{H}\boldsymbol{b}\boldsymbol{e}^{\mathrm{T}}) \cdot (\boldsymbol{H} \cdot \boldsymbol{x} - \boldsymbol{\varepsilon}) + \boldsymbol{H}\boldsymbol{b} \cdot l \cdot w. \qquad \text{(Gl. 7.25)}$$

Einsetzen von $\dot{\boldsymbol{x}}$ gemäß Gl. 7.24 in Gl. 7.25 führt zu einer deutlichen Vereinfachung, weil einige Summanden wegfallen, wie man leicht nachvollziehen kann:

$$\dot{\boldsymbol{x}} = [\boldsymbol{A} - \boldsymbol{b}(\boldsymbol{m}^{\mathrm{T}}\boldsymbol{C} + \boldsymbol{e}^{\mathrm{T}}\boldsymbol{H})] \cdot \boldsymbol{x} + \boldsymbol{b}\boldsymbol{e}^{\mathrm{T}} \cdot \boldsymbol{\varepsilon} + \boldsymbol{b} \cdot l \cdot w + \boldsymbol{g} \cdot z,$$

$$\dot{\boldsymbol{\varepsilon}} = [\boldsymbol{H}\boldsymbol{A} - \boldsymbol{F}\boldsymbol{H} - \boldsymbol{D}\boldsymbol{C}] \cdot \boldsymbol{x} + \boldsymbol{F} \cdot \boldsymbol{\varepsilon} + \boldsymbol{H}\boldsymbol{g} \cdot z.$$

Mit dem Ausdruck für $\boldsymbol{k}^{\mathrm{T}}$ nach Gl. 7.22 und der ersten Entwurfsgleichung für den Beobachter (Gl. 7.13) verbleibt das Ergebnis

$$\begin{bmatrix} \dot{\boldsymbol{x}} \\ \dot{\boldsymbol{\varepsilon}} \end{bmatrix} = \left[\begin{array}{c|c} \boldsymbol{A} - \boldsymbol{b}\boldsymbol{k}^{\mathrm{T}} & \boldsymbol{b}\boldsymbol{e}^{\mathrm{T}} \\ \hline 0 & \boldsymbol{F} \end{array}\right] \cdot \begin{bmatrix} \boldsymbol{x} \\ \boldsymbol{\varepsilon} \end{bmatrix} + \begin{bmatrix} \boldsymbol{b} \\ 0 \end{bmatrix} \cdot l \cdot w + \begin{bmatrix} \boldsymbol{g} \\ \boldsymbol{H}\boldsymbol{b} \end{bmatrix} \cdot z. \qquad \text{(Gl. 7.26)}$$

An der ersten Blockmatrix auf der rechten Seite kann man in übersichtlicher Weise ablesen, daß sich die Eigenwerte des Zustandsregelkreises aus folgenden Anteilen bestimmen lassen:

- Eigenwerte der geregelten Strecke aus

$$\det\{s \cdot \boldsymbol{I} - \boldsymbol{A} + \boldsymbol{b}\boldsymbol{k}^{\mathrm{T}}\} \equiv \tilde{N}(s) = 0,$$

- Eigenwerte des Beobachters aus

$$\det\{s \cdot \boldsymbol{I} - \boldsymbol{F}\} \equiv \Delta(s) = 0.$$

Die charakteristische Gleichung der Zustandsregelung hat also die allgemeine Form

$$\tilde{N}(s) \cdot \Delta(s) = 0. \qquad \text{(Gl. 7.27)}$$

- Aus Gl. 7.26 folgt – wie schon bekannt –, daß die Führungsgröße keinen Beobachtungsfehler anregt. Bei Führung durch w verhält sich der Regelkreis so, als ob der Zustandsvektor $\boldsymbol{x}$ *gemessen*, und nicht im Beobachter nachgebildet würde. Somit kann die Beobachterauslegung allein bezüglich des Störverhaltens vorgenommen werden.

7.8 Zustandsreglerentwurf im Frequenzbereich

Es ist eine jahrzehntealte Erfahrung, daß der Entwurf klassischer Regelungskonzepte zur Erzielung einer geforderten Regelkreisdynamik – also das sogenannte Syntheseproblem – besonders transparent und gegenüber dem Zeitbereich oft aufwandsminimal wird, wenn man sich der Verfahren im Frequenzbereich bedient; angefangen bei der Vorgabe optimaler Pollagen für den geschlossenen Regelkreis in der s-Ebene bis zu den Syntheseverfahren des Bode-Diagramms, wo man selektiv Amplituden- und Phasenverläufe über einer gemeinsamen Frequenzteilung überblicken kann. Die erzielten Ergebnisse beurteilt man dann oft wieder anhand der Sprungantworten oder anderer Reaktionen der Regelkreise im Zeitbereich.

Daß schon rein formal durch die Algebraisierung der Differentialgleichungen mit Hilfe der Laplace-Transformation erhebliche Vereinfachungen der analytischen Behandlung erreicht werden, steht ohnehin außer Frage.

7.8.1 Beschreibung durch Übertragungsfunktionen

Die am Anfang des Kapitels vorgenommene Einschränkung auf Systeme mit einer Eingangs- und einer Ausgangsgröße hat zur Folge, daß wir es hier nur mit *skalaren* Übertragungsfunktionen zu tun haben, während im allgemeineren Fall Übertragungsmatrizen auftreten [29].

Wie im skalaren Fall werden lineare, zeitinvariante Systeme vorausgesetzt. An der in Bild 7.20 dargestellten Grundstruktur erkennt man, daß es um die Beschreibung der Kanäle von u nach $\hat{u}_{\mathrm{R}}$ und von y nach $\hat{u}_{\mathrm{R}}$ durch je eine Übertragungsfunktion geht. Die Herleitung der beiden Übertragungsfunktionen wird für den *reduzierten Beobachter* durchgeführt, der nach den Ergebnissen von Abschnitt 7.6.1 den *allgemeinen Fall*

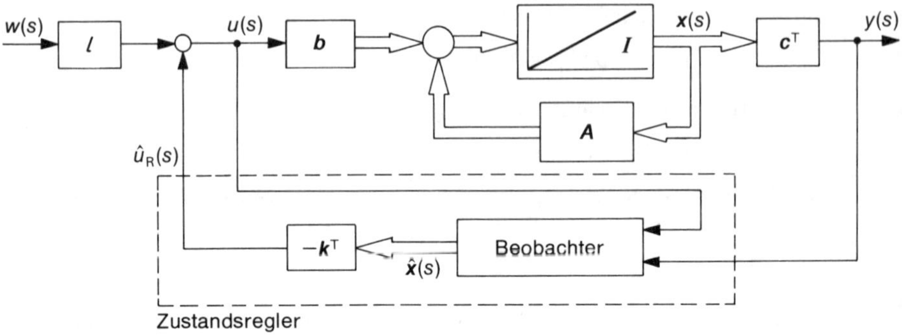

Bild 7.20 Grundstruktur zum Reglerentwurf im Frequenzbereich

darstellt, aus dem gegebenenfalls die Ausdrücke für den Einheitsbeobachter als Sonderfälle gewonnen werden können, vgl. dazu Bild 7.19.

Im Zeitbereich gelten die folgenden Beschreibungen:

Strecke:
$$\dot{\boldsymbol{x}}(t) = \boldsymbol{A} \cdot \boldsymbol{x}(t) + \boldsymbol{b} \cdot u(t),$$
$$y(t) = \boldsymbol{c}^{\mathrm{T}} \cdot \boldsymbol{x}(t).$$

Beobachter:
$$\dot{\hat{\boldsymbol{\zeta}}}(t) = \boldsymbol{F} \cdot \hat{\boldsymbol{\zeta}}(t) + \boldsymbol{H} \cdot \boldsymbol{b} \cdot u(t) + \boldsymbol{d} \cdot y(t)$$

Stellgröße:
$$\begin{aligned}\hat{u}_{\mathbf{R}}(t) &= -\boldsymbol{k}^{\mathrm{T}} \cdot \hat{\boldsymbol{x}}(t)\\ &= -\boldsymbol{k}^{\mathrm{T}} \cdot \begin{bmatrix}\boldsymbol{c}^{\mathrm{T}}\\ \boldsymbol{H}\end{bmatrix}^{-1} \cdot \begin{bmatrix} y(t)\\ \hat{\boldsymbol{\zeta}}(t)\end{bmatrix}\\ &= -\left[m \cdot y(t) + \boldsymbol{e}^{\mathrm{T}} \cdot \hat{\boldsymbol{\zeta}}(t)\right],\end{aligned}$$

wobei das ursprüngliche $\boldsymbol{m}^{\mathrm{T}}$ zu einem Skalar m geworden ist, weil die Strecke nur *einen* Ausgang $y(t)$ hat.

Durch Laplace-Transformation gehen die Gleichungen des Zeitbereichs (bei verschwindenden Anfangswerten) über in die algebraischen Gleichungen

$$\begin{aligned} y(s) &= \boldsymbol{c}^{\mathrm{T}} \cdot (s \cdot \boldsymbol{I} - \boldsymbol{A})^{-1} \cdot \boldsymbol{b} \cdot u(s) \quad \curvearrowright F_{\mathrm{S}}(s) = Z(s) \cdot \mathrm{N}^{-1}(s),\\ \hat{\boldsymbol{\zeta}}(s) &= (s \cdot \boldsymbol{I} - \boldsymbol{F})^{-1} \cdot \boldsymbol{H} \cdot \boldsymbol{b} \cdot u(s) + (s \cdot \boldsymbol{I} - \boldsymbol{F})^{-1} \cdot \boldsymbol{d} \cdot y(s),\\ \hat{u}_{\mathbf{R}}(s) &= -m \cdot y(s) - \boldsymbol{e}^{\mathrm{T}} \cdot \hat{\boldsymbol{\zeta}}(s).\end{aligned}$$

Einsetzen der rechten Seite der Gleichung für $\hat{\boldsymbol{\zeta}}(s)$ in die Gleichung für $\hat{u}_{\mathbf{R}}(s)$ führt auf

$$\hat{u}_{\mathbf{R}}(s) = -\left[m + \boldsymbol{e}^{\mathrm{T}} \cdot (s \cdot \boldsymbol{I} - \boldsymbol{F})^{-1} \cdot \boldsymbol{d}\right] \cdot y(s) - \boldsymbol{e}^{\mathrm{T}} \cdot (s \cdot \boldsymbol{I} - \boldsymbol{F})^{-1} \cdot \boldsymbol{H} \cdot \boldsymbol{b} \cdot u(s).$$

Mit der Determinante $\Delta(s) = \det(s \cdot \boldsymbol{I} - \boldsymbol{F})$ erhält man die gesuchten Übertragungsfunktionen

$$F_{\mathbf{u}}(s) = \frac{1}{\Delta(s)} \cdot \boldsymbol{e}^{\mathrm{T}} \cdot \mathrm{adj}\,(s \cdot \boldsymbol{I} - \boldsymbol{F}) \cdot \boldsymbol{H} \cdot \boldsymbol{b} \qquad \text{(Gl. 7.29)}$$

und für den zweiten Kanal

$$F_y(s) = \frac{1}{\Delta(s)} \cdot [m \cdot \Delta(s) + \boldsymbol{e}^T \cdot \text{adj}\,(s \cdot \boldsymbol{I} - \boldsymbol{F}) \cdot \boldsymbol{d}]. \qquad \text{(Gl. 7.30)}$$

Für den weiteren Rechengang werden die Abkürzungen

$$F_u(s) = \frac{1}{\Delta(s)} \cdot Z_u(s) \qquad \text{und} \qquad F_y(s) = \frac{1}{\Delta(s)} \cdot Z_y(s)$$

eingeführt, wobei $Z_u(s)$ und $Z_y(s)$ die zugehörigen Zähler bedeuten.

Folgerungen:

- □ Bei jedem reduzierten Beobachter existiert ein *direkter Durchgriff* von $y(t)$ über m (bzw. von $\boldsymbol{y}(t)$ über $\boldsymbol{m}^T$) nach der Stellgröße $\hat{u}_R(t)$.
- □ Verzichtet man auf die Verwendung der (eventuell stark verrauschten) Meßgröße $y(t)$, so wird die Stellgröße

  $$\hat{u}_R(t) = -\boldsymbol{k}^T \cdot \boldsymbol{H}^{-1} \cdot \hat{\boldsymbol{\zeta}}(t).$$

  Da die Matrix $\boldsymbol{H}$ beliebig gewählt werden kann, setzt man $\boldsymbol{H} = \boldsymbol{I}$, und es ergibt sich die Stellgröße des *Einheitsbeobachters*

  $$\hat{u}_R(t) = -\boldsymbol{k}^T \cdot \hat{\boldsymbol{\zeta}}(t), \qquad n_{RB} = n,$$

  wie bereits bei einem anderen Entwicklungsgang in Abschnitt 7.6.1 festgestellt wurde. In diesem Fall verschwindet der direkte Durchgriff von der Meßgröße zur Stellgröße. Bild 7.21 zeigt die leicht überschaubare Blockdarstellung mit den hergeleiteten Übertragungsfunktionen.

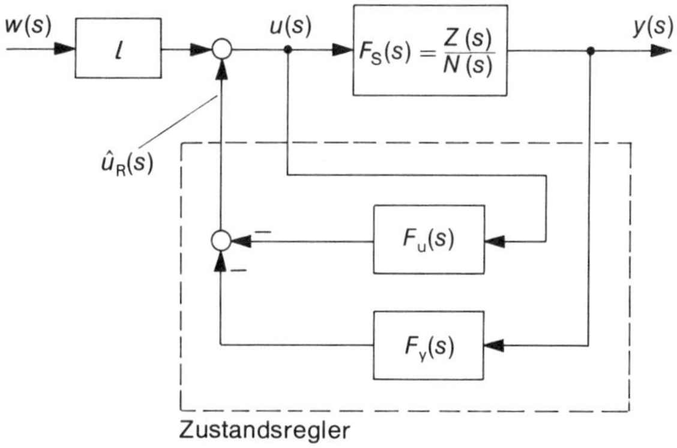

Bild 7.21
Blockdastellung der Zustandsregelung mit Übertragungsfunktionen

7.8.2 Herleitung der Reglerentwurfsgleichung im Frequenzbereich

Die Blockanordnung in Bild 7.21 ermöglicht das unmittelbare Ablesen des Ansatzes zur Bildung der Übertragungsfunktion von $w(s)$ nach $y(s)$:

$$y(s) = F_S(s) \cdot [l \cdot w(s) - F_y(s) \cdot y(s) - F_u(s) \cdot F_S^{-1}(s) \cdot y(s)]\,.$$

Mit dem definierten Beobachterpolynom $\Delta(s)$ ergibt sich

$$y(s) = F_S(s) \cdot l \cdot w(s) - \frac{1}{\Delta(s)} \cdot [F_S(s) \cdot Z_y(s) + Z_u(s)] \cdot y(s)\,,$$

woraus sofort die gesuchte Führungsübertragungsfunktion

$$F_w(s) = \frac{y(s)}{w(s)}$$

entnommen werden kann:

$$F_w(s) = \frac{Z(s) \cdot \Delta(s)}{N(s) \cdot [\Delta(s) + Z_u(s)] + Z(s) \cdot Z_y(s)} \cdot l\,. \qquad \text{(Gl. 7.31)}$$

In Abschnitt 7.7 hat sich die charakteristische Gleichung des Zustandsregelkreises in der Produktform

$$\Delta(s) \cdot \tilde{N}(s) = 0$$

ergeben; die linke Seite muß mit dem Nennerpolynom von Gl. 7.31 übereinstimmen, also wird mit der Bedingung bzw. Forderung

$$N(s) \cdot [\Delta(s) + Z_u(s)] + Z(s) \cdot Z_y(s) \stackrel{!}{=} \Delta(s) \cdot \tilde{N}(s)$$

die Führungsübertragungsfunktion

$$F_w(s) = \frac{Z(s)}{\tilde{N}(s)} \cdot l\,. \qquad \text{(Gl. 7.32)}$$

Durch Auflösen der inneren Schleife in Bild 7.21 mit

$$\Delta(s) + Z_u(s) \equiv N_R(s)$$

erhält man schließlich die folgende Entwurfsgleichung als Grundbeziehung zur Berechnung der gesuchten Polynome $Z_y(s)$ und $N_R(s)$ der Reglerübertragungsfunktion:

gegebene Strecke: $N(s)$, $Z(s)$

$$N(s) \cdot N_R(s) + Z(s) \cdot Z_y(s) = \Delta(s) \cdot \tilde{N}(s) \qquad \text{(Gl. 7.33)}$$

gesuchte Polynome für die Reglerübertragungsfunktion: $N_R(s)$, $Z_y(s)$

Beobachter: $\Delta(s)$; geregelte Strecke: $\tilde{N}(s)$ – frei vorgebbar

$$F_u(s) = \frac{Z_u(s)}{\Delta(s)} = \frac{N_R(s) - \Delta(s)}{\Delta(s)}$$

$$F_y(s) = \frac{Z_y(s)}{\Delta(s)}$$

Die linke Seite dieser *Entwurfsgleichung* enthält die bekannten Polynome $Z(s)$ und $N(s)$ der Strecke und die unbekannten für die Reglerübertragungsfunktion; die rechte Seite dagegen vorgebbare Polynome für die geregelte Strecke zur Erzielung einer gewünschten Regelkreisdynamik sowie die wählbaren Beobachterpole.

Hier erkennt man sehr deutlich die Vorzüge des Reglerentwurfs im s-Bereich, kurz «Frequenzbereichsentwurf» genannt: Während man im Zeitbereich im allg. recht aufwendige Rechenvorgänge mit Matrizen durchführen muß, braucht im s-Bereich nur ein *Koeffizientenvergleich* vorgenommen zu werden. Die gesuchten Reglerpolynome ergeben sich aus den folgenden Vorgaben:

Dynamik der geregelten Strecke:	$\det(s \cdot \boldsymbol{I} - \boldsymbol{A} + \boldsymbol{b} \cdot \boldsymbol{k}^{\mathrm{T}}) = \tilde{\mathrm{N}}(s)$,
Dynamik des Beobachters:	$\det(s \cdot \boldsymbol{I} - \boldsymbol{F}) = \Delta(s)$,
Streckenmodell:	$F_{\mathrm{S}}(s) = Z(s) \cdot \mathrm{N}^{-1}(s)$.

Zusammenhänge mit herkömmlichen Strukturen

Durch einfache algebraische Umformungen kann man eine einschleifige Struktur gewinnen, deren Blöcke allerdings durch entsprechend komplizierte Übertragungsfunktionen gekennzeichnet werden. Dieser Zusammenhang wird nur aus didaktischen Gründen hergestellt, für den Reglerentwurf ist er nicht erforderlich.

Die innere Schleife in Bild 7.21 wird beschrieben durch

$$\frac{1}{1 + F_{\mathrm{u}}(s)} \qquad \text{mit } F_{\mathrm{u}}(s) = \frac{Z_{\mathrm{u}}(s)}{\Delta(s)}$$

und damit durch

$$\frac{\Delta(s)}{\Delta(s) + Z_{\mathrm{u}}(s)} = \frac{\Delta(s)}{\mathrm{N}_{\mathbf{R}}(s)}$$

entsprechend der Blockdarstellung von Bild 7.22.

Damit liegt ein einschleifiger Regelkreis vor, in dessen Vorwärtszweig die Strecke liegt, während der Rückführzweig durch den Regler mit der Übertragungsfunktion

$$F_{\mathbf{R}}(s) = \frac{Z_{\mathrm{y}}(s)}{\mathrm{N}_{\mathbf{R}}(s)}$$

gebildet wird.

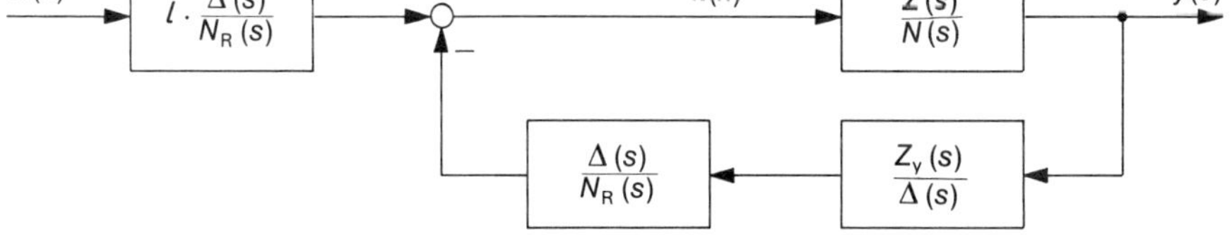

Bild 7.22 Vereinfachte Blockdarstellung zum Reglerentwurf

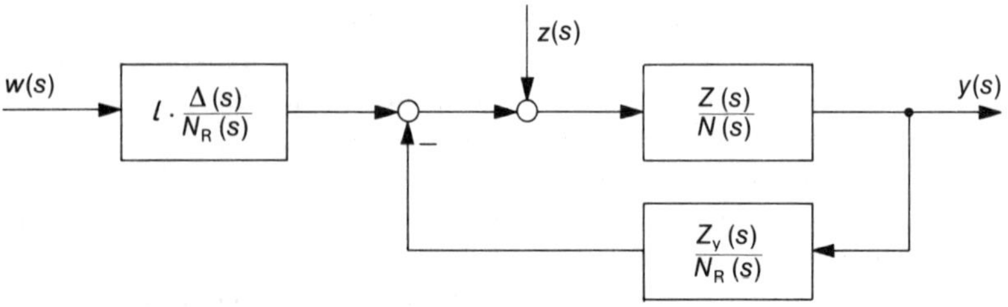

Bild 7.23 Auf eine Schleife reduzierte Struktur mit einer Störgröße $z(t)$ am Streckeneingang

Bild 7.23 zeigt diesen Regelkreis, wobei noch eine Störgröße $z(s)$ unmittelbar am Streckeneingang eingreift. Die zugehörige Störübertragungsfunktion wird

$$F_z(s) = \frac{Z(s) \cdot N^{-1}(s)}{1 + Z(s) \cdot N^{-1}(s) \cdot Z_y(s) \cdot N_R^{-1}(s)} = \frac{F_S(s)}{1 + F_S(s) \cdot F_R(s)}$$

$$= \frac{Z(s) \cdot N_R(s)}{N(s) \cdot N_R(s) - Z(s) \cdot Z_y(s)},$$

und mit Gl. 7.33 ergibt sich die vereinfachte Schreibweise

$$F_z(s) = \frac{Z(s) \cdot N_R(s)}{\Delta(s) \cdot \tilde{N}(s)}. \qquad \text{(Gl. 7.34)}$$

7.8.3 Beispiel für einen Reglerentwurf im Frequenzbereich

Anhand eines übersichtlichen Zahlenbeispiels wird abschließend zu diesem Kapitel die Auswertung der Entwurfsgleichung 7.33 vorgenommen und eine Realisierungsstruktur angegeben. Ausgehend von der einschleifigen Blockdarstellung in Bild 7.23 werden folgende Annahmen getroffen:

- ☐ Strecke mit P-T_3-Verhalten

  $$F_S(s) = \frac{Z(s)}{N(s)} = \frac{6}{s^3 + 6s^2 + 11s + 6},$$

  also Streckenpole bei $s = -1$, $s = -2$, $s = -3$.

- ☐ Polvorgabe für die geregelte Strecke:

  $$s_1 = -3, \quad s_2 = -3, \quad s_3 = -4;$$

  damit wird das Polynom

  $$\tilde{N}(s) = (s+3)^2 \cdot (s+4)$$
  $$= s^3 + 10s^2 + 33s + 36.$$

□ Obwohl die Regelgröße $y(t)$ meßbar ist, wird ein Beobachter 2. Ordnung entworfen, dessen Dynamik durch einen Doppelpol bei $s_{1,2} = -5$ festgelegt werde. Damit lautet das Beobachterpolynom

$$\Delta(s) = s^2 + 10s + 25 .$$

□ Zu entwerfen ist ein Regler 2. Ordnung $(n - m = 2)$ mit der allgemeinen Übertragungsfunktion

$$F_R(s) = \frac{Z_y(s)}{N_R(s)} = \frac{a_2 s^2 + a_1 s + a_0}{s^2 + b_1 s + b_0} .$$

Der Regler hat die statische Verstärkung

$$F_R(0) = \frac{a_0}{b_0} \quad \text{und den Durchgriff } a_2 .$$

Mit diesen Vorgaben sind die folgenden *Lösungsschritte* durchzuführen:

□ Einsetzen der Polynome in die Entwurfsgleichung 7.33:

$$(s^3 + 6s^2 + 11s + 6) \cdot (s^2 + b_1 s + b_0) + 6 \cdot (a_2 s^2 + a_1 s + a_0)$$
$$= (s^2 + 10s + 25) \cdot (s^3 + 10s^2 + 33s + 36) .$$

□ Ausmultiplizieren und Ordnen nach Potenzen von s ergibt

$$s^5 + (b_1 + 6)s^4 + (b_0 + 6b_1 + 11)s^3 + (6b_0 + 11b_1 + 6 + 6a_2)s^2$$
$$+ (11b_0 + 6b_1 + 6a_1)s + (6b_0 + 6a_0)$$
$$= s^5 + 20s^4 + 158s^3 + 616s^2 + 1185s + 900 .$$

□ Der Koeffizientenvergleich führt auf folgendes Gleichungssystem zur Bestimmung der Reglerparameter:

$$\begin{array}{llllll}
s^4: & b_1 & & & + 6 = & 20 \\
s^3: & b_0 + 6b_1 & & & + 11 = & 158 \\
s^2: & 6b_0 + 11b_1 & & + 6a_2 & + 6 = & 616 \\
s^1: & 11b_0 + 6b_1 & + 6a_1 & & = & 1185 \\
s^0: & 6b_0 & + 6a_0 & & = & 900
\end{array}$$

An der Koeffizientenanordnung erkennt man, daß sich die Parameter besonders einfach finden lassen:

$$b_1 = 14, \quad b_0 = 63 ,$$
$$a_0 = 87, \quad a_1 = 68 , \quad a_2 = 13 .$$

Damit ergibt sich die Reglerübertragungsfunktion

$$F_R(s) = \frac{13s^2 + 68s + 87}{s^2 + 14s + 63} .$$

□ Für die beiden Kanäle der Blockdarstellung in Bild 7.21 ergeben sich die Übertragungsfunktionen

$$F_u(s) = \frac{Z_u(s)}{\Delta(s)} \quad \text{mit} \quad Z_u(s) = N_R(s) - \Delta(s)$$

$$= s^2 + 14\,s + 63 - (s^2 + 10\,s + 25)$$

$$= 4\,s + 38\,.$$

Mit diesem Zwischenergebnis wird

$$F_u(s) = \frac{4\,s + 38}{s^2 + 10\,s + 25},$$

und für den zweiten Kanal wird

$$F_y(s) = \frac{Z_y(s)}{\Delta(s)} = \frac{13\,s^2 + 68\,s + 87}{s^2 + 10\,s + 25}.$$

Die Übertragungsfunktionen des Zustandsregelkreises

□ *Führungsverhalten:*
Aus dem Ergebnis laut Gl. 7.32 folgt durch Einsetzen

$$F_w(s) = \frac{6}{(s+3)^2 \cdot (s+4)} \cdot l\,.$$

Für $s \to 0$ wird der stationäre Wert $F_w(0) = l/6$, d.h., zum Erreichen von asymptotisch fehlerfreiem Führungsverhalten muß der Vorfaktor $l = 6$ gewählt werden.

□ *Störverhalten:*
Die Störgröße $z(t)$ wirke unmittelbar am Eingang der Strecke additiv zu $u(t)$ entsprechend Bild 7.23, folglich wird die Störübertragungsfunktion

$$F_z(s) = \frac{Z(s) \cdot N_R(s)}{\Delta(s) \cdot \tilde{N}(s)},$$

und nach Einsetzen der vorher berechneten Polynome folgt

$$F_z(s) = \frac{6 \cdot (s^2 + 14\,s + 63)}{(s^2 + 10\,s + 25) \cdot (s^3 + 10\,s^2 + 33\,s + 36)}$$

$$= \frac{6 \cdot (s^2 + 14\,s + 63)}{(s+5)^2 \cdot (s+3)^2 \cdot (s+4)}.$$

mit dem stationären Wert $F_z(0) = 0{,}42 \mathrel{\widehat{=}} -7{,}5\,\text{dB}$.

In das Bode-Diagramm von Bild 7.24 sind der besseren Übersicht wegen nur die Asymptoten der Amplituden- und Phasengänge für Stör- und Führungsverhalten eingezeichnet.

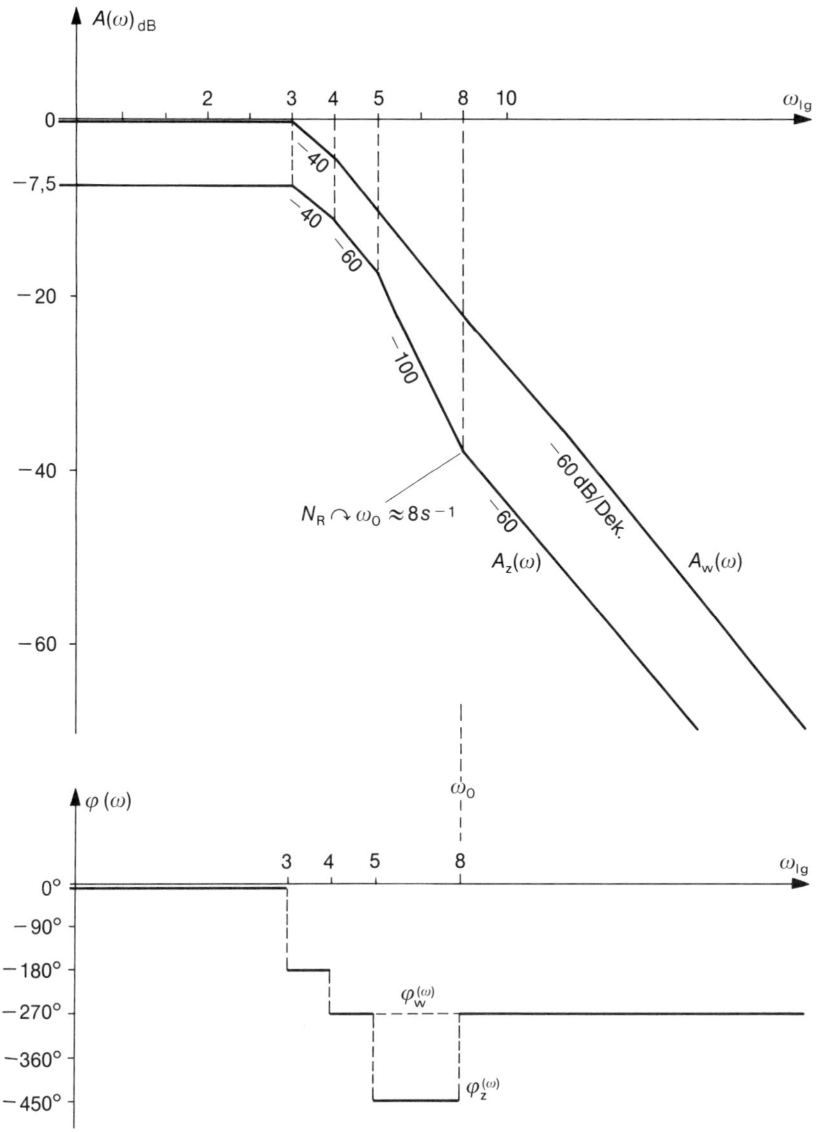

Bild 7.24 Bode-Diagramme zum Stör- und Führungsverhalten der im Beispiel behandelten Regelung

□ *Realisierungsstruktur*

Die allgemeine Form der Übertragungsfunktion des Reglers 2. Ordnung

$$F_R(s) = \frac{\hat{u}_R(s)}{y(s)} = \frac{a_2 s^2 + a_1 s + a_0}{s^2 + b_1 s + b_0}$$

kann man auf folgende Form bringen:

$$\hat{u}_R(s) = \frac{1}{s^2} \cdot [a_0 y(s) - b_0 u_R(s)] + \frac{1}{s} \cdot [a_1 y(s) - b_1 u_R(s)] + a_2 y(s)\,,$$

und zur Realisierung bietet sich die kanonische Form nach Bild 7.25 an, die bereits in Abschnitt 5.7.2 bei der Behandlung digitaler Regler eine Rolle spielte.

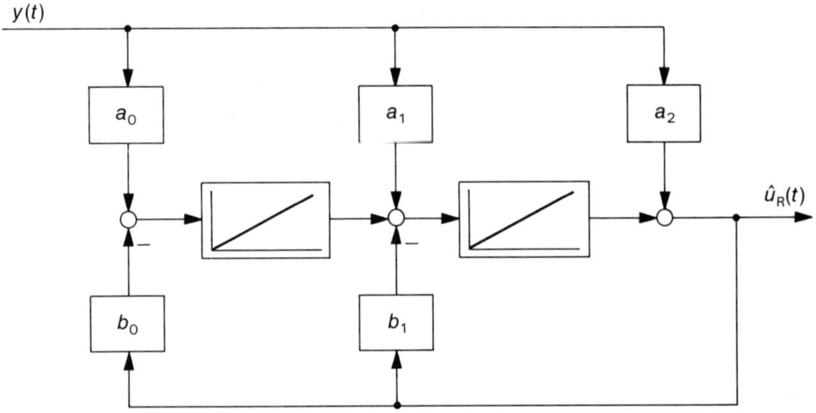

Bild 7.25 Kanonische Struktur zur Realisierung des entworfenen Zustandsreglers

Wegen der unmittelbar erkennbaren Erweiterungsfähigkeit werden Anordnungen dieser Art auch *freie Strukturen* genannt. Sie stellen offensichtlich nicht einfach naheliegende Verallgemeinerungen des herkömmlichen PID-Konzeptes dar, sondern sind – von ganz praktischen Einschränkungen abgesehen – weitgehend frei an die gegebenen Streckenmodelle und Dynamikvorgaben für die Zustandsregelung anpaßbar.

Aus der heutigen Sicht ist der wesentlich ältere Terminus *Reglersynthese* erst bei diesen freien Strukturen voll angemessen. Es sei bei dieser Gelegenheit vermerkt, daß auch die vielfältige Problematik von Entwurf und Realisierung optimaler Regelungen vor erheblich erweiterten Möglichkeiten gegenüber den herkömmlichen Strukturen steht, wenn man Zustandsregler mit Beobachtern zum Einsatz bringt.

8 Störbeobachter, stochastische Prozesse und Kalman-Filter

An zahlreichen Stellen des bisher behandelten Stoffes wurde darauf hingewiesen, daß in realen Anlagen Störeinflüsse wirksam sind, die statistischen Charakter haben; genau diese stellen den Normalfall dar, nicht die für vergleichende Untersuchungen so besonders geeigneten Signale wie Sprungfunktionen, harmonische Schwingungen oder bestimmte Impulsformen. Bevor die stofforientierte Problematik zufälliger Störeinflüsse behandelt wird, sollen einige allgemeine Gesichtspunkte erörtert werden. Auch hierbei wird wieder das Ziel angestrebt, den fachübergreifenden Charakter der Zusammenhänge aufzuzeigen und eine homogene Einbettung auch dieses abschließenden Kapitels in den Gesamtstoff vorzubereiten.

Wir leben in einer Welt, in der es *keine scharfe Trennung zwischen deterministischen und statistischen Phänomenen gibt,* und es lohnt sich, einigen der dafür maßgebenden Ursachen nachzuspüren.

Zunächst einige Beispiele: Es gibt mechanische Bewegungsabläufe, die streng nach den Newtonschen Gesetzen der Mechanik vonstatten gehen; man braucht aber nur hinreichend lange Zeit zu warten, um zu bemerken, daß die Bewegungen zunehmend von den vorausberechneten Bahnen abweichen und *statistischen* Charakter annehmen. Heute kennt man die Ursachen: Nicht in erster Linie sind unvorhergesehene Störeinflüsse während der Bewegungsabläufe für den zunehmend statistischen Charakter entscheidend, sondern vielmehr *Unschärfen in den Anfangsbedingungen.*

Einen beliebten Untersuchungsgegenstand für statistische Überlegungen stellt das Spiel mit Würfeln dar; die mechanische Bewegung eines Würfels bei gegebenen Anfangsbedingungen verläuft streng nach bekannten *deterministischen* Gesetzen. Woher stammt die für das Würfelspiel entscheidende *Unbestimmtheit* eines Wurfergebnisses? Zur Beantwortung dieser Frage muß man sich folgendes klarmachen: Erstens sind bei einem einzelnen Wurf weder die Anfangsbedingungen noch die Auftreffbedingungen, die zu einem komplizierten Stoßvorgang führen, mit vertretbarem Aufwand überhaupt angebbar; zweitens sind die Versuchsbedingungen bei mehreren nacheinander durchgeführten Würfen nicht reproduzierbar. Physikalisch kann man diese Spielräume der Unsicherheit so weit einengen, daß sich beliebig gut reproduzierbare, identische Würfelbewegungen ergeben. Das heißt: Entweder durch enorm hohen Aufwand zur Beschreibung der Anfangs- und Auftreffbedingungen oder durch geeignete starke Eingrenzung des Versuchsablaufs verliert das Würfeln seinen Spielcharakter, weil es zu einem streng determinierten Bewegungsablauf geworden ist.

Ein Beispiel aus einem ganz anderen Gebiet soll den Unschärfebereich zwischen statistischen und überwiegend geordneten Phänomenen von Erscheinungseinheiten aufzeigen. Den nicht unmittelbar sichtbaren Schwankungscharakter der Teilchen einer Flüssigkeit oder eines Gases bei Normaltemperatur kann man durch Wärmezufuhr verstärken und damit einen anfänglichen thermodynamischen Gleichgewichtszustand (als Mittelwert) ändern bzw. stören. Die dadurch verursachten Schwankungen können aber zu neuen makroskopischen *Ordnungsgefügen* führen: Es entstehen kollektive Bewegungsformen, die man bei physikalischen und bei chemischen Experimenten immer wieder beobachten kann; so entstehen Konvektionsströme, am Himmel bilden sich geordnete Formationen von Wolken.

Diese und analoge Phänomene haben eines gemeinsam: Sie entstehen aus weitestgehender Unordnung, in der modernen Physik auch mit der etwas alltäglichen Bezeichnung Chaos belegt, und repräsentieren kollektive Bewegungsformen ohne äußere Aufprägung einer Struktur. Sie sind nicht durch neue thermische oder andere Gleichgewichtszustände charakterisiert, sondern durch dynamische Zustände, geordnete Bewegungsmuster, die über einige Zeit stabil sind.

Ähnliche Erscheinungen werden nicht nur bei Wärmezufuhr beobachtet, sondern auch bei bestimmten Bewegungen der Systeme durch äußere Kräfte, die beispielsweise zu einer Rotation führen.

Schließlich können solche geordneten Bewegungen auch wieder ins Chaos führen, so daß die *selbstorganisierten* Strukturen wieder verschwinden.

In der historischen Rückschau kann man heute eine deutliche Entwicklungslinie erkennen. Maxwell hat den Zusammenhang zwischen thermodynamischem Gleichgewicht und der Verteilung der mittleren Teilchengeschwindigkeit eines Gases hergestellt. Boltzmann wollte darüber hinaus nicht nur den Gleichgewichtszustand beschreiben, sondern die *dynamischen* Vorgänge, die zum Gleichgewicht *hinführen.* Dies war die entscheidende Frage nach der *Richtung*, in der Naturvorgänge ablaufen; sie führte schließlich zur Unterscheidung zwischen reversiblen und irreversiblen Vorgängen.

In dieser Entwicklungsphase der Physik wurde also die Verbindung zwischen Statistik und Dynamik geboren; die Zeit wurde als Ordnungsparameter bei Zufallsergebnissen eingeführt, und damit war die physikalische Grundlage für den mathematisch so weit tragenden Begriff des *stochastischen Prozesses* vorgezeichnet, den Kolmogoroff später axiomatisch begründete.

Die genannten Beispiele machen vor allem deutlich, daß wir bei der Definition eines statistischen Vorgangs über einen oft großen Ermessensspielraum verfügen. Es kann eine Frage des Aufwandes oder des Wissensstandes sein, ob ein Vorgang als deterministisch deklariert werden kann oder als statistisch hingenommen werden muß. (Von all diesen Überlegungen ist das quantenphysikalische Geschehen ausgenommen.)

Ein abschließendes Beispiel mag noch einmal verdeutlichen, von wieviel Kenntnisstand oder gar Willkür die Definition eines statistischen Geschehens abhängen kann. Erwartet *A* ohne zusätzliche Informationen einen Telefonanruf von *B* zwischen 8 Uhr und 9 Uhr, so sind alle Zeitpunkte dieses Intervalls als Anrufzeitpunkte gleich wahrscheinlich; dies ist ein oft zitiertes Paradebeispiel für eine sogenannte Gleichverteilung. Diese gilt jedoch nur deshalb, weil über die Tätigkeit des Anrufers *A* in dem möglichen Anrufzeitraum nichts bekannt ist. Wenn er etwa zwischen 8.15 Uhr und 8.45 Uhr verhindert ist, den Anruf zu tätigen, verbleiben nur noch zwei Zeitintervalle, in denen der Anruf überhaupt stattfinden kann. Kennt man die genaue Zeiteinteilung des Anrufers *A*, so schrumpft der statistisch relevante Zeitraum vielleicht auf wenige Minuten zusammen. Hat er schließlich den Anruf fest für 8.35 geplant und bleiben er und die Leitung *ungestört*, so liegt überhaupt keine Frage nach der *Wahrscheinlichkeit* des Anrufs mehr vor, denn er erfolgt planungsgemäß genau um 8.35 Uhr. In diesem durchaus sinnvollen und möglichen Fall erkennt ein übergeordneter Beobachter, daß bei *B* lediglich ein statistisches *Scheinproblem aufgrund von Unkenntnis* geschaffen wurde.

Man sollte sich nicht an der Einfachheit solcher Beispiele stoßen. Auch Naturwissenschaften und Technik profitieren von dem oft vorhandenen Unschärfebereich zwischen deterministischen und statistischen Phänomenen, deren Überlagerung man in vielen Fällen modellmäßig in eine mathematische Form bringen kann. Damit nähert man sich bereits einem Teil der Grundlagen sehr moderner statistischer Verfahren, die es beispielsweise gestatten, bei hinreichenden Kenntnissen über das Gesamtsystem einen statistischen Signalverlauf mit einer gewissen statistischen Sicherheit in die Zukunft zu extrapolieren. Solche statistischen Modelle werden beispielsweise eingesetzt, um kritische Reaktorzustände vor ihrem Eintreten zu erkennen und auszuschließen, ferner um periodische Signale von Störgeräuschen zu trennen, um den Einfluß von Geräuschen, die Messungen verfälschen, wesentlich zu vermindern – um nur einige Anwendungen zu nennen.

8.1 Klassifizierung von Störgrößen in Regelanlagen

Die Überlegungen der vorangegangenen Kapitel haben zunehmend Hinweise auf die Bedeutung von Störeinflüssen bei technischen Regelungen ergeben. Unter anderem wurde dargelegt, wie man eine Regelung auslegt, wenn folgende Voraussetzungen erfüllt sind:

- ☐ Für die zu regelnde Strecke wurde ein der jeweiligen Aufgabenstellung möglichst gut angemessenes Modell entwickelt.
- ☐ Zur Realisierung eines Regelungskonzepts existiert eine geeignete Prozeßperipherie, d.h., sowohl von seiten der Meßwerterfassung als auch der Stellmöglichkeiten ist die Strecke im technischen Sinne regelbar, für die analytische Behandlung steuerbar und beobachtbar.
- ☐ Es existieren Entwurfsvorschriften für flexible, von den klassischen Grundtypen losgelöste Regelungsstrukturen zur individuellen Auslegung leistungsfähiger Zustandsregelungen; hierbei kommt die erwähnte Doppelrolle des Modellbegriffs zum Tragen.
- ☐ Es stehen verschiedene, prinzipiell gleichwertige Verfahren zur Beurteilung der Regelkreisdynamik zur Verfügung.

Diese Zusammenstellung nimmt noch keinen direkt erkennbaren Bezug auf den Charakter der zu bekämpfenden Störgrößen. Auf den bisherigen Stoff zurückblickend, kann man zwar feststellen, daß immer wieder das Störverhalten von Regelkreisen behandelt wurde, aber bei genauerem Hinsehen mit mehreren Einschränkungen:

a) Die *Angriffspunkte* der Störgrößen wurden z.T. systematisch, manchmal jedoch auch willkürlich an bestimmte Stellen der Regelkreise gelegt, was bei linearen Systemen auch prinzipiell erlaubt ist.
b) Das jeweilige Störverhalten wurde – nicht zuletzt aus Gründen der Vergleichbarkeit – anhand *künstlicher* deterministischer Störsignale untersucht, wobei sprungförmigen Störgrößen der Vorzug gegeben wurde, weil die Sprungantworten von Regelstrecken und Regelkreisen besonders übersichtliche Merkmale aufweisen.
c) Die in Wirklichkeit auftretenden Störgrößen haben statistischen Charakter, *ihr zeitlicher Verlauf ist nicht durch funktionale Zusammenhänge beschreibbar*, so daß trotz mehrfacher Hinweise auf den statistischen Hintergrund eine Störgröße $z(t)$ keine funktionale Bedeutung im herkömmlichen Sinne hat und damit *analytisch nicht auswertbar* ist.

Es liegt im Wesen der Kreisstruktur von Regelungen begründet, daß wohl die überwiegende Mehrzahl technischer Regelungsaufgaben auch ohne detaillierte Kenntnis über den Charakter der Störgrößen befriedigend lösbar ist. Wenn man dem heutigen Stand der modernen Regelungstechnik gerecht werden will, muß man jedoch die Verfahren einbeziehen, die aufgrund gehobener Genauigkeitsanforderungen, dominierender zufälliger Störeinflüsse, hochentwickelter Sensortechniken mit minimierten Meßgeräuschauswirkungen u.dgl. in den zurückliegenden zwei bis drei Jahrzehnten entwickelt worden sind und *in zunehmendem Umfang zum Stand der Technik gehören*. Einen ersten Zugang zu diesen Verfahren findet man durch folgende einfache Überlegung: Der Einfluß statistischer Störungen auf die Regelgröße kommt im zeitlichen Verlauf der Regelabweichung $y_w(t)$ in mehr oder weniger verschliffener Form zur Auswirkung, sie ist folglich selbst ein statistisches Signal.

Aus prinzipiellen Gründen bleibt jedoch das hypothetische Ziel einer idealen Regelung mit $y_w = 0$ für alle t unerreichbar. Realistisch ist vielmehr die Forderung, daß die *mittlere quadratische Abweichung* zwischen Regelgröße $y(t)$ und Führungsgröße $w(t)$ *so klein wie möglich* werden soll. In mathematischer Formulierung bedeutet dies

$$\frac{1}{T} \cdot \int_{t_0}^{t_0+T} [y(t) - w(t)]^2 \, \mathrm{d}t \rightarrow \textit{Minimum}$$

in Abhängigkeit von noch frei verfügbaren Parametern des Regelungskonzepts. Auf dieser Grundforderung beruhende Regler führen die Bezeichnung *Minimal-Varianz-Regler* [42]. Sie werden hier nicht weiter behandelt; das Nachvollziehen des Entwurfs wird den Leser vor keine besonderen Schwierigkeiten stellen, nachdem er sich die folgenden Ausführungen zu eigen gemacht hat.

Wie in anderen Bereichen der Regelungstechnik, so kann auch mit der folgenden Stoffauswahl keine Vollständigkeit angestrebt werden, vielmehr wird die *analytische Einbeziehung von Störgrößen in das Regelungskonzept* auf folgende Ziele konzentriert:

- □ die Einbindung deterministischer Störgrößen in den Entwurf von Zustandsregelungen durch den Entwurf von Störgrößenbeobachtern;
- □ die Kennzeichnung zufälliger Störgrößen durch bestimmte statistische Eigenschaften und deren Zusammenhänge mit Systemkennfunktionen;
- □ der Entwurf *optimaler Beobachter* nach einem *statistischen* Kriterium; dies führt auf Kalman-Filter zur Minimierung des Einflusses von Meßgeräuschen; diese Filter haben die gleiche Struktur wie die in Kapitel 7 behandelten Luenberger-Beobachter.

8.2 Entwurf und Einsatz von Störbeobachtern

Die Ausführungen zur Zustandsregelung haben bei mehreren Gelegenheiten deutlich gemacht, daß die Aufschaltung der Differenz

$$\boldsymbol{y}(t) - \hat{\boldsymbol{y}}(t) = \boldsymbol{C} \cdot [\boldsymbol{x}(t) - \hat{\boldsymbol{x}}(t)]$$

nur im störungsfreien Fall ein Einschwingen des Beobachters auf den tatsächlichen Streckenzustand bewirkt. Störungen führen eben trotz der Nachführung mit $\boldsymbol{y} - \hat{\boldsymbol{y}}$ zu einer Verstimmung der Modellzustände im Beobachter, wodurch sich beispielsweise bei einer einzigen sprungförmigen Störung eine von den Verstärkungsfaktoren der P-Kanäle abhängige Abweichung $\boldsymbol{x}(t) - \hat{\boldsymbol{x}}(t)$ ergibt.

Der Verstimmung der Modellzustände könnte man entgegenwirken, wenn die Störung meßtechnisch erfaßbar wäre und dem Modell in gleicher Weise aufgeschaltet werden könnte wie der Strecke; denn dann würde kein Beobachtungsfehler angeregt, wie in Abschnitt 7.3 dargelegt ist.

Erst rund zehn Jahre nach Einführung der Luenberger-Beobachter für Zustandsgrößen ist man dazu übergegangen, zunächst für bekannte deterministische *Störungen* ein *mathematisches Modell* zu bilden, dieses in einem sogenannten Störbeobachter zu realisieren und den von diesem gelieferten *Schätzwert* für die tatsächliche Störung dem Streckenbeobachter als zusätzliches Signal aufzuschalten. Damit kann man erreichen, daß bei exakter Nachbildung der Störgröße der von ihr verursachte Schätzfehler asymptotisch verschwindet.

An dieser Stelle muß an eine wichtige Teilaufgabe bei der Lösung eines Regelungsproblems erinnert werden: das Erkennen des Charakters dominierender Störeinflüsse, wenigstens nach groben Kategorien wie

- □ *sprungförmig* (in zufälliger Folge und mit zufälligen Sprunghöhen);
- □ *periodisch* (etwa bei elektrischen Netzen oder mechanischen Gebilden wie Schwebebahnen);

☐ *statistisch* (nach keiner erkennbaren Gesetzmäßigkeit, die eine analytische Formulierung erlaubte).

Derartige a-priori-Kenntnisse über den Störgrößencharakter führen in Verbindung mit dem oben verbal eingeführten Störmodell zu folgendem Konzept:

Man entwerfe ein mathematisches Modell in Gestalt einer Zustandsbeschreibung für die Erzeugung der Störgröße $\boldsymbol{z}(t)$,

$$\dot{\boldsymbol{v}}(t) = \boldsymbol{S} \cdot \boldsymbol{v}(t), \; \boldsymbol{v}(0) \text{ nicht bekannt,}$$

$$\boldsymbol{z}(t) = \boldsymbol{H} \cdot \boldsymbol{v}(t)$$

mit den Bedeutungen

$\boldsymbol{v}(t)$: Zustandsvektor $(q, 1)$,
$\boldsymbol{S}$: zeitinvariante Matrix (q, q),
$\boldsymbol{z}(t)$: Störprozeßvektor $(\varrho, 1)$,
$\boldsymbol{H}$: zeitinvariante Matrix (ϱ, q).

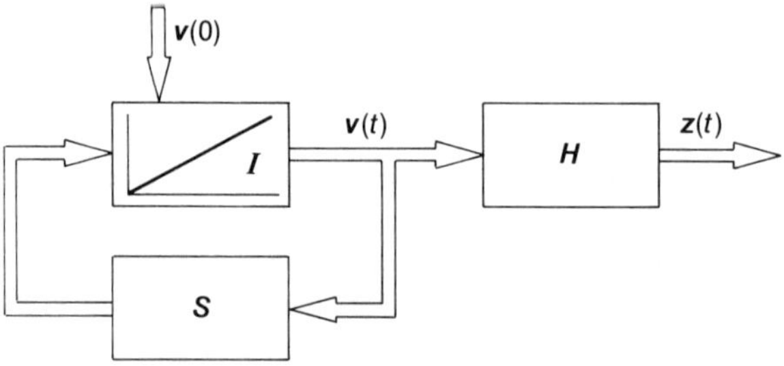

Bild 8.1
Blockbild zur mathematischen Modellierung der Störgröße $z(t)$

Vorausgesetzt wird vollständige Beobachtbarkeit für $[\boldsymbol{S}, \boldsymbol{H}]$. Bild 8.1 zeigt das allgemeine Modell der Störgrößennachbildung, wobei ein beliebiger Anfangswert $\boldsymbol{v}(0)$ einen Einschwingvorgang auslöst. Mit diesen allgemeinen Grundlagen kann man leicht die Modellierung für zwei typische Störgrößen angeben:

☐ *Sprungförmige Störung*
Im skalaren Fall lautet die Modellgleichung

$$\dot{z}(t) = 0, \qquad z(0) = z_0,$$

deren Lösung die Sprungfunktion

$$z(t) = z_0 \cdot 1(t) \qquad \text{ist.}$$

☐ *Sinusförmige Störung*
Ausgehend von der Zustandsbeschreibung eines gedämpften Schwingers in Abschnitt 7.1, erhält man für $D = 0$ die Störmodellgleichung einer harmonischen Dauerschwingung:

$$\dot{\boldsymbol{v}}(t) = \begin{bmatrix} 0 & 1 \\ -\omega_0^2 & 0 \end{bmatrix} \cdot \boldsymbol{v}(t), \qquad \boldsymbol{v}(0) = \boldsymbol{v}_0,$$

$$z(t) = [1 \quad 0] \cdot \boldsymbol{v}(t).$$

Die *technische Realisierung* dieser Störmodellgleichungen stellt den *Störbeobachter* dar, der einen Schätzwert $\hat{z}(t)$ für die sinusförmige Störgröße $z(t)$ liefert.

Der Streckenbeobachter sei bereits entworfen, ausgehend von dem Gleichungssystem 7.7a und 7.7b. Sein Korrekturterm $\boldsymbol{d}_1 \cdot [y(t) - \hat{y}(t)]$ wird nun ergänzt durch Aufschalten des Schätzwertes $\hat{z}(t)$ aus dem Störbeobachter über die Matrix $\boldsymbol{g}$, also hat die modifizierte Gleichung die Form

$$\dot{\hat{\boldsymbol{x}}}(t) = \boldsymbol{A} \cdot \hat{\boldsymbol{x}}(t) + \boldsymbol{b} \cdot u(t) + \boldsymbol{d}_1 \cdot [y(t) - \hat{y}(t)] \; + \; \boldsymbol{g} \cdot \hat{z}(t),$$

$$\hat{y}(t) = \boldsymbol{c}^{\mathrm{T}} \cdot \hat{\boldsymbol{x}}(t).$$

Der noch zu bildende Schätzwert $\hat{z}(t)$ ist die Ausgangsgröße des Störbeobachters, der durch die Differenz $y(t) - \hat{y}(t)$ über $\boldsymbol{d}_2$ angeregt wird:

$$\dot{\hat{\boldsymbol{v}}}(t) = \boldsymbol{S} \cdot \hat{\boldsymbol{v}}(t) + \boldsymbol{d}_2 \cdot [y(t) - \hat{y}(t)],$$

$$\hat{z}(t) = \boldsymbol{h}^{\mathrm{T}} \cdot \hat{\boldsymbol{v}}(t).$$

Die modellierte Störung wird also an der entsprechenden Stelle in den Zustandsbeobachter eingespeist, an der die Originalstörung auf das Streckenmodell einwirkt. Dadurch erreicht man eine *fehlerfreie Zustandsbeobachtung trotz Einwirkung einer Störung*, wenn der Beobachter eingeschwungen ist. Bild 8.2 zeigt das Zusammenwirken von Streckenmodell und Störmodell. Diese Kombination liefert Schätzwerte für $\boldsymbol{x}(t)$ und für $z(t)$, und man muß fordern, daß die *beiden* Schätzfehler $\boldsymbol{x} - \hat{\boldsymbol{x}}$ und $z - \hat{z}$ bei stationärem z gegen Null streben. Analog zur Vorgehensweise in Abschnitt 7.3 kann man hierzu *zwei Fehlerdifferentialgleichungen* aufstellen; man erhält eine Blockmatrix, welche die Dynamik der beiden Fehler bestimmt, ihre Eigenwerte sind durch $\boldsymbol{d}_1$ und $\boldsymbol{d}_2$ festlegbar.

Bekämpfung von Störungen durch Kompensation

In Abschnitt 6.2 wurde erläutert, wie man *meßbare* Störungen durch Störgrößenaufschaltung in der Regelgröße vollständig oder zumindest asymptotisch unterdrücken kann.

In ähnlicher Weise kann man die in einem Störbeobachter nachgebildete Ersatzstörgröße für eine entsprechende Aufschaltung verwenden. Für den gut überschaubaren Fall einer am Streckeneingang eingreifenden Störung $z(t)$ ist das prinzipielle Vorgehen in Bild 8.3 dargestellt, wobei nur $y(t)$ meßtechnisch zugänglich ist. Wenn der Beobachter eingeschwungen ist, besteht eine vollständige Kompensation der Störung, d.h., dann ist $\hat{z}(t) = z(t)$.

Dieses Konzept läßt sich noch viel allgemeiner anwenden und führt schließlich auf die Bildung einer Steuergröße der Form

$$u(t) = -\boldsymbol{k}^{\mathrm{T}} \cdot \hat{\boldsymbol{x}}(t) - \boldsymbol{k}_{\mathrm{v}}^{\mathrm{T}} \cdot \hat{\boldsymbol{v}}(t) + l \cdot w(t)$$

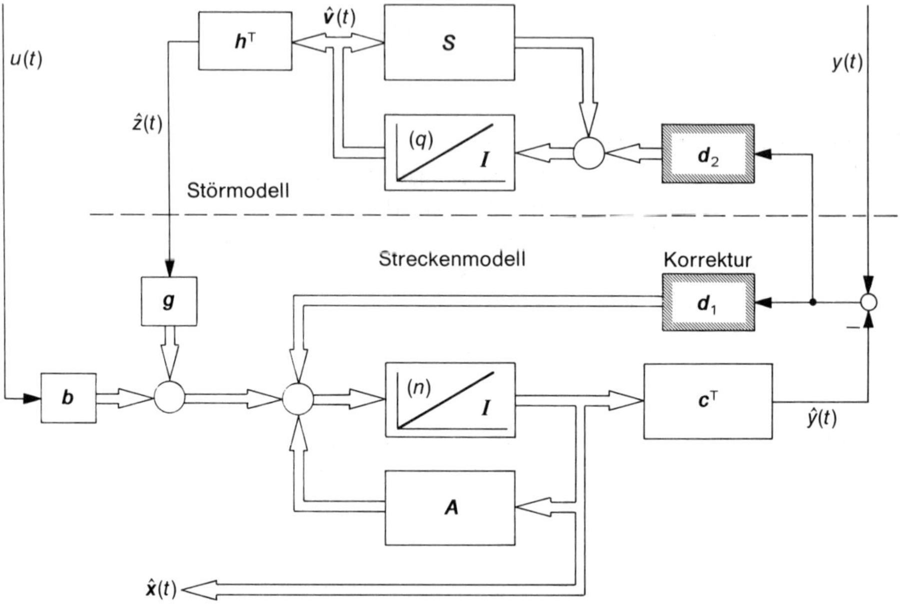

Bild 8.2 Luenberger-Beobachter mit Störbeobachter

mit der neben der Rückführung der geschätzten Zustandsgrößen $\hat{\boldsymbol{x}}(t)$ der Strecke über $\boldsymbol{k}^{\mathrm{T}}$ noch eine Aufschaltung der geschätzten Zustandsgrößen $\hat{\boldsymbol{v}}(t)$ des Störmodells über $\boldsymbol{k}_{\mathrm{v}}^{\mathrm{T}}$ vorgenommen wird, außerdem ist eine gewichtete Führungsgröße angesetzt, wie Bild 8.3b zeigt.

Als *Ergebnis* läßt sich folgendes festhalten:

Mit Hilfe der beobachteten Zustände des Strecken- und des Störmodells läßt sich der Einfluß der deterministischen Störungen beseitigen. Das ganze wird erreicht durch das Zustandsregelungskonzept mit Beobachtern der Gesamtordnung $n + q$, falls sich keine Ordnungsreduktion anbietet. Es ist bekannt, daß beispielsweise bei sinusförmigen Störungen, die in der Praxis eine gewisse Rolle spielen, mit Störbeobachtern eine außerordentlich selektive Unterdrückung dieses Störungstyps erreicht wird. Ein sehr wirkungsvoller Vorläufer dieser modernen Technik wurde schon vor mehr als vierzig Jahren zur Unterdrückung von störenden Dauertönen beim Kurzwellenempfang eingesetzt.

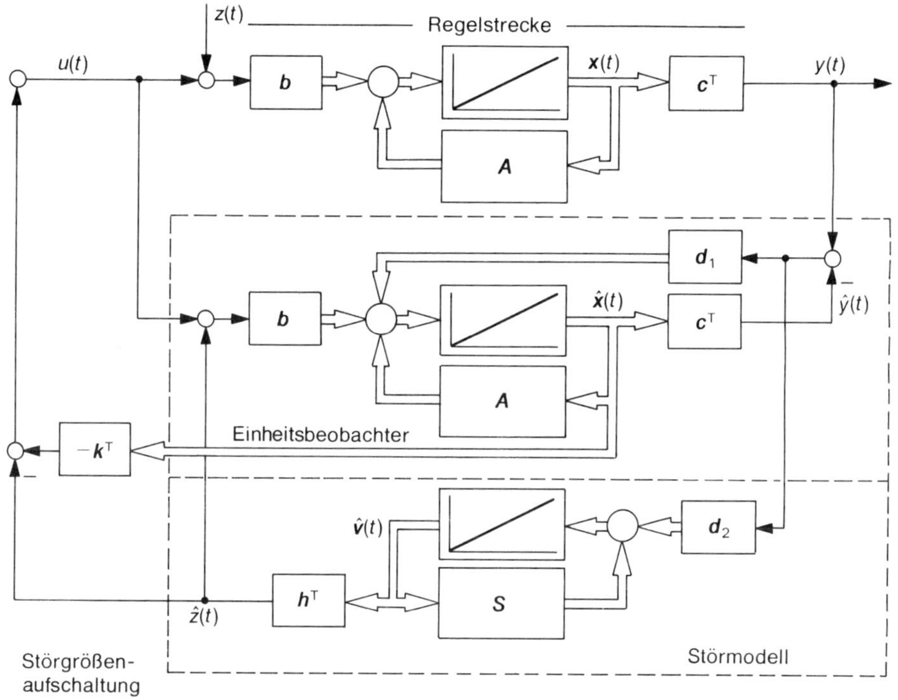

Bild 8.3a Zusammenwirken von Regelstrecke mit Störbeobachter, bestehend aus Einheitsbeobachter und Störmodell, zu einer Störgrößenaufschaltung

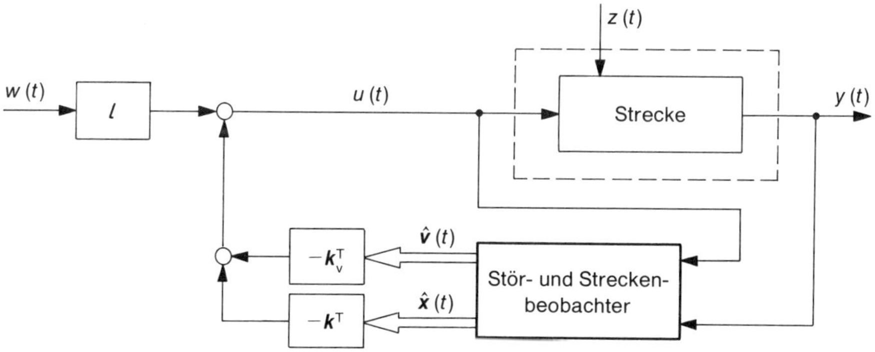

Bild 8.3b Zum Zustandekommen der Steuergröße $u(t)$ in der Gesamtstruktur mit Strecken- und Störbeobachter

8.3 Statistische Störgrößen

In technischen Anlagen spielen sprungförmige Störungen eine große Rolle, sie treten jedoch kaum als *einmaliges* Ereignis auf, wie beim Störbeobachterentwurf in Abschnitt 8.2 angesetzt wurde. Diese Annahme hat zur Folge, daß der von der einmaligen Sprungstörung verursachte Beobachtungsfehler gegen Null abklingt und bei geeigneter Störgrößenaufschaltung der Störeinfluß in der Regelgröße asymptotisch verschwindet.

Einen ersten Zugang zu statistischen Störungen mit deterministischen Elementen gewinnt man, wenn man eine *zufällige Folge von Sprüngen* ansetzt, die zunächst noch zeitlich so weit auseinander liegen, daß der jeweils hervorgerufene Beobachtungsfehler praktisch abgeklungen ist, bevor die nächste Sprungstörung erfolgt. Einen derartigen Störgrößenverlauf kann man formal modellieren, indem man ein Störmodell mit einer zufälligen Folge von Impulsen erregt, also beispielsweise von der Differentialgleichung

$$\dot{v}(t) = \sum_k v_{0k}(e) \cdot \delta[t - t_k(e)]$$

ausgeht. Die Bedeutung dieses Ansatzes ergibt sich aus folgenden Angaben:

- $v_{0k}(e)$ sind zufällige Stufen, die von einem statistischen Ergebnis e abhängen;
- $t_k(e)$ sind zufällige Zeitpunkte, die ebenfalls von einem statistischen Ergebnis e abhängen;
- v_{0k} und t_k sind statistisch nicht voneinander abhängig;
- δ symbolisiert die Diracsche Deltafunktion [16].

Damit existiert zwar kein konkret verwendbarer analytischer Ausdruck für die zufällige Folge von idealen Impulsen; man kann jedoch angeben, daß die angesetzte Impulsfolge am Ausgang eines Integrators eine zufällige Folge von Sprüngen

$$v(t) = \sum_k v_{0k}(e) \cdot 1[t - t_k(e)]$$

ergeben wird, so daß ein *Modellsignal* mit dem in Bild 8.4 gezeigten Muster entsteht. Solche statistischen Sprungfolgen spielen bei zahlreichen einschlägigen Problemen eine große Rolle, sie gehören zur Klasse der allgemeinen Poissonschen Prozesse [41].

Man sollte sich aber nicht an diese unumgänglichen formalen Aspekte klammern, sondern zunächst nur folgenden einfachen Gedankengang nachvollziehen:

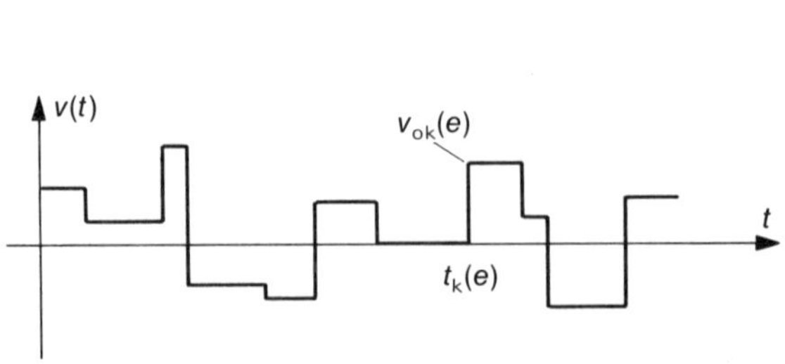

Bild 8.4
Modellsignal mit zufallsabhängigen Stufen $v_{0k}(e)$ und Sprungstellen $t_k(e)$

Wenn die Zeitpunkte $t_k(e)$ im Mittel so *dicht* aufeinander folgen, daß die *Beobachterfehler nicht mehr auf Null abklingen können*, kann der auf sprungförmige Einzelstörungen ausgelegte Beobachter seine Aufgabe nicht mehr erfüllen. Er wurde schließlich nach einem *deterministischen* Kriterium ausgelegt, so daß sein Versagen bei Störungen des soeben konstruierten Typs nicht überrascht.

Jetzt ist vielmehr der Gedankengang an einem Punkt angekommen, wo sich das eingangs zu diesem Kapitel angedeutete Problem stellt: Es muß ein Beobachter auf der Grundlage eines *statistischen Kriteriums* entworfen werden, wobei bestimmte Eigenschaften der zufälligen Störgrößen Berücksichtigung finden müssen. Dazu ist ein gewisses Rüstzeug erforderlich, weil für die statistischen Störgrößen keine analytischen Ausdrücke existieren. Man wird sich also auf Wahrscheinlichkeitsaussagen abstützen und entsprechende Parameter und Kennfunktionen für Störgrößen einführen, die als Ersatz für die nicht existierenden analytischen Ausdrücke wie $x(t)$, $y(t)$, $z(t)$, $r(t)$ zu dienen haben. Dazu werden in den folgenden Abschnitten die erforderlichen Grundlagen zusammengestellt.

8.4 Definition und Eigenschaften stochastischer Prozesse

Die bisher verwendeten Symbole für Signale sind vorläufig nicht mehr an Begriffe wie Regelgröße, Stellgröße oder ähnliches gebunden, sondern werden ganz allgemein für Signale mit statistischem Charakter verwendet. Die analytische Beschreibung stochastischer Störungen erfolgt über die Einführung des stochastischen Prozesses $x(e;t)$, also eine *Funktion von zwei Veränderlichen*: Das Symbol e steht für *Zufallsergebnisse*, die ihrem Wesen entsprechend nicht geordnet sind; dagegen hat die *Zeit t* den Charakter eines *ordnenden Parameters*, der nach dem II. Hauptsatz eindeutig die Richtung physikalischer Vorgänge festlegt.

Das Verständnis für praktisch alle mit Zufallsprozessen zusammenhängenden statistischen Verfahren wird entscheidend durch folgende fast selbstverständliche Einsicht so gut wie sichergestellt: Wenn ein stochastischer Prozeß von *zwei* ihrer physikalischen Natur nach *sehr unterschiedlichen* Veränderlichen e und t abhängt, dann wird es einerseits mathematische Operationen geben, die sich auf die *statistische Variable e* beziehen, andererseits wird es auch Operationen geben, die sich auf die *Zeit t* beziehen und vermutlich wesentlich anderer Natur sind.

Der erstgenannte Fall führt zu dem Begriff der *Erwartungswertbildung*, der an die Wahrscheinlichkeitsverteilung der zufälligen Ergebnisse gebunden ist; der zweite Typ von Operationen kommt mit einer für den Prozeß repräsentativen *Musterfunktion* aus, die im Grenzfall unendlich lange Zeit meßtechnisch verfolgbar sein müßte.

Eine Musterfunktion eines Prozesses $x(e;t)$ ergibt sich für ein festes Zufallsergebnis $e = e_i$:

$$x(e_i;t) = x_i(t).$$

Entsprechend ergibt sich für einen festen Zeitpunkt $t = t_j$ eine sogenannte *Zufallsvariable*:

$$x(e; t_j) = x_j(e).$$

Die Entwicklung der statistischen Thermodynamik hat die Notwendigkeit aufgezeigt, zwischen den beiden genannten Operationsarten einen engen Zusammenhang herzustellen, der auf eine mit größtmöglicher Wahrscheinlichkeit bestehende *Gleichwertigkeit* der Bildung von Erwartungswerten einerseits und zeitlichen Mittelwerten andererseits hinausläuft. Immerhin waren physikalische Zustandsgrößen wie Druck und Temperatur als *Mittelwerte* erkannt worden, die durch Überlagerung der Wärmebewegungen sehr zahlreicher Teilchen zustande kommen; man mußte also geradezu postulieren, daß die räumliche und die zeitliche Mittelwertbildung mit extrem hoher Wahrscheinlichkeit zu gleichen makroskopisch meßbaren Mittelwerten führen. In diesem Entwicklungsstadium sind die Wurzeln der später mathematisch formulierten *Ergoden-Hypothesen* zu finden (Abschnitt 8.4.4).

Natürlich ist die Entwicklung nicht im Bereich dieser Grundeinsichten stehengeblieben. Operationen wie *Differentiation* und *Integration* bezüglich der Variablen t mußten den Eigenschaften stochastischer Prozesse entsprechend angepaßte Definitionen erhalten [41], [45], die Eigenschaften von *kontinuierlichen* und *diskreten* Prozessen mußten definiert werden, wobei eine Anzahl spezieller stochastischer Prozesse gefunden wurden, die unter anderem zur Beschreibung bestimmter physikalischer Phänomene besonders geeignet sind. In diesem Zusammenhang seien nur die sogenannten Markow-Prozesse für die Modellierung von Transportvorgängen wie Diffusion und Wärmeleitung genannt.

Mit diesem begrifflich erweiterten Hintergrund läßt sich der in Bild 8.4 gezeigte Musterverlauf einbetten in einen stochastischen Prozeß, der ausschnittsweise durch

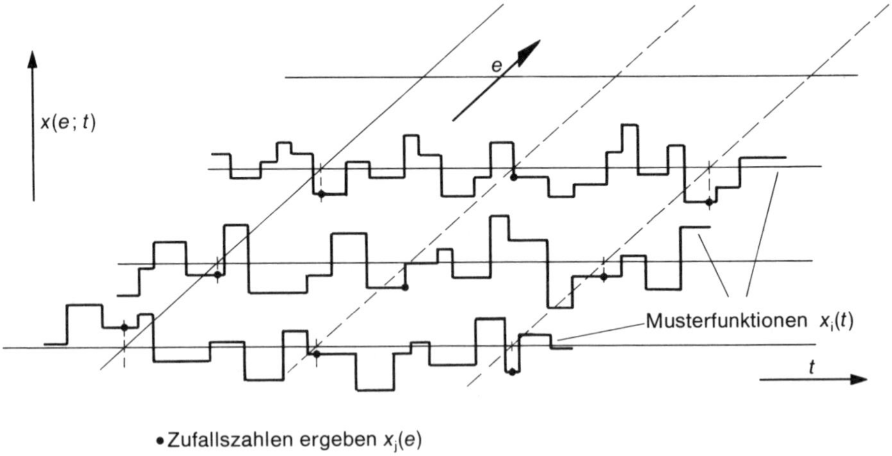

Bild 8.5 Veranschaulichung eines Prozesses durch Musterfunktionen $x_i(t)$ und Zufallszahlen zur Bildung von $x_j(e)$

einige Musterfunktionen in Bild 8.5 anschaulich dargestellt ist. Die zufälligen Sprungfolgen bilden eine Menge von Musterfunktionen $\{x_i(t)\}$; die markierten Punkte bei festen t_j bilden eine Menge von Zufallszahlen $\{x_j\}$.

Die Abhängigkeit eines Prozesses von *zwei* Argumenten wird sich formal darin äußern, daß man an einem Prozeß bestimmte mathematische Operationen vollziehen kann, die sich einmal auf die Variable e, ein anderes Mal auf die Variable t beziehen und die sich auch anschaulich, d.h. physikalisch interpretieren lassen werden. Es ist daher notwendig, insbesondere bei der Definition solcher Operationen *beide* Argumente mitzuschreiben; Ausnahmen hiervon werden deutlich vermerkt.

8.4.1 Ereignisse, Wahrscheinlichkeiten und Erwartungswerte

Zur Vereinfachung werden im folgenden die Indizes i und j nicht immer mitgeschrieben, da das jeweilige Argument von x erkennen läßt, ob es sich um eine *Zufallsvariable* $x(e)$ oder um eine *Musterfunktion* $x(t)$ handelt, beide gewonnen aus dem stochastischen Prozeß $x(e;t)$.

Das Erfülltsein der Ungleichung

$$-\infty < x(e;t) \leqq u \quad \text{für} \quad -\infty < u < \infty$$

bei festem t nennt man das *Eintreten des Ereignisses*

$$A := [e: -\infty < x(e;t) \leqq u],$$

zu lesen in der folgenden Weise: Das Ereignis A ist definiert für diejenigen e, die der nachfolgenden Ungleichung genügen. Ein derartiges Ereignis tritt immer nur mit einer gewissen Wahrscheinlichkeit W auf, formal geschrieben als

$$W[A] = P_x(u;t),$$

wobei P die *Wahrscheinlichkeitsverteilung* bedeutet, der Index etikettiert den Prozeß, u ist die unabhängige Veränderliche, und t spielt die Rolle eines Parameters (Zeit). Die allgemeinen Eigenschaften von Verteilungsfunktionen sind in den Axiomen von Kolmogoroff festgehalten [44]. Für die Berechnung von Prozeßeigenschaften ist die

Verteilungsdichtefunktion

$$p_x(u,t) = \frac{\partial}{\partial u} P_x(u,t)$$

von besonderer Bedeutung, denn aus ihr lassen sich durch sogenannte Erwartungswertbildung viele interessante statistische Kennwerte berechnen.

Der *Erwartungswert* einer Funktion f der Zufallsvariablen $x(e)$ ergibt sich durch eine Operation an dem Prozeß bezüglich e:

$$\mathscr{E}\{f[x(e;t)]\} = \int_{-\infty}^{+\infty} f(u) \cdot p_x(u,t)\,\mathrm{d}u$$

mit folgenden wichtigen Sonderfällen:

$$\mathscr{E}\{x(e;t)\} = \int_{-\infty}^{+\infty} u \cdot p_x(u,t)\,du \equiv \mu_x(t) \qquad (\textit{linearer Mittelwert}),$$

$$\mathscr{E}\{x^2(e;t)\} = \int_{-\infty}^{+\infty} u^2 \cdot p_x(u,t)\,du \equiv q_x^2(t) \qquad (\textit{quadratischer Mittelwert}),$$

$$\mathscr{E}\{[x(e;t) - \mu_x(t)]^2\} = \int_{-\infty}^{+\infty} [u - \mu_x(t)]^2 \cdot p_x(u,t)\,du \equiv \sigma_x^2(t) \qquad (\textit{Varianz}).$$

Zwischen diesen drei statistischen Parametern besteht die sehr einfach herzuleitende Beziehung

$$\sigma_x^2(t) = q_x^2(t) - \mu_x^2(t).$$

8.4.2 Zusammenhänge zwischen zwei Zufallsvariablen

Gegeben seien zwei Prozesse $x(e;t)$ und $y(e;t)$, und es besteht die Frage nach statistischen Abhängigkeiten zwischen beiden. Die vollständigen Aussagen hierüber sind gegeben durch die *Verbund*-Verteilungsdichtefunktion

$$p_{x,y}(u,t_1;v,t_2) = \frac{\partial^2}{\partial u\,\partial v} P_{x,y}(u,t_1;v,t_2).$$

Für die anschließenden Überlegungen werden noch folgende Erwartungswerte benötigt:

☐ *Kreuzkorrelationsfunktion*

$$\mathscr{E}\{x(e;t_1) \cdot y(e;t_2)\} = \iint_{-\infty}^{+\infty} u \cdot v \cdot p_{x,y}(u,t_1;v,t_2)\,du\,dv = \Phi_{xy}(t_1,t_2)$$

mit dem Sonderfall der

☐ *Autokorrelationsfunktion*

$$\Phi_x(t_1,t_2) = \mathscr{E}\{x(e;t_1) \cdot x(e;t_2)\}$$

☐ *Kovarianzfunktion*,
berechenbar über das entsprechende Doppelintegral für den Erwartungswert

$$V_{xy}(t_1,t_2) = \mathscr{E}\{[x(e;t_1) - \mu_x(t_1)] \cdot [y(e;t_2) - \mu_y(t_2)]\}$$
$$= \Phi_{xy}(t_1,t_2) - \mu_x(t_1) \cdot \mu_y(t_2)$$

mit dem Sonderfall für $y = x$:

$$V_x(t_1,t_2) = \Phi_x(t_1,t_2) - \mu_x(t_1) \cdot \mu_x(t_2).$$

Die *Verbund*-Verteilungsdichtefunktionen sowie die daraus gewonnenen Erwartungswerte (pauschal: Korrelations- und Kovarianzfunktionen) machen Aussagen über statistische Abhängigkeiten zwischen Prozessen bzw. innerhalb von Prozessen.

8.4.3 Stationäre Prozesse

Bei den bisher eingeführten Funktionen und Erwartungswerten wurden die Argumente e und t – gegebenenfalls noch indiziert – ausführlich mitgeschrieben. Dadurch wurde folgendes deutlich:

- ☐ Bei der Erwartungswertbildung bezüglich der Variablen e wurde eben diese eliminiert;
- ☐ bei den Integrationsvorgängen spielt die Zeit t die Rolle eines *Parameters* entsprechend der allgemeinen Prozeßdefinition; in den jeweiligen Ergebnissen wird sie zur *unabhängigen Variablen.*

Bei aller Bedeutung für eine begrifflich klare Einführung ist doch die allgemeine Definition eines stochastischen Prozesses für physikalisch-technische Anwendungen nicht handhabbar und in dieser Form auch nicht erforderlich. Die folgenden Ausführungen dienen dem Ziel, die Unterschiede zwischen der statistischen Variablen e und der Zeit t noch deutlicher herauszuarbeiten und praktisch nutzbar zu machen.

Bei zahlreichen statistischen Phänomenen kann man feststellen, daß sie durchaus im Rahmen der Zufälligkeit doch *gewisse konstante Eigenschaften* besitzen, beispielsweise sichergestellt durch konstante Versuchsbedingungen mit beliebig häufiger Wiederholbarkeit von Versuchsabläufen. Am direktesten äußern sich solche *stationären Versuchsbedingungen* in den einfachsten statistischen Kenngrößen wie Mittelwerte und Streuungen bzw. Varianzen durch deren *Unabhängigkeit von der Zeit.*

Die allgemeine Grundlage solcher Phänomene bilden die *stationären Prozesse*, die durch folgende Eigenschaften gekennzeichnet sind:

a) Ein Prozeß heißt *stationär im strengen Sinn* und von der Ordnung k, wenn gilt

$$p_{x_1,\ldots,x_k}(u_1,t_1;\ldots;u_k;t_k) = p_{x_1,\ldots,x_k}(u_1,t_1+\tau;\ldots;u_k,t_k+\tau)\,.$$

Für die Praxis besonders wichtig ist folgender Fall: Zwei Prozesse $x(e;t)$ und $y(e;t)$ heißen *verbundstationär*, wenn die Verbund-Verteilungsgesetze gegen eine Zeitverschiebung invariant sind. Daraus folgt für

$k = 1$:

$$p_x(u;t) = p_x(u;t+\tau)\,,$$

diese Verteilungsdichtefunktion ist *unabhängig von der Zeit,* und das gleiche gilt für alle aus ihr ableitbaren Erwartungswerte; hier interessiert insbesondere die Zeitunabhängigkeit von μ_x, q_x^2 und σ_x.

$k = 2$:

$$p_{x,y}(u,t;v,t+\tau) = p_{x,y}(u,v;\tau)\,,$$

diese Verteilungsdichtefunktion hängt nur von der *Differenz* zweier Zeitpunkte ab mit entsprechenden Konsequenzen für die zugehörigen Erwartungswerte, nämlich

$$\begin{aligned}
&\Phi_{xy}(t_1, t_2) \quad \text{wird zu} \quad \Phi_{xy}(\tau), \qquad \tau \equiv t_2 - t_1,\\
&\Phi_x(t_1, t_2) \quad \text{wird zu} \quad \Phi_x(\tau),\\
&V_{xy}(t_1, t_2) \quad \text{wird zu} \quad V_{xy}(\tau) = \Phi_{xy}(\tau) - \mu_x \mu_y,\\
&V_x(t_1, t_2) \quad \text{wird zu} \quad V_x(\tau) = \Phi_x(\tau) - \mu_x^2.
\end{aligned}$$

b) Ein Prozeß heißt *stationär im schwächeren Sinn*, wenn nur $\mu =$ konstant und $\Phi = \Phi(\tau)$ gilt.
Solche Prozesse nennt man *kovarianzstationär*, die Aussagen beschränken sich auf Erwartungswerte bis zur 2. Ordnung.

8.4.4 Ergodische Prozesse, Gauß-Verteilung

In der Entwicklung der modernen Thermodynamik, die etwa gegen Ende des 19. Jahrhunderts einsetzte, spielen naturgemäß statistische Überlegungen eine herausragende Rolle. So hat man bei der statistischen Beschreibung der Eigenschaften idealer Gase (ein hinreichend verdünntes reales Gas kommt dessen Grenzeigenschaften sehr nahe) die vernünftige Annahme postuliert, daß räumliche und zeitliche Mittelungen, etwa zur Bestimmung der mittleren Geschwindigkeit der Gasmoleküle, *mit Wahrscheinlichkeit* 1 zum gleichen Ergebnis führen. Die *räumliche* Mittelung entspricht der Bildung von *Erwartungswerten* mit Hilfe der Verteilungsdichtefunktionen, während die *zeitliche* Mittelung von folgender Vorstellung ausgeht:

Ein stochastischer Prozeß $x(e; t)$ ist charakterisiert durch eine Zufallsabhängigkeit über e und eine Zeitabhängigkeit über t mit folgenden Annahmen.

□ *Die Ergodenhypothese*
fordert, daß die gesamte statistische Information über den Prozeß mit der Wahrscheinlichkeit 1 in jeder seiner Musterfunktionen $x_i(t)$ enthalten sei, wobei für t das gesamte Intervall $-\infty < t < \infty$ auszuschöpfen ist.

Dies bedeutet, daß die eingeführten Erwartungswerte für *stationäre* Prozesse auch als *Zeitmittelwerte* berechnet werden können. Mit Wahrscheinlichkeit 1 gelten insbesondere die Vorschriften:

$$\mathscr{E}\{x(e;t)\} = \mu_x \stackrel{!}{=} \lim_{T\to\infty} \frac{1}{2T} \cdot \int_{-T}^{+T} x(e;t)\,dt \equiv \bar{x}(e),$$

$$\mathscr{E}\{x^2(e;t)\} = q_x^2 \stackrel{!}{=} \lim_{T\to\infty} \frac{1}{2T} \cdot \int_{-T}^{+T} x^2(e;t)\,dt \equiv \overline{x^2}(e),$$

$$\mathscr{E}\{x(e;t)\cdot y(e;t+\tau)\} = \Phi_{xy}(\tau) \stackrel{!}{=} \lim_{T\to\infty} \frac{1}{2T} \cdot \int_{-T}^{+T} x(e;t)\cdot y(e;t+\tau)\,dt$$

mit dem Sonderfall der *Autokorrelationsfunktion* für $y(e;t) = x(e;t)$.

Bei diesen Beziehungen kennzeichnet der Strich über einem Symbol das Ergebnis einer zeitlichen Mittelwertbildung.

Die Aussage «mit Wahrscheinlichkeit 1» bedeutet am Beispiel des linearen Mittelwerts

$$W\{|\bar{x}(e) - \mu_x| < \varepsilon\} = 1\,, \qquad \varepsilon > 0, \text{ beliebig klein;}$$

entsprechende Formulierungen gelten für die anderen Ergodizitätsforderungen. Im übrigen gilt *der nicht umkehrbare Satz*, daß ergodische Prozesse auch stationär sind. Für den einleitend erwähnten möglichen Überdeckungsbereich von statistischen und deterministischen Signalen ist ein weiterer Hinweis von großer Wichtigkeit: Die eingeführten Parameter und Kennfunktionen sind mit geringfügigen Varianten auch für *periodische* und *aperiodische* Signale definiert. Aber gerade die Operation der Korrelation wirkt sich beispielsweise auf harmonische Schwingungen völlig anders aus als auf ein rein stochastisches Signal; bei der harmonischen Schwingung bleiben Kurvenform und Frequenz erhalten, bei der Autokorrelation geht die Phaseninformation verloren; dagegen ergibt sich für ein rein stochastisches Signal eine monoton abnehmende Autokorrelationsfunktion. Diese hier nur erwähnten Eigenschaften sind für praktische Anwendungen der Korrelation von ausschlaggebender Bedeutung, werden aber in dem hier abgesteckten Rahmen nicht weiter verfolgt.

Man kann die Ergebnisse dieses Abschnitts durch folgende *Kurzformulierungen* sehr einprägsam machen:

Von einem stochastischen Prozeß seien bekannt

der Erwartungswert $\mathscr{E}\{x(e;t)\} = \mu_x(t)$ und

der zeitliche Mittelwert $\bar{x}(e)$.

- ☐ Wenn μ_x unabhängig von t ist und wenn die Erwartungswerte höherer Ordnung nur von Zeitdifferenzen abhängen, dann ist der Prozeß *stationär*. Strenggenommen muß diese Forderung für alle Erwartungswerte beliebig hoher Ordnung erfüllt sein.
- ☐ Ist diese Aussage auf die Erwartungswerte bis zur zweiten Ordnung beschränkt, dann nennt man den Prozeß *kovarianzstationär*.
- ☐ Wenn mit Wahrscheinlichkeit 1 gilt

  $$\mu_x(t) = \bar{x}(e)$$

  mit entsprechenden Aussagen über die Erwartungswerte höherer Ordnung, dann ist der Prozeß *ergodisch*. Für die Praxis müssen diese Eigenschaften oft einfach *postuliert* werden.
- ☐ Bei Beschränkung auf Erwartungswerte bis zur 2. Ordnung heißt der Prozeß *kovarianzergodisch*.

Die Gaußsche Verteilungsdichtefunktion

An dieser Stelle soll die in der Natur und bei physikalisch-technischen Prozessen sehr oft zutreffende Verteilungsdichtefunktion

$$p(u) = \frac{1}{\sqrt{2\pi} \cdot \sigma} \cdot e^{-\frac{(u-\mu)^2}{2\sigma^2}}$$

eingeführt werden, deren typischer Verlauf zusammen mit ihrer Verteilungsfunktion

$$P(u) = \frac{1}{\sqrt{2\pi} \cdot \sigma} \cdot \int_{-\infty}^{u} e^{-\frac{(v-\mu)^2}{2\sigma^2}} dv$$

in Bild 8.6 gezeigt ist; dabei ist $P(u_0)$ die im oberen Teilbild schraffierte Fläche. Gauß-verteilte Prozesse sind durch die Angabe der Momente bis zur 2. Ordnung eindeutig bestimmt. Sie besitzen eine weitere, besonders wichtige Eigenschaft: *Lineare, zeitinvariante Systeme verändern nicht den Verteilungscharakter Gaußscher Signale.* Dies bedeutet eine enorme Vereinfachung zahlreicher theoretischer Überlegungen; die zu behandelnden linearen Kalman-Beobachter werden unter der Annahme Gauß-verteilter statistischer Stör- und Meßgeräusche angesetzt.

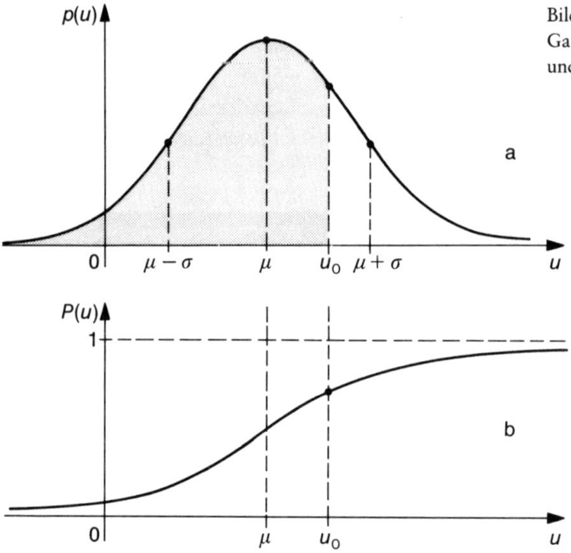

Bild 8.6
Gaußsche Verteilungsdichtefunktion (a) und zugehörige Verteilungsfunktion (b)

Zusammenstellung weiterer Definitionen

Im folgenden werden einige Aussagen über Zufallsvariable $x(e)$, $y(e)$ getroffen, wobei die Abhängigkeit von e nicht mehr mitgeschrieben wird. Man beachte jedoch, daß gerade diese Abhängigkeit bestehen muß, andernfalls sind die Erwartungswert-bildungen nicht definiert.

□ Zwei Zufallsvariable x und y sind genau dann *statistisch unabhängig voneinander*, wenn

$$p_{x,y}(u, v) = p_x(u) \cdot p_y(v)$$

gilt, folglich auch dann, wenn

$$\mathscr{E}\{f(x)\cdot g(y)\} = \mathscr{E}\{f(x)\}\cdot\mathscr{E}\{g(y)\}$$

für beliebige reelle Funktionen f und g.

□ Zwei Zufallsvariable sind *nicht miteinander korreliert*, wenn

$$\operatorname{cov}\{x, y\} = \mathscr{E}\{(x-\mu_x)\cdot(y-\mu_y)\} = 0;$$

daraus folgt

$$\mathscr{E}\{x\cdot y\} = \mathscr{E}\{x\}\cdot\mathscr{E}\{y\}.$$

□ Zwei Zufallsvariable heißen *orthogonal zueinander*, wenn der Produkt-Erwartungswert

$$\mathscr{E}\{x\cdot y\} = 0$$

ist. Wenn also x und y nicht miteinander korreliert sind und einer der beiden Mittelwerte verschwindet, dann sind sie aufgrund der Beziehung

$$\operatorname{cov}\{x, y\} = \mathscr{E}\{x\cdot y\} - \mu_x\mu_y$$

orthogonal zueinander. *Orthogonalität* von Prozessen und Funktionen spielen eine grundlegende Rolle in den Natur- und Ingenieurwissenschaften, so daß man von einem sehr allgemeinen Orthogonalitätsprinzip spricht. Die gesamte Entwicklung optimaler Beobachter für statistisch gestörte Meßgrößen kann man auf diesem Prinzip aufbauen (Abschnitt 8.8.3).

□ Die Definitionsgleichungen für die verschiedenen zeitlichen Mittelwertbildungen sind technisch nicht realisierbar, weil immer nur *endliche* Mittelungszeiten zur Verfügung stehen. Daher führt man *Schätzwerte* für diese Größen bei endlicher Integrationszeit T ein:

$$\hat{\Phi}_{xy}(\tau, T) = \frac{1}{T}\cdot\int_0^T x(t)\cdot y(t+\tau)\,\mathrm{d}t \qquad \text{(bei festem } e\text{)}$$

mit den Sonderfällen

$$\hat{\Phi}_x(0, T) = \widehat{x^2}(T),$$

$$\hat{\Phi}_x(\infty, T) = \hat{\mu}_x^2(T), \qquad \hat{\sigma}_x^2(T) = \hat{\Phi}_x(0, T) - \hat{\mu}_x^2(T).$$

8.5 Spektrale Kennzeichnung von Prozessen

Ein zeitlich begrenzter *Ausschnitt* eines Prozesses aus Bild 8.7, beschrieben durch

$$x_T(e;t) = \begin{cases} x(e;t) & \text{für } -T \leqq t \leqq T \\ 0 & \text{sonst} \end{cases}$$

besitze das Amplitudenspektrum

$$a_T(e;\omega) = \frac{1}{\sqrt{2\pi}} \cdot \int_{-\infty}^{+\infty} x_T(e;t) \cdot e^{-j\omega t} \, dt,$$

das einen *komplexen Zufallsprozeß* für $-T \leqq t \leqq T$ darstellt. Davon ausgehend bilde man den reellen Ausdruck

$$\frac{1}{T} \cdot |a_T(e;\omega)|^2,$$

berechne den Erwartungswert und vollziehe zur Erfassung des gesamten Prozesses $x(e;t)$ den Grenzübergang $T \to \infty$. Die so gebildete reelle Funktion hängt nur noch von geraden Potenzen von ω ab und stellt das *Leistungsdichtespektrum* des Prozesses dar:

$$S_x(\omega) = \lim_{T \to \infty} \mathscr{E} \left\{ \frac{1}{T} \cdot |a_T(e;\omega)|^2 \right\}.$$

Bei gegebener Autokorrelationsfunktion erhält man die gleiche Funktion über die Wiener-Khintchine-Transformation

$$S_x(\omega) = \frac{1}{\pi} \cdot \int_{-\infty}^{+\infty} \Phi_x(\tau) \cdot e^{-j\omega\tau} \, d\tau$$

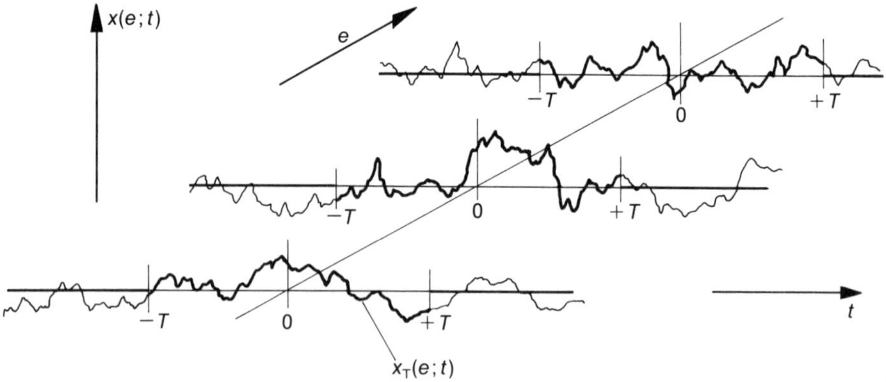

Bild 8.7 Teilverläufe von Musterfunktionen eines Prozesses zur Definition eines statistischen Amplitudenspektrums

mit der Umkehrrelation

$$\Phi_x(\tau) = \frac{1}{2} \cdot \int_{-\infty}^{+\infty} S_x(\omega) \cdot e^{j\omega\tau} d\omega$$

und dem anschaulichen Sonderfall

$$\Phi_x(0) = \sigma_x^2 = \int_{-\infty}^{+\infty} S_x(\omega) \, d\omega ,$$

der die Gesamtleistung des Prozesses darstellt.

Die Funktion $S(\omega)$ gibt an, wie die Gesamtleistung eines Prozesses über ω verteilt ist. In diesem Sinn zeigt Bild 8.8 die Verläufe der Leistungsspektren für ein

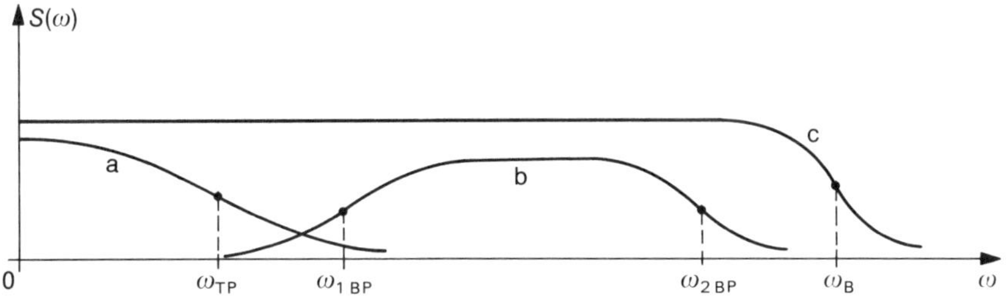

Bild 8.8 Prinzipieller Verlauf des Leistungsspektrums eines Tiefpaßgeräuschs (a), eines Bandpaßgeräuschs (b) und eines Breitbandgeräusches (c)

Tiefpaßgeräusch (a), ein *Bandpaßgeräusch* (b) und ein *Breitbandgeräusch* (c). Bei zahlreichen theoretischen Überlegungen geht man von einem extrem breitbandigen Geräusch aus, für dessen Leistungsspektrum man eine frequenzunabhängige Dichte

$$S(\omega) = S_0$$

annimmt. Wegen der extrem hohen Eckfrequenz (im Grenzfall $\omega_B \to \infty$) wird die Autokorrelationsfunktion dieses entartenden Geräusches über die Wiener-Khintchine-Transformation beschrieben durch

$$\Phi(\tau) = \pi \cdot S_0 \cdot \delta(\tau) \equiv s_0 \cdot \delta(\tau) ,$$

also durch eine entsprechend entartete Funktion. Für praktische Untersuchungen ist diese Kennzeichnung nur eine Näherung, denn jedes reale Geräusch, auch ein extrem breitbandiges (relativ zum Frequenzdurchlaßbereich des betrachteten Systems), hat eine *endliche Gesamtleistung*. Wir benötigen derartige Gesichtspunkte in folgendem Zusammenhang:

Für den Entwurf von Kalman-Beobachtern geht man davon aus, daß Störgeräusche und Meßgeräusche stationär, extrem breitbandig und Gauß-verteilt seien. Diese durchaus realistischen Annahmen bedeuten, daß die statistischen Geräuscheigenschaften vollständig durch Angabe der Kovarianzfunktionen bzw. frequenzunabhängiger Spektren gekennzeichnet sind. Der Verzicht auf Stationarität und Breitbandigkeit würde zu einer erheblichen Erhöhung des mathematischen Aufwandes führen, das Abgehen von Gaußschen Prozessen würde nicht mehr zu *optimalen* Schätzwerten im Sinne des Entwurfskriteriums führen. Auf Vorüberlegungen dieser Art muß der Leser schon frühzeitig hingewiesen werden, damit er die Festlegung auf die beschriebenen Geräuschtypen akzeptiert.

Im *Frequenzbereich* ist besonders gut zu erkennen, wie ein stationäres Geräusch $x(e;t)$ durch ein lineares zeitinvariantes Filter mit dem Frequenzgang $F(\mathrm{j}\omega)$ in ein Geräusch $y(e;t)$ verformt wird. Für die Amplitudenspektren der Teilverläufe gilt

$$b_{\mathrm{T}}(e;\omega) = F(\mathrm{j}\omega) \cdot a_{\mathrm{T}}(e;\omega),$$

und aus der Definitionsgleichung

$$S_{\mathrm{y}}(\omega) = \lim_{T\to\infty} \mathscr{E}\left\{\frac{1}{T} \cdot |b_{\mathrm{T}}(e;\omega)|^2\right\}$$

ergibt sich sofort

$$S_{\mathrm{y}}(\omega) = |F(\mathrm{j}\omega)|^2 \cdot \lim_{T\to\infty} \mathscr{E}\left\{\frac{1}{T} \cdot |a_{\mathrm{T}}(e;\omega)|^2\right\}$$

$$S_{\mathrm{y}}(\omega) = |F(\mathrm{j}\omega)|^2 \cdot S_{\mathrm{x}}(\omega).$$

Für ein P-T_1-Filter als Beispiel wird die zugehörige Wirkleistungsübertragungsfunktion

$$|F(\mathrm{j}\omega)|^2 = \frac{1}{1+\omega^2 T^2}.$$

Abschließend muß nur noch ergänzt werden, daß das Transformationspaar von Wiener und Khintchine auch für Kreuzkorrelationsfunktionen und die zugeordneten Kreuzleistungsspektren mit der Definition

$$S_{\mathrm{xy}}(\omega) = \lim_{T\to\infty} \mathscr{E}\left\{\frac{1}{T}\, a_{\mathrm{T}}^*(e;\omega) \cdot b_{\mathrm{T}}(e;\omega)\right\}$$

gilt. Dabei ist $b_{\mathrm{T}}(e;\omega)$ das Amplitudenspektrum des Prozeßausschnittes $y_{\mathrm{T}}(e;t)$ entsprechend der beschriebenen Vorgehensweise bei der Einführung von $S_{\mathrm{x}}(\omega)$.

8.6 Vektorielle Zufallsprozesse

Vor der Einbeziehung in die Zustandsbeschreibung müssen die skalaren Zufallsprozesse und deren statistische Kennzeichnungsmöglichkeiten noch auf vektorielle Formen verallgemeinert werden, was aber keine prinzipiellen Schwierigkeiten bereitet.

Gegeben seien zwei ergodische vektorielle Zufallsprozesse

$$\boldsymbol{x}(e;t) = \begin{bmatrix} x_1(e;t) \\ \vdots \\ x_n(e;t) \end{bmatrix} \quad \text{und} \quad \boldsymbol{y}(e;t) = \begin{bmatrix} y_1(e;t) \\ \vdots \\ y_n(e;t) \end{bmatrix}.$$

Für die weiteren Überlegungen werden nur folgende Definitionen statistischer Kenngrößen und Kennfunktionen benötigt:

☐ *Linearer Mittelwert*

$$\mathscr{E}\{\boldsymbol{x}(e;t)\} = \boldsymbol{\mu}_{\mathrm{x}} = \begin{bmatrix} \mu_{\mathrm{x}1} \\ \vdots \\ \mu_{\mathrm{xn}} \end{bmatrix}, \quad \text{entsprechend für } \boldsymbol{y}(e;t).$$

Wegen der vorausgesetzten Ergodizität und damit Stationarität sind diese Mittelwerte unabhängig von der Zeit.

☐ *Autokorrelationsmatrix*

$$\boldsymbol{\Phi}_{\mathrm{x}}(\tau) = \mathscr{E}\{\boldsymbol{x}(e;t) \cdot \boldsymbol{x}^{\mathrm{T}}(e;t+\tau)\}$$

mit folgendem Matrixaufbau in abgekürzter Schreibweise:

$$\mathscr{E}\{\boldsymbol{x} \cdot \boldsymbol{x}^{\mathrm{T}}\} = \begin{bmatrix} \mathscr{E}x_1x_1 & \dots & \mathscr{E}x_1x_n \\ \vdots & & \vdots \\ \mathscr{E}x_nx_1 & \dots & \mathscr{E}x_nx_n \end{bmatrix}$$

☐ *Kovarianzmatrix*

$$\begin{aligned} \boldsymbol{V}_{\mathrm{x}}(\tau) &= \mathscr{E}\{[\boldsymbol{x}(e;t) - \boldsymbol{\mu}_{\mathrm{x}}] \cdot [\boldsymbol{x}(e;t+\tau) - \boldsymbol{\mu}_{\mathrm{x}}]^{\mathrm{T}}\} \\ &= \boldsymbol{\Phi}_{\mathrm{x}}(\tau) - \boldsymbol{\mu}_{\mathrm{x}}\boldsymbol{\mu}_{\mathrm{x}}^{\mathrm{T}} \end{aligned}$$

mit folgendem Matrixaufbau:

$$\boldsymbol{V}_{\mathrm{x}}(\tau) = \begin{bmatrix} \operatorname{cov} x_1x_1 & \dots & \operatorname{cov} x_1x_n \\ \vdots & & \vdots \\ \operatorname{cov} x_nx_1 & \dots & \operatorname{cov} x_nx_n \end{bmatrix}$$

☐ *Kreuzkorrelationsmatrix*

$$\boldsymbol{\Phi}_{\mathrm{xy}}(\tau) = \mathscr{E}\{\boldsymbol{x}(e;t) \cdot \boldsymbol{y}^{\mathrm{T}}(e;t+\tau)\}$$

mit folgendem Matrixaufbau in abgekürzter Schreibweise:

$$\mathscr{E}\{\boldsymbol{x}\cdot\boldsymbol{y}^{\mathrm{T}}\} = \begin{bmatrix} \mathscr{E}x_1 y_1 & \dots & \mathscr{E}x_1 y_n \\ \vdots & & \vdots \\ \mathscr{E}x_n y_1 & \dots & \mathscr{E}x_n y_n \end{bmatrix}$$

□ *Kreuzkovarianzmatrix*

$$\begin{aligned} \boldsymbol{V}_{\mathrm{xy}}(\tau) &= \mathscr{E}\{[\boldsymbol{x}(e;t) - \boldsymbol{\mu}_{\mathrm{x}}] \cdot [\boldsymbol{y}(e;t+\tau) - \boldsymbol{\mu}_{\mathrm{y}}]^{\mathrm{T}}\} \\ &= \boldsymbol{\Phi}_{\mathrm{xy}}(\tau) - \boldsymbol{\mu}_{\mathrm{x}}\boldsymbol{\mu}_{\mathrm{y}}^{\mathrm{T}} \end{aligned}$$

mit folgendem Matrixaufbau:

$$\boldsymbol{V}_{\mathrm{xy}}(\tau) = \begin{bmatrix} \operatorname{cov} x_1 y_1 & \dots & \operatorname{cov} x_1 y_n \\ \vdots & & \vdots \\ \operatorname{cov} x_n y_1 & \dots & \operatorname{cov} x_n y_n \end{bmatrix}$$

Mit den nunmehr vorliegenden Abschnitten 8.3 bis 8.6 sind die wesentlichen Grundlagen zur Beschreibung stochastischer Signale zusammengestellt, die zum Verständnis des Entwurfs von optimalen Kalman-Beobachtern erforderlich sind.

8.7 Verarbeitung stochastischer Signale in linearen Systemen

Für zufällige Signalfunktionen kann man keine analytischen Ausdrücke angeben. Die Verformung, die solche Signale in linearen zeitinvarianten Systemen erfahren, muß man folglich durch ihre statistischen Kennfunktionen wie Auto- und Kreuzkorrelationsfunktionen im Zeitbereich oder durch ihre Leistungsspektren im Frequenzbereich beschreiben.

Da der Entwurf der Kalman-Beobachter von der Zustandsdarstellung ausgeht, wird zunächst untersucht, wie die Verknüpfung von Systemeigenschaften mit Geräuscheigenschaften zustande kommt, ausgehend von der Darstellung

$$\dot{\boldsymbol{x}}(e;t) = \boldsymbol{A}(t)\cdot\boldsymbol{x}(e;t) + \boldsymbol{G}(t)\cdot\boldsymbol{z}(e;t), \qquad \boldsymbol{x}(e;t_0) = \boldsymbol{x}_0(e). \qquad \text{(Gl. 8.1)}$$

Hier werden zeitabhängige Matrizen zugelassen, weil die allgemeine Theorie der Kalman-Filter auch zeitvariante Systeme und instationäre Prozesse einschließt; Einschränkungen werden erst an späterer Stelle wieder vorgenommen.

Die vektoriellen Zufallsprozesse $\boldsymbol{x}(e;t)$ und $\boldsymbol{z}(e;t)$ sind Gaußscher Natur mit folgenden Kennfunktionen:

$$\begin{aligned} &\mathscr{E}\{\boldsymbol{x}(e;t_0)\} = \boldsymbol{\mu}_{\mathrm{x}}(t_0), \quad && \operatorname{var}\{\boldsymbol{x}(e;t_0)\} = \boldsymbol{V}_{\mathrm{x}}(t_0), \\ &\mathscr{E}\{\boldsymbol{z}(e;t)\} = \boldsymbol{\mu}_{\mathrm{z}}(t), && \operatorname{cov}\{\boldsymbol{z}(e;t_1), \boldsymbol{z}(e;t_2)\} = \boldsymbol{V}_{\mathrm{z}}(t_1,t_2). \end{aligned}$$

Mit diesen Vorgaben sind die folgenden statistischen Kennfunktionen zu bestimmen:

Mittelwert $\boldsymbol{\mu}_x(t)$,

Kovarianzmatrix $\boldsymbol{V}_x(t_1, t_2)$,

Kreuzkovarianzmatrix $\boldsymbol{V}_{xz}(t_1, t_2)$.

In Abschnitt 2.4 wurde die allgemeine Lösung der Zustandsdifferentialgleichung bei zeitinvarianten Matrizen und deterministischen Signalen angegeben. Daran anknüpfend ergibt sich für die Differentialgleichung 8.1 die allgemeine Lösung

$$\boldsymbol{x}(e;t) = \boldsymbol{\Theta}(t, t_0) \cdot \boldsymbol{x}(e; t_0) + \int_{t_0}^{t} \boldsymbol{\Theta}(t, \tau) \cdot \boldsymbol{G}(\tau) \cdot \boldsymbol{z}(e; \tau)\, \mathrm{d}\tau \qquad \text{(Gl. 8.2)}$$

mit der *Übergangsmatrix* $\boldsymbol{\Theta}(t, t_0)$, die der homogenen Differentialgleichung

$$\dot{\boldsymbol{\Theta}}(t, t_0) = \boldsymbol{A}(t) \cdot \boldsymbol{\Theta}(t, t_0) \qquad \text{mit} \qquad \boldsymbol{\Theta}(t_0, t_0) = \boldsymbol{I}$$

genügt. Das Integral in Gl. 8.2 ist *nicht im herkömmlichen Riemannschen Sinn zu verstehen*, weil der Integrand den vektoriellen Prozeß $\boldsymbol{z}(e;\tau)$ enthält. Der Umgang mit derartigen Integralen kann anhand der Speziallitertatur [41], [45] nachvollzogen werden.

Für die weiteren Überlegungen genügt es, das *Ergebnis* einer Erwartungswertbildung über Gl. 8.2 mit einem stochastischen Integral zur Verfügung zu haben, weil damit in gewohnter Weise weitergerechnet werden kann. Es ergibt sich zunächst für den linearen Mittelwert der Ausdruck

$$\boldsymbol{\mu}_x(t) = \boldsymbol{\Theta}(t, t_0) \cdot \boldsymbol{\mu}_x(t_0) + \int_{t_0}^{t} \boldsymbol{\Theta}(t, \tau) \cdot \boldsymbol{G}(\tau) \cdot \boldsymbol{\mu}_z(\tau)\, \mathrm{d}\tau .$$

Differentiiert man dieses Ergebnis nach t, so ergibt sich

$$\dot{\boldsymbol{\mu}}_x(t) = \dot{\boldsymbol{\Theta}}(t, t_0) \cdot \boldsymbol{\mu}_x(t_0) + \int_{t_0}^{t} \dot{\boldsymbol{\Theta}}(t, \tau) \cdot \boldsymbol{G}(\tau) \cdot \boldsymbol{\mu}_z(\tau)\, \mathrm{d}\tau + \boldsymbol{\Theta}(t, t) \cdot \boldsymbol{G}(t) \cdot \boldsymbol{\mu}_z(t) .$$

Setzt man in dieses Zwischenergebnis

$\dot{\boldsymbol{\Theta}}(t, \tau) = \boldsymbol{A}(t) \cdot \boldsymbol{\Theta}(t, \tau)$ und $\boldsymbol{\Theta}(t, t) = \boldsymbol{I}$ ein, so erhält man

$$\dot{\boldsymbol{\mu}}_x(t) = \boldsymbol{A}(t) \cdot \left\{ \boldsymbol{\Theta}(t, t_0) \cdot \boldsymbol{\mu}_x(t_0) + \int_{t_0}^{t} \boldsymbol{\Theta}(t, \tau) \cdot \boldsymbol{G}(\tau) \cdot \boldsymbol{\mu}_x(\tau)\, \mathrm{d}\tau \right\} + \boldsymbol{G}(t) \cdot \boldsymbol{\mu}_z(t),$$

$$\dot{\boldsymbol{\mu}}_x(t) = \boldsymbol{A}(t) \cdot \boldsymbol{\mu}_x(t) + \boldsymbol{G}(t) \cdot \boldsymbol{\mu}_z(t), \qquad \text{(Gl. 8.3)}$$

In einem zweiten Rechengang bestimmt man die Kreuzkovarianzmatrix $\boldsymbol{V}_{xz}(t_1, t_2)$ wiederum durch Erwartungswertbildung mit Hilfe der Lösung nach Gl. 8.2 und findet über vergleichbare Zwischenschritte

$$\boldsymbol{V}_{xz}(t_1, t_2) = \int_{t_0}^{t_1} \boldsymbol{\Theta}(t_1, \tau) \cdot \boldsymbol{G}(\tau) \cdot \boldsymbol{V}_z(\tau, t_2)\, \mathrm{d}\tau, \quad t_1,\ t_2 > t_0, \qquad \text{(Gl. 8.4)}$$

Eine hier nicht ausgeführte Zusatzrechnung führt auf eine Differentialgleichung für die Kovarianzmatrix $\boldsymbol{V}_x(t)$ bei gegebenem Anfangswert $\boldsymbol{V}_x(t_0)$, wobei die Übergangsmatrix $\boldsymbol{\Theta}$ des Systems nicht explizit benötigt wird [38]:

$$\dot{\boldsymbol{V}}_x(t) = \boldsymbol{A}(t) \cdot \boldsymbol{V}_x(t) + \boldsymbol{V}_x(t) \cdot \boldsymbol{A}^T(t) + \boldsymbol{G}(t) \cdot \boldsymbol{\Psi}_z(t) \cdot \boldsymbol{G}^T(t). \qquad \text{(Gl. 8.5)}$$

Diese *Differentialgleichung für die Kovarianzmatrix* ist von grundlegender Bedeutung für Probleme der Verarbeitung stochastischer Signale in linearen Systemen. Dabei bedeutet $\boldsymbol{\Psi}_z(t)$ eine zeitvariante Matrix zur Kennzeichnung des instationären Breitbandgeräuschs $\boldsymbol{z}(t)$ durch seine Kovarianzmatrix

$$\boldsymbol{V}_z(t_1, t_2) = \boldsymbol{\Psi}_z(t_1) \cdot \delta(t_1 - t_2).$$

Die Differentialgleichung 8.5 dient zur Berechnung der Varianzausbreitung als Funktion der Zeit und schließt somit unmittelbar an den Begriff der *Bildung statistischer dynamischer Modelle* an, der anschließend am Beispiel der Brownschen Molekularbewegung erläutert werden wird. Der Entwurf optimaler Beobachter beruht wesentlich auf dieser Varianz-Differentialgleichung (Gl. 8.5).

Zeitinvariante Matrizen und stationäre Geräusche

Da jetzt der lineare Mittelwert nicht mehr von der Zeit abhängt, wird

$$\dot{\boldsymbol{\mu}}_x(t) = 0 \qquad \text{und damit}$$

$$\boldsymbol{A} \cdot \boldsymbol{\mu}_x + \boldsymbol{G} \cdot \boldsymbol{\mu}_z = 0,$$

$$\boldsymbol{\mu}_x = -\boldsymbol{A}^{-1} \cdot \boldsymbol{G} \cdot \boldsymbol{\mu}_z.$$

Diese Bestimmungsgleichung für $\boldsymbol{\mu}_x$ ist lösbar, wenn die Systemmatrix $\boldsymbol{A}$ regulär ist, so daß ihre Inverse existiert. Für die Ergebnisse nach Gl. 8.2 und Gl. 8.4 erhält man entsprechend einfachere Faltungsbeziehungen, deren Aufstellung zur Übung empfohlen sei.

Auch die Herleitung der Differentialgleichung für die Kovarianzmatrix $\boldsymbol{V}_x(t)$ wird bei zeitinvarianten Matrizen und stationären Geräuschen merklich vereinfacht. Diese Herleitung wird im folgenden durchgeführt, da sich bis auf die Zeitunabhängigkeit der Matrizen $\boldsymbol{A}$, $\boldsymbol{G}$ und $\boldsymbol{\Psi}_z$ die gleiche Form ergibt wie im instationären und zeitvarianten Fall laut Gl. 8.5. Man geht aus von der Definitionsgleichung der Kovarianzmatrix

$$\boldsymbol{V}_x(t) = \mathscr{E}\{\boldsymbol{x}(e;t) \cdot \boldsymbol{x}^T(e;t)\}$$

und der Zustandsgleichung

$$\dot{\boldsymbol{x}}(e;t) = \boldsymbol{A} \cdot \boldsymbol{x}(e;t) + \boldsymbol{G} \cdot \boldsymbol{z}(e;t),$$

wobei $\boldsymbol{z}(e;t)$ ein «weißer» stationärer Vektorprozeß ist mit gegebener Kovarianzmatrix

$$\boldsymbol{V}_z(t) = \boldsymbol{\Psi}_z \cdot \delta(t).$$

Die Differentiation der Definitionsgleichung für $\boldsymbol{V}_x(t)$ ergibt

$$\dot{\boldsymbol{V}}_x(t) = \mathscr{E}\{\dot{\boldsymbol{x}}(e;t) \cdot \boldsymbol{x}^T(e;t)\} + \mathscr{E}\{\boldsymbol{x}(e;t) \cdot \dot{\boldsymbol{x}}^T(e;t)\},$$

und das Ersetzen der ersten Ableitung durch die rechte Seite der Zustandsgleichung führt auf

$$\dot{\boldsymbol{V}}_{\mathrm{x}}(t) = \boldsymbol{A} \cdot \boldsymbol{V}_{\mathrm{x}}(t) + \boldsymbol{V}_{\mathrm{x}}(t) \cdot \boldsymbol{A}^{\mathrm{T}} + \boldsymbol{G} \cdot \boldsymbol{V}_{\mathrm{zx}}(t) + \boldsymbol{V}_{\mathrm{xz}}(t) \cdot \boldsymbol{G}^{\mathrm{T}}.$$

Anstelle von Gl. 8.4 ergibt sich bei *stationären* Prozessen die Faltungsbeziehung

$$\boldsymbol{V}_{\mathrm{xz}}(t) = \int_0^\infty \boldsymbol{\Theta}(t,u) \cdot \boldsymbol{G} \cdot \boldsymbol{V}_{\mathrm{z}}(u-t)\,\mathrm{d}u\,,$$

und mit der Ausblendeigenschaft der Deltafunktion wird

$$\int_0^\infty \boldsymbol{\Theta}(t,u) \cdot \boldsymbol{G} \cdot \boldsymbol{\Psi}_{\mathrm{z}} \cdot \delta(u-t)\,\mathrm{d}u = \frac{1}{2}\boldsymbol{G} \cdot \boldsymbol{\Psi}_{\mathrm{z}},$$

also ein zeitunabhängiges Produkt

$$\boldsymbol{V}_{\mathrm{xz}} = \frac{1}{2}\boldsymbol{G} \cdot \boldsymbol{\Psi}_{\mathrm{z}},$$

wobei von der Eigenschaft $\boldsymbol{\Theta}(t,t) = \boldsymbol{I}$ Gebrauch gemacht wurde. Die zweite Korrelationsmatrix läßt sich wie folgt umformen:

$$\begin{aligned}\boldsymbol{V}_{\mathrm{zx}}(t) &= \mathscr{E}\{\boldsymbol{z}(e;t) \cdot \boldsymbol{x}^{\mathrm{T}}(e;t)\}\\ &= \mathscr{E}\{\boldsymbol{x}(e;t) \cdot \boldsymbol{z}^{\mathrm{T}}(e;t)\}^{\mathrm{T}}\\ &= \boldsymbol{V}_{\mathrm{xz}}^{\mathrm{T}}(t),\end{aligned}$$

folglich wird entsprechend dem Ausdruck für $\boldsymbol{V}_{\mathrm{xz}}(t)$ nunmehr

$$\boldsymbol{V}_{\mathrm{zx}} = \frac{1}{2}\boldsymbol{\Psi}_{\mathrm{z}}^{\mathrm{T}} \cdot \boldsymbol{G}^{\mathrm{T}},$$

und damit kann man die beiden letzten Terme in der Differentialgleichung für die Kovarianzmatrix $\boldsymbol{V}_{\mathrm{x}}(t)$ zusammenfassen:

$$\begin{aligned}\boldsymbol{G} \cdot \boldsymbol{V}_{\mathrm{zx}}(t) + \boldsymbol{V}_{\mathrm{xz}}(t) \cdot \boldsymbol{G}^{\mathrm{T}} &= \frac{1}{2}\boldsymbol{G}\boldsymbol{\Psi}_{\mathrm{z}}^{\mathrm{T}}\boldsymbol{G}^{\mathrm{T}} + \frac{1}{2}\boldsymbol{G}\boldsymbol{\Psi}_{\mathrm{z}}\boldsymbol{G}^{\mathrm{T}}\\ &= \boldsymbol{G} \cdot \boldsymbol{\Psi}_{\mathrm{z}} \cdot \boldsymbol{G}^{\mathrm{T}},\end{aligned}$$

weil $\boldsymbol{\Psi}_{\mathrm{z}}$ eine symmetrische Matrix ist.

Als Ergebnis dieser verhältnismäßig kurzen Herleitung erhält man die Differentialgleichung für die Kovarianzmatrix in der erwarteten Form

$$\dot{\boldsymbol{V}}_{\mathrm{x}}(t) = \boldsymbol{A} \cdot \boldsymbol{V}_{\mathrm{x}}(t) + \boldsymbol{V}_{\mathrm{x}}(t) \cdot \boldsymbol{A}^{\mathrm{T}} + \boldsymbol{G} \cdot \boldsymbol{\Psi}_{\mathrm{z}} \cdot \boldsymbol{G}^{\mathrm{T}},$$

die gelegentlich auch «degenerierte Riccati-Gleichung» oder «Ausbreitungsgleichung der Kovarianz» genannt wird. Abschließend sei noch einmal darauf hingewiesen, daß bei der Herleitung zeitinvariante Systeme und stationäre Vektorprozesse vorausgesetzt wurden; im zeitvarianten und instationären Fall sind die Matrizen $\boldsymbol{A}$, $\boldsymbol{G}$ und $\boldsymbol{\Psi}_{\mathrm{z}}$ von der Zeit abhängig, während die *Form* der Differentialgleichung erhalten bleibt.

Beispiel für ein statistisches Modell
Zur analytischen Beschreibung der Brownschen Molekularbewegung hat Einstein für eine Geschwindigkeitskomponente v_x ein P-T_1-Modell in Form einer Newtonschen Kräftebilanz angesetzt:

$$m \cdot \dot{v}_x(e;t) + d \cdot v_x(e;t) = f(e;t)\,.$$

Dabei ist $f(e;t)$ eine statistische Kollisionskraft mit dem konstanten Leistungsdichtespektrum

$$S_f(\omega) = 4 \cdot d \cdot k \cdot \vartheta\,,$$

wobei die Symbole folgende Bedeutungen haben:

- m: Masse einer Gaspartikel [kg],
- d: Reibungskoeffizient des Mediums [kg/s],
- k: Boltzmann-Konstante [J/K],
- ϑ: absolute Temperatur [K].

Für die Geschwindigkeitskomponente v_x wird eine Gaußsche Verteilungsdichte angenommen.

Mit der in diesem Abschnitt eingeführten Vorgehensweise erhält man aus der Lösung der Differentialgleichung durch Erwartungswertbildung über eine hinreichend große Zahl von Teilchen bei gegebenem $v_x(e;0) = v_0$ die mittlere Geschwindigkeit

$$\mathscr{E}\{v_x(e;t)\} = v_0 \cdot e^{-\frac{d}{m}\cdot t} \equiv \widetilde{v_x(t)}\,.$$

(Die Wellenlinie über einem Symbol kennzeichnet das Ergebnis der Erwartungswertbildung.) Nach dem gleichen Verfahren ergibt sich der quadratische Mittelwert

$$\widetilde{v_x^2(t)} = \frac{k \cdot \vartheta}{m} + \left(v_0^2 - \frac{k \cdot \vartheta}{m}\right) \cdot e^{-\frac{2d}{m}\cdot t}$$

und daraus die Varianz

$$\sigma_{v_x}^2(t) = \frac{k \cdot \vartheta}{m} \cdot \left(1 - e^{-\frac{2d}{m}\cdot t}\right).$$

Mit den beiden gefundenen Ausdrücken für Mittelwert und Varianz ist die Gaußsche Verteilungsdichte der Geschwindigkeitskomponente v_x eindeutig festgelegt:

$$p_{v_x}(t) = \sqrt{\frac{m}{2\pi k \vartheta \cdot \left(1 - e^{-\frac{2d}{m}\cdot t}\right)}} \cdot \exp\left\{-\frac{m}{2k\vartheta} \cdot \frac{\left(v_x - v_0 \cdot e^{-\frac{d}{m}\cdot t}\right)^2}{1 - e^{-\frac{2d}{m}\cdot t}}\right\}.$$

Diese Verteilungsdichtefunktion enthält die Dynamik des P-T_1-Modellansatzes und ist Lösung einer sehr allgemeinen *Transportgleichung* der Physik [39].

Hinweis:
Dynamische Systeme beurteilt man sehr oft anhand ihrer Einschwingvorgänge bei deterministischer Erregung. Die vorangegangenen Überlegungen machen deutlich, daß dies bei stochastischer Erregung anhand der Signalformen nicht möglich ist. Allerdings hat sich auch gezeigt, worauf sich dabei der Begriff Einschwingvorgang beziehen muß: Bei *stochastischer Erregung* wird der *Einschwingvorgang* eines zeitinvarianten Systems anhand der *Signal-Erwartungswerte* beurteilt. In diesem Sinne ist ein stochastisch erregtes System eingeschwungen, wenn der lineare Mittelwert, die Varianz oder ggf. andere statistische Kenngrößen ihren eingeschwungenen Wert erreicht haben. Man veranschauliche sich diesen Sachverhalt am Beispiel eines P-T_1-Systems, das mit einem mittelwertbehafteten Geräusch

$$z_m(e-t) = [z_0 + z(e-t)] \cdot 1(t)$$

angeregt wird.

8.8 Der optimale Beobachter nach Kalman

Ausgehend von den Überlegungen zum Entwurf von Beobachtern in Abschnitt 7.3 sei hier folgendes festgehalten: Gegeben ist eine lineare zeitinvariante Regelstrecke durch die Zustandsbeschreibung

$$\dot{\boldsymbol{x}}(t) = \boldsymbol{A} \cdot \boldsymbol{x}(t) + \boldsymbol{B} \cdot \boldsymbol{u}(t) + \boldsymbol{G} \cdot \boldsymbol{z}(t)\,. \qquad \text{(Gl. 8.6a)}$$

Wenn die Ausgangsgleichung in der Form

$$\boldsymbol{y}(t) = \boldsymbol{C} \cdot \boldsymbol{x}(t)$$

vorliegt, ist ein Einheitsbeobachter zu entwerfen, der durch die Differentialgleichung

$$\dot{\hat{\boldsymbol{x}}}(t) = \boldsymbol{A} \cdot \hat{\boldsymbol{x}}(t) + \boldsymbol{B} \cdot \boldsymbol{u}(t) + \boldsymbol{D} \cdot [\boldsymbol{y}(t) - \boldsymbol{C} \cdot \hat{\boldsymbol{x}}(t)] \qquad \text{(Gl. 8.7)}$$

beschrieben wird. Die Korrekturmatrix $\boldsymbol{D}$ ist so zu bestimmen, daß die durch Abweichungen zwischen Anfangswerten von Streckenzuständen und Modellzuständen hervorgerufenen Beobachtungsfehler $\boldsymbol{\varepsilon}(t) = \boldsymbol{x}(t) - \hat{\boldsymbol{x}}(t)$ gegen Null streben.

Der zu entwerfende *Kalman-Beobachter* wird durch die *bisherige äußere Form* der Differentialgleichung (Gl. 8.7) beschrieben, er hat folglich auch *die gleiche Struktur wie der Luenberger-Beobachter*. Die Korrekturmatrix wird jedoch im Gegensatz zu Kapitel 7 *nach einem anderen Kriterium* bestimmt, in das die Kovarianzeigenschaften der statistischen Störgrößen $\boldsymbol{z}(t)$ und der Meßgeräusche $\boldsymbol{r}(t)$ einbezogen werden [34], [38], [41].

8.8.1 Beobachterentwurf nach einem statistischen Kriterium

Das nun zu lösende Problem beruht auf der realistischen Voraussetzung, daß keine technische Anlage ungestörte Meßgrößen liefert. Diese Tatsache berücksichtigt man durch eine Ausgangsgleichung der Form

$$\boldsymbol{y}(t) = \boldsymbol{C} \cdot \boldsymbol{x}(t) + \boldsymbol{r}(t), \qquad \text{(Gl. 8.6b)}$$

wobei $\boldsymbol{r}(t)$ ein Gauß-verteiltes, breitbandiges vektorielles Meßgeräusch bedeutet. Bild 8.9 dient zur Verdeutlichung der Situation. Aus den Zustandsgrößen $x_1(t)$ und $x_2(t)$ werden über die Elemente c_{11} und c_{22} der Ausgangsmatrix $\boldsymbol{C}$ die physikalischen Größen $c_{11} \cdot x_1(t)$ sowie $c_{22} \cdot x_2(t)$ gebildet, die über die beiden Meßumformer erfaßt werden. Diese Messungen erfolgen nicht ideal; man setzt nun im allgemeinen je ein additives breitbandiges Meßgeräusch an und erhält die verrauschten Ausgangsgrößen

$$y_1(t) = c_{11} \cdot x_1(t) + r_1(t)$$

$$y_2(t) = c_{22} \cdot x_2(t) + r_2(t)$$

oder in Matrixdarstellung

$$\boldsymbol{y}(t) = \begin{bmatrix} c_{11} & 0 & 0 \\ 0 & c_{22} & 0 \end{bmatrix} \cdot \begin{bmatrix} x_1(t) \\ x_2(t) \\ x_3(t) \end{bmatrix} + \begin{bmatrix} r_1(t) \\ r_2(t) \end{bmatrix}.$$

Für die Störgröße $\boldsymbol{z}(t)$ und das Meßrauschen $\boldsymbol{r}(t)$ werden folgende statistischen Eigenschaften angenommen:

$\boldsymbol{z}(t)$ und $\boldsymbol{r}(t)$ sind vektorielle Musterfunktionen entsprechender mittelwertfreier, extrem breitbandiger Gaußscher Vektorprozesse $\boldsymbol{z}(e;t)$, $\boldsymbol{r}(e;t)$ mit bekannten Kovarianzeigenschaften

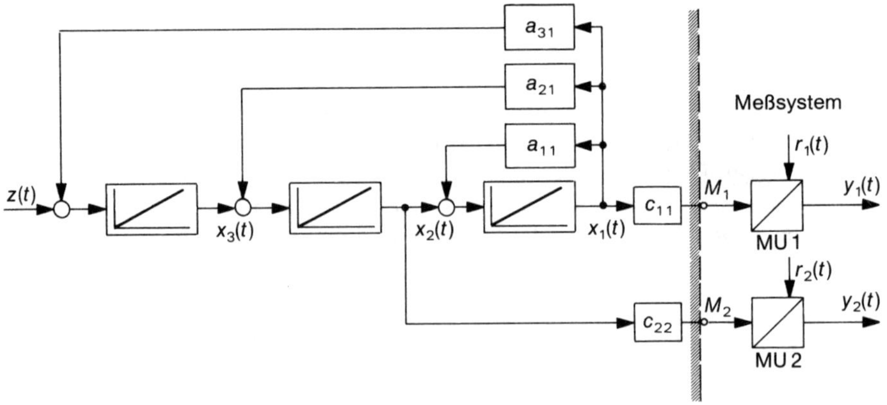

Bild 8.9 Regelstrecke mit Meßsystem, das verrauschte Regelgrößen liefert

$$V_z(t,\tau) = \Psi_z(t) \cdot \delta(t-\tau),$$
$$V_r(t,\tau) = \Psi_r(t) \cdot \delta(t-\tau),$$

$V_{zr} = 0$, d.h., die n.v. Prozesse sind statistisch unabhängig voneinander.

Bei der gezielten Bekämpfung des Meßrauschens läßt sich die Forderung eines asymptotisch verschwindenden Beobachtungsfehlers $\boldsymbol{\varepsilon}(t)$ nicht mehr aufrechterhalten. Der unter den veränderten Bedingungen erforderliche Beobachter wird vielmehr nach folgendem *statistischen Kriterium* entworfen:

Der Erwartungswert

$$\mathscr{E}\{\varepsilon_1^2(e;t) + \varepsilon_2^2(e;t) + \ldots + \varepsilon_n^2(e;t)\} = \mathscr{E}\{\boldsymbol{\varepsilon}^T(e;t) \cdot \boldsymbol{\varepsilon}(e;t)\}$$

soll in Abhängigkeit von einer bestimmten Parametermatrix minimal werden. Es wird sich zeigen, daß dieser Erwartungswert in einem einfachen Zusammenhang zur Kovarianzmatrix $\boldsymbol{V}(t)$ des Beobachtungsfehlers steht und daß die Korrekturmatrix $\boldsymbol{K}(t)$ an die Stelle der Korrekturmatrix $\boldsymbol{D}$ beim Luenberger-Beobachter tritt.

Der Lösungsweg geht aus von der aus den Gleichungen 8.6a und 8.7 entstehenden Differentialgleichung des Beobachtungsfehlers

$$\dot{\boldsymbol{\varepsilon}}(t) = [\boldsymbol{A} - \boldsymbol{K}(t) \cdot \boldsymbol{C}] \cdot \boldsymbol{\varepsilon}(t) + \boldsymbol{G} \cdot \boldsymbol{z}(t) - \boldsymbol{K}(t) \cdot \boldsymbol{r}(t), \qquad \text{(Gl. 8.8)}$$

wobei $\boldsymbol{r}(t)$ das vektorielle Meßrauschen gemäß Gl. 8.6b ist und $\boldsymbol{K}(t)$ eine noch zu bestimmende zeitvariante Korrekturmatrix bedeutet, die den oben eingeführten Erwartungswert minimiert.

Für die Anregung

$$\boldsymbol{G} \cdot \boldsymbol{z}(t) - \boldsymbol{K}(t) \cdot \boldsymbol{r}(t) \equiv \boldsymbol{n}(t)$$

wird unter den formulierten Voraussetzungen die Kovarianzmatrix

$$V_n(t,\tau) = \Psi_n(t) \cdot \delta(t-\tau)$$

eingeführt, so daß sich für den Erwartungswert $\mathscr{E}\{\boldsymbol{n}(e;t) \cdot \boldsymbol{n}^T(e;\tau)\}$ folgender Ausdruck ergibt (das Argument e wird zur Vereinfachung nicht mitgeschrieben):

$$\mathscr{E}\{\boldsymbol{n}(t) \cdot \boldsymbol{n}^T(\tau)\} = \boldsymbol{G} \cdot \mathscr{E}\{\boldsymbol{z}(t) \cdot \boldsymbol{z}^T(\tau)\} \cdot \boldsymbol{G}^T - \boldsymbol{K}(t) \cdot \mathscr{E}\{\boldsymbol{r}(t) \cdot \boldsymbol{r}^T(\tau)\} \cdot \boldsymbol{K}^T(t),$$

da die Kreuzglieder nach Voraussetzung verschwinden. Nach Einsetzen der gegebenen statistischen Kennfunktionen erhält man die Matrix

$$\Psi_n(t) = \boldsymbol{G} \cdot \Psi_z(t) \cdot \boldsymbol{G}^T + \boldsymbol{K}(t) \cdot \Psi_r(t) \cdot \boldsymbol{K}^T(t). \qquad \text{(Gl. 8.9)}$$

Für die weitere Entwicklung liegt also die Fehlerdifferentialgleichung

$$\dot{\boldsymbol{\varepsilon}}(t) = [\boldsymbol{A} - \boldsymbol{K}(t) \cdot \boldsymbol{C}] \cdot \boldsymbol{\varepsilon}(t) + \boldsymbol{n}(t)$$

vor, deren Anregungsterm durch die Matrix nach Gl. 8.9 gekennzeichnet wird. Das Kriterium für den Entwurf des Kalman-Beobachters fordert, daß der Erwartungswert $\mathscr{E}\{\boldsymbol{\varepsilon}^T(e;t) \cdot \boldsymbol{\varepsilon}(e;t)\}$ in Abhängigkeit von $\boldsymbol{K}(t)$ ein Minimum annehme. Zu dessen

Berechnung benutzt man die in Abschnitt 8.7 gebrachte allgemeine Ausbreitungsgleichung (Gl. 8.5) der Kovarianz $\boldsymbol{V}(t)$ und findet zunächst durch Einsetzen der obigen Zwischenergebnisse:

$$\dot{\boldsymbol{V}}(t) = [\boldsymbol{A} - \boldsymbol{K}(t) \cdot \boldsymbol{C}] \cdot \boldsymbol{V}(t) + \boldsymbol{V}(t) \cdot [\boldsymbol{A}^{\mathrm{T}} - \boldsymbol{C}^{\mathrm{T}} \cdot \boldsymbol{K}^{\mathrm{T}}(t)] + \boldsymbol{G} \cdot \boldsymbol{\Psi}_{\mathrm{z}}(t) \cdot \boldsymbol{G}^{\mathrm{T}} + \boldsymbol{K}(t) \cdot \boldsymbol{\Psi}_{\mathrm{r}}(t) \cdot \boldsymbol{K}^{\mathrm{T}}(t) . \qquad \text{(Gl. 8.10)}$$

Die Minimierungsaufgabe wird in der einschlägigen Literatur meist durch Umformung in ein Variationsproblem gelöst; hier wird dagegen eine direkte Lösung vorgezogen, die in der klassischen Bestimmung eines Funktionsminimums besteht und damit unmittelbarer an das mathematische Grundwissen anknüpft.

Nach Abschnitt 8.6 hat die Kovarianzmatrix des Beobachtungsfehlers $\boldsymbol{\varepsilon}(t)$ die Form

$$\boldsymbol{V} = \mathscr{E}\{\boldsymbol{\varepsilon} \cdot \boldsymbol{\varepsilon}^{\mathrm{T}}\} = \mathscr{E} \cdot \begin{bmatrix} \varepsilon_1 \varepsilon_1 & \dots & \varepsilon_1 \varepsilon_n \\ \vdots & \ddots & \vdots \\ \varepsilon_n \varepsilon_1 & \dots & \varepsilon_n \varepsilon_n \end{bmatrix},$$

folglich ist der zu minimierende quadratische Ausdruck

$$\mathscr{E}\{\varepsilon_1 \varepsilon_1 + \varepsilon_2 \varepsilon_2 + \dots + \varepsilon_n \varepsilon_n\} = \mathscr{E}\{\boldsymbol{\varepsilon}^{\mathrm{T}} \cdot \boldsymbol{\varepsilon}\}$$

durch die Spur der Kovarianzmatrix $\boldsymbol{V}$ gegeben:

$$\mathscr{E}\{\boldsymbol{\varepsilon}^{\mathrm{T}} \cdot \boldsymbol{\varepsilon}\} = \operatorname{spur} \mathscr{E}\{\boldsymbol{\varepsilon} \cdot \boldsymbol{\varepsilon}^{\mathrm{T}}\}.$$

Da bei der laufenden Berechnung keine Verwechslungsgefahr besteht, werden vorübergehend keine Argumente mitgeschrieben. Die notwendige Bedingung für das Auftreten eines Extremums in Abhängigkeit von $\boldsymbol{K}$ lautet

$$\frac{\partial}{\partial \boldsymbol{K}} \operatorname{spur} \mathscr{E}\{\boldsymbol{\varepsilon} \cdot \boldsymbol{\varepsilon}^{\mathrm{T}}\} = 0 .$$

Bildet man diese Ableitung für die von $\boldsymbol{K}$ abhängigen Summanden von Gl. 8.10, so erhält man durch Anwendung von Differentiationsregeln für Matrizen, die einer Formelsammlung entnommen werden können [49]:

$$\frac{\partial}{\partial \boldsymbol{K}} \operatorname{spur} [\boldsymbol{K} \cdot \boldsymbol{C} \cdot \boldsymbol{V}] = (\boldsymbol{C} \cdot \boldsymbol{V})^{\mathrm{T}} = \boldsymbol{V}^{\mathrm{T}} \cdot \boldsymbol{C}^{\mathrm{T}},$$

$$\frac{\partial}{\partial \boldsymbol{K}} \operatorname{spur} [\boldsymbol{V} \cdot \boldsymbol{C}^{\mathrm{T}} \cdot \boldsymbol{K}^{\mathrm{T}}] = \boldsymbol{V} \cdot \boldsymbol{C}^{\mathrm{T}},$$

$$\frac{\partial}{\partial \boldsymbol{K}} \operatorname{spur} [\boldsymbol{K} \cdot \boldsymbol{\Psi}_{\mathrm{r}} \cdot \boldsymbol{K}^{\mathrm{T}}] = 2 \cdot \boldsymbol{K} \cdot \boldsymbol{\Psi}_{\mathrm{r}} .$$

Die Differentiation der Gl. 8.10 nach $\boldsymbol{K}$ ergibt folglich

$$0 = -\boldsymbol{V}^{\mathrm{T}} \cdot \boldsymbol{C}^{\mathrm{T}} - \boldsymbol{V} \cdot \boldsymbol{C}^{\mathrm{T}} + 2 \cdot \boldsymbol{K}(t) \cdot \boldsymbol{\Psi}_{\mathrm{r}}, \qquad \boldsymbol{V}^{\mathrm{T}} = \boldsymbol{V}$$

$$0 = -2 \cdot \boldsymbol{V} \cdot \boldsymbol{C}^{\mathrm{T}} + 2 \cdot \boldsymbol{K}(t) \cdot \boldsymbol{\Psi}_{\mathrm{r}},$$

und man erhält die gesuchte Korrekturmatrix in Gestalt der Kalman-Verstärkungsmatrix:

$$\boldsymbol{K}(t) = \boldsymbol{V}(t) \cdot \boldsymbol{C}^{\mathrm{T}} \cdot \boldsymbol{\Psi}_{\mathrm{r}}^{-1}. \qquad \text{(Gl. 8.11)}$$

Setzt man dieses Ergebnis für $\boldsymbol{K}(t)$ in Gl. 8.10 ein, so folgt die nach Riccati benannte Differentialgleichung

$$\dot{\boldsymbol{V}}(t) = \boldsymbol{A} \cdot \boldsymbol{V}(t) + \boldsymbol{V}(t) \cdot \boldsymbol{A}^{\mathrm{T}} - \boldsymbol{V}(t) \cdot \boldsymbol{C}^{\mathrm{T}} \cdot \boldsymbol{\Psi}_{\mathrm{r}}^{-1} \cdot \boldsymbol{C} \cdot \boldsymbol{V}(t) + \boldsymbol{G} \cdot \boldsymbol{\Psi}_{\mathrm{z}} \cdot \boldsymbol{G}^{\mathrm{T}}. \qquad \text{(Gl. 8.12)}$$

Zusammen mit der endgültigen Form der Beobachtergleichung

$$\dot{\hat{\boldsymbol{x}}}(t) = \boldsymbol{A} \cdot \hat{\boldsymbol{x}}(t) + \boldsymbol{B} \cdot \boldsymbol{u}(t) + \boldsymbol{K}(t) \cdot [\boldsymbol{y}(t) - \boldsymbol{C} \cdot \hat{\boldsymbol{x}}(t)] \qquad \text{(Gl. 8.13)}$$

ist die *Entwurfsaufgabe für das Kalman-Filter* zur Minimierung des Meßgeräuscheinflusses vollständig gelöst.

Als Anfangswert benötigt man einen Schätzwert $\hat{\boldsymbol{x}}(0) = \mathscr{E}\{\boldsymbol{x}(e;0)\}$, $\boldsymbol{V}(0)$ ist die zugehörige Fehlerkovarianzmatrix der Schätzung zum Zeitpunkt $t = 0$.

Bemerkungen zur Riccati-Gleichung:

- ☐ Die Differentialgleichung ist von erster Ordnung bezüglich der Ableitung nach der Zeit t.
- ☐ Sie ist nichtlinear, nämlich quadratisch in $\boldsymbol{V}$.
- ☐ Der homogene Teil hängt nur von der Systemmatrix $\boldsymbol{A}$ ab.
- ☐ Wenn kein Meßrauschen vorhanden ist, dann ist schon vom Ansatz her auch keine Kalman-Korrektur erforderlich. Dann kommt der dritte Term in der Gl. 8.12 überhaupt nicht vor, und die Riccati-Gleichung entartet zu der linearen Differentialgleichung (Gl. 8.5) für die Kovarianzmatrix.
- ☐ Wenn auf den Regelkreis keine stochastische Störgröße $\boldsymbol{z}(t)$ einwirkt (gedanklicher Sonderfall), fällt der letzte Term weg; die verbleibende Differentialgleichung

  $$\dot{\boldsymbol{V}}(t) = \boldsymbol{A} \cdot \boldsymbol{V}(t) + \boldsymbol{V}(t) \cdot \boldsymbol{A}^{\mathrm{T}} - \boldsymbol{V}(t) \cdot \boldsymbol{C}^{\mathrm{T}} \cdot \boldsymbol{\Psi}_{\mathrm{r}}^{-1} \cdot \boldsymbol{C} \cdot \boldsymbol{V}(t)$$

  geht mit der Substitution

  $$\boldsymbol{V}(t) = \boldsymbol{Q}^{-1}(t)$$

  über in die *lineare* Differentialgleichung für $\boldsymbol{Q}(t)$:

  $$\dot{\boldsymbol{Q}}(t) = -\boldsymbol{Q}(t) \cdot \boldsymbol{A} - \boldsymbol{A}^{\mathrm{T}} \boldsymbol{Q}(t) + \boldsymbol{C}^{\mathrm{T}} \cdot \boldsymbol{\Psi}_{\mathrm{r}}^{-1} \cdot \boldsymbol{C}.$$

  In der verfahrenstechnisch orientierten Literatur wird die Störgröße $\boldsymbol{z}(t)$ auch Prozeßrauschen genannt; diese Bezeichnung wurde hier nicht verwendet, um Verwechslungen mit dem Begriff des stochastischen Prozesses zu vermeiden.

Der optimale Kalman-Beobachter hat die gleiche Struktur wie der Luenberger-Beobachter, noch einmal dargestellt in Bild 8.10 jedoch mit der nach dem statistischen Kriterium gewonnenen Korrekturmatrix $\boldsymbol{K}(t)$; die Struktur folgt unmittelbar aus

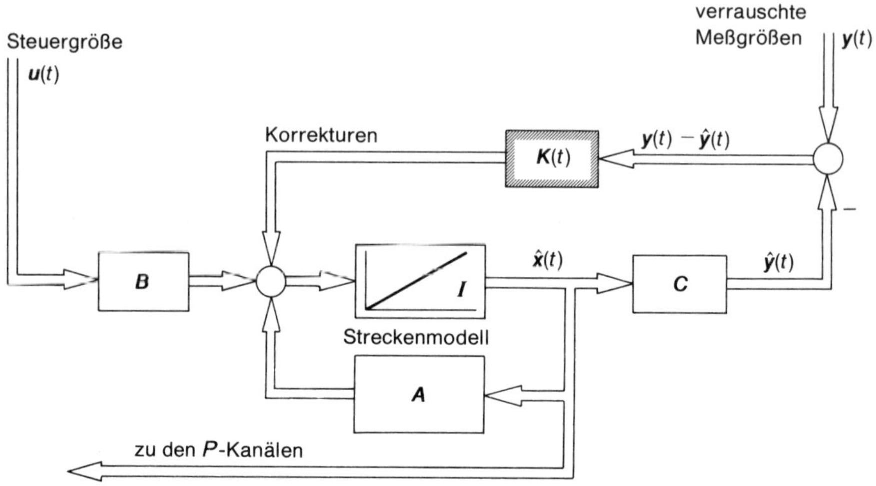

Bild 8.10 Grundstruktur des Kalman-Beobachters

Gl. 8.13. Die allgemeine Theorie des Kalman-Filters schließt zeitvariante Systeme sowie instationäre Breitbandgeräusche ein; die in vielen Anwendungen erlaubte Beschränkung auf zeitinvariante Systeme und stationäre Störprozesse führt zu einer erheblichen Vereinfachung des gesamten Problems. Ist die Regelstrecke linear und sind die stochastischen Signale Gauß-verteilt – wie vorausgesetzt –, so führt das Kalman-Filter zu einem Optimum, das durch keinen nichtlinearen Beobachter verbessert werden kann.

Die mit dem Kalman-Beobachter gewonnenen Schätzwerte $\hat{\boldsymbol{x}}(t)$ haben die geforderte Eigenschaft, daß die Spur der Fehlerkovarianzmatrix für das ermittelte $\boldsymbol{K}(t)$ ein Minimum annimmt; dabei werden die einzelnen Summanden ε_i^2 minimiert, das Entwurfskriterium liefert «minimale Fehlervarianz». Hier wird offensichtlich, daß dem Meßrauschen *auf ganz andere Weise* Rechnung getragen wird als den Störgrößen, die auf die Strecke einwirken: Der Einfluß des *Meßrauschens* wird durch eine *optimale Filterung* so gering wie möglich gehalten. Diese Vorgehensweise wird auch in vielen anderen Bereichen angewandt, etwa in der Nachrichtentechnik und bei der Überwachung von Reaktoren durch Vorausschätzung kritischer Zustände.

8.8.2 Einführendes skalares Beispiel

Um einen Eindruck vom Lösungsaufwand bei den einzelnen Schritten zur Berechnung eines Kalman-Filters zu vermitteln, soll zunächst der skalare Fall eines P-T_1-Systems mit verrauschter Meßgröße erläutert werden. Die Aufgabenstellung ergibt sich anhand von Bild 8.11 durch folgende Angaben:

$$\dot{x}(t) = -a \cdot x(t) + z(t),$$

$$y(t) = x(t) + r(t),$$

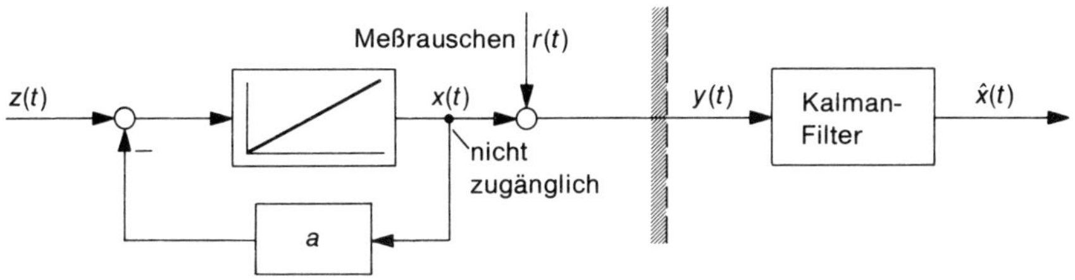

Bild 8.11 Zum Entwurf eines Kalman-Filters für ein P-T_1-System

wobei $z(t)$ und $r(t)$ Musterfunktionen entsprechender Prozesse $z(e;t)$ und $r(e;t)$ sind mit $\Psi_z = s_z$, $\Psi_r = s_r$. Für den anschließenden Rechnungsgang wird die Abhängigkeit von e nicht mehr mitgeschrieben.

Der Ansatz der Riccati-Gleichung (Gl. 8.12) führt auf die skalare Differentialgleichung

$$\dot{V}(t) = -2a \cdot V(t) - \frac{1}{s_r} \cdot V^2(t) + s_z, \qquad V(0) = V_0,$$

und nach Trennung der Veränderlichen ergibt sich

$$\frac{\mathrm{d}V}{V^2 + 2a \cdot s_r \cdot V - s_r \cdot s_z} = -\frac{1}{s_r}\,\mathrm{d}t;$$

Partialbruchzerlegung führt auf

$$\frac{\mathrm{d}V}{(V-\varrho_1)\cdot(V-\varrho_2)} = \frac{1}{\varrho_1 - \varrho_2} \cdot \left[\frac{\mathrm{d}V}{V-\varrho_1} - \frac{\mathrm{d}V}{V-\varrho_2}\right].$$

Mit den beiden Wurzeln

$$\begin{aligned}\varrho_{1,2} &= -a \cdot s_r \pm \sqrt{a^2 \cdot s_r^2 + s_r s_z} \\ &= s_r \cdot (-a \pm \gamma), \qquad \gamma = \sqrt{a^2 + s_z/s_r}\end{aligned}$$

wird

$$\frac{\mathrm{d}V}{V-\varrho_1} - \frac{\mathrm{d}V}{V-\varrho_2} = -2\gamma\,\mathrm{d}t,$$

$$\frac{V-\varrho_1}{V-\varrho_2} = c \cdot \mathrm{e}^{-2\gamma \cdot t} \quad \text{mit der Konstanten} \quad c = \frac{V_0 - \varrho_1}{V_0 - \varrho_2},$$

so daß sich für die *Fehlervarianz* der Ausdruck

$$V(t) = \frac{\varrho_1 - \varrho_2 c \cdot \mathrm{e}^{-2\gamma \cdot t}}{1 - c \cdot \mathrm{e}^{-2\gamma \cdot t}}$$

ergibt.

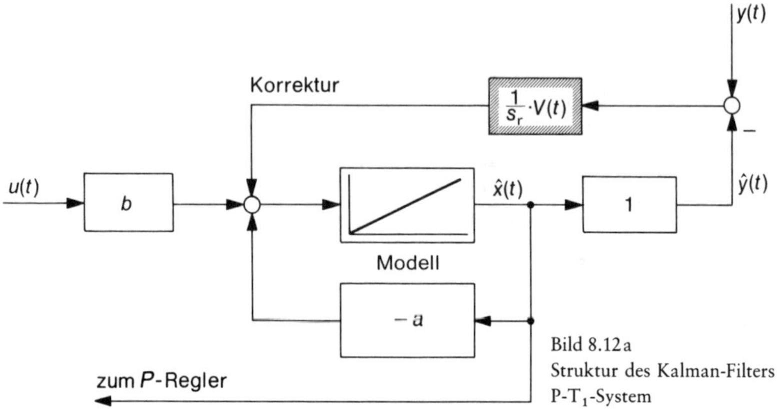

Bild 8.12a
Struktur des Kalman-Filters zu dem $P\text{-}T_1$-System

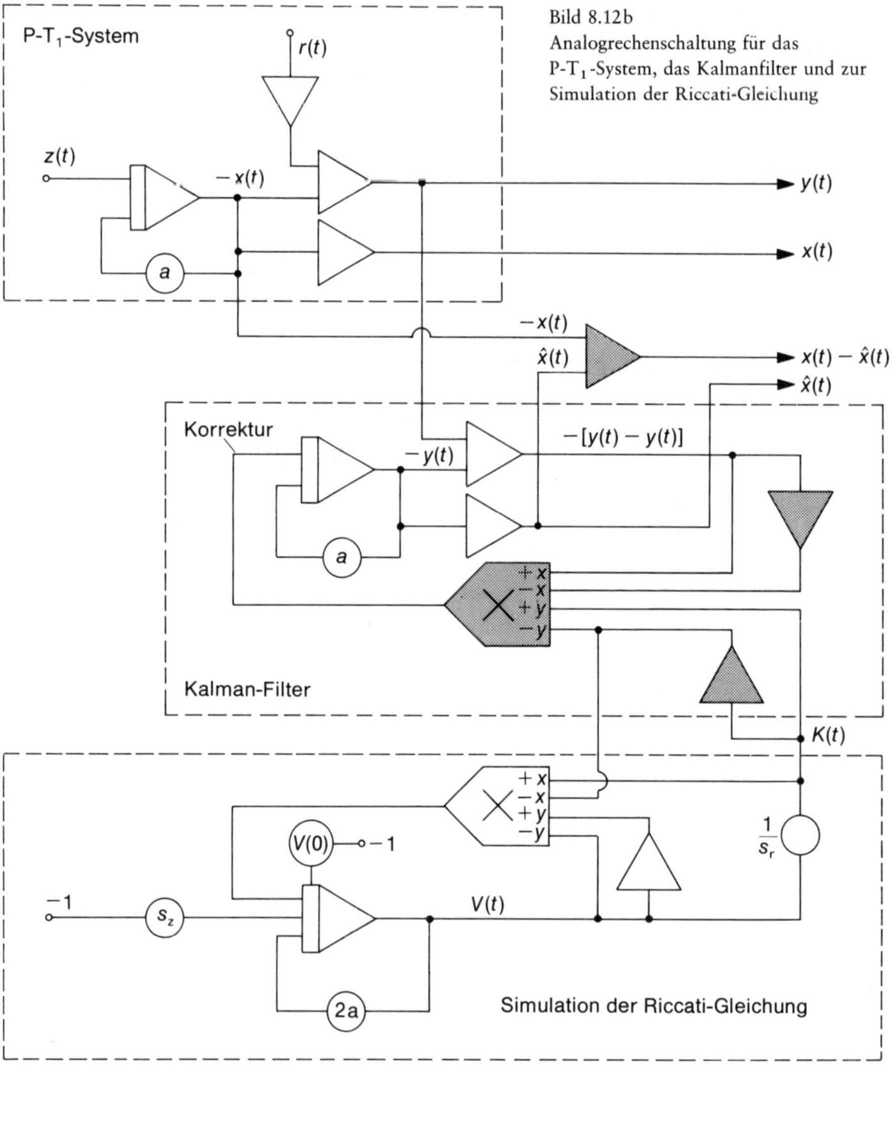

Bild 8.12b
Analogrechenschaltung für das $P\text{-}T_1$-System, das Kalmanfilter und zur Simulation der Riccati-Gleichung

Die *Kalman-Korrektur* in der allgemeinen Form

$$\boldsymbol{K}(t) = \boldsymbol{V}(t) \cdot \boldsymbol{C}^{\mathrm{T}} \cdot \boldsymbol{\Psi}_{\mathrm{r}}^{-1}$$

wird zu dem skalaren Ergebnis

$$K(t) = \frac{1}{s_{\mathrm{r}}} \cdot V(t)\,,$$

an dem man nach Einsetzen von $V(t)$ erkennt, daß in die Kalman-Verstärkung nur das *Verhältnis* s_z/s_r der Leistungsdichtekenngrößen eingeht.

Die *Filtergleichung* (Beobachtergleichung) wird skalar zu

$$\dot{\hat{x}}(t) = -a \cdot \hat{x}(t) + \frac{1}{s_{\mathrm{r}}} \cdot V(t) \cdot [y(t) - \hat{y}(t)] \qquad \text{mit } \hat{y}(t) = \hat{x}(t)\,.$$

Bild 8.12a zeigt die Struktur des Kalman-Filters, wobei der für die Berechnung nicht erforderliche Ansteuerungsterm $b \cdot u(t)$ berücksichtigt ist. Bild 8.12b zeigt eine Analogrechenschaltung zur Systemnachbildung, zur Lösung der Riccati-Differentialgleichung und zur Beobachterrealisierung. Die für den praktischen Aufbau erforderlichen Normierungsmaßnahmen sind nicht mit angegeben.

In Bild 8.13 sind vier Verläufe der mit dieser Schaltung gewonnenen Kalman-Korrekturen für die linksseitigen Anfangsbedingungen mit $V_{01} = 0$, $V_{02} = 0{,}5$, $V_{03} = 1$

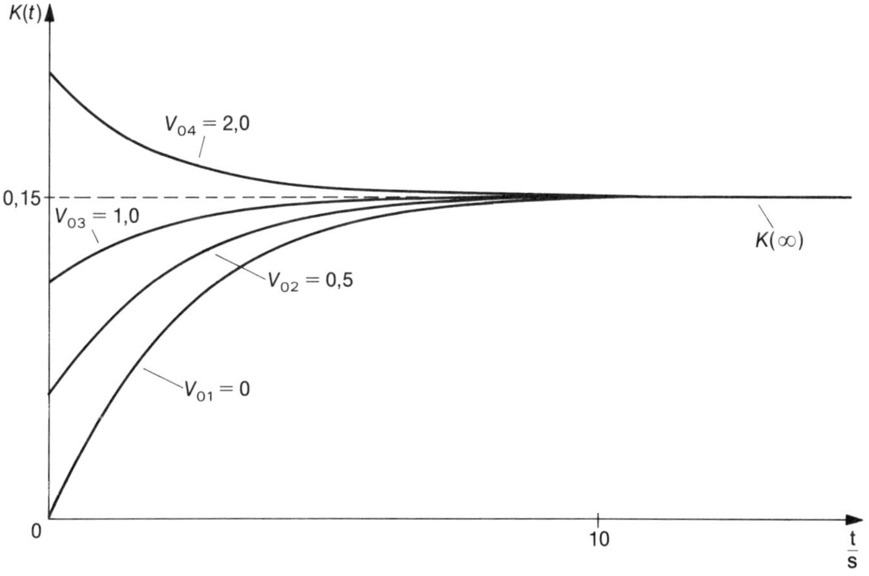

Bild 8.13 Einschwingvorgänge des Korrekturparameters $K(t)$ für vier verschiedene Anfangswerte $V_{01} = 0$, $V_{02} = 0{,}5$, $V_{03} = 1$ und $V_{04} = 2$ der Riccati-Lösung

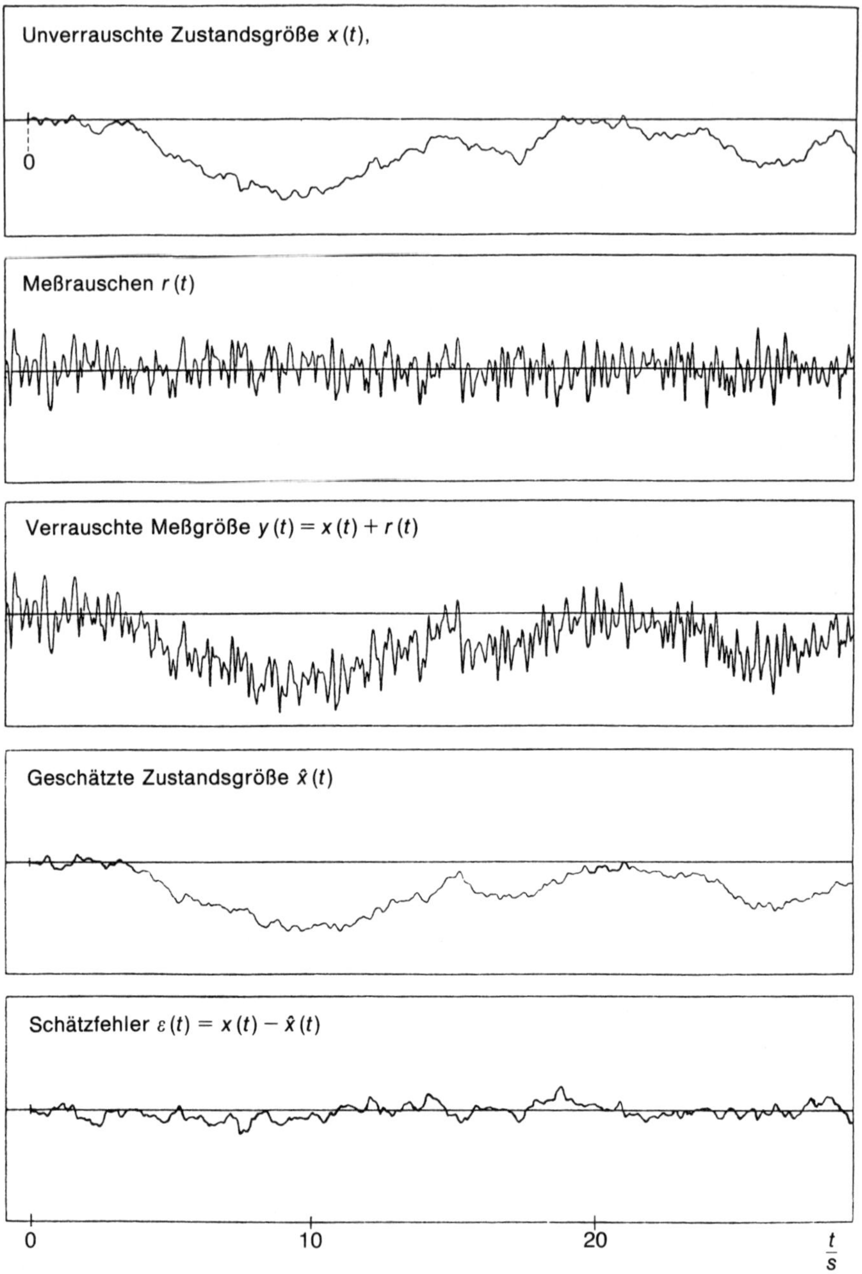

Bild 8.14 Die verschiedenen Signalverläufe zur Analogsimulation nach Bild 8.12b

und $V_{04} = 2$ wiedergegeben, während die Signalverläufe, zusammengestellt in Bild 8.14, einen Eindruck von der Filterwirkung des optimalen Beobachters vermitteln. Den Rechenläufen wurde das Leistungsdichtenverhältnis $s_z/s_r = 0{,}25$ zugrunde gelegt, die Systemzeitkonstante beträgt 10 s, folglich ist $a = 0{,}1\,\mathrm{s}^{-1}$.

8.8.3 Dynamische und stationäre Kalman-Korrektur

Die in Abschnitt 8.8.1 hergeleitete *dynamische* Korrektur des Streckenmodells im Beobachter durch $\boldsymbol{K}(t)$ bewirkt, daß die Bildung des Schätzvektors $\hat{\boldsymbol{x}}(t)$ *schon unmittelbar nach dem Einschalten*, also während der dynamischen Reaktion des Beobachters auf Anfangswertunterschiede optimal erfolgt. In manchen technischen Anwendungen genügt es jedoch, wenn der Kalman-Beobachter aus den verrauschten Messungen den optimalen Schätzvektor mit minimalem Anteil des Meßrauschens mit Hilfe einer *eingeschwungenen* Kalman-Korrektur rekonstruiert; das System wird dabei als zeitinvariant angenommen. In diesen Fällen kann man von der *stationären* Riccati-Gleichung mit $\dot{\boldsymbol{V}}(t) = 0$ ausgehen, und das gesamte Problem wird bezüglich Lösungsaufwand und Realisierung des optimalen Beobachters erheblich vereinfacht.

Die zu lösende nichtlineare Gleichung für $\boldsymbol{V}_\infty$ hat die Form

$$\boldsymbol{A} \cdot \boldsymbol{V}_\infty + \boldsymbol{V}_\infty \cdot \boldsymbol{A}^{\mathrm{T}} - \boldsymbol{V}_\infty \cdot \boldsymbol{C}^{\mathrm{T}} \cdot \boldsymbol{\Psi}_{\mathrm{r}}^{-1} \cdot \boldsymbol{C} \cdot \boldsymbol{V}_\infty + \boldsymbol{G} \cdot \boldsymbol{\Psi}_{\mathrm{z}} \cdot \boldsymbol{G}^{\mathrm{T}} = 0. \qquad \text{(Gl. 8.14)}$$

Die zugehörige Filtergleichung lautet

$$\dot{\hat{\boldsymbol{x}}}(t) = \boldsymbol{A} \cdot \hat{\boldsymbol{x}}(t) + \boldsymbol{K}_\infty \cdot [\boldsymbol{y}(t) - \boldsymbol{C} \cdot \hat{\boldsymbol{x}}(t)]$$

$$\text{mit} \quad \boldsymbol{K}_\infty = \boldsymbol{V}_\infty \cdot \boldsymbol{C}^{\mathrm{T}} \cdot \boldsymbol{\Psi}_{\mathrm{r}}^{-1}, \qquad \boldsymbol{V}_\infty = \boldsymbol{V}(t \to \infty).$$

Der für die Berechnung nicht erforderliche Steuerungsterm $\boldsymbol{B} \cdot \boldsymbol{u}(t)$ ist in der Filtergleichung nicht mitgeschrieben worden, muß aber bei der Realisierung berücksichtigt werden. Eine leichte Umformung ergibt

$$\dot{\hat{\boldsymbol{x}}}(t) - [\boldsymbol{A} - \boldsymbol{K}_\infty \cdot \boldsymbol{C}] \cdot \hat{\boldsymbol{x}}(t) = \boldsymbol{K}_\infty \cdot \boldsymbol{y}(t),$$

und die Laplace-Transformation bei verschwindenden Anfangswerten führt auf

$$[s \cdot \boldsymbol{I} - \boldsymbol{A} + \boldsymbol{K}_\infty \cdot \boldsymbol{C}] \cdot \hat{\boldsymbol{x}}(s) = \boldsymbol{K}_\infty \cdot \boldsymbol{y}(s).$$

Damit kennt man die Übertragungsmatrix des Kalman-Filters von $\boldsymbol{y}$ nach $\hat{\boldsymbol{x}}$ mit eingeschwungener Korrekturmatrix $\boldsymbol{K}_\infty$:

$$\boldsymbol{F}(s) = [s \cdot \boldsymbol{I} - \boldsymbol{A} + \boldsymbol{K}_\infty \cdot \boldsymbol{C}]^{-1} \cdot \boldsymbol{K}_\infty. \qquad \text{(Gl. 8.15)}$$

Zur Erläuterung wird der skalare Fall von Abschnitt 8.8.2 weiterbehandelt. Aus der dort gefundenen Lösung $V(t)$ der Riccati-Gleichung ergibt sich für $t \to \infty$:

$$V_\infty = \varrho_1 \quad \text{und daraus die stationäre Korrektur}$$

$$K_\infty = \varrho_1 / s_{\mathrm{r}} = \gamma - a.$$

Die Struktur des Filters, die in Bild 8.15 gezeigt ist, folgt unmittelbar aus der Differentialgleichung mit Ansteuerungsterm $b \cdot u(t)$:

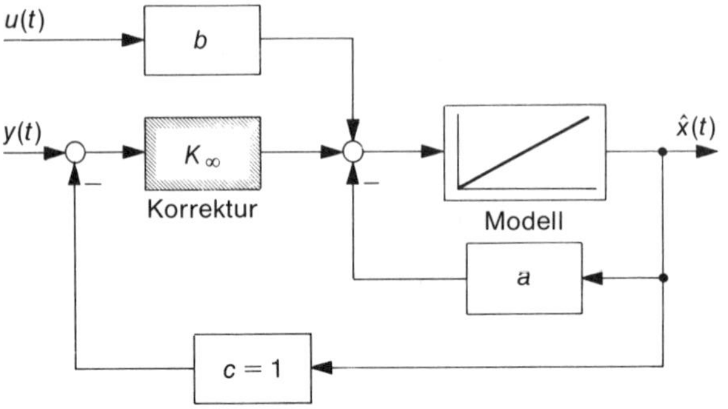

Bild 8.15
Filterstruktur zur Erläuterung der Änderung des Systemeigenwertes bei stationärer Korrektur

$$\dot{\hat{x}}(t) = -a \cdot \hat{x}(t) + b \cdot u(t) + K_\infty \cdot [y(t) - c \cdot \hat{x}(t)] .$$

Bringt man die Filtergleichung auf die übliche P-T_1-Form

$$\frac{1}{a + c \cdot K_\infty} \cdot \dot{\hat{x}}(t) + \hat{x}(t) = \frac{1}{a + c \cdot K_\infty} \cdot [K_\infty \cdot y(t) + b \cdot u(t)] ,$$

so erkennt man folgendes: Das Modell hat den Eigenwert $-a$, die Kalman-Korrektur führt zu einem P-T_1-Filter mit dem Eigenwert $-(a + c \cdot K_\infty)$, und die Beobachterrealisierung wird gegenüber dem Fall der zeitabhängigen Korrektur nach Bild 8.12b erheblich vereinfacht. Dieser Unterschied tritt bei Systemen höherer Ordnung, wenn Korrekturen mit stationären Verstärkungen erlaubt sind, in gesteigerter Form hervor. Derartige Filter mit konstanten Korrekturparametern tragen die Bezeichnung *Wienersche Optimalfilter*, benannt nach N. Wiener, der bereits 12 Jahre vor Kalman auf einem ganz anderen Weg die *stationäre* Lösung des Problems angegeben hat.

Beiden Ansätzen liegt das sogenannte *Orthogonalitätsprinzip* zugrunde. Es besagt in der hier verwendeten Symbolik für mittelwertfreie Prozesse:

Wenn man $\boldsymbol{x}(e; t)$ mit Hilfe von $\boldsymbol{y}(e; t)$ durch eine lineare Operation $\boldsymbol{L}$ über den Ansatz $\hat{\boldsymbol{x}}(e; t) = \boldsymbol{L} \circ \boldsymbol{y}(e; t)$ so schätzt, daß

$$\mathscr{E}\{[\boldsymbol{x}(e; t) - \boldsymbol{L} \circ \boldsymbol{y}(e; t)]^2\} \to Min(\boldsymbol{L}) ,$$

dann bestimmt sich der lineare Schätzoperator $\boldsymbol{L}$ aus der Orthogonalitätsforderung

$$\mathscr{E}\{[\boldsymbol{x}(e; t) - \boldsymbol{L} \circ \boldsymbol{y}(e; t)] \cdot \boldsymbol{y}^{\mathrm{T}}(e; \tau)\} = 0 .$$

Zu dem hier eingeführten Kalman-Filter gehört der Schätzoperator in Gestalt des linearen Superpositionsintegrals

$$\hat{\boldsymbol{x}}(e; t) = \int_{t_0}^{t} \boldsymbol{K}(t, u) \cdot \boldsymbol{y}(e; u) \, du .$$

Der Vektor des Beobachtungsfehlers $\boldsymbol{x}(e; t) - \hat{\boldsymbol{x}}(e; t)$ und der Meßvektor $\boldsymbol{y}(e; \tau)$ sind demnach *orthogonal* zueinander. Der Orthogonalitätsbegriff wurde formal einfacher schon in Abschnitt 8.4.4 eingeführt; die Gültigkeit des Orthogonalitätsprinzips bei

Optimierungsproblemen der behandelten Art sowie in vielen anderen Bereichen der Naturwissenschaften deutet auf Zusammenhänge mit allgemeinerem Hintergrund.

(*Hinweis:* Die Symbolik $\boldsymbol{L} \circ \boldsymbol{y}(e;t)$ ist zu lesen als «linearer Operator $\boldsymbol{L}$, angewandt auf den Prozeß $\boldsymbol{y}(e;t)$».)

8.9 Wärmestromschätzung mit Hilfe eines Kalman-Beobachters

Ausgehend von einem Streckenmodell 2. Ordnung wird vorerst eine *stationäre* Wärmestromschätzung behandelt. Grundlage ist das schon in Abschnitt 7.6.2 benutzte Wärmetauschermodell in folgender Zustandsdarstellung:

$$\begin{bmatrix} \dot{\varphi}(t) \\ \dot{\vartheta}(t) \end{bmatrix} = \begin{bmatrix} -\frac{1}{T_1} & 0 \\ \frac{1}{mc} & -\frac{1}{T_2} \end{bmatrix} \cdot \begin{bmatrix} \varphi(t) \\ \vartheta(t) \end{bmatrix} + \begin{bmatrix} \frac{1}{T_1} \\ 0 \end{bmatrix} \cdot u(t) + \begin{bmatrix} 0 \\ \frac{1}{T_z} \end{bmatrix} \cdot z(t),$$

$$y(t) = [0 \quad 1] \cdot \begin{bmatrix} \varphi(t) \\ \vartheta(t) \end{bmatrix} + r(t)$$

Bild 8.16 zeigt die zugehörige Modellstruktur. Die Störgröße $z(t)$ und das Meßrauschen haben die mehrfach genannten statistischen Eigenschaften und gehen in das Entwurfsverfahren ein mit den Kenngrößen $\Psi_z = s_z$ bzw. $\Psi_r = s_r$. Weiterhin wird angenommen $T_1 = 1$, $1/T_2 \equiv \alpha$, $1/mc \equiv q$, $1/T_z \equiv p$; der Wärmestrom und die Ausgangstemperatur werden zusammengefaßt zu dem Zustandsvektor $\boldsymbol{x}(t)$.

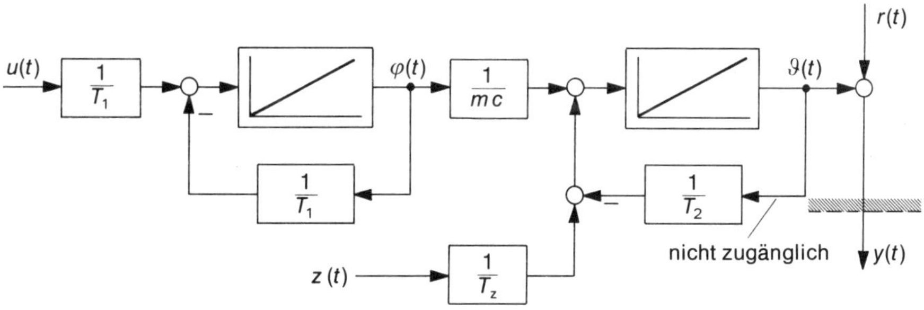

Bild 8.16 Vereinfachtes Wärmetauschermodell

Der Entwurf des Kalman-Beobachters gliedert sich in folgende Schritte:

☐ Aufstellung der Beobachtergleichung

$$\dot{\hat{\boldsymbol{x}}}(t) = \begin{bmatrix} -1 & 0 \\ q & -\alpha \end{bmatrix} \cdot \hat{\boldsymbol{x}}(t) + \begin{bmatrix} \dfrac{1}{T_1} \\ 0 \end{bmatrix} \cdot u(t) + \begin{bmatrix} K_1 \\ K_2 \end{bmatrix} \cdot (y(t) - [0 \quad 1] \cdot \hat{\boldsymbol{x}}(t))$$

mit den noch unbekannten Korrekturgrößen K_1 und K_2, in deren Bestimmung im nächsten Schritt die Eigenschaften des Modells und der stochastischen Signale $z(t)$ und $r(t)$ eingehen.

☐ Ansatz und Lösung der stationären Riccati-Gleichung

$$\boldsymbol{A} \cdot \boldsymbol{V} + \boldsymbol{V} \cdot \boldsymbol{A}^{\mathrm{T}} - \boldsymbol{V} \cdot \boldsymbol{C}^{\mathrm{T}} \boldsymbol{\Psi}_{\mathrm{r}}^{-1} \boldsymbol{C} \cdot \boldsymbol{V} + \boldsymbol{G} \cdot \boldsymbol{\Psi}_{\mathrm{z}} \cdot \boldsymbol{G}^{\mathrm{T}} = 0,$$

$$\begin{bmatrix} -1 & 0 \\ q & -\alpha \end{bmatrix} \cdot \begin{bmatrix} v_1 & v_{12} \\ v_{12} & v_2 \end{bmatrix} + \begin{bmatrix} v_1 & v_{12} \\ v_{12} & v_2 \end{bmatrix} \cdot \begin{bmatrix} -1 & q \\ 0 & -\alpha \end{bmatrix}$$

$$- \begin{bmatrix} v_1 & v_{12} \\ v_{12} & v_2 \end{bmatrix} \cdot \begin{bmatrix} 0 \\ 1 \end{bmatrix} \frac{1}{s_{\mathrm{r}}} [0 \quad 1] \cdot \begin{bmatrix} v_1 & v_{12} \\ v_{12} & v_2 \end{bmatrix} + \begin{bmatrix} 0 & 0 \\ 0 & s_{\mathrm{z}} p^2 \end{bmatrix} = 0\,.$$

Nach wenigen Zwischenschritten folgen hieraus aufgrund der Symmetrie der Kovarianzmatrix $\boldsymbol{V}$ drei Bestimmungsgleichungen für die Elemente v_1, v_{12}, v_2:

$$2 \cdot v_1 + \frac{1}{s_{\mathrm{r}}} \cdot v_{12}^2 = 0\,, \tag{a}$$

$$q \cdot v_1 - (1 + \alpha) \cdot v_{12} - \frac{1}{s_{\mathrm{r}}} \cdot v_2 \cdot v_{12} = 0\,, \tag{b}$$

$$2 \cdot (q \cdot v_{12} - \alpha \cdot v_2) - \frac{1}{s_{\mathrm{r}}} \cdot v_2^2 + s_{\mathrm{z}} \cdot p^2 = 0\,. \tag{c}$$

Aus den Gleichungen (a) und (b) folgt

$$v_{12} \cdot \left(\frac{q}{2\, s_{\mathrm{r}}} \cdot v_{12} + 1 + \alpha + \frac{1}{s_{\mathrm{r}}} \cdot v_2 \right) = 0\,.$$

Diese Gleichung hat nur $v_{12} = 0$ als sinnvolle Lösung, denn Gleichung (a) führt für $v_{12} \neq 0$ auf ein Kovarianzelement $v_1 < 0$.

Es ergibt sich weiterhin $v_1 = 0$, und aus Gleichung (c) wird

$$v_2^2 + 2\,\alpha\, s_{\mathrm{r}} v_2 \quad - \quad s_{\mathrm{r}} s_{\mathrm{z}} p^2 = 0$$

mit der positiven Lösung

$$v_2 = s_{\mathrm{r}} \cdot \left(\sqrt{\frac{1}{T_2^2} + \frac{1}{T_{\mathrm{z}}^2} \cdot \frac{s_{\mathrm{z}}}{s_{\mathrm{r}}}} - \frac{1}{T_2} \right).$$

□ In diesem Schritt wird die Kalman-Verstärkung berechnet:

$$K = V \cdot C^{T} \cdot \Psi_r^{-1} = \begin{bmatrix} v_1 & v_{12} \\ v_{12} & v_2 \end{bmatrix} \cdot \begin{bmatrix} 0 \\ 1 \end{bmatrix} \cdot \frac{1}{s_r}$$

$$= \begin{bmatrix} v_{12} \\ v_2 \end{bmatrix} \cdot \frac{1}{s_r}.$$

Da die erste Lösung des Gleichungssystems $v_{12} = 0$ ist, verbleibt nur *ein* Korrekturkanal mit der Verstärkung

$$K_2 = \sqrt{\frac{1}{T_2^2} + \frac{1}{T_z^2} \cdot \frac{s_z}{s_r}} - \frac{1}{T_2},$$

der auf den zweiten Integrierer des Modells im Beobachter aufgeschaltet wird. Bild 8.17 zeigt die Struktur des resultierenden Kalman-Beobachters. Der erste Abschnitt liefert am Ausgang des nicht korrigierten ersten Integrierers den Schätzwert $\hat{\varphi}(t)$ für den Wärmestrom, der zweite Abschnitt ergibt die optimale Schätzung $\hat{\vartheta}(t)$ für die Austrittstemperatur durch die Aufschaltung der mit K_2 gewichteten Differenz $y(t) - \hat{\vartheta}(t)$ mit *minimiertem Einfluß des Meßrauschens* $r(t)$.

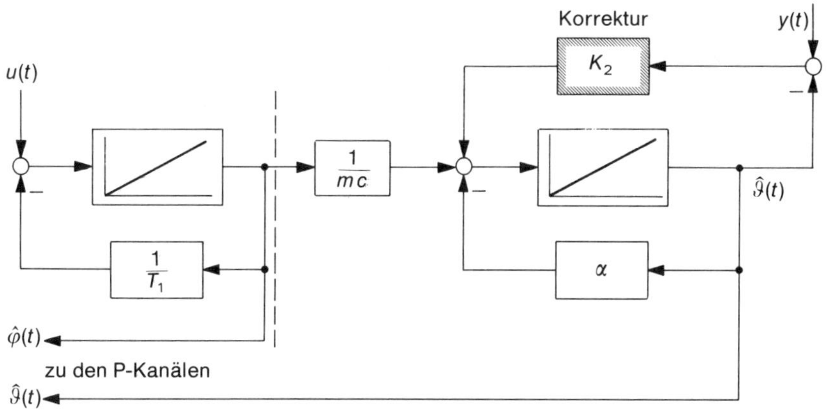

Bild 8.17 Struktur des Kalman-Beobachters zur Schätzung des Wärmestroms und zur Filterung der Temperaturmessung

Die Beobachterstruktur nach Bild 8.17 war zu erwarten, denn die Störgröße $z(t)$ wirkt auf den zweiten Streckenabschnitt ein, so daß nur der zugehörige zweite Integrierer im Modell einer Kalman-Korrektur bedarf; dennoch ist auch der erste Modellabschnitt zur Schätzung des Wärmestromes Bestandteil des zugrunde liegenden Einheitsbeobachters. Es bleibt festzuhalten, daß das Entwurfsverfahren automatisch zu den erforderlichen Korrekturen des Modells führt.

Optimale Zustandsschätzung während des Einschwingvorgangs

Es mag dahingestellt bleiben, ob gerade bei einem Wärmetauscher eine den Einschwingvorgang berücksichtigende Modellkorrektur erforderlich ist. Das zugrunde liegende P-T_2-Modell hat jedoch allgemeinere Bedeutung, so daß abschließend hierzu noch der Fall einer *zeitabhängigen* Kalman-Korrektur betrachtet werden soll.

Die Riccati-Differentialgleichung für den Fall $\dot{V}(t) \neq 0$ führt auf drei gekoppelte nichtlineare Differentialgleichungen, deren rechte Seiten vom stationären Ansatz übernommen werden können:

$$\dot{v}_1 = -2 \cdot v_1 - \frac{1}{s_r} \cdot v_{12}^2, \tag{a'}$$

$$\dot{v}_{12} = q \cdot v_1 - (1+\alpha) \cdot v_{12} - \frac{1}{s_r} \cdot v_2 \cdot v_{12}, \tag{b'}$$

$$\dot{v}_2 = 2 \cdot (q \cdot v_{12} - \alpha \cdot v_2) - \frac{1}{s_r} \cdot v_2^2 + s_z \cdot p^2. \tag{c'}$$

Nicht nur die Lösungen selbst, sondern auch der Lösungsaufwand für dieses System nichtlinearer Differentialgleichungen hängen stark von den jeweiligen Anfangsbedingungen ab. Besonders einfache Verhältnisse ergeben sich für die Wahl $v_1(0) = 0$ und $v_{12}(0) = 0$. Aus den beiden ersten Gleichungen (a') und (b') ergibt sich $\dot{v}_1 = 0$ und $\dot{v}_{12} = 0$ für alle t (es handelt sich um Differentialgleichungen 1. Ordnung). Damit verbleibt nur noch die dritte Gleichung (c') in der Form

$$\dot{v}_2(t) = -2\alpha v_2(t) - \frac{1}{s_r} \cdot v_2^2(t) + s_z \cdot p^2,$$

deren Typ in Abschnitt 8.8.2 gelöst wurde.

Der Kalman-Beobachter hat die in Bild 8.17 gezeigte Struktur, wobei anstelle des konstanten Wertes K_2 jetzt ein zeitabhängiges $K_2(t)$ tritt, zu bestimmen über

$$K_2(t) = \frac{1}{s_r} \cdot v_2(t)$$

mit der bereits gefundenen Lösung der Riccati-Gleichung

$$v_2(t) = \frac{\varrho_1 - \varrho_2 c \cdot e^{-2\gamma \cdot t}}{1 - c \cdot e^{-2\gamma \cdot t}}$$

und dem Beispiel angepaßten Konstanten.

Da mit der analytischen Einbeziehung von Meßgeräuschen ein deutlich über die herkömmlichen Regelungskonzepte hinausgehendes Verfahren vorgestellt worden ist, werden im folgenden Abschnitt dieses Kapitels noch einmal in gut überschaubarer Form die Problemstellung und die Lösungsschritte zusammengestellt.

8.10 Problemstellung und Entwurfsschritte zum Kalman-Beobachter

Problemstellung

Gegeben ist ein lineares zeitinvariantes System in Zustandsdarstellung

$$\dot{\boldsymbol{x}}(t) = \boldsymbol{A} \cdot \boldsymbol{x}(t) + \boldsymbol{B} \cdot \boldsymbol{u}(t) + \boldsymbol{G} \cdot \boldsymbol{z}(t)$$

mit Ausgangsgrößen, die durch Meßrauschen gestört sind,

$$\boldsymbol{y}(t) = \boldsymbol{C} \cdot \boldsymbol{x}(t) + \boldsymbol{r}(t)\,.$$

Die stochastischen Störeinflüsse $\boldsymbol{z}(t)$ und $\boldsymbol{r}(t)$ werden als Musterfunktionen entsprechender stationärer Vektorprozesse $\boldsymbol{z}(e;t)$ und $\boldsymbol{r}(e;t)$ aufgefaßt, die mittelwertfrei und statistisch unabhängig voneinander sind. Ihre Leistungsdichtespektren seien so breitbandig, daß für die beiden Gaußschen Prozesse folgende Kovarianzmatrizen angeschrieben werden können:

$$\boldsymbol{V}_{\mathrm{z}}(\tau) = \boldsymbol{\Psi}_{\mathrm{z}} \cdot \delta(\tau) \qquad \text{mit } \boldsymbol{\Psi}_{\mathrm{z}}\text{: } (q,q)\,,$$

$$\boldsymbol{V}_{\mathrm{r}}(\tau) = \boldsymbol{\Psi}_{\mathrm{r}} \cdot \delta(\tau) \qquad \text{mit } \boldsymbol{\Psi}_{\mathrm{r}}\text{: } (m,m)\,.$$

Es ist ein optimaler Beobachter nach folgendem statistischen Kriterium zu entwerfen:

Für den Beobachtungsfehler $\boldsymbol{\varepsilon}(t) = \boldsymbol{x}(t) - \hat{\boldsymbol{x}}(t)$ soll der Erwartungswert

$$\mathscr{E}\left\{\boldsymbol{\varepsilon}^{\mathrm{T}}(e;t) \cdot \boldsymbol{\varepsilon}(e;t)\right\} = \operatorname{spur} \boldsymbol{V}(t)$$

in Abhängigkeit von der Korrekturmatrix $\boldsymbol{K}(t)$ für das Modell im Beobachter ein *Minimum* annehmen.
(Die hier nicht angegebenen Matrixdimensionen finden sich in Abschnitt 1.6.3.)

Entwurfsschritte

1. Aufstellen und Lösen der Riccati-Differentialgleichung für die Fehlerkovarianzmatrix:

$$\dot{\boldsymbol{V}}(t) = \boldsymbol{A} \cdot \boldsymbol{V}(t) + \boldsymbol{V}(t) \cdot \boldsymbol{A}^{\mathrm{T}} - \boldsymbol{V}(t) \cdot \boldsymbol{C}^{\mathrm{T}} \cdot \boldsymbol{\Psi}_{\mathrm{r}}^{-1} \cdot \boldsymbol{C} \cdot \boldsymbol{V}(t) + \boldsymbol{G} \cdot \boldsymbol{\Psi}_{\mathrm{z}} \cdot \boldsymbol{G}^{\mathrm{T}}$$

   mit gegebenem oder zu schätzendem Anfangswert $\boldsymbol{V}(0)$.

2. Berechnen der Kalman-Korrekturmatrix:

$$\boldsymbol{K}(t) = \boldsymbol{V}(t) \cdot \boldsymbol{C}^{\mathrm{T}} \cdot \boldsymbol{\Psi}_{\mathrm{r}}^{-1} \qquad \text{mit } \boldsymbol{K}\text{: } (n,m)\,.$$

3. Korrigieren des Parallelmodells der Strecke mit der Differenz $\boldsymbol{y}(t) - \hat{\boldsymbol{y}}(t)$, bewertet mit $\boldsymbol{K}(t)$ entsprechend der Beobachtergleichung

$$\dot{\hat{\boldsymbol{x}}}(t) = \boldsymbol{A} \cdot \hat{\boldsymbol{x}}(t) + \boldsymbol{B} \cdot u(t) + \boldsymbol{K}(t) \cdot [\boldsymbol{y}(t) - \boldsymbol{C} \cdot \hat{\boldsymbol{x}}(t)]\,, \qquad \hat{\boldsymbol{x}}(0) = \mathscr{E}\left\{\boldsymbol{x}(e;0)\right\}.$$

4. Das Kalman-Filter hat die Struktur eines Folgesystems, für dessen technischen Aufbau das Systemmodell und die Kalman-Korrekturen mit geeigneten Bauelementen realisiert werden müssen.

5. Außer dem hier vorgestellten *kontinuierlich* arbeitenden Filter spielen *diskret* arbeitende Ausführungen in der Praxis eine große Rolle. Der begrifflich etwas einfachere Zugang über rekursive Rechenalgorithmen kann mit den hier dargelegten Grundlagen leicht nachvollzogen werden. Ähnlich wie beim Luenberger-Beobachter ist eine *Ordnungsreduktion* des Kalman-Filters möglich, wenn man die Modellordnung um die Anzahl der nicht verrauschten Meßgrößen verringert (Abschnitt 8.12.2).

8.11 Bemerkungen zu den verschiedenen Beobachtertypen

a) Für eine technische Regelstrecke kann man durch das Aufstellen von Grundgleichungen ein mathematisches Modell erstellen. Anhand dieser mathematischen Modellgleichungen kann man mit geeigneten Bauelementen ein ähnlich wie die Strecke arbeitendes Parallelmodell technisch aufbauen.
   Ergänzt man dieses Parallelmodell durch eine Korrekturvorrichtung, die trotz unterschiedlicher Anfangsbedingungen für die Energiespeicher in der Strecke und im technisch realisierten Modell sowie trotz vorhandener Störeinflüsse ein wirkliches «Parallelarbeiten» sicherstellt, so entsteht ein Luenberger-Beobachter. Dieser Beobachter wird *aufgrund einer vorgegebenen Dynamik entworfen* und aufgebaut; er hat die Aufgabe, Signale zu liefern, die man in einem Regelungskonzept als *Schätzgrößen* für die wahren Zustandsgrößen der Strecke verwenden kann, wenn diese nicht alle meßtechnisch erfaßt werden können.
b) Bei stark verrauschten Meßgrößen müssen die Schätzwerte mit Hilfe einer Filterung gebildet werden. Auch hierzu wird zunächst anhand des mathematischen Modells der Strecke ein Parallelmodell technisch aufgebaut. Die erforderliche Korrekturvorrichtung wird jedoch *so entworfen, daß die Varianz des Beobachtungsfehlers minimal wird*. Dies wird wiederum durch eine Modellkorrektur, jedoch auf statistischer Grundlage, erreicht. Der so entstehende Kalman-Beobachter ist ein *Optimalfilter*, bei dessen Entwurf nicht nur das Meßrauschen, sondern auch die auf die Strecke wirkenden Störgrößen berücksichtigt werden. Der Kalman-Beobachter hat ebenfalls die Aufgabe, *Schätzwerte* für die Zustandsgrößen der Strecke zu liefern, die in einem Regelungskonzept verwendet werden können.
c) Unter bestimmten Bedingungen und Vorkenntnissen über nicht meßbare Störgrößen kann man deren Einfluß auf die Regelstrecke erheblich vermindern oder gar kompensieren, wenn man zunächst ein mathematisches Modell zur Entstehung der Störgröße aufstellt. Im nächsten Schritt wird ein *Generator* aufgebaut, der aufgrund des Entstehungsmodells eine *Ersatzstörgröße* $\hat{z}$ für die wahre, nicht meßbare Störgröße z als Signal liefert; der Generator wird mit der Differenz $y(t) - \hat{y}(t)$, die das Streckenmodell korrigiert, angeregt. Diese Strategie beruht also auf einer Beobachtbarkeit der Störgrößen über die Zustandsgrößen. Das so entstehende Ersatzsignal $\hat{z}$ wird gewichtet an geeigneter Stelle auf das Streckenmodell im Luenberger-Beobachter aufgeschaltet.

d) Damit haben alle hier vorgestellten Beobachter einiges *gemeinsam*: Sie enthalten *technisch realisierte Modelle*, die im Parallelbetrieb arbeiten und eine Regelstrecke bzw. einen Prozeß zur Erzeugung von Störgrößen simulieren. Die Modelle sind mit einer jeweils *problemangepaßten Korrekturvorrichtung* ausgestattet. Diese Kombinationen tragen alle die Bezeichnung «Beobachter» und dienen der Erzeugung von *Ersatzsignalen* für nicht meßbare oder verrauschte Zustandsgrößen bzw. nicht meßbare Störgrößen.

8.12 Kombination der Beobachter nach Luenberger und Kalman

Wenn in einem System sowohl verrauschte Meßgrößen $\boldsymbol{y}_1(t)$ als auch unverrauschte $\boldsymbol{y}_2(t)$ vorkommen, kann man die Ausgangsgleichung wie folgt ansetzen:

$$\begin{bmatrix} \boldsymbol{y}_1(t) \\ \boldsymbol{y}_2(t) \end{bmatrix} = \begin{bmatrix} \boldsymbol{C}_1(t) \\ \boldsymbol{C}_2(t) \end{bmatrix} \cdot \boldsymbol{x}(t) + \begin{bmatrix} \boldsymbol{r}_1(t) \\ 0 \end{bmatrix}, \qquad \text{(Gl. 8.16)}$$

wobei $\boldsymbol{r}_1(t)$ ein normalverteiltes vektorielles Meßrauschen mit gegebener Kovarianzmatrix

$$\boldsymbol{V}_{r1}(t,\tau) = \boldsymbol{\Psi}_{r1}(t) \cdot \delta(t-\tau)$$

darstellt.

Die folgenden Überlegungen führen zu einem *kombinierten* Beobachter, der hinsichtlich der unverrauschten Meßgrößen wie ein Luenberger-Beobachter wirkt, für die verrauschten Meßgrößen dagegen eine Kalman-Filterung sicherstellt. Das Entwurfsverfahren geht aus von einem gegenüber Abschnitt 7.6 leicht modifizierten Ansatz für einen reduzierten Beobachter.

8.12.1 Reduzierter deterministischer Beobachter

Betrachtet wird zunächst das deterministische Modell *n*-ter Ordnung entsprechend der Zustandsgleichung

$$\dot{\boldsymbol{x}}(t) = \boldsymbol{A}(t) \cdot \boldsymbol{x}(t) + \boldsymbol{B}(t) \cdot \boldsymbol{u}(t) \qquad \text{(Gl. 8.17)}$$

mit m unverrauschten Messungen

$$\boldsymbol{y}(t) = \boldsymbol{C}(t) \cdot \boldsymbol{x}(t)\,.$$

Nach den gleichen Überlegungen wie in Abschnitt 7.6 kann man durch Einführung eines Vektors

$$\boldsymbol{\zeta}(t) = \boldsymbol{H}(t) \cdot \boldsymbol{x}(t) \qquad \text{(Gl. 8.18)}$$

die Ausgangsgleichung nach $\boldsymbol{x}(t)$ auflösbar machen:

$$\boldsymbol{x}(t) = \begin{bmatrix} \boldsymbol{H}(t) \\ \boldsymbol{C}(t) \end{bmatrix}^{-1} \cdot \begin{bmatrix} \boldsymbol{\zeta}(t) \\ \boldsymbol{y}(t) \end{bmatrix}. \qquad \text{(Gl. 8.19)}$$

Für die folgende Entwicklung wird die Abhängigkeit von t nicht mitgeschrieben. Die invertierbare Matrix führe auf die Form

$$\begin{bmatrix} \boldsymbol{H} \\ \boldsymbol{C} \end{bmatrix}^{-1} = [\boldsymbol{Q}\ \boldsymbol{P}],$$

so daß man den gesamten Zustandsvektor wie folgt darstellen kann:

$$\boldsymbol{x} = \boldsymbol{Q} \cdot \boldsymbol{\zeta} + \boldsymbol{P} \cdot \boldsymbol{y} \qquad \text{(Gl. 8.20)}$$

mit den Forderungen

$$\boldsymbol{Q}\boldsymbol{H} + \boldsymbol{P}\boldsymbol{C} = \boldsymbol{I} \quad \text{und} \qquad \text{(Gl. 8.21a)}$$

$$\begin{bmatrix} \boldsymbol{H} \\ \boldsymbol{C} \end{bmatrix} \cdot [\boldsymbol{Q}\ \boldsymbol{P}] = \boldsymbol{I}. \qquad \text{(Gl. 8.21b)}$$

Aus dem Ansatz nach Gl. 8.18 erhält man durch Differentiation nach der Zeit eine Differentialgleichung für $\boldsymbol{\zeta}(t)$:

$$\dot{\boldsymbol{\zeta}}(t) = \boldsymbol{H}(t) \cdot \dot{\boldsymbol{x}}(t) + \dot{\boldsymbol{H}}(t) \cdot \boldsymbol{x}(t),$$

woraus mit den Gleichungen 8.17 und 8.20 nach kurzer Zwischenrechnung folgt:

$$\dot{\boldsymbol{\zeta}} = [\boldsymbol{H}\boldsymbol{A}\boldsymbol{Q} + \dot{\boldsymbol{H}}\boldsymbol{Q}] \cdot \boldsymbol{\zeta} + [\boldsymbol{H}\boldsymbol{A}\boldsymbol{P} + \dot{\boldsymbol{H}}\boldsymbol{P}] \cdot \boldsymbol{y} + \boldsymbol{H}\boldsymbol{B} \cdot \boldsymbol{u}. \qquad \text{(Gl. 8.22)}$$

Aus Gleichung 8.21b erhält man die beiden Ausdrücke

$$\dot{\boldsymbol{H}}\boldsymbol{Q} = -\boldsymbol{H}\dot{\boldsymbol{Q}} \quad \text{und} \quad \dot{\boldsymbol{H}}\boldsymbol{P} = -\boldsymbol{H}\dot{\boldsymbol{P}},$$

und die Differentialgleichung für $\boldsymbol{\zeta}(t)$ geht über in

$$\dot{\boldsymbol{\zeta}} = [\boldsymbol{H}\boldsymbol{A}\boldsymbol{Q} - \boldsymbol{H}\dot{\boldsymbol{Q}}] \cdot \boldsymbol{\zeta} + [\boldsymbol{H}\boldsymbol{A}\boldsymbol{P} - \boldsymbol{H}\dot{\boldsymbol{P}}] \cdot \boldsymbol{y} + \boldsymbol{H}\boldsymbol{B} \cdot \boldsymbol{u}. \qquad \text{(Gl. 8.23)}$$

Die hiermit gegebene Dynamik bildet man nach in einem *reduzierten Beobachter* zur Bildung der Schätzgrößen $\hat{\boldsymbol{\zeta}}(t)$, aus welchen man anschließend über Gleichung 8.20 den Schätzwert $\hat{\boldsymbol{x}}(t)$ für den Zustandsvektor $\boldsymbol{x}(t)$ gewinnt:

$$\dot{\hat{\boldsymbol{\zeta}}} = [\boldsymbol{H}\boldsymbol{A}\boldsymbol{Q} - \boldsymbol{H}\dot{\boldsymbol{Q}}] \cdot \hat{\boldsymbol{\zeta}} + [\boldsymbol{H}\boldsymbol{A}\boldsymbol{P} - \boldsymbol{H}\dot{\boldsymbol{P}}] \cdot \boldsymbol{y} + \boldsymbol{H}\boldsymbol{B} \cdot \boldsymbol{u}, \qquad \text{(Gl. 8.24a)}$$

$$\hat{\boldsymbol{x}} = \boldsymbol{Q} \cdot \hat{\boldsymbol{\zeta}} + \boldsymbol{P} \cdot \boldsymbol{y}. \qquad \text{(Gl. 8.24b)}$$

Der reduzierte Beobachter hat die in Bild 8.18 gezeigte Struktur. Der Beobachtungsfehler

$$\boldsymbol{\varepsilon}_1(t) = \boldsymbol{\zeta}(t) - \hat{\boldsymbol{\zeta}}(t)$$

strebt asymptotisch gegen Null, wenn in der Differentialgleichung

$$\dot{\boldsymbol{\varepsilon}}_1(t) = [\boldsymbol{H}\boldsymbol{A}\boldsymbol{Q} - \boldsymbol{H}\dot{\boldsymbol{Q}}] \cdot \boldsymbol{\varepsilon}_1(t)$$

die Matrizen $\boldsymbol{H}$ und $\boldsymbol{Q}$ geeignet gewählt werden. Für die weiteren Überlegungen interessiert das Verhalten des Beobachtungsfehlers

$$\boldsymbol{\varepsilon}(t) = \boldsymbol{x}(t) - \hat{\boldsymbol{x}}(t),$$

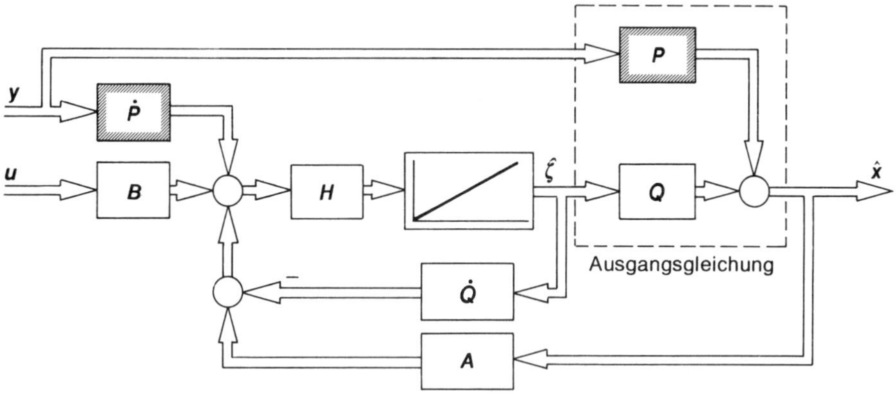

Bild 8.18 Struktur des reduzierten Luenberger-Beobachters nach Gl. 8.24

also nach Gleichung 8.20

$$\boldsymbol{\varepsilon}(t) = \boldsymbol{Q}(t) \cdot \boldsymbol{\varepsilon}_1(t)\,.$$

Man erhält zunächst durch Differentiation nach der Zeit t den Ausdruck

$$\dot{\boldsymbol{\varepsilon}}(t) = \boldsymbol{Q}(t) \cdot \dot{\boldsymbol{\varepsilon}}_1(t) + \dot{\boldsymbol{Q}}(t) \cdot \boldsymbol{\varepsilon}_1(t)\,.$$

Übernimmt man $\dot{\boldsymbol{\varepsilon}}$ aus der obigen Fehlerdifferentialgleichung, und beachtet man die Gleichungen 8.21a, b, so erhält man nach einer Zwischenrechnung

$$\dot{\boldsymbol{\varepsilon}} = [\boldsymbol{A} - \boldsymbol{P}\boldsymbol{C}\boldsymbol{A} - \boldsymbol{P}\dot{\boldsymbol{C}}] \cdot \boldsymbol{\varepsilon} \quad \text{mit} \quad \boldsymbol{C} \cdot \boldsymbol{\varepsilon}(0) = \boldsymbol{0}\,. \qquad \text{(Gl. 8.25)}$$

Die Dynamik des reduzierten Beobachters wird also durch Vorgabe der Matrix $\boldsymbol{P}$ bestimmt, $\boldsymbol{A}$ und $\boldsymbol{C}$ sind mit der Zustandsbeschreibung (Gl. 8.17) gegeben.

Beispiel
Gegeben ist die Modellstruktur einer Strecke ohne Ausgleich gemäß Bild 8.19, ihre Zustandsbeschreibung lautet

$$\dot{\boldsymbol{x}}(t) = \begin{bmatrix} 0 & 1 \\ 0 & -\alpha \end{bmatrix} \cdot \boldsymbol{x}(t) + \begin{bmatrix} 0 \\ b \end{bmatrix} \cdot u(t)\,,$$

$$y(t) = [1 \quad 0] \cdot \boldsymbol{x}(t)\,.$$

Der Entwurf eines reduzierten Beobachters der Ordnung $n - m = 1$ geht aus von der Beziehung 8.21a, wobei die Matrix

$$\boldsymbol{P} = \begin{bmatrix} 1 \\ p_2 \end{bmatrix}$$

angesetzt wird. Der Beobachtungsfehler ist wegen $\dot{\boldsymbol{C}}(t) = 0$ bestimmt durch die Gleichung 8.25 in der Form

$$\dot{\boldsymbol{\varepsilon}}(t) = [\boldsymbol{A} - \boldsymbol{P}\boldsymbol{C}\boldsymbol{A}] \cdot \boldsymbol{\varepsilon}(t)$$

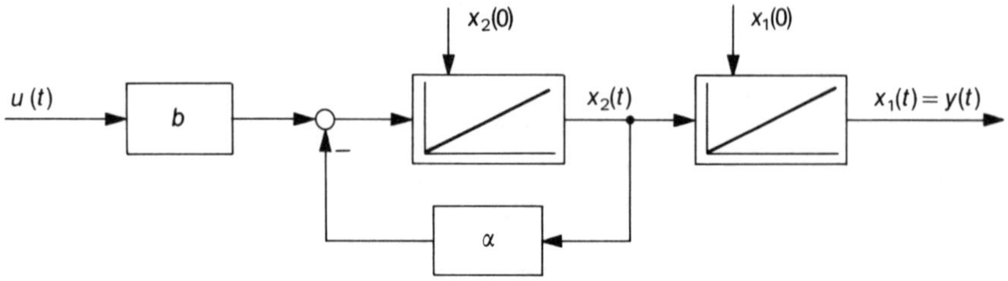

Bild 8.19 Modellstruktur einer Strecke ohne Ausgleich

mit der Matrix

$$A - PCA = \begin{bmatrix} 0 & 0 \\ 0 & -(\alpha + p_2) \end{bmatrix} \curvearrowright \begin{cases} \dot{\varepsilon}_1 = 0 \quad \text{mit} \quad \varepsilon_1(0) = 0, \\ \dot{\varepsilon}_2 = -(\alpha + p_2) \cdot \varepsilon_2, \end{cases}$$

d.h. der Schätzfehler für $x_1(t)$ verschwindet identisch.

Wählt man den Eigenwert des Beobachters $\lambda = -k \cdot \alpha$, wobei k im Hinblick auf die Dynamik etwa zwischen 3 und 10 liegt, so wird

$$p_2 = (k-1) \cdot \alpha .$$

Für die Matrizen $\boldsymbol{Q}$ und $\boldsymbol{H}$ bedeutet dies nach Gleichung 8.21

$$\boldsymbol{Q} = \begin{bmatrix} 0 \\ 1 \end{bmatrix}, \qquad \boldsymbol{H} = [-(k-1)\alpha \quad 1] .$$

Damit ergibt sich die Struktur des Beobachters gemäß Bild 8.20. Für dieses Beispiel nehmen die allgemeinen Gleichungen 8.24a und b folgende Formen an:

$$\dot{\hat{\zeta}} = \boldsymbol{HAQ} \cdot \hat{\zeta} + \boldsymbol{HAP} \cdot \boldsymbol{y} + \boldsymbol{HB} \cdot \boldsymbol{u},$$

$$\boldsymbol{HAQ} = -(\alpha + p_2),$$

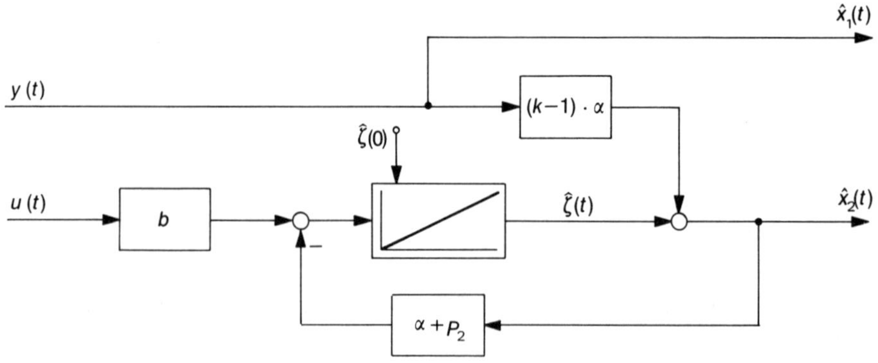

Bild 8.20 Reduzierter Luenberger-Beobachter für die Strecke von Bild 8.19

$$\boldsymbol{HAP} = -(\alpha + p_2) \cdot p_2\,,$$
$$\boldsymbol{HB} = b\,,$$

folglich entsteht die *skalare* Beobachtergleichung

$$\dot{\hat{\zeta}} = -(\alpha + p_2) \cdot \hat{\zeta} \; - \; (\alpha + p_2) \cdot p_2 \cdot y \; + \; b \cdot u\,,$$

und der gesamte Zustandsvektor hat die Form

$$\hat{\boldsymbol{x}}(t) = \begin{bmatrix} y(t) \\ \hat{\zeta}(t) + p_2\, y(t) \end{bmatrix}.$$

8.12.2 Entwurf eines reduzierten Kalman-Beobachters

Ausgangspunkt ist die Zustandsdarstellung eines zeitvarianten Systems in der allgemeinen Form

$$\dot{\boldsymbol{x}}(e;t) = \boldsymbol{A}(t) \cdot \boldsymbol{x}(e;t) + \boldsymbol{G}(t) \cdot \boldsymbol{z}(e;t)\,,$$

wobei $\boldsymbol{z}(e;t)$ ein vektorielles, normalverteiltes Geräusch ist mit gegebener Kovarianzmatrix

$$\boldsymbol{V}_z(t,\tau) = \boldsymbol{\Psi}_z(t) \cdot \delta(t-\tau)\,.$$

Die Ausgangsgleichung enthält insgesamt m Meßgrößen, von welchen m_1 breitbandig verrauscht sind durch ein Meßgeräusch $\boldsymbol{r}_1(e;t)$ mit bekannter Matrix $\boldsymbol{\Psi}_{r1}(t)$, während m_2 Meßgrößen unverrauscht sind; damit ist die Ausgangsgleichung von der Form

$$\boldsymbol{y}(t) = \begin{bmatrix} \boldsymbol{C}_1(t) \\ \boldsymbol{C}_2(t) \end{bmatrix} \cdot \boldsymbol{x}(t) + \begin{bmatrix} \boldsymbol{r}_1(t) \\ 0 \end{bmatrix}.$$

Entsprechend dem Ansatz für den reduzierten Luenberger-Beobachter geht man aus von der Beziehung (die Abhängigkeit von t wird wieder nicht mitgeschrieben)

$$\zeta = \boldsymbol{H} \cdot \boldsymbol{x}\,, \qquad \dim \boldsymbol{H} = (n - m_2, n)\,,$$
$$m_2 = \text{dim des unverrauschten Meßvektors } \boldsymbol{y}_2 \text{ in } \boldsymbol{y},$$

und dem Zusammenhang

$$\boldsymbol{x} = \begin{bmatrix} \boldsymbol{H} \\ \boldsymbol{C}_2 \end{bmatrix}^{-1} \cdot \begin{bmatrix} \zeta \\ \boldsymbol{y}_2 \end{bmatrix}.$$

Damit lauten die Bedingungen entsprechend den Gleichungen 8.20 und 8.21a:

$$\boldsymbol{x} = \boldsymbol{Q} \cdot \zeta + \boldsymbol{P}_2 \cdot \boldsymbol{y}_2 \quad \text{und} \quad \boldsymbol{QH} + \boldsymbol{P}_2\boldsymbol{C}_2 = \boldsymbol{I}.$$

Der Vektor $\boldsymbol{\zeta}(t)$ gehorcht der Differentialgleichung

$$\dot{\zeta} = [\boldsymbol{HAQ} - \boldsymbol{H}\dot{\boldsymbol{Q}}] \cdot \zeta + [\boldsymbol{HAP}_2 - \boldsymbol{H}\dot{\boldsymbol{P}}_2] \cdot \boldsymbol{y}_2 + \boldsymbol{HG} \cdot \boldsymbol{z}\,, \qquad \text{(Gl. 8.26)}$$

die bis auf den Anregungsterm $\boldsymbol{HG} \cdot \boldsymbol{z}$ mit der Differentialgleichung 8.23 übereinstimmt. Der zu entwerfende Beobachter soll nun die *unverrauschten* Messungen nach dem Luenberger-Prinzip *schätzen,* aber die *verrauschten* Messungen nach dem Kalman-Konzept *filtern.*

Dies erreicht man durch den Ansatz der Beobachtergleichung

$$\dot{\hat{\zeta}} = [\boldsymbol{H}\boldsymbol{A}\boldsymbol{Q} - \boldsymbol{H}\dot{\boldsymbol{Q}}] \cdot \hat{\zeta} + [\boldsymbol{H}\boldsymbol{A}\boldsymbol{P}_2 - \boldsymbol{H}\dot{\boldsymbol{P}}_2] \cdot \boldsymbol{y}_2 + \boldsymbol{H}\boldsymbol{K} \cdot [\boldsymbol{y}_1 - \boldsymbol{C}_1 \cdot \hat{\boldsymbol{x}}], \qquad \text{(Gl. 8.27a)}$$

$$\hat{\boldsymbol{x}} = \boldsymbol{Q} \cdot \hat{\zeta} + \boldsymbol{P}_2 \cdot \boldsymbol{y}_2, \qquad \text{(Gl. 1.27b)}$$

wobei $\boldsymbol{K}$ wieder die Rolle der Kalman-Korrekturmatrix spielt. Sie liegt also wie früher innerhalb eines *Folgesystems* für die verrauschten Meßgrößen vor dem jeweiligen Integrator, während die unverrauschten, in dem Anteil $\boldsymbol{y}_2$ zusammengefaßten Meßgrößen über $\boldsymbol{P}_2$ und $\dot{\boldsymbol{P}}_2$ *direkt* eingespeist werden. Wenn keine unverrauschten Messungen vorhanden sind, kann man für $\boldsymbol{H}$ die Einheitsmatrix wählen, und es ergibt sich das bekannte Kalman-Filter. Die Gesamtstruktur des Kombinations-Beobachters ist in Bild 8.21 dargestellt.

Durch einen entsprechenden Ansatz und Rechengang wie beim reduzierten Luenberger-Beobachter ergibt sich die Differentialgleichung des Beobachtungsfehlers zu

$$\dot{\boldsymbol{\varepsilon}} = [\boldsymbol{A} - \boldsymbol{P}_2\boldsymbol{C}_2\boldsymbol{A} - \boldsymbol{P}_2\dot{\boldsymbol{C}}_2 - \boldsymbol{K}\boldsymbol{C}_1] \cdot \boldsymbol{\varepsilon} + \boldsymbol{K} \cdot \boldsymbol{r}_1 - [\boldsymbol{I} - \boldsymbol{P}_2\boldsymbol{C}_2]\boldsymbol{G} \cdot \boldsymbol{z}, \quad \boldsymbol{C}_2 \cdot \boldsymbol{\varepsilon}(0) = \boldsymbol{0}.$$

Wenn kein Meßrauschen vorhanden ist, wird, $\boldsymbol{r}_1 = 0$, $\boldsymbol{P}_2 = \boldsymbol{P}$, $\boldsymbol{C}_2 = \boldsymbol{C}$, $\boldsymbol{K}$ verschwindet, und es ergibt sich die Dynamik des Beobachtungsfehlers nach Luenberger gemäß Gleichung 8.25.

In zwei letzten Schritten entsprechend der Vorgehensweise bei der Herleitung des Kalman-Filters in Abschnitt 8.8.1 erhält man nach zugegebenermaßen längerer, aber

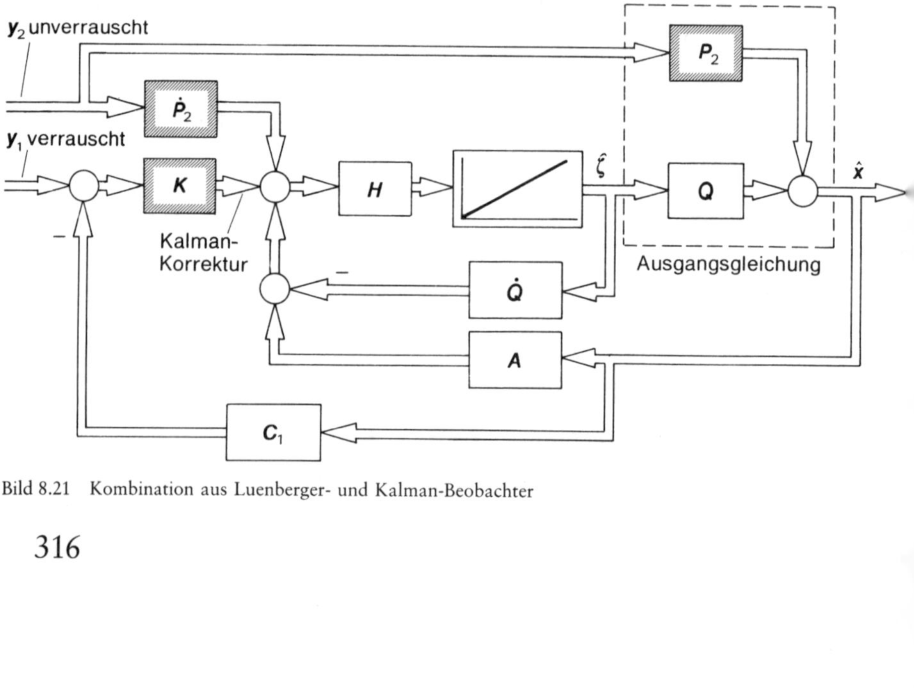

Bild 8.21 Kombination aus Luenberger- und Kalman-Beobachter

nicht prinzipiell schwierigerer Rechnung zunächst die Differentialgleichung für die Fehler-Kovarianzmatrix $\boldsymbol{V}(t)$ in der komplizierteren Form

$$\dot{\boldsymbol{V}}(t) = \boldsymbol{M}\boldsymbol{V} + \boldsymbol{V}\boldsymbol{M}^{\mathrm{T}} + \boldsymbol{K}\boldsymbol{\Psi}_{\mathrm{r}}\boldsymbol{K}^{\mathrm{T}} + [\boldsymbol{I} - \boldsymbol{P}_2\boldsymbol{C}_2]\,\boldsymbol{G}\boldsymbol{\Psi}_{\mathrm{zl}}\boldsymbol{G}^{\mathrm{T}}[\boldsymbol{I} - \boldsymbol{P}_2\boldsymbol{C}_2]^{\mathrm{T}} \qquad \text{(Gl. 8.28)}$$

mit der Abkürzung $\boldsymbol{M} = \boldsymbol{A} - \boldsymbol{P}_2\boldsymbol{C}_2\boldsymbol{A} - \boldsymbol{P}_2\dot{\boldsymbol{C}}_2 - \boldsymbol{K}\boldsymbol{C}_1$. Zur Erfüllung der Extremalforderung

$$\frac{\partial}{\partial \boldsymbol{K}}\{\text{spur } \boldsymbol{V}(\boldsymbol{K})\} = 0$$

müssen die in Abschnitt 8.8.1 angegebenen Formeln zur Bildung der einzelnen Ableitungen verwendet werden; als Ergebnis erhält man über einen ähnlichen Aufwand an Zwischenschritten die optimalen Matrizen

$$\boldsymbol{K}_{\mathrm{opt}} = \boldsymbol{V}\boldsymbol{C}_1^{\mathrm{T}}\boldsymbol{\Psi}_{\mathrm{rl}}^{-1} \quad \text{und} \qquad \text{(Gl. 8.29)}$$

$$\boldsymbol{P}_{2\,\mathrm{opt}} = [\boldsymbol{V}\boldsymbol{A}^{\mathrm{T}} + \boldsymbol{G}\boldsymbol{\Psi}_{\mathrm{z}}\boldsymbol{G}^{\mathrm{T}}]\cdot\boldsymbol{C}_2^{\mathrm{T}} + \boldsymbol{V}\dot{\boldsymbol{C}}_2^{\mathrm{T}}\cdot[\boldsymbol{C}_2\boldsymbol{G}\boldsymbol{\Psi}_{\mathrm{z}}\boldsymbol{G}^{\mathrm{T}}\boldsymbol{C}_2^{\mathrm{T}}]^{-1}. \qquad \text{(Gl. 8.30)}$$

Die hiermit gewonnen Ergebnisse umfassen den Luenberger-Beobachter und den Kalman-Beobachter, beide auch als Sonderfälle enthaltend, wenn entweder nur unverrauschte oder nur verrauschte Messungen vorliegen. Man beachte, daß bei dem behandelten Kombinations-Beobachter verrauschte und unverrauschte Meßwerte sehr *unterschiedlich* in den reduzierten Beobachteranteilen verarbeitet werden, und zwar *strukturell*. Das reduzierte Kalman-Filter in der hier vorgestellten Form geht auf Uttam und Halloran zurück, deren Verfahren von Gelb [49] dargestellt und erweitert worden ist.

Für die praktische Berechnung sind noch folgende Angaben von Interesse. Wenn das Systemmodell die Ordnung n hat, wenn ferner m Meßgrößen vorliegen, von denen m_1 verrauscht und m_2 unverrauscht sind, haben die für den Filterentwurf erforderlichen Matrizen folgende Dimensionen:

$\boldsymbol{A}$: (n, n)
$\boldsymbol{B}$: (n, p)
$\boldsymbol{G}$: (n, q)
$\boldsymbol{C}_1$: (m_1, n)
$\boldsymbol{C}_2$: (m_2, n)
$\boldsymbol{H}$: $(n - m_2, n)$
$\boldsymbol{Q}$: $(n, n - m_2)$
$\boldsymbol{P}_2$: (n, m_2)
$\boldsymbol{K}$: (n, m_1)
$\boldsymbol{\Psi}_{\mathrm{rl}}$: (m_1, m_1)
$\boldsymbol{\Psi}_{\mathrm{z}}$: (q, q)

Schlußwort

Mit den beiden letzten Kapiteln sollte der Versuch unternommen werden, von den Grundlagen der Regelungstechnik ausgehend an moderne, aktuelle Fragestellungen und deren heute bekannte Lösungsansätze heranzuführen. Als *Leitlinie* sollte der an verschiedensten Stellen betonte *Zufallscharakter der in realen Anlagen wirkenden Störgrößen* hervortreten. Diese Gegebenheiten führen zwangsläufig zum Einsatz statistischer Verfahren, die somit *nicht mehr die Rolle eines Sondergebiets* spielen, vielmehr von den praktischen Gegebenheiten her sogar in die grundlegenden Denkansätze zum Entwurf technischer Regelungen einbezogen werden müssen. Es ist durch die wissenschaftsgeschichtliche Entwicklung der Regelungstechnik bedingt, daß diese Verfahren nicht parallel mit der Hauptentwicklungslinie zum Zuge gekommen sind, sondern erst in den fünfziger Jahren gezielte Aufmerksamkeit erfahren und von da an allerdings eine rasche Aufbereitung erfahren haben.

Ein weiterer Gesichtspunkt bei der Auswahl und Darstellung des Stoffes war die *Einbettung in allgemeinere physikalische Fragestellungen* und *fachübergreifende Probleme*, die in ähnlicher Form etwa in der Biologie, in der Physiologie und vornehmlich in dem jungen Gebiet der Synergetik auftreten, wo sich die Verwandtschaft bis in methodische Details erstreckt. Natürlich stellt das Denken in Systemen mit seinen sehr allgemeinen Gesetzmäßigkeiten einen unverkennbaren Anteil der Regelungstechnik dar, es bildet jedoch nicht die Substanz dieses vielgestaltigen Lehrgebiets. Der Systembegriff muß mit physikalischer Realität erfüllt und in Gestaltungsfähigkeit des Ingenieurs umgesetzt werden, anderenfalls bleibt er bloße Form ohne Inhalt.

Dem Leser, der sich mit den hier vermittelten Grundlagen weiterbilden will, sei mit auf den Weg gegeben, daß erfolgreiches Arbeiten in den unterschiedlichsten Bereichen der Regelungstechnik nur möglich ist, wenn formale, methodische und anwendungsnahe Weiterentwicklungen nicht den Bezug zu den physikalischen und allgemein naturwissenschaftlichen Grundlagen einbüßen.

Bei dem begrenzten Gesamtumfang eines einführenden Lehrbuchs konnten solche Bezüge zwar an vielen Stellen aufgezeigt, aber nur bei wenigen sachlich offenkundigen Gelegenheiten näher erläutert werden.

Darüber hinausgehend sind Aufgeschlossenheit und Bildungsbedürfnis des Lesers gefordert.

Anhang

Tabellen zur Laplace-Transformation $f(s) = \int_0^\infty f(t) \cdot e^{-st}\,dt$

A Grenzwertsätze

$$\lim_{s \to 0} s \cdot f(s) = \lim_{t \to \infty} f(t)$$

$$\lim_{s \to \infty} s \cdot f(s) = \lim_{t \to 0} f(t)$$

B Operationen

$f(s)$	$f(t),\ t \geqq 0$
$f(s \pm a)$	$e^{\mp at} \cdot f(t)$
$\frac{1}{c} \cdot f\left(\frac{s}{c}\right)$	$f(ct)$
$f_1(s) \cdot f_2(s)$	$\int_0^t f_1(\tau) \cdot f_2(t-\tau)\,d\tau = \int_0^t f_1(t-\tau) \cdot f_2(\tau)\,d\tau$
$s \cdot f(s) - f(t \to 0+)$	$\frac{df(t)}{dt}$
$s^n\left[f(s) - \sum_{k=0}^{n-1} \frac{f^{(k)}(t \to 0+)}{s^{k+1}}\right]$	$\frac{d^n f(t)}{dt^n}$
$\frac{1}{s} \cdot f(s)$	$\int_0^t f(\tau)\,d\tau$
$e^{-sT} \cdot f(s)$	$\begin{cases} f(t-T), & t > T > 0 \\ 0, & t < T \end{cases}$

C Korrespondenzen

$f(s)$	$f(t),\ t \geqq 0$
$\frac{1}{s}$	$1(t)$
$\frac{1}{1+sT}$	$\frac{1}{T} e^{-\frac{t}{T}}$
$\frac{1}{s^2}$	t

$f(s)$	$f(t),\ t \geqq 0$
$\dfrac{1}{s(1+Ts)}$	$1-\mathrm{e}^{-\frac{t}{T}}$
$\dfrac{1}{(1+Ts)^2}$	$\dfrac{1}{T^2}\cdot t\cdot \mathrm{e}^{-\frac{t}{T}}$
$\dfrac{1}{(1+T_1 s)(1+T_2 s)}$	$\dfrac{1}{T_1-T_2}\cdot\left(\mathrm{e}^{-\frac{t}{T_1}}-\mathrm{e}^{-\frac{t}{T_2}}\right)$
$\dfrac{1}{1-T^2 s^2}$	$-\dfrac{1}{T}\sinh\left(\dfrac{t}{T}\right)$
$\dfrac{1}{1+T^2 s^2}$	$\dfrac{1}{T}\sin\left(\dfrac{t}{T}\right)$
$\dfrac{1}{1+2aTs+T^2 s^2}$ $(a^2<1)$	$\dfrac{1}{T\cdot\sqrt{1-a^2}}\,\mathrm{e}^{-a\cdot\frac{t}{T}}\cdot\sin\left(\dfrac{1}{T}\sqrt{1-a^2}\,t\right)$
$\dfrac{1+Ts}{s^2}$	$t+T$
$\dfrac{1+T_1\cdot s}{s(1+T_2\cdot s)}$	$1+\dfrac{T_1-T_2}{T_2}\cdot\mathrm{e}^{-\frac{t}{T_2}}$
$\dfrac{1+T_1\cdot s}{(1+T_2\cdot s)^2}$	$\left(\dfrac{T_2-T_1}{T_2^3}\cdot t+\dfrac{T_1}{T_2^2}\right)\cdot\mathrm{e}^{-\frac{t}{T_2}}$
$\dfrac{1+T_1\cdot s}{(1+T_2\cdot s)(1+T_3\cdot s)}$	$\dfrac{T_2-T_1}{T_2(T_2-T_3)}\cdot\mathrm{e}^{-\frac{t}{T_2}}-\dfrac{T_3-T_1}{T_3(T_2-T_3)}\cdot\mathrm{e}^{-\frac{t}{T_3}}$
$\dfrac{1+T_1\cdot s}{1+T_2^2\cdot s^2}$	$\dfrac{1}{T_2}\cdot\sqrt{1+T_1^2\cdot\dfrac{1}{T_2^2}}\cdot\sin\left(\dfrac{t}{T_2}+\Phi\right)$
	mit $\tan\Phi=\dfrac{T_1}{T_2}$
$\dfrac{1+T_1\cdot s}{1+2a\cdot T_2\cdot s+T_2^2\cdot s^2}$	$\dfrac{1}{T_2^2}\cdot\sqrt{\dfrac{T_2^2-2a\cdot T_1T_2+T_1^2}{1-a^2}}\cdot\mathrm{e}^{-\frac{at}{T_2}}\cdot\sin\left(\dfrac{\sqrt{1-a^2}}{T_2}\cdot t+\Phi\right)$
für $a^2<1$	mit $\tan\Phi=\dfrac{T_1\sqrt{1-a^2}}{T_2-aT_1}$
$\dfrac{s}{(1+T\cdot s)^2}$	$\dfrac{1}{T^3}\cdot(T-t)\cdot\mathrm{e}^{-\frac{t}{T}}$
$\dfrac{s}{(1+T_1 s)(1+T_2 s)}$	$\dfrac{1}{T_1T_2(T_1-T_2)}\cdot\left(T_1\cdot\mathrm{e}^{-\frac{t}{T_2}}-T_2\cdot\mathrm{e}^{-\frac{t}{T_1}}\right)$

$f(s)$	$f(t),\ t \geqq 0$
$\dfrac{s}{1+T^2 \cdot s^2}$	$\dfrac{1}{T^2} \cdot \cos\left(\dfrac{t}{T}\right)$
$\dfrac{s}{1-T^2 \cdot s^2}$	$-\dfrac{1}{T^2} \cdot \cosh\left(\dfrac{t}{T}\right)$
$\dfrac{s}{1+2a \cdot T \cdot s+T^2 \cdot s^2} \quad (a^2<1)$	$\dfrac{1}{T^2 \cdot \sqrt{1-a^2}} \cdot e^{-\frac{at}{T}} \cdot \sin\left(\dfrac{\sqrt{1-a^2}}{T}\,t+\Phi\right)$ mit $\tan\Phi = \dfrac{\sqrt{1-a^2}}{-a}$
$\dfrac{1}{s^n}$	$\dfrac{1}{(n-1)!} \cdot t^{n-1} \quad (n \geqq 1)$
$\dfrac{1}{s^2(1+T \cdot s)}$	$T \cdot \left(e^{-\frac{t}{T}} + \dfrac{t}{T} - 1\right)$
$\dfrac{1}{s \cdot (1+T \cdot s)^2}$	$1 - \dfrac{T+t}{T} \cdot e^{-\frac{t}{T}}$
$\dfrac{1}{s(1+T_1 \cdot s)(1+T_2 \cdot s)}$	$1 + \dfrac{1}{T_2 - T_1}\left(T_1 \cdot e^{-\frac{t}{T_1}} - T_2 \cdot e^{-\frac{t}{T_2}}\right)$
$\dfrac{1}{s(1-T^2 \cdot s^2)}$	$1 - \cosh\left(\dfrac{t}{T}\right)$
$\dfrac{1}{s(1+T^2 \cdot s^2)}$	$1 - \cos\left(\dfrac{t}{T}\right)$
$\dfrac{1}{s(1+2a \cdot T \cdot s+T^2 s^2)}$	$1 - \dfrac{1}{\sqrt{1-a^2}} \cdot e^{-a\frac{t}{T}} \cdot \sin\left(\dfrac{\sqrt{1-a^2}}{T} \cdot t+\Phi\right)$ mit $\tan\Phi = \dfrac{T\sqrt{1-a^2}}{a \cdot T}$
$\dfrac{1}{(1+T \cdot s)^3}$	$\dfrac{1}{2T^3}\, t^2 \cdot e^{-\frac{t}{T}}$
$\dfrac{1}{(1+T_1 \cdot s)(1+T_2 s)^2}$	$\dfrac{T_1}{(T_2-T_1)^2} \cdot e^{-\frac{t}{T_1}} + \dfrac{(T_2-T_1)\,t - T_1 T_2}{T_2(T_2-T_1)^2} \cdot e^{-\frac{t}{T_2}}$
$\dfrac{1}{(1+T_1 s)(1+T_2 s)(1+T_3 s)}$	$\dfrac{T_1}{(T_1-T_2)(T_1-T_3)} \cdot e^{-\frac{t}{T_1}} + \dfrac{T_2}{(T_2-T_1)(T_2-T_3)} \cdot e^{-\frac{t}{T_2}} + \dfrac{T_3}{(T_3-T_1)(T_3-T_2)} \cdot e^{-\frac{t}{T_3}}$

$f(s)$	$f(t),\ t \geqq 0$
$\dfrac{1}{(1+T_1 s)(1+2aT_2 s+T_2^2 s^2)}$ für $a^2<1$	$\dfrac{T_1 \cdot e^{-\frac{t}{T_1}}}{T_2^2-2aT_1T_2+T_1^2}+\dfrac{e^{-\frac{at}{T_2}}}{\sqrt{(1-a^2)(T_2^2-2aT_1T_2+T_1^2)}} \cdot \sin\left(\dfrac{\sqrt{1-a^2}}{T_2} \cdot t-\Phi\right)$ mit $\tan\Phi=\dfrac{T_1\sqrt{1-a^2}}{T_2-aT_1}$
$\dfrac{s}{(1+Ts)^3}$	$\left[\dfrac{t}{T^3}-\dfrac{t^2}{2T^4}\right] \cdot e^{-\frac{t}{T}}$
$\dfrac{s}{(1+T_1 s)(1+T_2 s)^2}$	$-\dfrac{e^{-\frac{t}{T_1}}}{(T_1-T_2)^2}+\left[\dfrac{1}{(T_2-T_1)^2}-\dfrac{t}{T_2^2(T_2-T_1)}\right] \cdot e^{-\frac{t}{T_2}}$
$\dfrac{s}{(1+T_1 s)(1+T_2 s)(1+T_3 s)}$	$\dfrac{(T_2-T_3) \cdot e^{-\frac{t}{T_1}}+(T_3-T_1) \cdot e^{-\frac{t}{T_2}}+(T_1-T_2) \cdot e^{-\frac{t}{T_3}}}{(T_1-T_2)(T_2-T_3)(T_3-T_1)}$
$\dfrac{s}{(1+T_1 s)(1+T_2^2 s^2)}$	$-\dfrac{1}{T_2^2+T_1^2} \cdot e^{-\frac{t}{T_1}}+\dfrac{1}{T_2\sqrt{T_2^2+T_1^2}} \cdot \cos\left(\dfrac{t}{T_2}-\Phi\right)$ mit $\tan\Phi=\dfrac{T_1}{T_2}$
$\dfrac{1+T_1 s}{s^2(1+T_2 s)}$	$(T_1-T_2)\left(1-e^{-\frac{t}{T_2}}\right)+t$
$\dfrac{1+T_1 s}{s(1+T_2 s)^2}$	$1+\left(\dfrac{T_1-T_2}{T_2^2}\,t-1\right) \cdot e^{-\frac{t}{T_2}}$
$\dfrac{1+T_1 s}{s(1+T_2 s)(1+T_3 s)}$	$1+\dfrac{T_2-T_1}{T_3-T_2} \cdot e^{-\frac{t}{T_2}}-\dfrac{T_3-T_1}{T_3-T_2} \cdot e^{-\frac{t}{T_3}}$
$\dfrac{1+T_1 s}{s(1+T_2^2 s^2)}$	$1-\sqrt{1+\left(\dfrac{T_1}{T_2}\right)^2} \cdot \cos\left(\dfrac{t}{T_2}+\Phi\right)$ mit $\tan\Phi=\dfrac{T_1}{T_2}$
$\dfrac{1+T_1 s}{s(1+2aT_2 s+T_2^2 s^2)}$	$1+\dfrac{\sqrt{T_2^2-2aT_1T_2+T_1^2}}{T_2\sqrt{1-a^2}} \cdot e^{-a\frac{t}{T_2}} \cdot \sin\left(\dfrac{\sqrt{1-a^2}}{T_2}\,t+\Phi\right)$ mit $\tan\Phi=\dfrac{T_2\sqrt{1-a^2}}{aT_2-T_1}$

$f(s)$	$f(t),\ t \geqq 0$
$\dfrac{1+T_1 s}{(1+T_2 s)(1+T_3 s)^2}$	$\dfrac{T_2-T_1}{(T_2-T_3)^2}\cdot e^{-\frac{t}{T_2}} + \left[\dfrac{T_3-T_1}{T_3^2(T_3-T_2)}\cdot t + \dfrac{T_1-T_2}{(T_3-T_2)^2}\right]\cdot e^{-\frac{t}{T_3}}$
$\dfrac{1+T_1 s}{(1+T_2 s)(1+T_3 s)(1+T_4 s)}$	$\dfrac{T_2-T_1}{(T_2-T_3)(T_2-T_4)}\cdot e^{-\frac{t}{T_2}} + \dfrac{T_3-T_1}{(T_3-T_2)(T_3-T_4)}\cdot e^{-\frac{t}{T_3}} + \dfrac{T_4-T_1}{(T_4-T_2)(T_4-T_3)}\cdot e^{-\frac{t}{T_4}}$
$\dfrac{1+as+bs^2}{s^2(1+Ts)}$	$t+a-T-\left(a-T-\dfrac{b}{T}\right)\cdot e^{-\frac{t}{T}}$
$\dfrac{1+as+bs^2}{s(1+Ts)^2}$	$1-\left(1-\dfrac{b}{T^2}+\dfrac{b-aT+T^2}{T^3}\cdot t\right)\cdot e^{-\frac{t}{T}}$
$\dfrac{1+as+bs^2}{s(1+T_1 s)(1+T_2 s)}$	$1+\dfrac{b-aT_1+T_1^2}{T_1(T_2-T_1)}\cdot e^{-\frac{t}{T_1}} - \dfrac{b-aT_2+T_2^2}{T_2(T_2-T_1)}\cdot e^{-\frac{t}{T_2}}$
$\dfrac{1+as+bs^2}{(1+Ts)^3}$	$\left(\dfrac{b}{T^3}+\dfrac{aT-2b}{T^4}\,t+\dfrac{T^2-aT+b}{2T^5}\right)t^2\cdot e^{-\frac{t}{T}}$
$\dfrac{1+as+bs^2}{s(1+T^2s^2)}$	$1-\dfrac{1}{T^2}\sqrt{(T^2-b)^2+a^2T^2}\cdot\cos\left(\dfrac{t}{T}+\arctan\dfrac{aT}{T^2-b}\right)$
$\dfrac{s^2}{(1+Ts)^3}$	$\dfrac{1}{2T^5}(2T^2-4Tt+t^2)\cdot e^{-\frac{t}{T}}$
$\dfrac{s^2}{(1+T_1 s)(1+T_2 s)^3}$	$\dfrac{e^{-\frac{t}{T_1}}}{T_1(T_1-T_2)^2} + \left[\dfrac{T_1-2T_2}{T_2^2(T_1-T_2)^2} - \dfrac{t}{T_2^3(T_1-T_2)}\right]\cdot e^{-\frac{t}{T_2}}$
$\dfrac{s^2}{(1+T_1 s)(1+T_2 s)(1+T_3 s)}$	$\dfrac{e^{-\frac{t}{T_1}}}{T_1(T_1-T_2)(T_1-T_3)} + \dfrac{e^{-\frac{t}{T_2}}}{T_2(T_2-T_1)(T_2-T_3)} + \dfrac{e^{-\frac{t}{T_3}}}{T_3(T_3-T_1)(T_3-T_2)}$

Literaturverzeichnis

[1] HUND, F.: *Geschichte der physikalischen Begriffe* Bd. 543. Mannheim: Bibliographisches Institut, 1972.

[2] HUND, F.: *Theoretische Physik Bd. III.* Stuttgart: Teubner Verlags-Gesellschaft, 1956.

[3] ISERMANN, R.: *Theoretische Analyse der Dynamik industrieller Prozesse* Bd. 764/764a. Zürich: Bibliographisches Institut, 1971.

[4] SCHMIDT, G.: *Simulationstechnik.* München: Oldenbourg-Verlag, 1980.

[5] BOHL, W.: *Technische Strömungslehre.* Würzburg: Vogel-Buchverlag, 1971.

[6] RAY, W. H.: *Advanced Process Control.* McGraw Hill B. C., 1981.

[7] OPPELT, W., und Wicke, E.: *Grundlagen der chemischen Prozeßregelung.* München: Oldenbourg-Verlag, 1964.

[8] FEUSER, A.: Beeinflussung der Dämpfung eines hydraulischen Linearantriebs. *Ölhydraulik und Pneumatik 27* (1983), Nr. 3.

[9] PFAFF, G.: *Regelung elektrischer Antriebe I.* München: Oldenbourg-Verlag 1984.

[10] UNBEHAUEN, H.: *Regelungstechnik I.* Braunschweig: Verlag Vieweg, 1982.

[11] FÖLLINGER, O.: *Regelungstechnik.* Heidelberg: Hüthig-Verlag, 1985.

[12] KALMAN, R. E.: *Mathematical Description of Linear Dynamical Systems J.S.I.A.M.* Control Ser. Al, 1963.

[13] SCHÄFER, O.: *Grundlagen der selbsttätigen Regelung.* Gräfelfing: Technischer Verlag, 1965.

[14] WEIHRICH, G.: *Optimale Regelung linearer deterministischer Prozesse.* München: Oldenbourg-Verlag, 1973.

[15] ZEITZ, K. H.: *Regelungen mit Zwei- und Dreipunktreglern.* München: Oldenbourg-Verlag, 1986.

[16] THOMA, M.: *Theorie linearer Regelsysteme.* Braunschweig: Verlag Vieweg, 1973.

[17] AMELING, W.: *Laplace-Transformation.* Bertelsmann Universitätsverlag, 1975.

[18] NIXON, F.: *Beispiele und Tafeln zur Laplace-Transformation.* Stuttgart: Franckhsche Verlagshandlung 1964.

[19] SAMAL, E.: Wahl der zweckmäßigsten Form des Stellventils. *Z. Regelungst. Praxis und Prozeßrechentechnik* 1970, Nr. 4 und 1971 Nr. 2 und 4.

[20] DOETSCH, G.: *Funktionaltransformationen* (in Mathematische Hilfsmittel des Ingenieurs Teil I). Berlin: Springer-Verlag, 1967.

[21] KEIDEL, W. D.: *Physiologie.* Stuttgart: G. Thieme-Verlag, 1967.

[22] PESTEL, E.: Neue Ergebnisse auf dem Gebiet der Systemanalyse von Weltproblemen. *Z. Regelungstechnik* 1974, Nr. 9.

[23] MAYR, O.: *Zur Frühgeschichte der technischen Regelungen.* München: Oldenbourg-Verlag, 1969.

[24] OLDENBOURG, R., und SARTORIUS, H.: *Dynamik selbsttätiger Regelungen.* München: Oldenbourg-Verlag, 1951.

[25] SCHÜSSLER, H. W.: *Digitale Systeme zur Signalverarbeitung.* Berlin: Springer-Verlag, 1973.

[26] PRESSLER, G.: *Regelungstechnik Bd. 63/63a.* Mannheim: Bibliographisches Institut, 1964.

[27] OPPELT, W.: *Kleines Handbuch technischer Regelvorgänge.* Weinheim: Verlag Chemie, 1972.

[28] SCHINK, H.: Adaptive Systeme für die Verfahrenstechnik. *messen und prüfen* 1970 Nr. 8.

[29] HIPPE, P., und WURMTHALER, Ch.: *Zustandsregelung.* Berlin: Springer-Verlag, 1985.

[30] LEIPHOLZ, H.: *Stabilitätstheorie*. Stuttgart: Verlag Teubner 1968.

[31] PRIGOGINE, I.: *Vom Sein zum Werden, Zeit und Komplexität in den Naturwissenschaften*. München: Verlag Piper, 1982.

[32] PRIGOGINE, HERMAN, ALLEN: *The Evolution of Complexity and the Laws of Nature*. Report to the Club of Rome Vol. I, Oxford 1977.

[33] PESTEL, E., und KOLLMANN, E.: *Grundlagen der Regelungstechnik*. Braunschweig: Verlag Vieweg, 1968.

[34] KALMAN, R. E.: *Contributions to the Theory of Optimal Control*. Bol. Soc. Matem. Mex., 1960.

[35] LUENBERGER, D. G.: *Observers for Multivariable Systems*. IEEE Trans. on Automatic Control 11, 1986.

[36] SCHLITT, H.: *Regelungstechnik in Verfahrenstechnik und Chemie*. Würzburg: Vogel-Buchverlag, 1978.

[37] SCHWARZ, H.: *Optimale Regelung linearer Systeme*. Zürich: Bibliographisches Institut, 1976.

[38] SAGE, A. P., und MELSA, J. L.: *Estimation Theory with Applications to Communications and Control*. McGraw Hill B. C., 1971.

[39] UHLENBECK, G. E., und ORNSTEIN, L. S.: *On the Theory of the Brownian Motion*. Phys. rev. Sept. 1, 1930.

[40] HAKEN, H.: *Synergetik*. Berlin: Springer-Verlag, 1982.

[41] MCGARTY, T. P.: *Stochastic Systems and State Estimation*. New York: Wiley & Sons, 1974.

[42] ASTRÖM, K. J.: *Introduction to Stochastic Control Theory*. Academic Press, 1970.

[43] BROCKHAUS, R.: *Flugregelung II, Entwurf von Regelsystemen*. München: Oldenbourg-Verlag, 1979.

[44] HÄNSLER, E.: *Grundlagen der Theorie statistischer Signale*. Berlin: Springer-Verlag, 1983.

[45] SCHNEEWEIS, W. G.: *Zufallsprozesse in dynamischen Systemen*. Berlin: Springer-Verlag, 1974.

[46] RÖRENTROP, K.: *Entwicklung der modernen Regelungstechnik*. München: Oldenbourg-Verlag, 1971.

[47] ISERMANN, R.: *Experimentelle Analyse der Dynamik von Regelsystemen Bd. 5.15/5.15a*. Mannheim: Bibliographisches Institut, 1971.

[48] OBERHOFER, A.: *Zeitdiskrete Systeme und Signale*. Institutsbericht 84/4 des IRT Erlangen, 1984.

[49] GELB, A.: *Applied Optimal Estimation*. MIT-Press Cambridge, Mass, 1974.

[50] SHANNON, C. E., und WEAVER, W.: *The Mathematical Theory of Communication*. Urbana/USA (III), 1949.

[51] FLECHTNER, H.-J.: *Grundbegriffe der Kybernetik*. Stuttgart: Wiss. Verlagsgesellschaft, 1966.

[52] MITTELSTAEDT, P.: *Der Zeitbegriff in der Physik*. Zürich: Bibliographisches Institut, 1980.

Stichwortverzeichnis